化学与生物合成转化技术

王 路　主编
王振宇　主审

科学出版社

北京

内 容 简 介

一直以来，设计合成潜在生物活性化合物，是生物无机化学、生物有机化学、药物化学、材料科学及生物化工等领域的核心研究内容。利用化学与生物合成转化技术可以获得低成本、高效率、绿色环保、产物纯度高、毒副作用小、生物活性强、可规模化生产的功能性化合物。本书对化学与生物合成转化技术及相关化合物生物活性进行了前沿性、系统性、科学性的论述。全书分三部分，共 16 章，涵盖了化学与生物合成基本方法、天然产物结构改性转化方法及合成化合物生物活性与应用。介绍了高温与低温合成、高压与低压合成、电化学合成、光化学合成、微流控合成、生物催化合成等十余种化学及生物合成基本方法，金属配合物、纳米材料等前景良好的重要材料的合成与应用；同时对糖类、氨基酸、脂肪酸、酚酮类及维生素等天然化合物的改性进行了大量阐述；对合成化合物及天然活性成分改性化合物的抗肿瘤、抗氧化、抗心脑血管疾病、抗糖尿病及抗阿尔茨海默病等生物活性进行了系统介绍。

本书可供化学、生物化工、医药、食品、材料等专业的科研人员阅读参考，也可作为高等学校上述专业的本科生、研究生教材或参考书。

图书在版编目（CIP）数据

化学与生物合成转化技术/王路主编. —北京：科学出版社，2018.1
ISBN 978-7-03-054759-0

Ⅰ．①化⋯ Ⅱ．①王⋯ Ⅲ．①化学合成-转化②生物合成-转化 Ⅳ．①TQ031.2②Q945.11

中国版本图书馆 CIP 数据核字（2017）第 246553 号

责任编辑：霍志国/责任校对：韩 杨
责任印制：张 伟/封面设计：东方人华

科学出版社 出版
北京东黄城根北街 16 号
邮政编码：100717
http://www.sciencep.com

北京虎彩文化传播有限公司 印刷
科学出版社发行 各地新华书店经销
*
2018 年 1 月第 一 版 开本：720×1000 B5
2019 年 7 月第三次印刷 印张：22
字数：430 000

定价：80.00 元
（如有印装质量问题，我社负责调换）

前　　言

　　化学与生物合成转化技术是目前利用现有资源开发新型功能性化合物及仿制自然界存在较少或纯度较低化合物的重要技术手段。化学合成可在可控条件下生产高纯度目标产物，但受环境污染及规模化生产等因素制约；生物合成转化技术的核心是酶促反应，其能量利用率及生产效率更高，但酶提取、产物分离与纯化较为复杂。合理利用化学与生物的技术手段，实现融合与交叉，设计合成具有潜在生物活性的化合物是目前有机化学、无机化学、药物化学、高分子化学、材料化学、天然产物化学及生物化工等学科领域的研究热点。本书兼顾了化学与生物合成转化技术的前瞻性、实用性、系统性和科学性。全书共三部分，16 章。第一部分涵盖了化学合成与生物转化基本方法、化学合成中化合物的分离与表征方法、金属配合物合成、纳米材料合成；第二部分系统阐述了糖、氨基酸、脂肪酸、酚酮类等天然产物改性研究；第三部分介绍了合成化合物的生物活性研究，其中包括抗肿瘤、抗氧化、抗心脑血管疾病、抗糖尿病、抗阿尔茨海默病等。

　　本书特点：①内容丰富。对化学及生物合成的相关基础理论和实验技术分类讲解，内容全面。②可操作性强。所涉及的实验，目的交代明确，原理解释清晰，实验结果阐述详细，可引导科研工作者进行实验设计及结果预测。③适用于教学。本书列举了大量有代表性的实例，注重基础理论与实际经验相结合，图文并茂，行文简练、精要。

　　本书编写主要分工如下：第 1～5 章由王路编写；第 6 章由王路、李玮编写；第 7 章由王路、邵纯红编写；第 8 章由王路编写；第 9 章由王路、张思琪编写；第 10 章由王路编写；第 11 章由景秋菊、魏胜利编写；第 12 章由王路编写；第 13 章由王路、于雪梅、石惠杰编写；第 14～16 章由王路编写。王路负责全书的资料搜集整理工作。王振宇教授百忙之中对本书进行了审阅。本书在编写过程中参考了相关的文献，也得到了多位团队教师及研究生的协助，在此对相关资料的作者及对本书出版提供帮助的各位教师学生一并表示衷心的感谢！

　　愿本书的出版为化学与生物合成转化技术同行、开发者提供有益的参考，同时希望获得批评指正，使此项研发工作尽善尽美。

作　者

2017 年 9 月

目　　录

前言

第一部分　　化学与生物合成

第1章　化学合成基本方法 ·· 3
1.1　高温与低温合成 ··· 3
  1.1.1　高温合成 ·· 3
  1.1.2　低温合成 ·· 6
1.2　高压与低压合成 ··· 8
  1.2.1　高压合成 ·· 8
  1.2.2　低压合成 ··· 10
1.3　电化学合成法 ·· 11
  1.3.1　电化学炼金属 ··· 11
  1.3.2　电化学合成无机材料 ··· 12
  1.3.3　电化学合成水处理剂 ··· 14
1.4　光化学合成法 ·· 14
  1.4.1　光化学反应基本原理 ··· 14
  1.4.2　光化学合成特点 ··· 15
  1.4.3　光化学合成应用 ··· 15
1.5　水热与溶剂热合成法 ·· 17
  1.5.1　水热与溶剂热合成法的特点及不足 ··························· 17
  1.5.2　水热与溶剂热合成应用 ······································· 17
1.6　溶胶-凝胶合成法 ··· 19
  1.6.1　溶胶-凝胶法工艺流程 ·· 19
  1.6.2　溶胶-凝胶法特点 ·· 20
  1.6.3　溶胶-凝胶法应用 ·· 20
1.7　化学气相沉积法 ·· 22
  1.7.1　化学气相沉积原理 ··· 22
  1.7.2　化学气相沉积反应 ··· 22
  1.7.3　化学气相沉积反应的应用 ····································· 23

1.8　微波辐照合成法 ·· 24
　　1.8.1　微波辐照合成原理 ······························· 24
　　1.8.2　微波辐照合成应用 ······························· 24
1.9　声化学合成法 ·· 25
1.10　等离子体合成 ·· 26
　　1.10.1　高温等离子体及其在化学合成中的应用 ········ 27
　　1.10.2　低温等离子体及其在化学合成中的应用 ········ 27
1.11　超临界合成法 ·· 28
　　1.11.1　超临界 CO_2 ···································· 29
　　1.11.2　超临界水 ··· 29
1.12　组合合成法 ·· 29
1.13　微流控合成法 ·· 30
　　1.13.1　微流控合成原理 ································· 30
　　1.13.2　微流控合成应用 ································· 31
参考文献 ·· 33
第2章　化合物分离与表征方法 ································· 37
2.1　基本分离方法 ··· 37
　　2.1.1　利用物质溶解度差别分离 ······················ 37
　　2.1.2　利用物质挥发性差别分离 ······················ 41
　　2.1.3　利用物质吸附性差别分离 ······················ 44
　　2.1.4　利用物质相对分子质量大小差别分离 ·········· 46
2.2　物质鉴定与表征 ·· 49
　　2.2.1　物质组成分析 ····································· 49
　　2.2.2　物质结构分析 ····································· 52
　　2.2.3　物质性能表征 ····································· 57
参考文献 ·· 60
第3章　金属配合物合成 ··· 62
3.1　金属配合物的合成方法 ····································· 62
　　3.1.1　溶剂法 ··· 62
　　3.1.2　金属蒸气法和基底分离法 ······················ 64
　　3.1.3　固相反应法 ······································· 65
　　3.1.4　大环配合物合成法 ······························ 66
3.2　金属配合物的研究进展 ····································· 67
　　3.2.1　席夫碱金属配合物 ······························ 67
　　3.2.2　天然活性成分金属配合物 ······················ 69

　　参考文献 ··· 72
第4章　生物合成与转化方法 ······································ 74
　4.1　生物催化剂——酶 ·· 74
　　4.1.1　酶催化生物合成特点 ·································· 74
　　4.1.2　酶催化生物合成影响因素 ····························· 75
　4.2　无机化合物的生物合成反应 ································· 77
　　4.2.1　羧酸化合物、环氧化合物的转化与水解 ················ 77
　　4.2.2　生物催化氧化反应 ···································· 80
　　4.2.3　生物催化还原反应 ···································· 83
　　4.2.4　生物催化加成和消除反应 ····························· 84
　4.3　天然化合物的生物合成反应 ································· 86
　　4.3.1　水解作用 ··· 87
　　4.3.2　羟化作用 ··· 87
　　4.3.3　糖基化反应 ··· 88
　　参考文献 ··· 90
第5章　纳米材料的合成 ··· 92
　5.1　纳米材料简介 ·· 92
　　5.1.1　纳米材料的基本理论 ·································· 92
　　5.1.2　纳米材料特性 ······································· 94
　5.2　纳米材料制备 ·· 96
　　5.2.1　固相法 ··· 96
　　5.2.2　液相法 ··· 97
　　5.2.3　气相法 ··· 99
　　参考文献 ·· 100

第二部分　天然产物结构改性转化

第6章　糖的结构改性 ·· 105
　6.1　多糖结构表征 ··· 105
　　6.1.1　多糖结构表征方法 ··································· 105
　　6.1.2　部分多糖的结构 ····································· 106
　6.2　化学方法修饰 ··· 107
　　6.2.1　多糖硫酸酯化 ······································· 107
　　6.2.2　多糖羧甲基化 ······································· 110
　　6.2.3　多糖磷酸酯化 ······································· 111
　　6.2.4　多糖乙酰化 ··· 112

6.2.5 多糖烷基化 ……………………………………………… 113

6.2.6 多糖硝酸酯化 ……………………………………………… 113

6.3 生物方法修饰 …………………………………………………… 114

6.3.1 基因工程技术对多糖的结构修饰 …………………………… 114

6.3.2 酶法修饰 …………………………………………………… 115

6.4 多糖与金属络合 ………………………………………………… 115

6.4.1 铁对糖类的修饰 …………………………………………… 115

6.4.2 铜对糖类的修饰 …………………………………………… 116

6.4.3 锌对糖类的修饰 …………………………………………… 116

6.5 物理方法修饰 …………………………………………………… 117

6.5.1 超声波修饰 ………………………………………………… 117

6.5.2 离子辐射修饰 ……………………………………………… 118

参考文献 ……………………………………………………………… 118

第 7 章 氨基酸结构改性 ……………………………………………… 121

7.1 氨基酸类聚合物合成 …………………………………………… 121

7.1.1 均聚氨基酸 ………………………………………………… 121

7.1.2 共聚氨基酸 ………………………………………………… 122

7.2 氨基酸化合物 …………………………………………………… 124

7.2.1 氨基酸基苯并咪唑 ………………………………………… 124

7.2.2 氨基酸席夫碱 ……………………………………………… 125

7.3 氨基酸大分子化合物 …………………………………………… 125

7.3.1 氨基酸改性淀粉 …………………………………………… 125

7.3.2 氨基酸改性碳酸钙 ………………………………………… 126

7.3.3 氨基酸改性硅基材料 ……………………………………… 126

7.3.4 氨基酸改性天然产物 ……………………………………… 127

参考文献 ……………………………………………………………… 128

第 8 章 脂肪酸结构改性 ……………………………………………… 131

8.1 脂肪酸改性天然产物 …………………………………………… 131

8.1.1 脂肪酸改性天然聚多糖 …………………………………… 131

8.1.2 脂肪酸改性植物甾醇 ……………………………………… 133

8.2 脂肪酸改性无机粉体 …………………………………………… 135

8.2.1 脂肪酸改性无机粉体机理 ………………………………… 135

8.2.2 脂肪酸改性无机粉体实例 ………………………………… 136

8.3 天然不饱和脂肪酸双键改性 …………………………………… 137

8.3.1 环氧脂肪酸 ………………………………………………… 137

　　　8.3.2　共轭亚油酸 ……………………………………………… 138

　　参考文献 ……………………………………………………………… 139

第 9 章　酚酮类结构改性 …………………………………………………… 142

　9.1　酰化修饰改性 ………………………………………………………… 143

　　　9.1.1　氧酰化修饰改性 ……………………………………………… 143

　　　9.1.2　碳酰化修饰改性 ……………………………………………… 144

　9.2　酯化修饰改性 ………………………………………………………… 145

　9.3　磺化修饰改性 ………………………………………………………… 146

　9.4　醚化修饰改性 ………………………………………………………… 147

　9.5　磷酰化修饰改性 ……………………………………………………… 148

　9.6　配位修饰改性 ………………………………………………………… 149

　9.7　其他修饰改性 ………………………………………………………… 151

　　参考文献 ……………………………………………………………… 153

第 10 章　金属元素螯合物结构转化 ……………………………………… 157

　10.1　主族金属螯合物 …………………………………………………… 157

　　　10.1.1　天然产物主族金属螯合物 ………………………………… 158

　　　10.1.2　主族金属氨基酸螯合物 …………………………………… 159

　　　10.1.3　主族金属氨基酸螯合物应用 ……………………………… 162

　10.2　过渡金属螯合物 …………………………………………………… 163

　　　10.2.1　含氮过渡金属螯合物 ……………………………………… 163

　　　10.2.2　含羧酸基团配体过渡金属螯合物 ………………………… 164

　　　10.2.3　多核过渡金属螯合物 ……………………………………… 165

　　　10.2.4　含天然化合物配体过渡金属螯合物 ……………………… 166

　10.3　稀土金属螯合物 …………………………………………………… 166

　　　10.3.1　席夫碱稀土螯合物 ………………………………………… 167

　　　10.3.2　喹喏酮类稀土螯合物 ……………………………………… 168

　　　10.3.3　杂环类稀土螯合物 ………………………………………… 168

　　　10.3.4　黄酮类稀土螯合物 ………………………………………… 169

　　参考文献 ……………………………………………………………… 171

第 11 章　维生素合成与结构改性转化 …………………………………… 178

　11.1　维生素的人工合成 ………………………………………………… 178

　　　11.1.1　维生素 A 合成 ……………………………………………… 178

　　　11.1.2　维生素 B 合成 ……………………………………………… 180

　　　11.1.3　维生素 C 合成 ……………………………………………… 184

　　　11.1.4　维生素 D 合成 ……………………………………………… 185

　　11.1.5　维生素 E 合成 ·································186
　11.2　维生素的结构修饰 ·································188
　　11.2.1　典型维生素的改性 ·································188
　　11.2.2　维生素改性产品的应用 ·································193
　参考文献 ·································194

第三部分　合成化合物生物活性

第12章　合成化合物抗肿瘤活性 ·································201
　12.1　吡唑啉酮衍生物生物活性 ·································201
　　12.1.1　吡唑啉酮类席夫碱及其金属配合物合成 ·································202
　　12.1.2　吡唑啉酮类及其金属配合物生物活性 ·································206
　12.2　多金属氧酸盐生物活性 ·································217
　　12.2.1　多金属氧酸盐配合物合成 ·································218
　　12.2.2　多金属氧酸盐抗癌生物活性研究 ·································220
　12.3　合成化合物体外抗肿瘤活性研究 ·································232
　　12.3.1　细胞生长抑制研究 ·································232
　　12.3.2　细胞凋亡形态学研究 ·································233
　　12.3.3　分子生物学分析细胞凋亡 ·································236
　　12.3.4　化合物抗肿瘤作用机制 ·································237
　12.4　合成化合物体内抗肿瘤活性研究 ·································244
　　12.4.1　合成化合物抗肿瘤模型建立方法 ·································244
　　12.4.2　合成化合物体内抑瘤实验研究 ·································247
　参考文献 ·································252
第13章　合成化合物抗氧化 ·································263
　13.1　化学合成抗氧化剂 ·································263
　　13.1.1　食品抗氧化剂 ·································263
　　13.1.2　工业助剂抗氧化剂 ·································268
　13.2　天然产物及其衍生物抗氧化活性 ·································273
　　13.2.1　多酚及其衍生物抗氧化活性 ·································273
　　13.2.2　黄酮及其衍生物抗氧化活性 ·································275
　　13.2.3　多糖衍生物抗氧化活性 ·································280
　　13.2.4　蛋白质衍生物及其抗氧化活性 ·································283
　　13.2.5　其他 ·································284
　参考文献 ·································285
第14章　合成化合物抗心脑血管疾病 ·································290

14.1　心脑血管疾病及其治疗药物 ················290

14.2　化学合成类药物 ·····················291

14.2.1　他汀类药物合成与功能活性 ·············291

14.2.2　二氢吡啶类药物的合成及活性 ············293

14.2.3　噻吩并吡啶类物质的合成及活性 ···········295

14.3　天然活性成分改性合成药 ···············296

14.3.1　川芎嗪衍生物合成及活性 ··············296

14.3.2　丹参素衍生物合成及其活性 ·············301

14.3.3　虫草素衍生物合成及活性 ··············303

14.3.4　Xyloketals 类衍生物合成及其活性 ·········304

14.3.5　深海鱼油衍生物合成及活性 ·············305

14.4　特殊材料合成及活性 ··················305

14.4.1　纳米材料合成及活性 ················305

14.4.2　低密度脂蛋白选择性吸附剂合成及活性 ·······306

参考文献 ·····························308

第 15 章　合成化合物抗糖尿病 ················311

15.1　抗糖尿病化学合成药物 ················311

15.1.1　胰岛素增敏剂 ···················311

15.1.2　胰岛素分泌促进剂 ·················312

15.1.3　肠促胰岛素 ····················314

15.1.4　钠-葡萄糖协同转运蛋白-2（SGLT-2）抑制剂 ·····316

15.1.5　α-葡萄糖苷酶抑制剂 ················316

15.1.6　胰淀素类似物 ···················317

15.2　抗糖尿病天然改性药物 ················317

15.2.1　白藜芦醇 ·····················317

15.2.2　小檗碱 ······················318

15.2.3　黄酮类化合物 ···················319

15.2.4　芒果苷 ······················320

15.2.5　大黄素 ······················320

参考文献 ·····························322

第 16 章　合成化合物抗阿尔茨海默病 ·············324

16.1　靶向 Aβ 药物 ·····················324

16.1.1　抑制 Aβ 的产生 ··················325

16.1.2　减少 Aβ 的聚集 ··················327

16.1.3　已积累的 Aβ 清除 ·················327

16.2　靶向 tau 蛋白药物 ···328

　16.2.1　控制 tau 蛋白磷酸化 ···328

　16.2.2　抑制 tau 蛋白异常聚合及促进解聚 ·····························329

16.3　靶向胆碱抑制药物 ···330

　16.3.1　增加乙酰胆碱含量 ···330

　16.3.2　抑制乙酰胆碱分解 ···330

参考文献 ···333

第一部分　化学与生物合成

第1章 化学合成基本方法

1.1 高温与低温合成

1.1.1 高温合成

较多无机合成材料的制备需要在高温条件下进行，高温合成反应主要分为高温固气合成反应、高温固相合成反应(也称制陶反应)、高温熔炼及合金制备、高温化学运输反应、高温熔盐电解、等离子体超高温合成、高温单晶生长和区域熔融提纯等多种反应类型。本节主要介绍高温还原合成、高温固相合成及自蔓延高温合成。

1. 高温还原合成

1)金属还原反应

高温下的还原反应是科研和化工生产中较为常见的一类合成反应。金属的制备分为金属热还原法和熔盐电解法两种。金属热还原法是一类极具实际应用价值的合成反应，目前金属热还原反应主要包括铝热还原反应、镁热还原反应、硅热还原反应等[1]。

高温下的还原反应以氧化物、硫化物、卤化物等矿物、化工产品及化学试剂为常用原料，H_2、CO、C 和活泼金属如 Al、Mg、Zn、Na 等为常用还原剂，可制备大多数金属单质及部分非金属。例如，高温下用焦炭与黄铁矿(FeS_2)相互作用制备单质铁；用氢气还原 WO_3 制备金属钨。又如，用铝与硼的酸酐或卤化物作用制取硼，以及在 1800℃下将碘化锆(ZrI_4)热分解还原为锆(Zr)等。选择还原金属材料的原则可由高温合成的原理获得，即比较生成自由能的大小；当使用两种以上的金属材料作为还原剂时，还应该尽量考虑选择还原力强、易制得、纯度高及副产物容易与生成金属分离且不与生成金属生成新合金的金属。反应过程中加入熔剂的目的是改变反应热，并使熔渣有良好的流动性，易于分离。同时，要注意对反应生成物的处理，一般是将金属与熔渣的混合物取出捣碎，根据生成金属和熔渣的不同化学性质，用乙醇、水、酸或碱加以处理，使熔渣与金属尽量分离[2]。最后获得剩余金属粉末进行低温干燥，也可使用重液的分离方法(重液分离方法就是利用相对密度大的液体将产物和副产物分离)。

2)氢气还原反应

氢气还原反应具有如下特点：①氢利用率不完全。进行还原反应时，体系中存在反应物氢和反应产物水蒸气，当反应达到平衡时，还原反应进程终止，此时体系中必然存在 H_2、H_2O、氧化物、金属等。②还原金属高价氧化物的过程中会有一系列含氧不同的较低价态金属氧化物出现。例如，五氧化二钒（V_2O_5）还原制备钒时，反应过程中依次生成氧化物 V_2O_4、V_2O_3、VO，其中四价氧化物极容易被还原，因此，难以分离出较纯的 V_2O_4，欲获得 VO，则须在 1700 ℃的高温下进行反应，但若制备金属钒，需要相对更高的温度[3]。再如，还原氧化铁时，可以连续得到 Fe_3O_4、FeO 和 Fe。就金属氧化物而言，金属离子化合价降低时，其氧化物稳定性增加，相对越不容易被还原。③不同反应温度下，还原制得的金属单质的物理及化学性质存在差异。在较低温下，还原制得的金属往往具有较大的表面积和很强的反应活性，其中某些还具有可燃性，在空气中就会自燃。在较高温下进行还原反应，能够使所得金属颗粒聚结成较大颗粒，金属表面积减少，同时，金属颗粒内部结构变得整齐、稳定，最终将致使金属本身化学活性明显降低。在低于金属自身熔点温度时，还原获得的金属单质一般呈现海绵状，与粉末状金属相比较稳定。氢气还原氧化物获得的粉末状金属若在空气中长期放置，金属颗粒表面将形成氧化膜，熔化温度也将略高于熔点温度[4]。

氢气易燃、易爆，安全风险较高，采用氢气还原法获得的多数金属也可采用既安全又廉价的电解法制取，因此，目前工业生产中氢气还原法的使用已不多见[5]。

2. 高温固相合成

高温固相合成也可归属于固相反应之一，它是在高温反应条件下完成的固体反应物之间的反应。该反应类型是一类极重要的高温合成反应[6]，诸多具有特殊性能的无机功能材料或金属陶瓷化合物都是通过高温固相反应直接合成。稀土固体材料制备方法中，最常用的方法即为高温固相反应法，合成所需的原料混合研磨后，放入坩埚，置于高温电炉中，加热、灼烧、洗涤、烘干、筛选，最终得到产品[7]。此类合成反应不仅具有重要的实际应用背景，且从反应本身来讲，也具有显著特点。一般而言，高温固相反应机制主要为三步：首先，高温环境相界面彼此接触；其次，于界面生成产物层，随产物层厚度增大，反应物被分离，伴随反应持续，反应物通过产物层扩散；最后，反应完毕，产物层全部为生成化合物。通常高温固相合成法反应速率较慢，固体质点间键力较大，反应性能低，另外，由于在高温环境下完成高温传质，传热过程对反应速率影响较大，但由于高温固相反应操作简单、设备简单、成本相对较低，且工艺较为成熟，已获得广泛应用[8]。

1)金属还原反应单晶硼酸铝微管的固相合成

L. An 等以 Al_2O_3 和 BN 为原料，在空气中采用高温固相反应成功地获得了单晶硼酸铝微管。为了使实验顺利进行，他们把原料充分混合并用球磨机球磨 12 h 后，放入管式炉中先以 10℃/min 升温到 1200 ℃，再以 3℃/min 升温到 1700℃，并维持 2～4 h。单晶硼酸铝微管的形成经历了一个固液固机理：首先，彼此接触的反应物反应生成硅酸铝；然后，未反应的 Al_2O_3 和 BN 溶解在熔化的硼酸铝里形成过饱和溶液；最后，单晶硼酸铝以微管的形式沉淀出来[9]。

2) 稀土发光材料的高温固相合成

稀土发光材料具有许多优良性能和用途，目前已成为发光材料研究的持续热点问题。稀土三基色荧光粉以其良好的发光性能和稳定的物理性质在发光材料中占有不可替代的位置[10]，但随着需求领域的扩展，对荧光粉提出了不同的要求，需要不断改进荧光粉的某些性质，如粒度、成分均匀度、纯度等。工业生产中的技术革新可能会降低成本，但满足上述多样性能要求还需从合成方法的本质入手[11]。

高温固相合成方法是制备各类荧光粉的通用方法，也是简单、经济、适合工业生产的最佳方法，用该方法能够保证制得的产品形成良好的晶体结构、表面缺陷少、晶体产物发光效率高，且成本也较低。

3) Li^+ 电池正极材料的高温固相合成

近年来，锂离子电池因工作电压高、容量高、污染少及循环寿命长等优点受到人们重视，已被广泛应用。但正极材料比容量偏低[130（mA·h）/g 左右]，且需额外负担负极的不可逆容量损失，因此正极材料的研究与改进一直是锂离子电池材料研究的关键技术问题。随着碳负极性能不断改善和高性能负极体系的不断涌现，相对而言，正极材料的研究较为滞后，并成为制约锂电池性能的关键因素。过渡金属嵌锂化合物 $LiMO_2$ 和 LiM_2O_4（M 代表 Mn、Ni、Co 等金属离子）一直是锂离子电池正极材料的研究重点[12]。

目前，锂离子电池正极材料合成方法中，离子交换法工艺烦琐，尚不具备工业化条件；溶胶-凝胶法较复杂，难以实现工业化生产；高温固相法和水热法相对简单，尤其是高温固相法，具备工业化潜力。目前国内外锂离子正极材料的生产工艺都以高温固相法为主，因此，该材料高温固相合成的深入研究具有良好产业应用前景[13]。

3. 自蔓延高温合成

自蔓延高温合成（self-propagating high-temperature synthesis，SHS）是制备无机高温材料的另一方法，又称燃烧合成。自蔓延高温合成最早是德国冶金学家 Goldschmidt 在 1885 年发现的，他发现很多金属氧化物与铝混合加热时都可以被还原，并得到金属或合金。在此基础上，发展了铝热反应冶金技术[14]。自蔓延高温合成是在高真空或介质中点燃原料引发化学反应，化学反应放出的热量使得邻近的物料温度骤然升高而引起的化学反应,并以燃烧波的形式蔓延至整个反应物,当燃烧波推进前移时反应物变成生成物[15]。

针对空间实验能源紧缺的矛盾和空间实验费用高昂的限制,由自蔓延高温合成反应所释放的高温高热可以作为很好的空间实验加热源,俗称化学炉(chemical oven)[16]。为此,人们设计了利用特殊的两固态 SHS 反应作为高温高热的加热源,炉温可达三千多度,可用于制备高熔点材料。两固态无气 SHS 反应以硼钛或碳钛反应为主,产热效率高。对于硼钛系统,要得到 302 kJ 热量所需化学物质不到 60g,再加上点燃电池共约 100g,而用电热丝法仅银锌电池就至少需 836 g。若增加化学物质,在同样负载条件下,化学炉热效率可提高 10 倍左右。因此有专家认为,由 SHS 释放的空间实验新能源,是 21 世纪前半期的最佳和最可行的加热方法之一,可用来开拓在空间环境下制备高熔点材料这一研究新领域[17]。

另外,将离心铸造技术和自蔓延高温合成技术结合在一起而发展起来的离心自蔓延高温合成技术,具有工艺与设备简单、生产率高、节能和成本低等特点,为陶瓷衬管的生产开辟了新途径[18]。以北京科技大学为技术依托单位的“陶瓷内衬钢管”列为“九五”国家科技成果重点推广项目,陶瓷内衬钢管具有自主知识产权,已形成规模生产能力,全国年产值已达亿元。我国在陶瓷衬管的生产和应用上已走在世界前列,现已开发出长度 6 m、最大直径 800 mm 的陶瓷衬管,其陶瓷层密度相当于 α-Al$_2$O$_3$ 理论密度的 85%~90%。陶瓷层显微硬度远远高于普通无缝钢管的硬度[19]。近年来还在不锈钢内衬复合管金属陶瓷管、陶瓷弯管、变径管和小直径管上取得了突破[20]。

1.1.2 低温合成

低温是指低于室温的温度,室温以下的合成即为低温合成。在低温条件下,物质的特性会发生奇妙的变化,物质的超导性和完全抗磁性就是很好的例证[21]。目前,低温合成技术的应用已受到极大的关注。接下来介绍低温技术在一些合成反应中的应用。

1. 液氨中的低温合成

液氨是一种重要的质子溶剂,它的亲质子能力比水强得多,被看作碱性溶剂的代表。碱金属和碱土金属在液氨溶液中均能形成金属氨化物。许多化合物在液氨中也能氨解得到相应氨基化合物。氨的熔点是–77.70℃,沸点是–33.35℃,所以液氨中的合成属于低温反应。

1)碱金属与液氨的反应

液氨溶解的任何碱金属,其稀溶液都具有同一吸收波长的蓝光。实验证明,该物种是氨合电子,电子处于 4~6 个 NH$_3$ 的“空穴”中。能够说明此现象的实验依据是碱金属的液氨溶液比纯溶剂密度小，液氨中随碱金属浓度增大，顺磁性减小。碱金属在液氨中的溶液是亚稳态的，因此，一般条件下反应较慢，但在催化剂(过渡金属盐)存在时能迅速反应形成金属氨化物，并放出 H_2[22]。

2) 碱土金属与液氨的反应

铍和镁不溶于液氨，也不同液氨反应，但是有少量铵离子存在时，镁能同液氨反应，并形成不溶性的氨化物，铵离子起催化剂的作用。其反应为

$$Mg + 2NH_4^+ === Mg^{2+} + 2NH_3 + H_2$$
$$Mg^{2+} + 4NH_3 === Mg(NH_2)_2 + 2NH_4^+$$

总反应式可写为

$$Mg + 2NH_3 === Mg(NH_2)_2 + H_2$$

其他碱土金属像碱金属一样，在液氨中也能够溶解，形成的溶液可缓慢分解，并形成金属氨化物，碱土金属盐也能同液氨反应形成相应的氨化物[23]。

3) 液氨中[$Cr(NH_3)_6$](NO_3)$_3$[硝酸六氨合铬(Ⅲ)]的合成

由于液氨既可作低温溶剂，又可同时作为反应物之一，因此许多金属配合物都是在液氨中合成的。[$Cr(NH_3)_6$](NO_3)$_3$ 是以无水三氯化铬和液氨为原料，在氨基化钠的存在下合成的。在反应过程中，液氨既是反应物来参加反应，又作为低温源，同时也充当反应介质[24]。

2. 稀有气体化合物的低温合成反应

稀有气体是氦、氖、氩、氪、氙和氡六种元素的总称，旧称"惰性气体"。自从 1962 年首次合成了氙的化合物后，所谓的惰性气体已经名不副实了。后来又陆续合成了许多新的稀有气体化合物，所以现改称稀有气体。稀有气体本身就是在低温下进行分离纯化的，它的一些化合物也是在低温下合成的，常使用的是低温水解合成和低温放电合成[25]。

1) 低温水解合成

迄今，氙的氧化物尚不能由单质的氙和氧直接化合而成，只能由氟化氙转化而来，氙的氟氧化物也是靠氟化氙转化而获得。例如，XeO_3、$XeOF_4$、XeO_2F_2 是由 XeF_4 转化而来，XeO_4 和 XeO_3F_2 则由 XeF_4 或 XeF_6 水解生成高氙酸再转化而成。

2) 低温放电合成

约斯特等于 1933 年曾用放电法制备氟化氙，但未成功。基尔申鲍姆等于 1963 年用放电法制备 XeF_4，获得成功。反应器的直径为 6.5 cm，电极表面直径为 2 cm，相距 7.5 cm，将反应器浸入-78℃的冷却槽中，然后将 1 体积氙和 2 体积氟在常温常压下以 136 cm/h 的速度通入反应器，放电条件为(1100 V，31 mA)～(2800 V，12 mA)。历时 3 h，耗 14.20 mmol 氟和 7.1 mmol 氙，生成

了 7.07 mmol(1.465g) 的 XeF$_4$。说明此反应为定量反应。为了测定产物的组成，用过量的汞和产物反应，生成 Hg$_2$F$_2$ 并放出氙，证明产物是 XeF$_4$。

3. 挥发性化合物的低温合成反应

挥发性化合物由于其熔点、沸点都较低，且合成时副反应较多，因此，它的合成和纯化都需要在低温下进行。

1.2 高压与低压合成

1.2.1 高压合成

一般 1.0 MPa 以上的压力可称为高压，高压技术在无机合成和有机合成中已得到广泛应用。最典型的如氨、五羰基铁、甲醇等化合物的合成。随着现代科学技术的发展，在高科技领域中需要很多功能材料，如超硬材料金刚石、立方氮化硼等；强磁性材料 CrO$_2$、铁氧体和铁电体。高压技术的发展为合成化学开辟了新的途径，合成化学又推动着高压技术的发展。

在化合物的合成中，压力通常可以降低合成温度、增加反应速率、缩短反应时间、提高化合物的热稳定性。常压下不稳定或难以合成的化合物，可采用高压合成。单纯的高压合成就是利用外加的高压力，使物质产生多型相转变或发生不同物质间的化合，而得到新物相、新化合物或新材料。但是，当施加的高压卸掉之后，大多数物质结构和行为会发生可逆变化，又失去高压状态的结构和性质。因此，通常的高压合成都采用高压和高温两种条件相加，目的是寻求经卸压降温以后的高压高温合成产物能在常压常温下保持其固有状态时的特殊结构与性能[26]。

1. 高压下的无机合成

1)伴随相变的合成反应

高压下无机化合物或材料往往会发生相变，从而有可能导致具有新结构和新特性的无机化合物或物相生成。例如，我们熟识的石墨，在大约 1500 ℃、5 GPa 环境下转变成金刚石，六方氮化硼(BN)在类似超高压条件下转变成立方 BN 也是典型实例。一般来说，高压下某些无机化合物或材料往往由于下述原因导致相变生成新结构化合物或物相：结构中阳离子配位数的变化、阳离子配位数不变而结构排列变化及结构中电子结构的变化和电荷的转移[27]。

2)非相变的高压合成

非相变型高压合成通常遵循 Le Chatelier 原理，即在高压下反应向体积减小的方向进行，即生成物的体积只能在小于反应物的体积时，合成反应才能进行。反之，生成物的体积若大于反应物，在高压下反应产物将发生分解，使合成反应无法实现或产率较低。

2. 高压下的有机合成

工业上由 NH_3 和 CO_2 反应合成的尿素是在高压条件下实现的，乙烯聚合制备聚乙烯、丙烯聚合制备聚丙烯等也是在高压下完成。羰基化反应是有机合成化学中常用方法之一，常规羰基化反应大多数要求在高温高压下方能实现[28]。

有机物腈中的氰基为化学惰性官能团，但在较高压力作用下，氰基活性增强。例如，在 150 MPa 压力下全氟辛腈与 2,3-二甲基丁二烯可发生 Diels-Alder 反应，生成 4,5-二甲基全氟庚基吡啶，恰当的高压对产率提高起到积极作用。

伴随着高压技术研究方法与应用的逐步深入，目前可达到 550 GPa、6000 K 的高压条件，此技术在化学研究中具有巨大潜力。压力可作为基本参数，压力作用可以对物质的电子结构和晶体结构产生较大影响，超高压可导致物质中原子间的电荷变化，如电荷转移、不均匀分布及绝缘体向金属转变等，同样，超高压也可以使物质晶体结构发生由松散向致密结构形式的相转变。另外，高压技术在有机化学反应的选择性、无机固相反应及气体聚合反应等领域均具有广泛应用前景[29]。

3. 高压合成应用——金刚石合成

迄今，金刚石是自然界已知最硬的材料，人们模拟远古时代熔岩冷却固化时产生的高压及高温，促使残留在其中的石墨构型的碳转变成金刚石，制备了人造金刚石。通常人造金刚石的合成包括直接法和间接法两种，前者是在高温高压下使碳素材料直接转变成金刚石，后者是用碳素材料和合金做原料，在高温高压下合成金刚石。此两种方法所需温度均在 1500℃ 左右，直接法需要的压力为 20 GPa，间接法需要的压力仅为 5 GPa。工业人造金刚石的合成均采用间接法制得[30]。

人造金刚石已经发展成为重要工业产品体系之一，但由于石墨向金刚石的转变是在高温、高压、密封的容器环境中进行，因此，人们难以直接观察反应状态，反应机理研究仍很困难。目前，石墨向金刚石的具体转化过程尚无确定公认的解释，各种学说不一而论。金刚石晶体生长与其他晶体生长从普遍规律上来说是一致的，晶体生长包含两个过程，即成核与长大。在人工合成金刚石的过程中，为了说明金属和合金在此过程中起着怎样的作用，石墨结构如何转变成金刚石结构等[31]，可以参考如下几种主要论点。

1）溶剂论

溶剂论认为所用金属起着溶剂的作用。当石墨在熔融的金属中溶解时，石墨原子间键合完全断开。此种溶解过程连续发生，直到熔融金属相对于石墨达到有效饱和，金刚石即从熔体中析出。在此条件下，石墨与金刚石溶解度存在差异使溶液对金刚石相过饱和，且金刚石在此条件下呈现稳态。

2) 纯催化论

纯催化论认为熔融的金属原子进入石墨层状晶格中间且与石墨碳原子形成价键较弱的夹层化合物。此位置的金属原子促进石墨原子重排，使其从石墨结构向金刚石结构转化。石墨层中包含有金属原子的基团，在熔融状金属中迁移，遇到金刚石晶粒，便沉淀于表面，并使金刚石长大。合金原子进入石墨层中的量与石墨层间距离相关，且随远离金刚石生长表面而急剧下降。

3) 催化溶剂论

催化溶剂论认为高温高压下熔融金属发挥溶解石墨的作用，同时还起到催化的作用。为了使金刚石的合成能够实现，对金属溶剂要附加两个必要条件：在金属溶剂中溶解的碳必须带正电荷，这是考虑到利用纯铜做成的溶剂，采用直流加热在阴极部分可见金刚石的生成；溶解的碳要生成中间产物，如金属碳化物形成金刚石。

1.2.2　低压合成

有些化学合成需要在低压条件下进行，低压离不开真空装置和相关技术，此处低压和真空为同义词。

1. 低压下的无机合成

1) 三氯化钛的合成

真空技术在化学合成中是一种重要的实验技术，一些无机物的合成需要在低压条件下进行[32]。例如，三氯化钛($TiCl_3$)是一种中间价态化合物，可以通过金属如铝、锑、铅、钠、汞齐和钛对四氯化钛(IV)的还原作用来制备，也可以用氢作还原剂。由于 $TiCl_3$ 挥发性低和易于歧化[33]，将 $TiCl_3$ 从其他金属氯化物中完全分离出来是较难的，难以得到纯 $TiCl_3$ 产品。但是在低压条件下，用氢还原 $TiCl_4$ 能得到纯 $TiCl_3$ 产品[34]。

2) 二氧化硅薄膜的沉积

热分解沉积掺杂和非掺杂二氧化硅。过去常采用标准气压下硅烷与氧气或 N_2O 的反应来沉积膜，目前普遍采用低压下化学气相沉积二氧化硅薄膜。热分解沉积氧化层是利用硅的化合物在真空条件下的热分解，在气相沉积氧化层，衬底材料可以是硅，也可以是金属或陶瓷，常用的源化合物有烷氧基硅烷、硅烷和二氯二氢硅等[35]。

烷氧基硅烷一般在 650~800 ℃下发生热分解反应。反应产物中的氧必须来源于烷氧基硅烷本身，而不能由外界引入，如果用于化学气相沉积的真空系统中有外来的氧或水汽，则沉积出来的 SiO_2 表面阴暗，腐蚀时会出现反常现象。反应产物中的一氧化硅(SiO)和碳是不期望得到的副产物，它们的含量取决于反应条件：碳的含量取决于炉温，如果炉温过高则会产生大量碳；源化合物分子中的氧原子数目直接影响产物中二氧化硅的含量，当采用每个分子中含有 3 个或 4 个氧原子的烷氧基硅烷时，对生成二氧化硅有利。因此，常用正硅酸乙酯(TEOS)作源物质来沉积 SiO_2 膜[36]。

2. 低压下的有机合成

苯并环丁烯及其衍生物在有机合成中有着非常广泛的应用，可用于生物碱合成富勒烯衍生物等。苯并环丁烯树脂是一类多功能高分子材料，具有优异的电学性能、低吸湿率、高热稳定性和化学稳定性，应用领域十分广泛。高温真空热解法是合成苯并环丁烯比较成熟的方法。氮气保护 $0.66×10^3 \sim 1.33×10^3$ Pa 的压力下，邻甲基苄氯在 $650 \sim 680℃$ 反应 4 h，经提纯，可得产率 50%、纯度 92%的苯并环丁烯。

1.3　电化学合成法

电化学合成又称电解合成，是指通过电氧化或电还原，在水溶液、熔盐和非水溶液中的合成反应。与其他合成方法相比，电化学合成的优点有：①电化学合成无需有毒或有危险的氧化剂和还原剂；②电化学合成通常在常温、常压下进行，反应条件温和、能耗低、设备造价低；③由于能方便地控制电极电势和电极材质，因而可选择性地进行氧化或还原反应。由于电化学合成卓越的优势，其研究和技术开发发展极快，至今已广泛应用于制备合成高纯金属、无机材料、有机材料等多个领域。

1.3.1　电化学炼金属

通过电解的方法实现高纯金属的制备，主要应用于有色金属，包括铜、锌、镍等重金属；铝、镁、钠等轻金属；金、银、铂等贵金属和某些稀有金属。此种电解冶炼的优点是具有极高选择性，能够回收再利用金属材料，有利于金属资源综合有效利用；生产过程容易实现连续化和自动化。目前有色金属的电解制备已占有不可替代的重要地位。

1. 电解冶炼锌

电解冶炼锌的电化学系统一般阳极为含 0.5%～1% Ag 的 Pb 板，阴极采用压延铝板(纯铝)。阳极 Pb 板中加入少量 Ag,可使电极的机械强度、电导率、耐蚀性有所提高,而纯铝作为阴极可提高析氢超电势,锌沉积后容易剥离。电解液为含 H_2SO_4 的 $ZnSO_4$ 溶液。在阳极析 O_2 的电流效率高达 95%,这是 Pb-Ag 合金电极表面析 O_2 的电极电势较低所致。

从热力学分析,显然 H_2 更易析出,然而,考虑到动力学因素,H_2 在锌电极表面析出的超电势较高,因此阴极过程主要是锌的析出。电流效率可达 90%以上,此为锌电解制备电极过程的最大特点。在此过程中沉积的金属本身具有抑制氢气共析的动力学特点,毋需采用特殊措施,即可获得较高电流效率[37]。

2. 电解冶炼铜

一般来说,电解精炼原料粗铜纯度已达 99.2%~99.7%,但少量杂质对铜的导电性及延展性影响很大,不能满足电气工业的要求。为此,需要进一步去除杂质使其纯度达到 99.95%以上,同时回收粗铜中有重大经济价值的金属,如金、银、铂、镍等。电解精炼铜的电化学系统,阳极是粗铜、阴极是纯铜,电解液是主要含有 H_2SO_4 的 $CuSO_4$。

在铜电解精炼时,比铜电极电势更低的杂质如 Fe、Ni、Zn 等,可在阳极共溶,进入电解液,但不能在阴极与铜共析出;而电极电势较铜高的杂质虽然可能在阴极共析,却不能在阳极共溶而进入电解液,只能进入阳极泥,此类金属包括金、银、铂族等。上述过程可以达到分离杂质精炼金属铜及资源充分利用的目的[38]。

1.3.2　电化学合成无机材料

1. 合成硝化剂 N_2O_5

N_2O_5 是一种新型硝化剂,应用前景十分广阔,可用于含能材料的合成,如硝基纤维素、三硝基甲苯等,还可制备常规硝化方法不能制备的一些新的贮能材料。电解法制备 N_2O_5 分为 N_2O_4 氧化和 HNO_3 脱水两种方法[39]。

1)氧化法

N_2O_4 氧化法是以 N_2O_4/HNO_3 为阳极液,以 90%以上的 HNO_3 或无水 HNO_3 为阴极液,使 N_2O_4 在阳极被氧化为 N_2O_5,HNO_3 在阴极被还原为 N_2O_4。电解得到的 N_2O_5/HNO_3 溶液可以直接用于有机化合物的硝化反应,在电解过程中由于阴极生成的水通过渗透或电渗透传递到阳极,与 N_2O_5 的解离组分 NO_2^+ 发生反应生成 HNO_3,降低了 N_2O_5 收率,使电解过程的电流效率仅达 60%,远远低于理论电流效率。

2)脱水法

HNO_3 脱水法是以"无水"(含 0.4% H_2O)或 90%以上 HNO_3 溶液为阳极液,

三氟甲基磺酸为阴极液，使 HNO_3 在阳极被氧化为 N_2O_5 并放出氧气，H^+ 在阴极被还原为 H_2。所以整个电解过程无水产生，电流效率高达 95%。

2. 电化学合成碘仿

碘仿是一种较重要的精细化学品，具有很强的杀菌和局部抗感染能力，广泛应用于医药、感光材料等。碘仿合成的传统工艺是由乙醇或丙酮与碘的碱性溶液反应制得，成本高、生产效率低，目前国外碘仿生产已转用电化学合成法。电化学合成法采用碘化钾、乙醇或丙酮为原料，其工艺简单、生产成本低廉、碘资源利用率高、产品质量好、无环境污染，是一种极具发展前途的绿色合成技术[40]。

高云芳等曾利用电化学技术开发了一种以廉价石墨为旋转阳极、以碘化钾-丙酮-碳酸钠为介质、具有高电流效率和高生产效率的碘仿电解合成先进技术和工艺。薛文华等也开展了碘仿的电化学制法研究，重点探讨电极材料、电流密度、电解液温度、pH 等因素对碘仿合成的电流效率和产率的影响[41]，寻求得到碘仿电化学合成的最佳条件。在最佳条件下，碘仿合成的电流效率和产率分别达到80.3%和 72.3%[42]。

3. 电化学合成强氧化剂

工业上许多强氧化剂都是利用电氧化合成方法制备的，如 $NaClO_4$ 的制备。工业上电解法生产 $NaClO_4$ 的方法是：将 $NaClO_3$ 溶于水，在 318~323 K 溶解饱和，使溶液中 $NaClO_3$ 含量达 640~680 g／L；加入 $Ba(OH)_2$ 以除去 SO_4^{2-} 等杂质，过滤后输进电解槽中；阳极材料是 PbO_2 棒，阴极用铁、石墨、多孔镍、铜、不锈钢；电流密度为 $1500\ A/m^2$，槽电压为 5~6 V，pH 为 6~7；电解液温度为 323~343 K；在槽内加入 NaF 以减小阴极还原。该反应的电流效率为 87%~89%，原料转化率为 85%。利用电解氧化法也可制备 $KMnO_4$ 和极强氧化性物质如 OF_2、$Na_2S_4O_8$、NiF_4、NbF_6、AgF_2 等。

4. 电化学合成纳米材料

无机纳米材料因其在化工催化、精细陶瓷、发光器件、红外吸收、光敏感材料、磁学等多方面的广阔应用前景而备受关注[43]。与传统化学方法相比，电化学方法制备纳米微粒可以调节电流密度、电极电势等电化学参数，以及通过改变阴极材料或溶液组成等手段方便地控制反应条件，具有设备简单、操作方便、条件温和等特点，对环境污染小，不需要高纯度起始反应物就可以得到高纯度、不同形状和大小的纳米粒子。从目前看，该方法尚处于实验研究阶段，反应机理尚需探讨，具有极强发展前景，有待进一步研究开发[44]。

1.3.3　电化学合成水处理剂

利用电化学合成方法制备水处理剂主要有高铁絮凝剂和聚合氯化铝絮凝剂两类。高铁是铁的六价化合物，具有氧化除污染、杀菌消毒、絮凝助凝等多种水质净化效果，是一种具有重要应用价值的新型高效水处理药剂。高铁絮凝剂可以利用电化学合成方法制备。在酸性溶液中，其氧化还原电位高达 1.9V，在碱性溶液中其氧化还原电位为 0.9V。中国科学院生态环境研究中心曲久辉等在国家自然科学基金资助下，对多功能铁净水药剂的电解制备及其在水质净化中的应用进行了深入和系统的研究。通过研究，确定了铁的电化学生成形态，提出了高铁酸盐的稳定化电解生成原理及其形态控制机制，筛选出了一种复合电解质作为铁电化学合成的稳定剂，确定了复合铁电解制备过程的关键控制因素，发明了复合铁制备的新型电化学反应器，优化了反应器的工作条件。采用一种特殊的膜作为电化学反应器分离膜，提高系统中离子的迁移与交换速率。采用多孔镍板作阴极，低碳铁板作阳极，提高了铁的制备效率并降低了能耗。例如，以金属铁为正极，铂为负极，以氢氧化钠溶液为电解液，在隔膜电解池中电化学合成高铁酸钠。另一种通过电化学合成方法制备的水处理剂是聚合氯化铝（PAC）。PAC 已实现大规模工业化生产。目前工业化生产 PAC 的方法主要有：以铝或含铝矿物为原料及以铝酸钠或氢氧化铝为原料的化学酸溶法，以三氯化铝为原料的中和法、电渗析法和热分解法等。这些方法的主要缺点是生产过程不易控制，因而产品质量不够稳定。

1.4　光化学合成法

光化学是指在光辐照下引起（或诱发）的化学过程。在这类过程中，把光看成是一种"光子试剂"。这种试剂有较高的专一性，而且在作用后不会给体系留下任何新的"杂质"。光参加此类反应的方式主要是提供与其波长及强度相关的能量。分子吸收光提供的能量之后，由给定条件下的能量最低状态（基态）提升到能量较高的状态（激发态），然后发生化学反应，所以光化学属于激发态化学。光合作用是地球上尤为重要的光化学反应[45]。

1.4.1　光化学反应基本原理

光化学反应的发生通常要求分子吸收的光能须超过热化学反应所需要的活化能及化学键键能。光化学与热化学的基本理论从本质上无显著差别。采用分子电子分布与重排、空间立体效应及诱导效应解释化学变化和反应速率等，对光化学与热化学而言同样适用。

光化学反应第一定律指出：只有被分子吸收的光子才能引起该分子发生光化

学反应，但并不是每一个被分子吸收的光子都一定发生光化学反应。我们可以这样理解，当分子吸收光子后，若形成电子激发态，即可以引发光化学反应。然而，当分子形成激发态后，也可能通过其他途径很快释放能量恢复到基态，能否引发光化学反应主要取决于激发态的寿命长短和反应体系中分子间相互作用。当分子吸收光能后，由基态(S_0)激发到能量较高的单线态(S_1)，随后可能会发生系统间跃迁(ISC)，到达三线态(T_1)。由于 S_1 和 T_1 激发态寿命相对短暂，分子一般通过引起化学反应或放出荧光(单线态)、磷光(三线态)来释放能量，恢复到基态(S_0)。光化学反应一般发生在激发态与基态之间，由于 T_1 比 S_1 存在时间长，因此，三线态的光化学反应最为普遍。

1.4.2　光化学合成特点

光化学属于电子激发态化学，与通常的热化学反应不同，光化学反应有如下特点：

(1)热化学反应所需的活化能来自反应物分子的热碰撞，而光化学反应所需能量来源于辐射光量子的能量。

(2)恒温恒压下热化学反应总是使体系的吉布斯自由能降低，但是许多光化学反应体系的吉布斯自由能是增加的，如光作用下氧转变成臭氧、氨的分解等，是吉布斯自由能增加的反应。

(3)热化学反应的速率受温度影响较大，而光化学反应的速率受温度的影响较小，有时甚至与温度无关。

1.4.3　光化学合成应用

1. 有机合成

有机光化学反应与热化学反应的不同是分子以其激发电子态进行反应。分子从基态到激发态所吸收的光能有时远远超过一般热化学反应可以得到的能量，因此，有机光化学反应能够完成许多采用热化学反应难以完成或根本不能实现的合成过程。

有机化合物的键能在 200~500 kJ/mol 之间，处于紫外-可见光的有效能量范围之内，因此，一个有机分子吸收此范围内的光波后将引起键断裂。例如，C—C σ 键的键能为 347.3 kJ/mol，分子吸收波长小于 345 nm 的光就可使 C—C 键断裂，继而发生一系列化学反应。

己三烯型化合物的光关环反应和开环反应在有机合成中具有较广泛应用。例如，利用光开环反应合成维生素 D_3 前体。通过控制光的波长和反应进度，可得到以维生素 D_3 前体为主的开环产物，进一步得到维生素 D_3。

2. 无机合成

光化学合成有其独特的优点，例如，通常某些化合物在热活化的条件下得不到或很难获得，而在光化学反应中则能够或较容易得到；某些合成途径在热活化的反应过程中需多步实现，并且经过许多中间过程，而在光的作用下，反应可以通过全新的过程来实现。因此，采用光化学合成可用来制备诸多采用其他方法较难或不可能实现的化合物或特征结构化合物的设计合成。针对无机光化学的合成，主要工作集中于金属有机配合物的光化学合成，无机化合物如金属、半导体及绝缘体等的激光光助镀膜，光催化分解水制取氢气和氧气，以及汞的光敏化制取硅烷、硼烷等化合物。硅氢化物和乙烯或乙炔聚合成硅碳烷化合物的反应也是通过汞敏化反应实现的，因此，产物硅碳烷具有较高的纯度，并且容易进行产物分离提纯。

此外汞敏化反应也可用于羰基配合物的合成，这也是利用过渡元素 Fe、Mo、W 和 Cr 与羰基 (CO) 所形成的键能与第ⅣA、ⅤA、ⅥA 族元素的氢化物键能相近，故可以用汞敏化来合成。此种方法也是许多羰基配合物的主要合成方法之一。

3. 高分子合成

许多烯类单体在光的激发下，能够形成自由基而聚合，这称为光引发聚合。光引发聚合又分直接光引发聚合和光敏聚合两种。

1) 直接光引发聚合 (非光敏聚合)

如果用波长较短的紫外光，则其能量比单体中化学键的键能大，有可能引发聚合。单体吸收一定波长的光量子后，先形成激发态，而后分解成自由基再引发聚合，比较容易直接光聚合的单体有丙烯酰胺、丙烯腈、丙烯酸、丙烯酸酯等。

2) 光敏聚合

光敏聚合有光敏引发剂直接引发聚合和光敏引发剂间接引发聚合两种。光敏聚合的光引发速率并不高，在有光敏引发剂存在的条件下，吸收光能激发分解成自由基，引发单体聚合。许多热引发剂也是光敏引发剂。例如，偶氮二异丁腈经常用作光敏引发剂，在波长为 $345 \sim 400 \, \text{nm}$ 的光作用下分解；过氧化物的分解需要波长小于 $320 \, \text{nm}$ 的光，需要特种玻璃容器。光敏间接引发聚合是间接光敏剂吸收光后，本身并不直接形成自由基，而是将吸收的光能传递给单体或引发剂而引发聚合。例如，二苯甲酮、荧光素、曙红等染料是常用的间接光敏剂。

一般感光树脂就是利用光聚合原理合成的。例如，不饱和聚酯树脂与邻苯二缩二甲基双丙烯酸酯、丙烯酸、丙烯酰胺等交联剂混合后，在一般光照和加热下，交联硬化较慢。若加入少量安息香类光敏剂，光照时将迅速固化。贮存时可加入少量对苯二酚，其对使用中的光引发影响不大。

1.5　水热与溶剂热合成法

水热与溶剂热合成是指在密闭体系中，以水或其他有机溶剂为介质，在一定温度(100～1000 ℃)和压强(1～100 MPa)下，原始混合物进行反应合成新化合物的方法。水热合成法是以水为介质的多相反应，根据温度可分为低温水热合成(100 ℃以下)、中温水热合成(100～200 ℃)和高温水热合成(大于 300 ℃)[46]。

溶剂热合成法是在水热合成法的基础上发展起来的，与水热反应的不同之处在于所使用的溶剂是有机物而不是水。水热合成法只适用于对水不敏感的化合物的制备，涉及一些对水敏感(与水反应、水解分解或不稳定)的化合物如ⅢA～ⅤA族半导体、碳化物、氟化物、新型磷(砷)酸盐分子筛维骨架结构材料等的制备就不适用此法，这促进了溶剂热合成法的产生和发展，根据化学反应类型的不同，溶剂热合成法可以分为溶剂热结晶、溶剂热液-固反应、溶剂热元素反应、溶剂热分解和溶剂热还原反应。

1.5.1　水热与溶剂热合成法的特点及不足

水热与溶剂热合成的特点是：①水热、溶剂热条件下，由于反应物处于临界状态，反应活性大大提高，有可能代替固相反应及难以进行的合成反应；②在水热、溶剂热条件下，中间态、介稳态及特殊物相易于生成，可用于特种介稳结构、特种凝聚态的新产物合成；③能够使低熔点化合物、高蒸气压且不能在熔体中生成的物质、高温分解相在此条件下晶化生成；④有利于生长极少缺陷、取向好、完美的晶体，且合成产物结晶度高，并且易于控制产物晶体的粒度；⑤有益于反应的环境气氛，有利于低价态、中间价态与特殊价态化合物的生成，并能均匀地进行掺杂。另外，由于水热、溶剂热反应的均相成核及非均相成核机理与固相反应的扩散机理不同，因而可创造出其他方法无法制备的新化合物和新材料。

水热与溶剂热合成的不足在于：①由于反应在密闭容器中进行，无法观察生长过程，不直观，难以说明反应机理；②设备要求高、技术难度大、成本高；③安全性能差(我国已有实验室发生"炮弹"冲透楼顶的事故)。

1.5.2　水热与溶剂热合成应用

1. 微孔材料

微孔材料是指由孔径均匀的孔道或空穴构成的晶体材料，在这些孔道或空穴中存在金属离子或结构分子，如果加热去除它们，微孔晶体就具有选择性吸附能力。对于尺寸小的分子可以被吸附并保留在孔道或空穴中，尺寸大的分子则会被阻挡，例如，孔筛意向性筛分至今，人们已通过水热与溶剂热方法成功合成出了沸石分子筛、ZSM 系列分子筛、大孔单晶等多种微孔材料[47]。

1）沸石分子筛制备

水热合成是沸石分子筛适宜的方法之一。沸石分子筛是一类典型的介稳微孔晶体材料，这类材料具有分子尺寸、周期性排布的孔道，其孔道大小、形状、走向、维数及孔壁性质等多种因素为它们提供了各种可能的功能。沸石分子筛微孔晶体的应用从催化、吸附及离子交换等领域，逐渐向量子电子学、非线性光学、化学选择传感、信息储存与处理、能量储存与转换、环境保护及生命科学等领域扩展。

2）空心纳米笼及纳米管制备

近年来，由于空心纳米结构不仅具有质轻、高比表面积、大空腔等特点，而且常表现出实心材料所不具备的独特性能，因而成为纳米材料研究的热点。

有研究者曾通过刻蚀剂的引入使纳米颗粒一次发生刻蚀，实现钴纳米笼的一步水热合成。另外，通过对反应时间的简单调控，可以对刻蚀程度进行有效控制，得到部分中空的立方笼和纯粹的菱形立方笼结构。研究表明实验获得的空心纳米笼具有优越的磁性能，并且含有介孔结构的空心纳米笼还可用于催化领域。

2. 人造水晶

人造水晶在通信技术中主要用来制造频率控制元件和滤波器原件，目前有压电性能的材料虽然很多，但它们在特征功能方面都远不及水晶；另外，水晶由于紫外光透过性能好，还是一些光学仪器重要组件材料。但事实上，适用于压电机和制造光学仪器的天然水晶矿床比较贫乏，且优质大块水晶更为稀少，因此，水热与溶剂热生长人工水晶显得尤为重要。水热与溶剂热合成是将自然界中大量的不能用于制造光学和压电原件的碎块水晶重新结晶来获得优质水晶的重要人工方法。

将 SiO_2 原料浸没于碱溶液中，将温度升高至 350～400 ℃，此时水压可达 0.1～2 GPa，这时原料 SiO_2 溶解，水晶析出。水晶生长速度和质量受到如下主要因素制约：①碱溶液的种类（NaOH、Na_2CO_3）、浓度及原料的填充度。矿化剂一般浓度为 1.0～1.2 mol/L（NaOH），填充度为 80%～85%；②生成区的温度为 330～350 ℃；③生成区与溶解区的温度差 20～80 ℃；④挡板的开孔度；⑤籽晶的结晶方向。总的来说，在高温下相应提高填充度和溶液碱浓度可提高晶体完整性。在 380 ℃和 0.1 GPa 下，SiO_2 在纯水中溶解度为 0.16 %，而在 0.5 mol/L 的 NaOH 溶液中溶解度为 2.4%。

3. 薄膜材料

水热与溶剂热法是制备薄膜材料的常用方法，其化学反应是在高压容器中的高温高压流体中进行的。一般以无机盐或氢氧化物水溶液为前驱物，以单晶硅、金属片、α-Al_2O_3、载玻片、塑料等为衬底，在低温（常低于 300 ℃）下对浸有衬底的前驱物溶液进行适当的水热或溶剂热处理，最终在衬底上形成稳定结晶相薄膜。

水热与溶剂热制备薄膜材料可分为普通法和特殊法。其中特殊法是指在普通水热与溶剂热反应体系上再加其他作用场，如直流电场、磁场、微波场等。水热与溶剂热-电化学法是在反应体系的两电极间加直流电场，控制粒子的沉积方向，控制膜的纯度，降低反应温度，但成膜速率存在差异导致膜结晶性差、表面不均一、开裂等缺陷。

1.6　溶胶-凝胶合成法

溶胶-凝胶法是低温或温和条件下合成无机化合物或无机材料的重要方法，是为解决高温固相反应中反应物质之间扩散速率慢和组成均匀性差的缺陷而发展起来的。溶胶是胶体溶液，反应物以胶体大小的粒子分散在其中。凝胶是胶态固体，由可流动的组分和具有网络内部结构的固体组分以高度分散的状态构成。它在软化学合成中占有重要地位，在玻璃、陶瓷、薄膜、纤维、复合材料等的制备方法中获得重要应用，其更广泛应用于纳米粒子制备技术。

1.6.1　溶胶-凝胶法工艺流程

溶胶-凝胶的化学过程，首先是将原料分散于溶剂中，然后经过水解反应生成活性单体，活性单体进行聚合开始形成溶胶，进而生成具有一定空间结构的凝胶，经过干燥和热处理制备出纳米粒子和所需材料[48]。

1. 溶胶的制备

溶胶是指极细的固体颗粒分散于液体介质中的分散体系，其颗粒大小均在 1 nm ～1 μm，制备溶胶的方法主要包括分散法和凝聚法。其中分散法又包括研磨法、超声分散法、胶溶法。凝聚法又分为化学反应法和改换介质法。

2. 凝胶的制备

凝胶是胶体的一种特殊存在形式，在适当条件下，溶胶或高分子溶液中的分散颗粒相互联结形成网络结构，分散介质充满网络之中，体系成为失去流动性的半固体状态的胶冻，即为凝胶。可以从以下两个途径形成凝胶：第一种方法是干凝胶吸收亲和性液体溶剂形成凝胶及溶胶或溶液在适当条件下分散颗粒相互联结形成网络，这种过程称为胶凝。第二种方法是制备凝胶的常用方法：①改变温度，利用物质溶解度不同形成凝胶；②替换溶剂，利用分散相溶解度小的溶剂替换原有溶剂使体系胶凝；③加入电解质，向溶液中加入含有相反电荷的大量电解质也可引起胶凝。

3. 凝胶化

具有流动性的溶胶通过进一步缩聚反应形成不能流动的凝胶体系。经缩聚反应所形成的溶胶溶液在陈化时，聚合物进一步聚集长大，成为小粒子簇，它们相互碰撞连接成大粒子簇，同时，液相被包于固相骨架中失去流动性，形成凝胶。

4. 凝胶的干燥

1）一般干燥

将湿凝胶膜所包裹的大量溶剂和水通过干燥去除，得到干凝胶膜。常用干燥方法主要有以下两种：① 控制干燥，即在溶胶纸杯中加入控制干燥的化学添加剂，如甲酰胺、草酸等，它们的蒸气压低、挥发性低，能使不同孔径中的醇溶剂均匀蒸发；② 超临界干燥，即将湿凝胶中的有机溶剂和水加热加压到超临界温度、超临界压力。

2）热处理

进一步热处理，可以消除干凝胶的气孔，使其致密化，并使制品的相组成和显微结构能满足产品性能的要求。但加热过程中，须在低温下先脱去干凝胶吸附在表面的水和醇，升温速度不宜过快。热处理设备主要有：真空炉和干燥箱等。

1.6.2 溶胶-凝胶法特点

（1）此法操作温度低，使得制备过程更易于控制，而且可以得到传统方法无法获得的材料。

（2）反应从溶液开始，使制备的材料能在分子水平上达到高度均匀。

（3）可以制备出块状、棒状、管状、粒状、纤维、膜等各种形状的材料。

（4）制备出的气凝胶是一种可控的新型轻质纳米多孔非晶固态材料，具有许多特殊性质。

（5）在制备过程中引进的杂质少，所得产物纯度高。

1.6.3 溶胶-凝胶法应用

1. 薄膜涂层材料

涂层是指通过某种特殊作用附着于某一基体材料，且与基体材料具有一定结合强度的薄层材料，它可以克服基体材料的某种缺陷，改善其表面特性。而溶胶-凝胶法是近年来新发展的涂层制备方法，与其他制备方法相比，其工艺设备简单，工艺过程温度低，可以在各种形状、不同材料的基底制备大面积薄膜，甚至可以在粉末材料的颗粒表面制备一层包覆膜，易于得到均匀多组分氧化物涂层。溶胶-凝胶法是一种湿化学方法，它以金属醇盐为母体物质，制备均匀溶胶，对玻璃、陶瓷、金属和塑料等基材进行浸渍成膜或旋转成膜，它能赋予基材特殊的电性能和磁性能，也可改善光学性能和提高化学耐久性。

2. 纳米材料

纳米材料具有许多且不同于宏观物质的微观粒子奇特效应，溶胶-凝胶法是制备纳米材料的特殊工艺，因为它从纳米单元开始，在纳米尺寸上进行反应，最终制备出具有纳米结构特征的材料，而且溶胶-凝胶技术制备纳米材料工艺简单、易于操作、成本较低。通过无机和聚合物高分子材料所制备的纳米复合材料，由于它们特殊的光学、电学、光电子、机械及磁性质，具有成为新一代材料的巨大潜力，从而控制纳米材料的结构、形状、尺寸成为合成制备中的重要问题，即结构决定性质。可通过溶胶-凝胶法结合自组装形成一个手性模板，再在这个模板上利用溶胶-凝胶法制备手性纳米复合材料。

3. 陶瓷材料

溶胶-凝胶技术自 20 世纪 60 年代中期以来，一直是制备陶瓷、玻璃的一种重要工艺。近年来，在新型功能陶瓷、结构陶瓷等复合材料的制备科学中得到长足发展，如应用于粉体的制备、陶瓷薄膜与纤维的制备，以及陶瓷材料的凝胶铸成型技术等。

4. 复合材料

溶胶-凝胶技术制备复合材料，可以把各种添加剂、功能有机物或有机分子均匀分散于凝胶基质中，经热处理致密化后，比均匀状态可以保存下来，使材料更好地显示出复合材料特性。溶胶-凝胶技术在复合材料，特别是在纳米复合材料的制备方面进展较快，如纳米催化剂、纳米光学材料、纳米气敏材料、纳米磁性材料等功能材料。概括起来，该方法制备的纳米复合材料主要包括以下几种情况：①不同组分之间的纳米复合材料；②不同结构之间的纳米复合材料；③组成和结构均不同的组分所制备的纳米复合材料；④凝胶与其中沉积相组成的复合材料；⑤干凝胶与金属相之间的纳米复合材料；⑥无机-有机纳米复合材料。该领域是涉及无机、有机，以及材料、物理、生物等诸多学科交叉的一个重要新兴研究领域。

1.7　化学气相沉积法

化学气相沉积法(chemical vapor deposition，CVD)是利用气态或蒸气态的物质在气相或气-固相界面上反应生成固态沉积物的过程。化学气相沉积法是近二三十年发展起来的合成无机材料的一种新技术，已被广泛地用于提纯物质，研制新晶体，沉积各种单晶、多晶或玻璃态无机薄膜材料[49,50]。

1.7.1　化学气相沉积原理

CVD 的化学反应主要有两种：一种是通过各种初始气体之间的反应来产生沉积；另一种是通过气相的一个组分与基体表面之间的反应来沉积。CVD 沉积物的形成涉及各种化学平衡及动力学过程，这些化学过程受反应器、CVD 工艺参数(温度、压力、气体混合比、气体流速、气体浓度)、气体性能、基体性能等诸多因素的影响。描述 CVD 过程最典型的是浓度边界层模型，它比较简单地说明了 CVD 工艺中的主要现象——成核和生长过程。该过程主要分以下几步：①首先反应物气体被强制导入系统；②反应气体具有扩张性，整体流动穿过边界层；③气体在基体表面的吸附；④吸附物之间或吸附物与气态物质之间的化学反应；⑤吸附物从基体解吸；⑥生成气体从边界层到气流主体的扩散和流动；⑦气体从系统中强制排除[51]。

CVD 技术特点在于：①沉积反应如在气-固界面上发生，则沉积物将按照原有固态基底的形状包覆一层薄膜；②可以得到单一组分的无机合成物质，并可作为原材料制备；③可以得到各种特定形状的游离沉积物器具；④可以沉积生成基体物质。

1.7.2　化学气相沉积反应

从化学反应的角度看，CVD 法包括热分解反应、化学合成反应和化学转移反应三种类型。

1. 热分解反应

热分解反应一般在简单的单温区炉中进行，此类反应体系的主要问题是反应源物质和热解温度的选择。在选择反应源物质时，既要考虑其蒸气压与温度的关系，又要注意在不同热解温度下的分解产物，保证固相仅为所需要的沉积物质，而没有其他杂质。因此需要考虑化合物中各元素间有关键强度(解离能或键能)的数值。

氢化物 M—H 键的解离能和键能比较小，热解温度低，副产物没有腐蚀性氢气。利用硅化合物在真空条件下的热分解，采用低压下化学气相沉积 SiO_2 薄膜。基底材料可以是硅，也可以是金属或陶瓷。常用的硅化合物有烷氧基硅烷 [如 $Si(OC_2H_5)_4$、$C_2H_5Si(OC_2H_5)_3$、$(CH_3)_2Si(OC_2H_5)_2$ 等]、硅烷和二氯二氢硅等。烷氧基硅烷一般在 650～800 ℃下发生热分解反应。

低压化学气相沉积 SiO_2 薄膜的体系还有 $SiH_4\text{-}N_2O$、$SiH_4Cl_2\text{-}N_2O$ 和 $SiH_4\text{-}O_2$ 等。低压 CVD 技术已广泛地用于半导体材料如 SiO_2、GaAs 等的晶体生长和成膜。与常压 CVD 法相比，低压 CVD 法的优点有：①晶体生长或成膜的相对质量好；②沉积温度低，便于控制；③低压下气相沉积的特点，可使沉积衬底的表面积扩大，提高沉积效率。

2. 化学合成反应

化学合成反应是指沉积过程中两种或多种气态反应物在同一热衬底上相互反应的过程。这类反应的典型例子是用氢还原卤化物来沉积各种金属。化学合成反应还可用来制备多晶态和玻璃态的沉积层，如 SiO_2、Al_2O_3、Si_3N_4、硼硅玻璃、磷硅玻璃及各种金属氧化物、氮化物和其他元素间化合物等。

3. 化学转移反应

把所需要的沉积物作为反应源物质，借助于适当气体物质，与之反应而形成一种气态化合物，这种气态化合物经化学迁移或物理载带被输运到与源区温度不同的沉积区，再发生逆向反应，使得源物质重新沉积出来，这样的反应称为化学转移反应，气体介质称为输运剂。例如，在源区 (温度 T_2) 发生输运反应 (向右进行)，源物质 ZnS 或 ZnSe 与 I_2 作用生成气态的 ZnI_2；在沉积区 (温度为 T_1) 则发生沉积反应 (向左进行)，ZnS 或 ZnSe 重新沉积出来。其中 I_2 是输运剂，在反应过程中没有消耗，只是对 ZnS 或 ZnSe 起一种反复输运的作用；ZnI_2 则称为输运形式。

1.7.3 化学气相沉积反应的应用

沉积反应若在气-固界面上发生，则沉淀物将按照原有固态基底 (又称衬底) 的形状包覆一层薄膜。这一特点也决定了 CVD 技术在涂层刀具上的应用，另外，CVD 技术也在集成电路和其他半导体器件制造应用中起决定性作用。

采用 CVD 技术也可以得到单一的无机合成物，并可以作为原材料制备的方法。例如，气相分解硅烷 (SiH_4) 或采取三氯硅烷 ($SiHCl_3$) 氢还原时都可以得到锭块状的半导体超纯多晶硅。如果采用不同基底材料，在沉积物达到一定厚度后，容易与基底分离，如此便可以得到各种特定形状的游离沉积物器具。在 CVD 技术中也可以沉积生成晶体或细粉状物质，如生成丹砂；或者使沉积反应发生在气相中，而不是基底表面，这样所获得的无机合成物质可以是很细的粉末，甚至是纳米尺寸的纳米超细粉末[52]。

1.8　微波辐照合成法

微波（microwave，MW）是指频率在 300 MHz～300GHz、波长介于 1 mm～1 m 的高频电磁波，位于电磁波谱的红外辐射（光波）和无线电波之间。微波是特殊的电磁波段，不能用无线电和高频技术中普遍使用的器件来产生。事实表明：极性分子溶剂（如水、乙酸、醇类等）和某些固体物质（如 NiO、Co_2O_3、CuO、V_2O_5、$CuCl$、$ZnCl_2$ 等）能吸收微波而迅速升温；而非极性分子溶剂和某些可透过微波的材料（如玻璃、陶瓷等）几乎不吸收微波。

1.8.1　微波辐照合成原理

微波作用到植物上时，可能产生电子极化、原子极化、界面极化及偶极转向极化，其中偶极转向极化对物质的加热起主要作用。在无电场存在时，极性电介质的偶极子与电场作用而产生转矩，各向偶极矩改变不同，使得宏观偶极矩不再为零，产生偶极转向极化。因此微波加热原理可概括为：

（1）具有永久偶极的极性分子在电磁场中产生超高速的振动和旋转，使分子平均动能迅速增加（温度升高）。

（2）物质中有些离子在超高频电磁场中解离，并超高速运动（离子传导），因相互摩擦而产生热效应。由于被加热物本身成为发热体（即内部加热），不需要靠外部热源的辐射传入热能，因此加热更加快速均匀。

正是由于微波具有对物质高效、均匀的加热作用，微波作用下的化学反应速率较传统加热方法高数倍、数十倍，甚至上千倍。例如，许多用传统加热方式需几小时，甚至几天的有机化学反应，在微波辐照下只需数分钟便可完成，从而极大地提高了反应速率。

1.8.2　微波辐照合成应用

1. 无机合成

微波辐照无机合成的典型实例是 NaA 沸石的合成。沸石是具有疏松的三维晶体结构的类水合硅铝酸盐，其中有的存在于天然矿物，可用作分子筛。由人工合成的 A 型分子筛理想组成是：$Na_{12}[Al_{12}Si_{12}O_{48}] \cdot 27H_2O$。当原料成分配比为 $Na_2O:Al_2O_3:SiO_2:H_2O=(1.5～5.0):1.0:(0.5～1.7):(40～120)$，用微波（频率为 2450 MHz）法可合成 NaA。微波法合成 NaA 沸石的优点不仅在于其晶化时间短（最多几十分钟)、节省能源；而且合成的 NaA 沸石粒径比用传统方法合成的要小得多，粒径大部分分布在 1.0～2.0 μm 之间。近年来，微波在纳米粉体材料中的应用研究也十分活跃。微波辐照无机合成是一种清洁、快速、环保的合成方法。

2. 有机合成

微波促有机化学反应加速的主要原因有三点：①微波具有很强的穿透作用，可以在反应物内外同时均匀迅速地加热，故反应速率大幅提高；②在微波场作用下，反应物活化能减小，反应速率加快；③在密闭容器中压力增大，反应温度提高，也促使反应速率加快。上述三种因素共同提高反应速率。另外，微波辐照还能明显地提高产率。微波辐照有机合成反应实例较多，可分为有机溶剂反应、水溶液反应和固相反应等。

1) 有机溶剂反应

在微波化学反应中，溶剂分子的极性极大程度影响着化学反应速率。分子的极性与分子的瞬间偶极有关，而分子的瞬间偶极与分子中的电荷分布情况有关。当分子中一端带有负电荷而另一端带有正电荷，即分子中的电荷分布不平衡时产生了分子的瞬间偶极。分子中此种不平衡电荷分布使分子的热力学能、运动速度和反应温度提高，导致了反应速率的加快。微波作用于极性分子能够加剧分子运动，大大增加反应物的碰撞速率，从而加快化学反应速率。

2) 水溶液反应

与有机溶剂相比，水是廉价、安全、环保的溶剂，同时，水可以与微波较好地耦合。在极性溶剂中，由微波替代传统加热，可以加速缓慢的 N-烷基化反应；以水为溶剂，微波辐照下 3-溴苯基-2-氯乙基醚与二乙胺反应，产率得到大幅度提高。

3) 固相反应

反应物溶解在一种挥发性溶剂，如二氯甲烷中，然后将其吸附在某种无机载体上，再用微波辐照，可使较多有机反应加速。常用无机载体有蒙脱石氧化铝、硅胶含碱金属氟化物的氧化铝、膨润土等，反应后产物可用溶剂萃取分离。例如，把内酯和醛吸附在蒙脱石 KS 上，微波辐照 10 min 后，分离获得产物的产率在 60%以上；而传统合成方法产率仅为 22%～38%，微波辐照后产率大幅度提高。

1.9　声化学合成法

声化学是超声波在化学领域的应用，是 20 世纪发展起来的一门新兴边缘学科，是声学与化学相结合的前沿学科之一。声化学主要是利用超声波来加速化学反应或引发新化学反应，以提高化学产率或获取新化学反应物。自 Richards 与

Loomis 首次发表超声波化学反应效应以来，超声波即作为一种新能源提供方式，被广泛应用于化学合成。

声化学合成频率在 16 Hz～20 kHz 之间，能引起人类听觉的机械波称为声波，高于此频率范围直至 500 MHz 的波称为超声波。早在 20 世纪 20 年代，美国普林斯顿大学化学实验室就已经发现超声波有加速化学反应的作用。超声波是一种均匀的球面机械波，频率高、能量容易集中，但与热能、光能、电能等能量的作用有所不同，超声波在液体中能产生一种独特的作用，称为空化作用。它表现为在液体内部产生微气泡，并将大量振动能输入其中，这些高能微泡长大并突然爆裂，产生冲击波，在极短时间内造成高温、高压（理论上可达 5000 K 和 5 MPa）、放电、发光等局部的高能环境，引发或加速反应中心的形成，从而引起物质的热解离、离子化产生自由基等一系列化学过程的发生。

事实上，在声化学反应中，超声波的热效应、机械效应、光效应及活化效应也同时存在，只是起决定作用的是超声波的空化作用，因此，声强、声频、溶剂反应温度、体系溶解的气体类型及含量、外压等对空穴的形成、生长、破裂乃至消失有影响的因素皆称为声化学反应的影响因素。这些因素中，溶剂的影响起到极为重要的作用，它的黏性、表面张力、挥发性及饱和蒸气压等对空化作用影响较大。超声波不仅可以改善反应条件、简化操作、加快反应速率和提高反应产率，还可以使一些难以进行的化学反应得以实现。

聚合物的声化学反应最早起源于 20 世纪 30 年代，反应中发现超声作用可使淀粉和明胶的黏度发生变化。自由基聚合是声化学聚合研究最多的聚合反应类型，声化学作用有两种：一是超声波的空化作用会打碎溶剂或单体形成自由基，进而由自由基引发聚合；二是超声波存在"二级效应"，即伴随着微泡的形成与破裂，溶液体系被高速搅拌，使原本不相溶的油相与水相高度乳化。例如，25 kHz 高强度超声辐射引发的甲基丙烯酸甲酯（MMA）的本体聚合反应，MMA 聚合反应速率随着辐射时间延长而加快，长时间辐射有利于产生更多的自由基。高强度超声辐射还可以有效地传质和混合，使催化剂更好地分散在反应物中。空化作用能够促进开环反应。环内酯开环聚合反应是合成脂肪族聚酯的常用方法，但很多本体聚合只能合成相对分子质量较低的产物，原因是单体转化率和链终止受反应过程中建立起来的环-链平衡所限制。

1.10　等离子体合成

等离子体（plasma）是由部分电子被剥夺后的原子及原子被电离后产生的正、负电子组成的离子化气体状物质。整个体系因正负电荷相等而呈中性，具有与一般气体不同的性质。等离子体内部粒子的质量相差很大，各粒子的运动有明显的差别，由于它是高度电离的气体，故能导电，在磁场作用下的运动情况也与普通气体不同。因此，它继固体、液体、气体之后被列为物质的第四种物态，称为等离子态。其内的电子、离子，甚至中性粒子一般都具有较高的能量，所进行的各种化学反应都在高激发态下进行，完全不同于常态的化学反应。

等离子体分为两种：高温平衡等离子体(或称热等离子体、高温等离子体)和低温非平衡等离子体(或称冷等离子体、低温等离子体)。

1.10.1 高温等离子体及其在化学合成中的应用

高温等离子体只有在温度足够高时才会产生，太阳和恒星不断发出这种等离子体，它组成了宇宙物质的 99%。高温等离子体是一种由电能产生的密度很高的热源，用于金属和合金的冶炼、超细超纯耐高温粉末材料的合成、亚稳态金属粉末和单晶的制备、NO_2 和 CO 的生产等。利用热等离子体进行化学合成，可借助快速猝灭的方法获得化合物不稳定的高温相，可选副产物呈气态时的温度收集得到高纯固态产物。由于能量密度高、反应速率快，用较小的装置即可获得较高的产量，易开易停，可连续运转，且一般不存在污染问题。

1. 固氮——NO_2 合成

在等离子体无机合成化学方面，最早实现工业生产的是 NO_2，用等离子体加热氧气和氮气混合物，并随之将其猝灭而获得 NO_2。这种方法比传统的利用天然气形成胺，再合成 NO_2 的方法简单得多。

2. 煤化学——CO 和 C_2H_2 合成

以煤为原料，用简便、便捷的方法合成 CO 和 C_2H_2 的化学是煤化学的基础。最近，美国 Cardox 公司发表了用等离子体喷焰反应器，由 CO_2 和碳粉合成 CO，从电弧上部添加碳粉，使 CO 的收率有较大提高。

3. 超纯、超微、耐高温材料、陶瓷和超导材料的合成

超纯、超微、耐高温材料、陶瓷和超导材料的合成是无机合成化学最活跃的研究领域之一。用等离子体合成金属化合物或陶瓷材料，一般是将某种形式的金属引入等离子体，使其与等离子体气体或另一化学组分反应，然后将其很快地猝灭至室温，利用此法可以获得化合物的高温相。

1.10.2 低温等离子体及其在化学合成中的应用

低温等离子体是在常温下发生的等离子体，温度在 108～109 K，如在太阳内部核聚变产生的等离子体。低温等离子体的电离率较低，电子温度远高于离子温

度，离子温度甚至可与室温相当，因此，低温等离子体是非热平衡等离子体。低温等离子体中存在着大量的、种类繁多的活性粒子，比通常的化学反应所产生的活性粒子种类更多、活性更强，更易于和所接触的材料表面发生反应，因此它们被用来对材料表面进行改性处理。与传统的方法相比，等离子体表面处理具有成本低、无废弃物、无污染等显著的优点，同时可以获得传统的化学方法难以实现的最佳处理效果。

低温等离子体主要用于有些反应吸热效应大，产物又是高温不稳定的化合物的反应，如氨、肼和金刚石的合成等。此类合成通常需要在高温高压下才能进行，采用等离子体技术则可在较温和的条件下实现。例如，利用直流辉光放电、MgO做催化剂可以在常温低压下由 N_2 和 H_2 直接合成 NH_3，NH_3 的生成与 MgO 的比表面积成正比，也与放电电流大小有关。

1.11　超临界合成法

超临界流体(SCF) 是一种温度和压力均处于临界点以上，无气液相界面，且兼具液体和气体性质的流体，即黏度近似于气体，密度接近于液体，扩散系数是液体的几十倍，甚至上百倍。因此，它具有很强的溶解能力和良好的流动性及传递性，作为萃取剂已广泛应用于香料、食品、医药、化妆品、化工等多领域。随着对超临界流体性质研究的不断深入，人们发现超临界流体不仅可以用于分离，也可以用于化学反应。相对于超临界萃取来说，超临界反应更具有前沿性，该新反应技术已日益受到反应工程研究者的重视，他们进行了诸多有意义的探索性工作，显示了超临界化学反应潜在的技术优势。

超临界化学方法通常具有以下特点：

(1) 在超临界状态下，压力对反应速率常数具有较大影响，微小的压力变化可使反应速率常数发生几个数量级的变化。

(2) 在超临界状态下进行化学反应，可使传统的多相反应变成均相反应，即将反应物甚至催化剂都溶解在 SCF 中，从而消除反应物和催化剂之间的扩散限制，增大反应速率。

(3) 在超临界状态下进行化学反应，可以降低某些高温反应的反应温度，抑制或减轻热解反应中常见的积炭现象，同时显著改善产物的选择性和收率。

(4) 利用 SCF 的溶解性能及对温度和压力的敏感性，可以选择合适的温度和压力条件使产物不溶于超临界反应相而及时移去，也可逐步调节体系的温度和压力，使产物和反应物依次从 SCF 中移去，如此可完成产物、反应物、催化剂及副产物的分离。显然，产物不溶于反应相将使反应向有利于生成目标产物的方向进行。

常用的超临界流体有 CO_2、水、NH_3、CHF_3、CH_3OH、C_2H_5OH、C_2H_2 等，

其中研究最多的是 CO_2 和水。

1.11.1 超临界 CO_2

超临界 CO_2 是指温度和压力均在其临界点(31.06 ℃、7.39 MPa)之上的二氧化碳流体。临界点处气相和液相差别消失,超临界 CO_2 既非气态也非液态,但兼具二者的优点:既像气体一样容易扩散,又像液体一样有较强的溶解能力。同时其具有另外两个特点:①能得到气态和液态之间的任一密度;②临界点附近,压力的微小变化即可导致密度的巨大变化。由于黏度、比热容、介电常数、溶解能力都与密度相关,因此超临界状态下的物质可以通过调节压力控制其许多物理化学性质。超临界 CO_2 作为反应介质最明显的优点是:惰性、溶解能力可调节、产物易纯化及对高聚物有很强的溶胀和扩散能力等。

1.11.2 超临界水

超临界水是指温度和压力分别高于其临界温度(374 ℃)和临界压力(22.4MPa),而密度高于其临界密度(0.32 g/cm^3)的水。和普通的液体水及水蒸气相比,超临界水具有超临界流体的所有特性,例如,密度可在气体和液体之间变化,而导致其介电常数、溶剂化能力、黏度、离子积等随之变化。其密度随温度升高而下降,当温度达到 660 K 时,密度发生突降。其介电常数一直随温度的升高而下降,原因是温度和压力的变化导致氢键数目的减少,从而导致在较高压力下利于溶解离子型化合物,如 KCl、Na_2SO_4 等,而密度较低的超临界水则能溶解有机物,表现得更像一种有机溶剂。在 300～550 K 的温度范围内,水的离子积几乎增加了近1000 倍,而离子积的变化有利于酸碱催化反应的进行。水的黏度也经历着随温度的升高而下降的过程。超临界水的性质的确不同于常态水,其性质在一定范围内连续可调,通过调节这些性质可以使水成为不同的介质而适用不同的化学反应。例如,超临界水能与许多气体(如氧气、氢气)相容,也能溶解许多碳氢化合物,因此可以使反应在均相条件下进行。超临界水的热容很高,并且在一定的温度和压力范围内可调,因此对于放出大量热量的反应如氧化反应,可减少由于换热而引起的问题。

1.12　组合合成法

组合化学(combinatorial chemistry)又称为组合合成,是一种省时、经济、高效率合成大量结构多样性化合物的策略和方法。组合化学是基于药物开发研究而发展起来的一种新的合成技术。它打破了传统合成化学的观念,不再以单个化合物为目标逐个地进行合成,而是采用相似的反应条件一次性同步合成成千上万种结构相似的分子，即合成化合物库。此种技术的应用可使合成与生产的效率大大提高，并有可能采用自动合成仪，甚至机器人来代替操作。它可以迅速提高化合物的合成效率，缩短研究周期，大大降低经费开支。组合合成速度的实现在于摒弃了许多在合成中被固守的规则，即把化合物和中间体逐一纯化与表征的规则。

组合合成包括化合物库的制备、库成分的检测和目标化合物的筛选三个步骤。组合合成的提出，使传统的合成方法出现了突破性变革，对合成化学及其相关学科的发展产生了巨大的推动作用。组合合成已经从药物合成领域向电子、光、磁、机械及超导材料的制备发展。组合合成不仅是有机合成的科学和技术，它还包含了一系列化学生物学、编码学、方法学、电子学和信息学等方面的知识和技术。

1.13　微流控合成法

微流控合成技术是近年悄然兴起的高效的化合物合成新方法。其在微米级结构中操控纳升至皮升体积的流体，属于新交叉学科领域。主要涉及微流控合成手段中高效传热、传质与微反应通道反应条件控制的优点及微流控合成相关的应用进展等。微流控合成的应用关系到合成途径优化及化学工业实际生产过程的改进。

1.13.1　微流控合成原理

微流控（microfluidics）技术也称为芯片实验室（lab-on-a-chip）技术，是 20 世纪 90 年代问世的一项新技术。微反应器通常是采用微加工技术制造的小型、单一或系列微通道或微腔室反应系统，内部尺寸约低于毫米级，微反应器内微通道尺寸一般在 10～300μm，反应物可以同时或依次进入微通道混合并反应。利用微反应器进行的化学合成反应称为微流控合成[53]。微流控合成技术已经成为微流控芯片及合成领域中的新热点。

微反应器内部结构容量小，因此，与常规的化学合成反应器相比，微反应器具有以下优点：①微反应器的比表面积大，热交换效率高，对于激烈的放热反应，也可瞬间转移释放高反应热，维持反应温度于安全范围内。特别适用于反应物总量少、传热快、异常激烈的合成反应，避免反应的危险性。②微反应器合成反应物用量少，可减少有毒、有害反应物的用量，并相对减少反应过程中产生的环境污染物，它已成为绿色新物质合成研究的重要技术平台之一。③微反应器宽度和深度均较小（一般为几十到几百微米），此空间特征决定了反应物扩散距离短，传质速度快，反应物在流动的过程中可在短时间内实现充分混合[54]。④微流控芯片技术设备成本低、空间小，可进行敏感分析，并具有高分辨率及短流程的特点。⑤微流控芯片具有高通量、规模大、平行性等优势特征，使数个或较多量微反应器的集成化与平行操作成为可能，高效实现新物质合成及新药物筛选。

1.13.2　微流控合成应用

微流控合成技术已在材料合成、生物样品分离、分析及有机化学微型化等多领域实现应用[55]，如纳米材料制备、微流控芯片、电化学检测、微通道、生物传感器、液滴、氨基酸、微反应器、量子点、数值模拟、化学发光、毛细管电泳、聚二甲基硅氧烷等。另外，化学生物学及分子医学等研究由此技术引起了巨大变革。

1. 微流控有机合成应用

微反应器对有机合成方法和有机化工都有着重要的影响[56]。在微反应器中进行的一些重要有机反应，如气-液两相反应，Wehle 等[57]利用降膜微反应器进行了乙酸氯化的研究(图 1.1)，发现单氯化物的转化率高达 90%，而且选择性明显高于常规反应，产物无需进一步分离，既经济又省时。

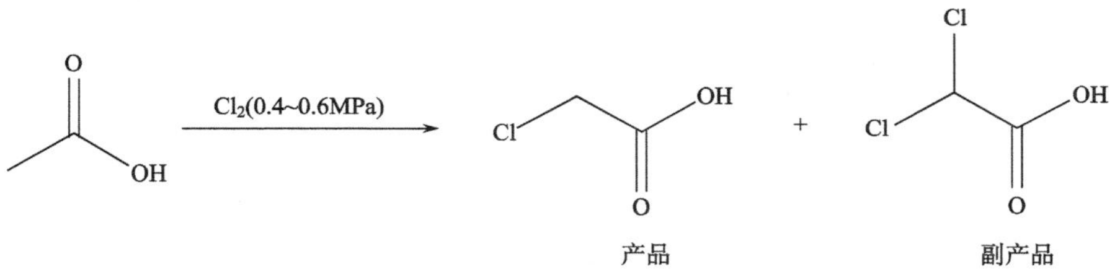

图 1.1　在降膜微反应器中的乙酸氯化反应

CO 插入形成羰基化合物的反应，可以用来合成内酰胺、内酯等多种有机分子。Miller 等[58]首次在微反应器中进行了 CO 羰基化反应研究(图 1.2)，高产率地合成了一系列酰胺化合物。CO 气体从微通道中间通过时，不仅可以大大提高两相的接触面积，压力也会大于大气压，提了了反应效率。因此，所有反应底物在 2 min 内的转化率均高于常规反应 10 min 的转化率。

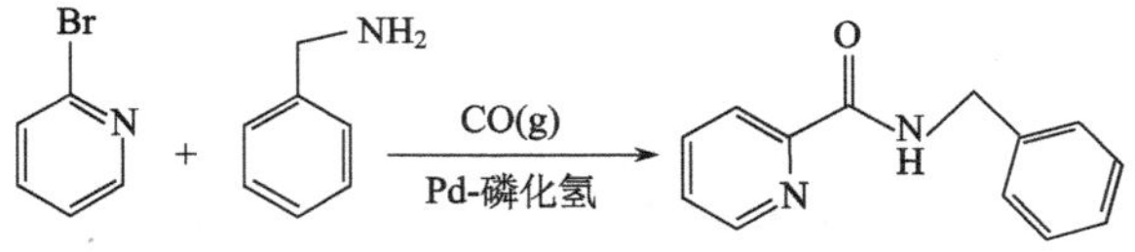

图 1.2　在微反应器中的 CO 羰基化反应

固-液两相反应中，Wilson 等[59]在一个 200μm 宽、80 μm 深、3 cm 长的一个 Z 形 PDMS(聚二甲基硅氧烷)微反应器中进行了醇脱水反应研究(图 1.3)。在微反应器制作时，锆催化剂被涂在微通道的内壁，同时在通道内壁还集成了用镍丝做成的加热装置，相比常规反应的 30%的转化率，用微反应器进行了相同的反应，正己醇转化为正己烯可以达到 95%的转化率，而且反应无副产物。

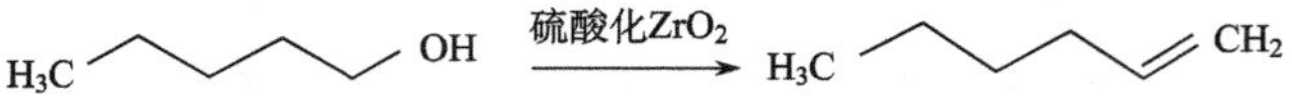

图 1.3　在微反应器中的醇脱水反应

液-液两相反应中，Zhang 等[60]用微反应器研究了 L-叔亮氨酸的酰化反应（图 1.4）。当用多个带有微通道的不锈钢板组成一个微反应器系统进行此反应时，极大地提高了反应液的比表面积，冷却试剂可以快速地带走反应热，在 35℃下反应可以顺利进行，7 min 产率可达 91%。常规反应时，为了防止温度上升过快，试剂需要慢慢滴加，共需 19.5 h 才能达到 90%的产率。

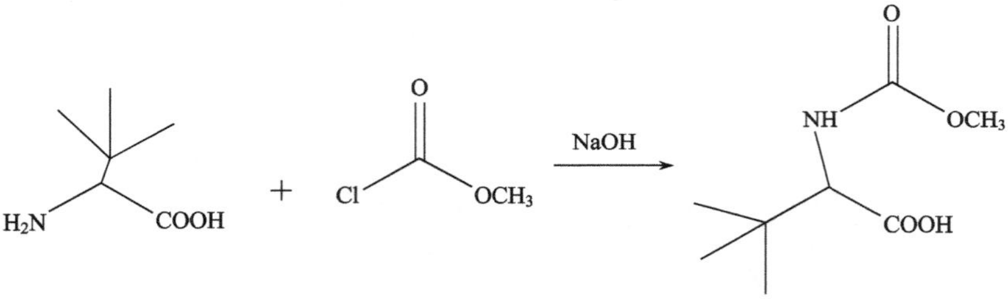

图 1.4　在微反应器中的酰化反应

2. 微流控纳米合成

流控技术具有微型化、集成化的特点，且所合成产物形态和单分散性好，已经越来越多地被应用于纳米材料的合成中。Michael Kohler 等[61]利用微流体反应器，将 NaBH₄ 溶解在 10mmol/L NaOH 中，在聚苯乙烯磺酸钠的存在下还原硝酸银得到了银纳米颗粒。Wagner 等[62]利用 NaBH₄ 作为强还原剂在微流体反应器中制得小尺寸的金纳米颗粒。Song 等[63]报道了一种基于聚合物微流体反应器合成尺寸可控的钯纳米颗粒的方法，该法是通过在四氢呋喃中用三乙基硼氢化锂还原 PdCl₂ 实现钯纳米颗粒的合成，所制得的钯纳米颗粒相对于传统工艺尺寸更小；Song 等[64]还利用微流体装置成功制备了铜纳米粒子，所制备的铜纳米颗粒尺寸较小（8.9～22.5 nm），并有很好的稳定性。Zhou 等[65]通过两相流体微反应器合成了沸石纳米粒子，通过控制温度、流速、微通道长度和老化时间等条件实现了对沸石纳米粒子的尺寸调控。Khan 和 Jensen[66]设计出多步微流控芯片反应器，实现了 SiO₂/TiO₂ 核壳材料的合成。

微流控技术已广泛应用于金属粒子、氧化硅、纳米沸石、量子点、金属有机骨架材料（MOF）等微纳米材料的高效合成中，该技术方法具有制备时间短、产品尺寸均一度好等优点。同时，还能通过耦合多步合成过程制得微纳复合颗粒，如 CdS/ZnS 核壳量子点、Co/Au 核壳纳米粒子和核壳结构 MOF 微粒等。这些功能性微球因其优良的物理化学性质而广泛地应用于化学、光学、电子、医学等领域中，目前微型合成反应器相关研究已经成为国际上一个重要的研究热点。近年，也采用微流控技术制备单分散性微型颗粒[67]。

3. 微流控制备新型功能材料

微流控技术通过微通道对不互溶的液相体系可控构建的稳定相界面结构主要可分为两大体系：一是具有封闭液-液相界面的乳液液滴体系；二是具有非封闭液-液相界面的层流体系[68]。利用微流控构建的这两大类稳定的相界面结构体系，主要可用以制备微结构精确可控的三大类高性能新型功能材料：一是利用具有封闭液-液相界面的乳液液滴体系制备微球微囊材料；二是利用具有非封闭层状液-液相界面的层流体系制备微通道膜材料；三是利用具有非封闭环状液-液相界面的层流体系制备超细纤维材料。微流控技术在构建这三类功能材料方面显示出优越的可控性和巨大的潜力，可以在功能材料的小尺度化、薄膜化、纤维化、复合化、多功能化、智能化、材料元件一体化等方面发挥其特有优势，实现具有新结构、新功能和高性能特征的新型功能材料的可控构建与系列化[69]。

参 考 文 献

[1]　胡希东. 焦炭还原 NO 反应若干影响因素的研究[D]. 哈尔滨: 哈尔滨工业大学, 2009.

[2]　石玉敏, 都兴红, 隋智通. 碳高温还原解毒铬渣中 CaCrO₄ 的反应热力学研究[J]. 环境污染与防治, 2007, 29(06): 451-454.

[3]　李永麒, 郭汉杰, 李林. 印度尼西亚海砂氧化性球团氢气还原机理[J]. 工程科学学报, 2015, 37(02): 157-162.

[4]　刘建华, 张家芸, 周土平. 氢气还原铁氧化物反应表观活化能的评估[J]. 钢铁研究学报, 1999, 11(06): 9-13.

[5]　肖玮. 基于富氢气体直接还原钛铁矿制备富钛料及钛合金的新工艺研究[D]. 上海: 上海大学, 2014.

[6]　康厚军, 王晓丽, 卢喜瑞, 等. 锆英石微粉高温固相合成研究[J]. 成都理工大学学报(自然科学版), 2010, 37(03): 332-335.

[7]　马郡键. 用高温固相反应法合成 Sr₃Al₂O₆: Eu 荧光材料[D]. 成都: 西华大学, 2007.

[8]　蒙冕武, 廖钦洪, 江恩源, 等. 尖晶石 LiMn₂O₄ 材料的高温固相合成及性能表征[J]. 金属功能材料, 2009, 16(06): 35-39.

[9]　任思宇, 刘代俊, 曾波, 等. 微波高温固相法合成高纯磷酸盐的实验研究[J]. 云南化工,

2014, 41（01）: 6-10.

[10] 谭习有. 高温固相法合成尖晶石锰酸锂及其改性研究[D]. 广州: 华南理工大学, 2014.

[11] 童义平, 陈腾. YAG: Ce~$^{3+}$荧光粉的高温固相合成及发光研究[J]. 光谱学与光谱分析, 2013, 33（11）: 2930-2934.

[12] 张瑾瑾, 周友元, 周耀, 等. LiMn$_2$O$_4$正极材料高温固相合成工艺的优化[J]. 电池, 2010, 40（01）: 27-29.

[13] 葛禹锡, 黄锋, 倪红军, 等. 自蔓延高温合成法制备粉体的研究进展[J]. 热加工工艺, 2012, 41（12）: 75-78.

[14] 江国健, 庄汉锐, 李文兰, 等. 自蔓延高温合成——材料制备新方法[J]. 化学进展, 1998, 10（03）: 327-332.

[15] 李强, 于景媛, 穆柏椿. 自蔓延高温合成（SHS）技术简介[J]. 辽宁工学院学报（自然科学版）, 2001, 21（05）: 61-63.

[16] 李小雷, 周爱国, 汪长安, 等. 自蔓延高温合成 Ti$_3$AlC$_2$ 和 Ti$_2$AlC 及其反应机理研究[J]. 硅酸盐学报, 2002, 30（03）: 407-410.

[17] 梁宝岩, 汪乐, 王志炜, 等. 自蔓延高温合成 Ti$_2$SC 材料[J]. 粉末冶金材料科学与工程, 2013, 18（05）: 675-679.

[18] 梁丽萍, 刘玉存, 王建华. 自蔓延高温合成的发展前景[J]. 应用化工, 2006, 35（09）: 716-718.

[19] 谭小桩, 贾光耀. 自蔓延高温合成技术的发展与应用[J]. 南方金属, 2005, 24（05）: 8-12.

[20] 严新炎, 孙国雄, 张树格. 材料合成新技术——自蔓延高温合成[J]. 材料科学与工程, 1994, 12（04）: 11-17.

[21] 张朋玲. 多孔材料合成的新策略[D]. 长春: 吉林大学, 2012.

[22] 杜亚江. 还原性气氛下准东煤煤灰熔融特性实验研究[D]. 哈尔滨: 哈尔滨工业大学, 2014.

[23] 武晓鑫. 叠氮化铵以及碱土金属叠氮化物的高压研究[D]. 长春: 吉林大学, 2015.

[24] 邓朝丽. 三硝酸六氨合铬（Ⅲ）的合成及磁化率的测定[J]. 郑州轻工业学院学报, 1987, 2（01）: 105-109, 115.

[25] 高崑淇. 含 Ce-Xe 键的稀有气体无机化合物研究[D]. 哈尔滨: 哈尔滨工业大学, 2013.

[26] 刘晓旸. 高压化学[J]. 化学进展, 2009, 21（2）: 1373-1388.

[27] 刘晓旸. 高压条件下的无机合成[C]//第十三届固态化学与无机合成学术会议, 2014.

[28] 马广成, 丁士文. 高压技术在无机合成中的应用[J]. 现代化工, 1992, （01）: 53-58.

[29] 杨斌. 高温高压无机合成装置的调试与实验[D]. 长春: 吉林大学, 2007.

[30] 刘晓兵. 高温高压下合成金刚石单晶用新型触媒材料的研究与设计[D]. 长春: 吉林大学, 2011.

[31] 杨志军, 李红中, 周永章, 等. 天然与高温高压合成金刚石的 Raman 与 PL 光谱研究[J]. 光谱学与光谱分析, 2009, 29（12）: 3304-3308.

[32] 商希礼. 改性 TiO$_2$ 可见光催化剂的制备及其光催化性能研究[D]. 天津: 天津大学, 2013.

[33] 肖昭强. 硅化钛薄膜的 APCVD 工艺研究[D]. 南昌: 南昌大学, 2014.

[34] 谢主伟. 纳米 SiO$_2$/TiO$_2$ 亲水复合薄膜的制备及性能研究[D]. 广州: 华南理工大学, 2010.

[35] 冯兴联. SiO$_2$ 薄膜的 PECVD 生长研究[D]. 西安: 西安电子科技大学, 2013.

[36] 黄亮. 二氧化硅和氮化硅薄膜的原子层沉积反应机理及前驱体分子设计[D]. 北京: 中国地质大学, 2015.

[37] 黄裕熙. 新型电化学能源转化反应中纳米催化剂的设计、制备和应用[D]. 合肥: 中国科学技术大学, 2014.

[38] 叶章根. 熔盐电解精炼铪的电化学机理及工艺研究[D]. 北京: 北京有色金属研究总院, 2012.

[39] 苏敏. 新型绿色硝化剂 N_2O_5 的电化学合成[D]. 天津: 天津大学, 2006.

[40] 李英俊, 孙淑琴, 刘化毅, 等. 电化学合成碘仿装置的改进及反应条件的探索[J]. 实验技术与管理, 2007, 24(03): 49-51.

[41] 王维德, 崔磊, 林德茂, 等. 无机电化学合成研究进展[J]. 化工进展, 2005, 24(01): 32-36.

[42] 张振雷. 电化学条件下羰基邻位碳原子的官能团化[D]. 合肥: 中国科学技术大学, 2014.

[43] 赵博. 石墨烯复合纳米材料的合成及其电化学性能研究[D]. 长春: 吉林大学, 2013.

[44] 朱雯, 张明. 模板电化学合成纳米材料的研究进展[J]. 盐城工学院学报(自然科学版), 2010, 23(01): 31-35.

[45] 张家明. 有机光化学反应在(+)-Licarin B 合成中的应用[D]. 哈尔滨: 哈尔滨工业大学, 2014.

[46] 裴立宅, 唐元洪, 郭池, 等. 水热法及溶剂热合成法制备Ⅳ族一维无机纳米材料[J]. 稀有金属, 2005, 29(02): 194-199.

[47] 陶萍芳. 水热法合成无机半导体纳米材料及其掺杂稀土发光纳米材料[D]. 桂林: 广西师范大学, 2008.

[48] 孙尚梅, 赵莲花, 康振晋, 等. 溶胶-凝胶技术及其在绿色无机合成化学与新型材料制备中的近期应用进展[J]. 延边大学学报(自然科学版), 2005, 31(01): 42-48.

[49] 王升高, 汪建华, 秦勇. 微波等离子体化学气相沉积法低温合成纳米碳管[J]. 化学学报, 2002, 60(05): 957-960.

[50] 胡志辉, 董绍明, 胡建宝, 等. 改进化学气相沉积法在炭纤维表面生长碳纳米管(英文)[J]. 新型炭材料, 2012, 27(05): 352-361.

[51] 王再恩. 化学气相沉积法合成 GaN 纳米线阵列及其光学性能研究[D]. 大连: 大连理工大学, 2013.

[52] 许冠辰. 化学气相沉积法控制合成低维过渡金属硫族化合物的研究[D]. 济南: 山东大学, 2015.

[53] Whitesides G M. The origins and the future of microfluidics[J]. Nature, 2006, 442(7101): 368-373.

[54] Dittrich P S, Manz A. Lab-on-a-chip: microfluidics in drug discovery[J]. Nature Reviews Drug Discovery, 2006, 5(3): 210-218.

[55] Yang Y B, Elbuken C, Ren C L, et al. Image processing and classification algorithm for yeast cell morphology in a microfluidic chip[J]. Journal of Biomedical Optics, 2011, 16(6): 686-689.

[56] Wang L. Microfluidic network for research and application in life sciences[J]. Progress in Chemistry, 2005, 17(3): 482-498.

[57] Wiles C, Watts P. ChemInform abstract: Recent advances in micro reaction technology[J].

ChemInform, 2011, 42(41): 6512-35.

[58] Miller P W, Long N J, de Mello A J, et al. Rapid formation of amides via carbonylative coupling reactions using a microfluidic device[J]. Chemical Communications, 2006, 5(5): 546-548.

[59] Dahl E L, Rosenthal P J. Multiple antibiotics exert delayed effects against the *plasmodium falciparum* apicoplast[J]. Antimicrobial Agents & Chemotherapy, 2007, 51(10): 3485-3490.

[60] Hickey A M, Marle L, Mccreedy T, et al. Immobilization of thermophilic enzymes in miniaturized flow reactors[J]. Biochemical Society Transactions, 2007, 35(6): 1621-1623.

[61] Thiele M, Knauer A, Cski A, et al. High-throughput synthesis of uniform silver seed particles by a continuous microfluidic synthesis Platform[J]. Chemical Engineering & Technology, 2015, 38(7): 1131-1137.

[62] Wagner J, Tshikhudo T R, Khler J M. Microfluidic generation of metal nanoparticles by borohydride reduction[J]. Chemical Engineering Journal, 2008, 135(6): 435-438.

[63] Song Y, Kumar C S, Hormes J. Synthesis of palladium nanoparticles using a continuous flow polymeric micro reactor[J]. Journal of Nanoscience & Nanotechnology, 2004, 4(7): 788-793.

[64] Song Y, Doomes E E, Prindle J, et al. Investigations into sulfobetaine-stabilized Cu nanoparticle formation: toward development of a microfluidic synthesis[J]. Journal of Physical Chemistry B, 2005, 109(19): 9330-9338.

[65] Zhou J, Jiang H, Xu J, et al. Ultrafast synthesis of LTA nanozeolite using a two-phase segmented fluidic microreactor[J]. Journal of Nanoscience & Nanotechnology, 2013, 13(8): 5736-5743.

[66] Khan S, Jensen K. Microfluidic synthesis of titania shells on colloidal silica[J]. Advanced Materials, 2007, 19(18): 2556-2560.

[67] Xu Q, Hashimoto M, Dang T T, et al. Preparation of monodisperse biodegradable polymer microparticles using a microfluidic flow-focusing device for controlled drug delivery[J]. Small, 2009, 5(13): 1575-1581.

[68] Park J I, Saffari A, Kumar S, et al. Microfluidic synthesis of polymer and inorganic particulate materials[J]. Materials Research, 2010, 40(40): 415-443.

[69] Chu L, Wang W, Ju X J, et al. Progress of construction of micro-scale phase interfaces and preparation of novel functional materials with microfluidics[J]. Chemical Industry & Engineering Progress, 2014, 8(2): 110-127.

第2章 化合物分离与表征方法

2.1 基本分离方法

无机物的分离和纯化是两种紧密相连的技术。通过合理可行的方法可制得目标产物，但原料和环境可能会引入杂质，或者合成中可能存在一些副反应产物，因而反应产物的分离和纯化非常必要。

分离技术与纯化技术是相辅相成的，纯化是目的，分离是手段。随着合成化学的不断发展，特别是材料科学的发展，对某些专用材料或化合物的纯度要求越来越高，有时用普通的分离纯化技术已不能满足需求。人们不仅期望采用更高效节能的优产方法，而且希望所采用的过程环境友好，此需求推动了人们对新型分离技术的不懈探索。分离纯化方法种类繁多，涉及物理、化学及生物领域等多学科方向研究。根据不同的目的及原理亦有多种分离方法，本章即以分离原理及目的不同介绍几种常用的分离纯化方法。

2.1.1 利用物质溶解度差别分离

1. 萃取

萃取是利用物质在不同溶剂中的溶解度不同和分配系数的差异，使物质达到相互分离和浓集的方法。萃取是分离液体混合物常用的操作，它不仅可以提取和浓缩产物，还可以除去部分结构或性质相似的产物，进而使产物获得初步纯化。常用的有机萃取剂有乙酸乙酯、乙醚、丁醇等。半微量的萃取装置可用于处理数毫升的液体[1]。萃取溶剂一般根据"相似相溶"的原理选择，有时适当改变溶剂的 pH，可使某些组分的极性和溶解度发生改变。此外，萃取剂应选择毒性小、易挥发、易分层的溶剂。溶剂萃取通常在常温或较低温度下进行，因而能耗低，特别适用于热敏性物质的分离，易于实现逆流操作和连续化大规模生产，应用范围正不断扩大。

1）液–液萃取

任何一种物质在两种互不相溶溶剂中的溶解度或分配比都存在差异。例如，有机化合物在有机溶剂中的溶解度一般较水大，当有机溶剂与含有机化合物成分的水溶液一起振摇时，有机化合物就在两液相中进行分配，待两相静置分层后，就可以从水层中将有机化合物提取到有机溶剂中。一定温度下，一种有机化合物

在两种溶剂中的浓度比为一确定常数,该常数称为"分配系数",也可将该分配系数的表达方法称为分配定律,表示为

$$K = c_A / c_B \tag{1.1}$$

式中,c_A 与 c_B 分别为化合物在两液相 A、B 中的浓度;K 为分配系数。

液-液萃取常在分液漏斗中进行,具体操作应注意以下几点:①萃取前先用小试管做预实验,观察萃取后二液相分层情况和萃取效果。如果容易产生乳化,大量萃取时要避免猛烈振摇,可通过延长萃取时间达到萃取效果。②萃取溶液呈碱性时,常出现乳化现象。有时水溶液中有少量轻质沉淀、两相密度接近、两液相部分互溶等都会引起分层不明显或不分层,此时,可以静置时间长一些,或加入一些食盐水增加水相密度,使絮状物溶于水中,迫使有机物溶于有机萃取剂中,或用玻璃棒不断搅拌进行机械破乳;有时由于两相溶剂的比例正好使两相溶剂完全乳化,应加入其中一种溶剂改变原来的溶剂比,然后再进一步破乳。③试样水溶液的相对密度最好在 1.1~1.2 之间,若过稀,则溶剂用量太大而影响操作,并且有效成分回收率降低,若过浓,则萃取不完全。④溶剂与试样水溶液保持一定的比例,第一次提取时溶剂要多一些,一般为试样水溶液的1/3,以后的量可以少一些,一般为1/4~1/5。⑤一般萃取 3~4 次即可,当亲水性成分不易转入有机溶剂层时,需增加萃取次数。⑥注意上层液体从上层倒出,下层液体由下口经旋塞放出[2]。

2) 液-固萃取

从固体中提取所需物质,可利用溶剂对混合物中被提取的成分与杂质之间的溶解度不同而达到分离目的。从固体物质中萃取化合物的一种方法是用溶剂将固体长期浸润,而将所需物质浸提出来,即长期浸出法。但该法费时长,溶剂用量大,效率不高[3]。

实验室中常用索氏萃取进行液-固萃取。索氏萃取器就是利用溶剂回流及虹吸的原理,使固体物质连续不断地被纯溶剂萃取,既节约溶剂,萃取效率又高[4]。利用索氏萃取器萃取前应先将固体物质研细,以增加接触面积,然后将固体放在滤纸套中置于萃取室,萃取器的下端与盛有溶剂的圆底烧瓶相连,上面接回流冷凝管。加热圆底烧瓶,使溶剂沸腾,蒸气通过萃取器的支管上升,被冷凝后滴入萃取器中,溶剂与固体接触进行萃取,溶液面越过虹吸管最高处,含萃取物的溶剂虹吸回到烧瓶中,因而萃取出部分物质。如此反复,使固体物质不断被溶剂萃取,将萃取出的物质富集于烧瓶中[5]。

2. 结晶与重结晶法

1)结晶法

结晶法是利用混合物中各种成分在溶剂中溶解度的差别使所需成分以结晶

状态析出，从而达到分离精制的目的[6]。

（1）结晶溶剂的选择

选择合适的溶剂是结晶法的关键，理想的溶剂必须具有以下条件：①不与结晶物质发生化学反应；②对结晶物质的溶解度随温度的不同有显著差异，温度高时溶解度大，温度低时溶解度小；③对可能存在的杂质溶解度非常大或非常小，以便除去；④沸点适中，不宜过高或过低，过低则易挥发损失，过高则不宜除去；⑤能呈现出较好的结晶。

常用的溶剂有水、冰醋酸、甲醇、乙醇、丙酮、乙酸乙酯、氯仿等，若一般溶剂中不易结晶，还可选用二氧六环、二甲基亚砜、乙腈、甲酰胺、二甲基甲酰胺等有机试剂。具体选择时需要查阅资料或参考同类型的化合物的性质及所选结晶溶剂；或者遵循相似相溶规律，结合被提纯物的极性选择。当不能选择到一种合适的溶剂时，通常选用两种或两种以上溶剂互混组成的混合溶剂。

（2）结晶的条件

结晶的条件以选择合适的溶剂最为重要，同时也应注意其他条件，包括杂质的去除、被结晶物的含量、溶液的浓度和合适的温度、时间等。杂质的存在会阻碍或延缓结晶的形成，可通过选择适当的溶剂或用活性炭去除有色杂质，或采用氧化铝、硅胶、硅藻土等吸附剂使杂质尽可能除去。一般条件下，被结晶物在混合物中含量越高越容易结晶，若含量很低将难以在单一溶剂中获得结晶，可改用混合溶剂或制备成衍生物促使结晶析出。通常溶液的浓度高有利于结晶的形成，但若溶液浓度过高，溶液的黏度和杂质的浓度也会相应增高，反而不易结晶；浓度低的溶液可放置，溶剂自然挥发至适宜浓度将析出结晶。结晶的温度一般以低温较为有利，室温条件下难以析晶的成分，可以放在冰箱或阴凉处促使结晶析出。此外，通过长时间放置使结晶缓慢析出，所得结晶往往较快且析出结晶较大、纯度高。

（3）结晶的操作

结晶法操作一般过程如下：①制备结晶溶液，这是结晶操作的关键步骤，目的是利用溶剂扩散分散产物和杂质，以利于分离提纯；②脱色，粗产品中常有一些杂质不能被溶液去除，因此需要脱色剂进行脱色，常用的脱色剂是活性炭，它是一种多孔物质，可以吸附色素和树脂状杂质；③趁热过滤，除去不溶杂质；④将滤液冷却析出结晶，若想获得高纯结晶，宜逐渐降低温度，使晶缓慢析出；⑤抽气滤过，将结晶从母液分出。

2）重结晶

上述操作所得结晶是粗结晶，将其溶于溶剂或熔融以后，又重新从溶液或熔体中结晶的过程称为重结晶。重结晶可以使不纯净的物质获得纯化，或者使混合在一起的盐类彼此分离。一种纯的化合物通常都具有一定的晶型和色泽，有一定的熔点和熔程。故可根据结晶的色泽是否均匀，晶型是否一致，熔点是否一定及是否有较小的熔程，并结合纸色谱或薄层色谱技术，经数种不同的展开系统展开后，是否能得到单一近圆形的斑点来判断结晶的纯度。根据实际重结晶情况，必要时可采用高效薄层系统、气相色谱、高效液相色谱等进一步确定结晶试样的纯度。

3. 利用化学反应提纯

化学反应是一种简单、有效的提纯物质的方法，在化学试剂工业中广泛应用。利用不同的反应机理可分离、提纯不同性质的物质。

1）沉淀反应

将杂质或产品转变为沉淀实现物质的提纯是最简单的方法之一。沉淀法是将某种沉淀剂加到易溶于水的物质的溶液中，使其中的杂质离子生成难溶的沉淀物而被分离除去。例如，酸性化合物可生成不溶性的钙盐、钡盐、铅盐等；碱性化合物如生物碱等可生成苦味酸盐、苦酮酸盐等有机酸盐或磷钼酸盐、磷钨酸盐等无机酸盐。其中有机酸金属盐类沉淀悬浮于水或含水乙醇中，通入硫化氢气体进行复分解反应，使金属硫化物沉淀后，即可回收得到已纯化游离的有机类化合物。另外，生物碱等碱性有机化合物的有机酸盐类可悬浮于水中，加入无机酸，使有机酸游离，先用乙醚萃取除去，然后再进行碱化、有机溶剂萃取、回收有机溶剂，即可得到纯化了的碱性有机化合物。

2）中和反应

中和反应在分离提纯中经常遇到，特别是制备无机盐。在合成或提纯过程中要严格掌握中和反应规律，具体地说就是控制酸碱度即 pH，否则会影响高纯试剂的透明度。以硫酸钠为例，当该产品中发现有微量的杂质砷离子存在，在微酸性下 (pH=6) 通入 H_2S，使砷转化为难溶性硫化砷沉淀被除去。若杂质为 Mg、Ca、Ba，则一定要将溶液调节到偏碱性 (pH 为 7～8)，使其成为氢氧化物或硫酸盐沉淀而被滤去。为了使硫酸钠中水不溶物符合要求，水溶液透明，则应用高纯硫酸再次调节 pH 为 5～6 后，再进行浓缩结晶，才能得到高纯理想硫酸钠。

3）水解反应

在化学合成与化学物质提纯过程中，常利用温度的升降和调节溶液 pH 促进或抑制水解作用，使反应顺利进行。适用于溶液中的杂质存在水解平衡，加入试剂破坏该水解平衡，使杂质生成沉淀而被分离、提纯。如除去 $MgCl_2$ 溶液中的 Fe^{3+}，可加入 $MgCO_3$ 或 MgO 破坏 $FeCl_3$ 的水解平衡，产生 $Fe(OH)_3$ 沉淀而除去 Fe^{3+}。

2.1.2　利用物质挥发性差别分离

1. 常规蒸馏

蒸馏是分离不同沸点液体混合物常用的物理方法，即借助于被分离物气-液相变过程以达到分离纯化的目的，主要用于常量组分和低沸点组分的分离。蒸馏可除去大量低沸点溶剂，使样品得到浓缩。常规蒸馏一般可分为简单蒸馏和分馏两种方法[7]。

1）简单蒸馏

把一种液体化合物加热，其蒸气压升高，当与外界大气压相等时，液体沸腾变为蒸气，再通过冷凝使蒸气变为液体。根据拉乌尔定律，当一种非挥发杂质加到一种纯液体中，非挥发组分会降低液体的蒸气压，由于杂质存在，任一温度的蒸气压都以相同数值下降，导致液体化合物沸点升高。但在蒸馏时，蒸气的温度与纯液体的沸点一致，因为温度计所指示的是化合物的蒸气与其冷凝液平衡时的温度，而不是沸腾的液体的温度。经过蒸馏可以得到纯液体化合物，从而将非挥发杂质分离。简单蒸馏常用于除去挥发性溶剂，或从离子型化合物或其他非挥发性物质中分离挥发性液体，或分离沸点相差较大的液体混合物。

由于很多物质在 150 ℃以上时会显著分解，而沸点低于 40℃的液体用普通装置进行蒸馏时又难免会损失，故常压蒸馏主要用于沸点在 40～150℃之间的液体。如果一种物质在常压下的沸点高于 150 ℃，蒸馏必须在减压下进行。蒸馏装置主要由蒸馏烧瓶、冷凝管和接收器三部分组成，如图 2.1 所示。

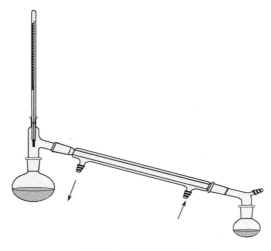

图 2.1　简单蒸馏装置

2) 分馏

分馏是指分离几种沸点存在差异的挥发性组分混合物的一种方法。混合物先在低沸点下蒸馏,直到蒸气温度上升前将蒸馏液作为一种成分来收集。蒸气温度的上升表示混合物中的下一个较高沸点组分开始蒸馏,然后将这一组分收集起来。分馏是借助气-液两相的相互接触,反复进行气化和部分冷凝作用,是混合液分离或改变组分的过程。其实质就是多次气化和多次冷凝的简单蒸馏过程的集合[8]。

2. 减压蒸馏

液体沸点伴随外界压力的变化而变化,通过借助真空泵降低系统压力,就可以降低液体的沸点,这是减压蒸馏的理论依据。减压蒸馏是分离和提纯液体或低熔点固体有机物的主要方法之一,特别适用于常压蒸馏时未达到沸点就已受热分解、氧化或聚合的物质。减压蒸馏装置由蒸馏、抽气、保护和测压装置等主要部分组成[9]。

3. 水蒸气蒸馏

当水和难溶于水的化合物共存时,根据道尔顿分压定律,整个体系的蒸气压力应为各组分蒸气压力之和。当体系压力与大气压相等时,混合物沸腾,此时的温度即为它们的沸点,因此混合物的沸点将比任意组分的沸点低,而且在低于100 ℃的温度下随水蒸气一起蒸馏出来,这样的操作称为水蒸气蒸馏。

实验室中常用的水蒸气蒸馏装置由水蒸气发生装置和蒸馏装置两部分组成。操作过程中,水蒸气发生器装水量不宜超过其容积的 2/3,安全玻璃管应插到发生器的底部,可以调节内压以保证安全。被分离的固体或液体放入蒸馏瓶中,如果是固体则加适量的水使之充分润湿,总体积为蒸馏瓶容量的 1/3 为宜。通入蒸气的导管应达到瓶底,还应将蒸馏瓶的位置向水蒸气发生器方面倾斜,以免飞溅起来的泡沫或液体进入蒸馏管而流入接收器,使馏出液受到污染。蒸馏过程中,部分水蒸气会在蒸馏瓶中冷凝下来,使瓶内液体不断增加,故必须要求蒸馏瓶保温,冷凝管冷凝效率较高。当馏出液不再浑浊时,表示蒸馏已完成。当蒸馏中断或完成时,必须先将水蒸气发生器与蒸馏瓶之间的三通下口打开,使其与大气相通,再停止加热,否则蒸馏瓶中液体将会被吸入水蒸气发生器中[10]。

4. 分子蒸馏

分子蒸馏是在高真空条件下进行的非平衡蒸馏,能解决大量常规蒸馏技术所不能解决的问题。与常规分离提纯技术相比,分子蒸馏具有浓缩效率高、质量稳定可靠、操作容易规范化等优点。此技术已经广泛应用于高纯物质的分离,特别适合天然物质的提取与分离。目前分子蒸馏已经成功应用于石油化工、食品、塑料和医药等行业。完整的分子蒸馏设备主要包括分子蒸发器、脱气系统、进料系统、加热系统、冷却真空系统和控制系统。其核心部分是分子蒸发器。

1) 分子蒸馏原理

分子蒸馏是一种特殊的液-液分离技术，它不同于传统蒸馏依靠沸点差分离原理进行分离，而是靠不同物质分子运动平均自由程的差别实现分离。在通常的蒸馏(精馏)过程中，存在两股分子流向：一股是被蒸馏液体气化，由液相流向气相的蒸气分子流；另一股是由蒸气返回至液相的分子流[11]。当气液两相达到平衡时，表观上蒸气分子不再从液面逸出。假设能恰当地设置一块冷凝板，当液体混合物沿加热板流动并被加热时，轻、重分子会逸出液面而进入气相。轻、重分子的自由程不同，因此，不同物质的分子从液面逸出后移动距离不同，轻分子达到冷凝板被冷凝排出，而重分子达不到冷凝板沿混合液排出。结果是蒸气分子不再返回(或减少返回)液相，不但达到了物质分离的目的，而且大大提高了分离效率。

2) 分子蒸馏特点

与普通蒸馏相比，分子蒸馏具有以下特点：①普通蒸馏是在沸点温度下进行分离，而分子蒸馏只要冷热面之间达到足够的温度差，就可在任何温度下进行分离。由分子蒸馏原理可知，混合物的分离是基于不同种类的分子逸出液面后的平均自由程不同来实现的，无需沸腾，因而分子蒸馏是在远低于沸点的温度下进行操作的。②分子蒸馏是基于不同物质分子运动自由程的差别而实现分离的，因而受热面和冷凝的间距要小于相对分子质量小的分子的运动自由程(即距离很短)，这样由液面逸出的相对分子质量小的分子几乎未碰撞就到达冷凝面，所以受热时间很短。③由于分子蒸馏装置独特的结构形式，其内部压力极小。可以获得很高的真空度，一般能在很低的压力下进行。而各种常规真空蒸馏器由于蒸气从蒸发面到冷凝器之间的压降，极限操作压力也就降低了物料的沸点，则利于避免物料受热破坏。④分子蒸馏常常用来分离常规蒸馏不易分开的物质，分子蒸馏的分离程度更高。因为普通蒸馏分离能力只与组分的蒸气压之比有关，而分子蒸馏的分离能力与相对分子质量也有关。⑤普通蒸馏的蒸发与冷凝是可逆过程，液相和气相之间达到了动态平衡；而分子蒸馏从加热而逸出的分子直接飞射到冷凝面上，理论上没有返回到加热面的可能性，所以分子蒸馏是不可逆过程。⑥普通蒸馏有鼓泡、沸腾等现象，而分子蒸馏是在液膜表面上的自由蒸发，在低压下进行，液体中无溶解空气，因此在蒸馏过程中不能使整个液体沸腾，没有鼓泡现象[12]。

5. 升华

升华是提纯固体化合物的又一种方法。将具有较高蒸气压的固体物质在熔点以下加热，不经过液态而直接变成蒸气，由蒸气冷凝直接变成固体，这种过程称为升华。利用升华可以除去不挥发性杂质，或分离不同挥发度的固体混合物。通过升华可以得到较高纯度的产物，但收率较低。能用升华方法精制的化合物，应具备以下两个条件：①固体应具有足够高的蒸气压；②杂质的蒸气压与被提纯物的蒸气压有显著差别。有些化合物在三相点时的平衡蒸气压较低，常压升华往往得不到满意的结果。为了提高收率，可在减压下升华，也可以将化合物加热至熔点以上使其具有较高的蒸气压，同时通入空气或惰性气体带出蒸气，加快蒸发速度。在实验中有时用升华提纯少量物质，升华操作分为常压升华和减压升华。

2.1.3 利用物质吸附性差别分离

1. 吸附色谱法

1）吸附色谱原理

当两相组成一个体系时，其组成在两相界面与相内部是不同的，处在两相界面处的成分产生了积蓄（浓缩），这种现象称为吸附。已被吸附的原子或分子返回到液相或气相中，称为解吸或脱附。原子或分子从一个相大体均匀地进入另一个相的内部（扩散），称为吸收。吸收与吸附存在差异，当吸附与吸收同时进行时，称为吸着。如当分子撞击固体表面时，大多数的分子要损失其能量，然后在固体表面上停留较长的时间，此停留时间比原子振动时间要长得多，于是分子就完全损失其动能，无能力再脱离固体表面，而被表面所吸附。通常被吸附的物质称为被吸附物，也称为吸附质。而吸附相（固体）称为吸附剂。表面停留多久才可被吸附，决定于分子和表面原子间相互作用的本质及表面温度。由于吸附质与吸附剂之间吸附力的不同，吸附又可划分为物理吸附、化学吸附和半化学吸附。

物理吸附是一种表面吸附，无选择性，吸附过程可逆，吸附强弱及物质迁移的快慢大体遵循"相似者易于吸附"的经验规律，是目前吸附色谱最主要的分离依据。当混合物成分到达吸附剂表面时，由于吸附剂表面与成分分子的吸附作用，产生了成分分子在吸附剂表面浓度增大的吸附现象；当移动相连续通过吸附剂表面时，由于移动相与混合物成分争夺吸附剂表面，产生了成分分子溶解于移动相的解吸附现象；随着移动相的移动，混合物在不断进行的吸附-解吸附的可逆过程中利用各成分在两相中迁移速率不同而达到分离。化学吸附具有选择性，吸附剂与化合物间吸附力强，难以逆转，如酸性硅胶吸附生物碱或碱性氧化铝吸附黄酮等酚酸性物质等，故在应用吸附色谱分离时应尽量避免。半化学吸附介于化学吸附与物理吸附之间，有一定选择性。例如，聚酰胺与黄酮类化合物之间的氢键吸附，结合力较弱，过程可逆，应用性较广。

吸附色谱柱的效果取决于吸附剂的种类与性质、溶剂的极性和被分离物质的极性三个因素。常用的吸附剂有硅胶、氧化铝、活性炭、聚酰胺、硅酸镁、硅藻土等。

2)吸附色谱分类

(1)薄层色谱法

薄层色谱是一种微量、快速、简单、高效、灵敏的色谱分离方法,其中以吸附薄层色谱应用最广。目前,薄层色谱已广泛应用于有机合成、药物化学、染料、农药等领域,用于化学成分的分离鉴定、定量分析、微量制备等;还可配合柱色谱做跟踪分离,了解分离效果,指导选择溶剂系统[13]。

(2)柱色谱

柱色谱是一种将分离材料装入柱状容器中,以适当的洗脱剂进行洗脱,使不同成分得到分离的色谱分离方法,也是色谱法最早出现的形式,可用于分离有机合成中的各种化学成分。由于其具有分离试样量大的特点,故常用于制备型分离,操作步骤由装柱、上样、洗脱三部分组成[14]。

2. 大孔吸附色谱法

大孔吸附树脂是一种不含交换基团,具有大孔结构的高分子吸附剂,其本身由于范德华力或氢键的作用具有吸附性,又因其具有网状结构和很高的比表面积而有筛选性能。大孔吸附树脂对于天然药物化学成分中的生物碱、黄酮、皂苷、香豆素及其他一些苷类成分具有一定吸附作用。具有吸附容量大、吸附速度快、易解吸、易再生、物理与化学稳定性高、不溶于酸碱及有机溶剂;对有机物选择性好,不受无机盐类及其他强离子、低分子存在的影响,且反而有利于吸附;品种多,不同品种可吸附多种有机化合物;流体阻力较小;脱色能力高等优良性能而得到广泛应用[15]。

大孔树脂理化性质稳定,不溶于酸、碱及有机溶剂,对有机物有较好的选择性,不受无机盐类及强离子低分子化合物存在的影响。一方面,大孔树脂通过引力或形成氢键等分子间力吸附有机化合物;另一方面,其本身的空状网络结构决定了其具有筛选性分离的特点。由于大孔树脂具有吸附性能及分子筛作用的特点,故欲分离的化学成分可根据其相对分子质量的大小及吸附力的强弱,在选定的大孔吸附树脂上经适宜的溶剂洗脱而获得分离。

根据聚合物材料的不同可分为极性、中极性和非极性 3 种类型。非极性吸附树脂由偶极距很小的单体聚合而得,不含任何功能基团,疏水性较强,可通过与小分子内的疏水部分的作用吸附溶液中的有机物,最适用于从极性溶剂(如水)中吸附非极性物质。中极性吸附树脂含有酯基,其表面兼有疏水和亲水部分,既可从极性溶剂中吸附非极性物质,也可从非极性溶剂中吸附极性物质。极性树脂含有酰胺基、氰基、酚羟基等含 N、O、S 的极性功能基,它们通过静电相互作用吸附极性物质。根据树脂孔径、比表面积、树脂结构、极性差异,大孔吸附树脂又分为许多类型,且分离效果受被分离物极性、分子体积、溶液 pH、树脂柱的清洗、洗脱液的种类等因素制约。在实际应用中，要根据分离要求加以选择[16]。

大孔树脂常用柱色谱进行分离。常用的树脂有以下几种型号：D101、AB-8、DA201、ADS 等。经过预处理可除去新采购树脂内部残余的致孔剂、引发剂、分散剂和一些未聚合的单体等。选用合适的大孔吸附树脂，湿法装柱。装柱后，选择适宜的溶剂配制一定 pH 的试样溶液，按湿法上样操作上样。注意所配试样溶液的浓度不宜过高，否则会使树脂的吸附量减少。常用的洗脱剂有水、甲醇、乙醇、丙酮、乙酸乙酯等。流速一般以控制在 0.5～5 mL/min 为宜。根据实际情况也可采用不同极性的洗脱剂进行梯度洗脱。洗脱液经检测后，合并相同组分即可得到分离纯化后的物质[17]。

2.1.4　利用物质相对分子质量大小差别分离

1. 凝胶色谱法

凝胶色谱技术是 20 世纪 60 年代初发展起来的一种快速而又简单的分离分析技术，其设备简单、操作方便、不需要污染性有机溶剂、对高分子物质有很好的分离效果。目前已经广泛应用于生物化学、分子生物学、生物工程学、分子免疫学及医学等有关领域。该技术不但应用于科学实验研究，而且已经大规模地用于工业生产。

1) 凝胶色谱原理

凝胶色谱又称凝胶滤过色谱、凝胶渗透色谱、分子筛滤过色谱及排阻色谱等，是以凝胶为固定相，选择适当的溶剂进行洗脱，使混合物中相对分子质量大小不同的化合物得到分离的方法。凝胶是具有多孔网状结构的高分子化合物，由于受凝胶颗粒中网孔半径的限制，被分离试样中比网孔小的化合物可自由进入凝胶颗粒内部；而比网孔大的化合物因不能进入凝胶颗粒内部被排阻，且只能通过凝胶颗粒外部间隙。随着流动相的流动，被分离试样中各成分的移动速率不同：相对分子质量大的化合物阻力较小，流速较快，先被洗脱；而相对分子质量小的化合物阻力较大，滞留在凝胶颗粒内部时间长，流速较慢，后被洗脱。利用二者移动速率不同，将试样中相对分子质量大小不同的化合物分开。

2) 凝胶色谱种类

(1) 葡聚糖凝胶(sephadex G)

交联葡聚糖凝胶是具有多孔性三维空间网状结构的高分子化合物，属于软性凝胶，其微孔能吸入大量的溶剂，溶胀至干体积的数倍，能根据物质分子体积大小进行筛选，被广泛应用于蛋白质、核酸、酶和多糖类高分子物质的分离[18]。随着人们对交联葡聚糖凝胶研究的深入，发现它除分子筛作用外，还具有表面吸附性能，从而被广泛应用于色谱分离、固相吸附及分析等领域。其中交联葡聚糖凝胶 LH-20，也称 sephadex LH-20，为在亲水性的葡聚糖凝胶基础上与丙基进行交联后得到的亲脂性的葡聚糖凝胶[19]，为目前使用较为广泛的葡聚糖凝胶，广泛应用于海洋生物中活性成分的分离及中草药中有效成分的分离纯化。苷类分布广泛，目前大量研究表明，该类成分具有抗菌、抗炎、抗病毒、抗氧化、免疫调节、增强记忆、强心等多种药理活性[20]。

（2）琼脂糖凝胶（sepharose Bio-Gel A）

琼脂糖凝胶是由球状琼脂糖经两次交联而制得的凝胶，其高交联结构显著提高了颗粒刚性和物理化学稳定性，粒度小而粒径分布范围窄，属于高效凝胶，可在高流速下使用，并具有分离范围宽和分辨率高等特点。已用于天然中草药中有效成分的分离，且成功地分离了黄酮类和多酚类化合物[21]，引起了国内外分离工作者的广泛关注。

2. 膜分离技术

膜分离技术是一项高新技术，虽然二百多年以前人们便已发现膜分离现象，但直到 20 世纪 60 年代，由于美国埃克森公司第一张工业用膜的诞生，膜技术才进入快速发展时期[22]。膜技术的发展时间虽然不长，但因为膜技术独具优越性，目前在工业中已得到广泛的应用，如在环保、水处理、化工、冶金、能源、医药、食品、仿生等领域。膜分离技术是指借助于外界能量或化学位差的推动，通过特定膜的渗透作用，对两组分或多组分混合的液体或气体进行分离、分级、提纯及浓缩富集的技术[23]。膜分离技术具有过程简单、无二次污染、分离系数大、无相变、高效、节能等优点，操作无需特定条件，可在常温下进行，也可直接放大。对于性质相似组分的分离，该技术具有独特优势，而且可以与常规分离方法联合应用。世界上许多国家都把它作为国家的重点发展项目。

1）膜分离技术分类

工业上膜分离技术大致分为微滤、超滤、纳滤和反渗透等[24]，不同的分离类型其作用机理各不相同，在此进行简单的介绍：

（1）微滤

微滤膜孔径大约为 0.1 μm，主要从气相和液相物质中截留微米及亚微米的细小悬浮物、微生物、微粒、细菌、酵母、红血球、污染物等，以达到净化和浓缩的目的。它属于压力驱动型的膜分离过程，工作时，在膜两侧静压差的作用下，小于膜孔的粒子透过膜，大于膜孔的粒子则被截留在膜的表面上，使大小不同的粒子得以分离。微滤分离的过程是利用膜的"筛分"作用来进行的[25]。"筛分"作用一般认为通过较膜孔大的颗粒机械截留、颗粒间相互作用及颗粒与膜表面吸附、颗粒间桥架此三种方式来实现粒子分离。

（2）超滤

超滤是一种具有分子水平的薄膜过滤手段，它用特殊的超滤膜作为分离介质，以膜两侧的压力差为推动力，将不同相对分子质量的溶质进行选择性分离。在生物合成药物中主要用于大分子物质的分级分离和脱盐浓缩、小分子物质的纯化、医药生化制剂的去热源质处理等。超滤过程与微滤类似，也存在膜表面上的机械截留（筛分）、在膜孔中的停留（阻塞）、在膜表面及膜孔内的吸附三种形式。不过其膜孔更小、过滤精度更高，实际操作压力比微滤略高[26]。

（3）纳滤

纳滤膜孔径在 $1\sim10$ nm，是一种介于反渗透和超滤之间的压力驱动膜分离过程，主要用于二价或多价离子及分子量介于 $200\sim500$ 的有机物的脱除[27]。纳滤膜的分离机理模型目前有：空间位阻-孔道模型、溶解扩散模型、空间扩散模型、空间电荷模型、固定电荷模型。与超滤膜相比，纳滤膜有一定的荷电容量；与反渗透膜相比，纳滤膜又不是完全无孔的，因此其分离机理在存在共性的同时，也存在差异[28]。

（4）反渗透

反渗透膜孔径小，约为 1 nm，它仍是一种压力驱动的膜过程，与其他压力驱动的膜过程相比，反渗透是最精细的过程，因此又称"高滤"。它过滤的实质是利用反渗透膜具有选择性透过溶剂而截留离子物质的性质。分离的过程是依靠膜两侧的静压力差为推动力，克服溶剂的渗透压，使溶剂通过反渗透膜而实现对液体混合物的分离。它主要用于水的脱盐、软化、除菌等。它的分离机理与其他压力驱动膜过程的机理有所不同，分离过程除与孔的大小有关外，还取决于透过组分在膜中的溶解、吸附和扩散，因此与膜的化学、物理性质及透过组分与膜之间的相互作用有很大关系。

2）膜分离技术特点

膜分离技术具有如下特点[29-31]：①膜分离技术是一种节能技术，膜分离过程不发生相变化；②膜分离过程是在压力驱动下、常温下进行的分离过程，特别适合于对热敏感的物质，如酶、果汁、某些药品分离、浓缩、精制等；③膜分离技术适用分离范围极广，从微粒级到微生物菌体，甚至离子级等都有其用武之地，其关键在于选择不同的膜类型；④膜分离技术由于只是以压力差作为驱动力，因此，该项技术所采用的装置简单，操作方便。

3. 透析法

透析法是利用小分子物质在溶液中可通过半透膜，而大分子物质不能通过半透膜的性质，达到分离的方法。例如，分离和纯化皂苷、蛋白质、多肽、多糖等物质时，可用透析法以除去无机盐、单糖、双糖等杂质。反之也可将大分子杂质留在半透膜中，而使小分子物质通过半透膜进入膜外溶液加以分离精制。透析是否成功与透析膜的规格关系极大。透析膜的膜孔有大有小，要根据欲分离成分的具体情况选择。透析膜有动物膜、火棉胶膜、羊皮纸膜、蛋白质胶膜、玻璃纸膜等。通常多用市售的玻璃纸或动物性半透膜扎成袋状，外面用尼龙网袋加以保护，小心加入欲透析的试样溶液，悬挂于清水容器中。经常更换清水使透析袋内外溶液的浓度差加大，必要时适当加热并加以搅拌，以利于透析速度加快。为了加快透析速度，还可应用电透析法，即在半透膜旁边纯溶剂两端放置两个电极，接通电路，则透析膜中的带正电荷的成分如无机阳离子、生物碱等向阴极移动，而带负电的成分如无机阴离子、有机酸等则向阳极移动，中性化合物及高分子化合物则留在透析膜中。

2.2　物质鉴定与表征

单纯合成出一种新化合物并不是合成化学家的目的，更重要的是：第一，知其组成、结构，分析出一定的合成机理，以便使合成更加合理化、科学化，能够用于指导相关物质的合成；第二，许多无机材料的应用须满足一定的品质要求，诸多要求体现于对其有关性能的表征；第三，更为重要的是进行结构与性能关系研究，此研究能为研究者提供更多的思路与方法，合成出更多具有特殊功能的新化合物和新材料。

2.2.1　物质组成分析

1. 有机元素分析

元素分析仪作为一种实验室常规仪器，可同时对有机的固体、高挥发性和敏感性物质中 C、H、N、S 元素的含量进行定量分析测定，在研究有机材料及有机化合物的元素组成等方面发挥重要作用。可广泛应用于化学和药物学产品，如精细化工产品、药物、肥料、石油化工产品中碳、氢、氧、氮元素含量的测定，从而揭示化合物性质变化，得到有用信息，是科学研究重要的有效手段之一。

元素分析仪原理如下：C、H、N 测定模式下，样品在可熔锡囊或铝囊中称量后，进入燃烧管，在纯氧氛围下静态燃烧。燃烧的最后阶段再通入定量动态氧气，来保证有机物和无机物完全燃烧。若使用锡制封囊，燃烧最开始时发生的放热反应可将燃烧温度提高到 1800 ℃，进一步确保燃烧反应完全。样品燃烧后的产物通过特定的试剂后形成 CO_2、H_2O、N_2 和氮氧化物，同时试剂将一些干扰物质，如卤族元素、S、P 等去除；随后气体进入还原罐，与铜进行反应，去除过量的氧并将氮氧化物还原成 N_2；最后进入混合室，在常温常压下进行均匀的混合。混合均匀后的气体通过三组高灵敏度的热导检测器,每组检测器包含一对热导池。前两个热导池之间安装有 H_2O 捕获器,热导池间的信号差与 H_2O 的含量成正比,并与原样品中氢含量成函数关系,以此测量出样品中 H 的含量。接下来的两个热导池间为 CO_2 捕获器,用来测定 C,最后以纯 He 为参照测定 N。

测定 S 和 O 的方法与 C、H 和 N 的测定方法基本相同,只需更换一下试剂。硫燃烧后以 SO_2 的形式单独进行测量。氧同样也进行单独测量,样品在纯氦氛围下热解,然后与铂碳反应生成 CO,进一步氧化成 CO_2,并通过热导池的检测,最终计算出氧的含量。单独测量可保证 O、S 的测量效果及最佳试剂用量,从而确保分析结果的准确性。

2. 无机元素分析

无机元素分析通常指金属元素的分析,可采用常规的化学分析方法。在配合物或无机-杂化材料中,金属是主要成分,其含量高,测定其数据有助于较快速地判定化合物的大致组成。除化学分析法外,仪器分析的发展使得元素分析化学的特征发生巨大变革,产生了诸多新技术,并通过商品化的仪器广泛应用于常规分析中。

1) 原子吸收光谱分析

原子吸收光谱法亦称原子吸收分光光度法。光源辐射待检元素的特征光波,其通过样品蒸气时,被蒸气中待测元素的基态原子所吸收,由辐射光波强度减弱的程度,可以求出样品中待测元素的含量。原子吸收光谱法采用的原子化方法主要有火焰法、石墨炉法和氢化物发生法。原子吸收火焰法大致分为两个阶段:①从溶液雾化至蒸发为分子蒸气的过程;②从分子蒸气至解离成基态原子的过程。原子吸收石墨炉法将样品置于石墨管内,用大电流通过石墨管,产生 3000℃ 以下的高温,使样品蒸发和原子化。原子吸收氢化物发生法是在酸性介质中,以硼氢化钾作为还原剂,使锗、锡、铅等还原生成共价分子型氢化物的气体,然后将这种气体引入火焰或加热的石英管中,进行原子化。由于原子吸收光谱法测量速度快、精密度高,因此应用领域十分广泛,如环境监测、医学、卫生、食品分析等。

每种元素都具有其特征的光谱线,当光源发射的某一特征波长的光通过待测样品的原子蒸气时,原子中的外层电子将选择性地吸收其同种元素所发射的特征谱线,使光源发出的入射光减弱。将特征谱线因吸收而减弱的程度用吸光度表示,吸光度与被测样品中的待测元素含量成正比,即基态原子的浓度越大,吸收的光量越多,通过测定吸收的光量,就可以求出样品中待测的金属及类金属物质的含量。对于大多数金属元素而言,共振线是该元素所有谱线中最灵敏的谱线,这就是原子吸收光谱分析法的原理,也是该法之所以具有较好选择性及可以测定微量元素的根本原因。

原子吸收光谱分析仪器装置的原理是通过火焰、石墨炉等将待测元素在高温或化学反应作用下变成原子蒸气，由光源灯辐射出待测元素的特征光，在通过待测元素的原子蒸气时发生光谱吸收，透射光的强度与被测元素浓度成反比。在仪器的光路系统中，透射光信号经光栅分光，将待测元素的吸收线与其他谱线分开。经过光电转换器，将光信号转换成电信号，由电路系统放大、处理，再由 CPU 及外部的计算机分析、计算，最终在屏幕上显示待测样品中微量及超微量的多种金属和类金属元素的含量和浓度，由打印机根据用户要求打印报告单。仪器主要由 5 部分组成：光源、原子化器、光路系统、电路系统、计算机数据分析处理系统。

2) X 射线荧光光谱分析

原子荧光光谱法是介于原子发射光谱和原子吸收光谱之间的光谱分析技术。当照射原子核的 X 射线能量与原子核的内层电子能量在同一数量级时，核内层电子共振吸收射线的辐射能量后发生跃迁，而在内层电子轨道上留下一个空穴。处于高能态的外层电子跃迁回低能态的空穴，将过剩的能量以 X 射线的形式放出，产生的 X 射线即为代表各元素特征的 X 射线荧光光谱，其能量等于原子内壳层电子的能极差，即原子特定的电子层面跃迁能量。只要测出一系列 X 射线荧光光谱波长，即能确定元素的种类；测得的谱线强度与标准品比较，即可确定该元素含量。

X 射线荧光光谱法具有准确性高、分析速度快、试样形态多样及测定时不破坏被测定物等特点，不仅可用于常量元素的定性及定量分析，还可用于微量元素的测定，其检出限与分离、富集等手段相结合，可达到 10^{-6} g/g。测定的元素范围包括周期表中 F～U 的所有元素。

3) 电感耦合等离子体原子发射光谱分析

电感耦合等离子体原子发射光谱法分析技术(ICP-AES)自 20 世纪 60 年代问世以来，因具有检出限低、基体效应小、精密度高、灵敏度高、线性范围宽及多元素同时分析等诸多优点而得以广泛应用。

等离子体在近代物理学中是一个很普通的概念，是一种在一定程度上被电离（电离度大于 0.1%）的气体，其中电子和阳离子的浓度处于平衡状态，宏观上呈电中性。电感耦合等离子体(ICP)是由高频电流经感应线圈产生高频电磁场，进而由工作气体形成的等离子体，并呈现火焰状放电(等离子体焰炬)，还可达到 10000 K 的高温，是一个具有良好的蒸发-原子化-激发-电离性能的光谱光源。这种等离子体焰炬呈环状结构，有利于从等离子体中心通道进样并维持火焰的稳定；较低的载气流速(低于 1 L/min)便可穿透 ICP，使样品在中心通道停留时间达 2～3 ms，可完全蒸发、原子化；ICP 环状结构中心通道的高温，高于任何火焰或电弧火花的温度，是原子、离子的最佳激发温度，分析物在中心通道内被间接加热，对 ICP 放电性质影响小；ICP 光源又是一种光薄的光源，自吸现象小，且无电极放电，无电极沾污。这些特点使 ICP 光源具有优异的分析性能，符合理想分析方法的要求。

ICP-AES 作为一种新型高效理想的分析方法，具有如下特点：① ICP-AES 法首先是一种发射光谱分析方法，可以多元素同时测定；②分析速度快，如利用光电直读光谱仪可在几分钟内对几十种元素进行定量分析；③固、液分析试样可不经处理直接测定；④选择性好；⑤检出限低，可达 ng/g 级；⑥准确度高，相对误差可达 1%以下；⑦试样消耗少；⑧ICP 光源校准曲线范围宽，可达 4～6 个数量级，因此可测定元素的不同含量。

2.2.2 物质结构分析

解析物质的结构也是一项至关重要的工作，伴随着研究对象的数量不断扩大、种类复杂化及研究手段的大幅更新，人们开始走进了结构的大门。最初人们总是通过各种谱学仪器收集各种有关官能团的信息，对物质结构进行分析、推测和说明，继而对大部分物质(不易或不能得到单晶)进行 X 射线粉末衍射，最终进行指标化而获得相关结构的信息。

1. 红外光谱

当一束具有连续波长的红外光(主要是中红外区 4000～400 cm^{-1})照射物质时，其中某些波长的光会被物质吸收。当物质分子中某个基团的振动频率和红外光的频率一致时，两者发生共振，分子吸收能量，由原来的基态振动能级跃迁到能量较高的振动能级。所测得的吸收图谱称为红外光谱。物质的红外光谱是其分子结构的客观反映，与分子中各基团的振动形式相对应。虽然分子中各键的振动频率受整个分子的影响，但某些键却具有较为固定的特征吸收峰。按照红外光谱与分子结构的特征，可将红外光谱按波数大小分为两个区域，即官能团区(4000～1300 cm^{-1})和指纹区(1300～400 cm^{-1})。由于各官能团的红外特征峰均出现在谱图的较高频率区，而且官能团具有各自的特征吸收频率，不同化合物中的同一官能团的红外光谱都出现在一段相对狭窄的范围内。指纹区出现的谱带主要是由单键的伸缩振动和各种弯曲振动引起，同时，存在于某些相邻键间的振动偶合与整个分子骨架结构吸收峰相关，因此，此区域吸收峰比较密集，对于分子来说，就犹如人的"指纹"，不存在两个人具有相同的指纹，那么不同的化合物具有该区域不同的红外线吸收光谱。每个化合物结构上的微小差异即能够在指纹区得到准确的反映，因此该方法用于确定化合物结构时非常有效。

官能团区域的峰是由 X—H(X 为 C、O、N 等)单键的伸缩振动及各种双键、三键的伸缩振动产生。波数在 4000～2500 cm^{-1} 区的吸收峰表明其含有含氢原子的官能团，如 O—H(3700～3200 cm^{-1})、COO—H(3600～2500 cm^{-1})及 N—H(3500～ 3300 cm^{-1})等。炔氢出现在 3300 cm^{-1} 附近，一般来说，如果在 3000 cm^{-1}

以上有 C—H 吸收峰，可以预料化合物存在不饱和的 =C—H；若在小于 3000 cm^{-1} 有吸收，则预示化合物是饱和的。波数 2500～2000 cm^{-1} 区为三键和累积双键区，此区域出现的吸收主要包括碳碳三键、碳氮三键等三键的不对称伸缩振动，以及累积双键的不对称伸缩振动。此外 S—H、Si—H、P—H、B—H 的伸缩振动也出现在此区域。2000～1500 cm^{-1} 区为双键伸缩振动区，此区域出现吸收表示双键化合物的存在，如 C=O(酰卤、酸、酯、醛、酮、酰胺等)出现在 1870～1600 cm^{-1} 处的强吸收峰。此外，C=C、C=N、N=O 的伸缩振动出现在 1675～1500 cm^{-1}。分子比较对称时，C=C 的吸收峰很弱。指纹区 1300～900 cm^{-1} 包括 C—O、C—N、C—F、C—P、C—S、P—O、Si—O 等单键的伸缩振动和 C=S、S=O、P=O 等双键的伸缩振动吸收。900～600 cm^{-1} 这一指纹区域吸收峰对结构分析特别有帮助，例如，可以指示 —(CH$_2$)$_n$— 的存在，实验证明，当 $n \geqslant 4$ 时，—CH$_2$— 的平面摇摆振动吸收峰出现在 722 cm^{-1} 处，随着 n 的减小，逐渐向高波数移动，此区域的吸收峰还可以为鉴别烯烃的取代程度和构型提供有用信息。

红外光谱在有机化合物的结构鉴定中应用较为广泛，而且具有快速可靠、操作简便、试样用量少、试样不会被破坏等优点。由于各种化合物都具有特定的红外光谱，故可以将已知的标准品与试样测定的红外光谱进行比较，鉴定某种化合物是否为已知成分。如果一种化合物为简单的未知成分，也可以根据其红外光谱提供的信息，确定其分子式和化学结构式。但是，对于比较复杂的未知成分，需配合紫外光谱、核磁共振谱、质谱手段、经典的化学反应定性分析及其他理化常数综合推断复杂有机化合物的结构。

2. 紫外-可见光谱

紫外-可见分光光度法是根据物质分子对波长为 200～760 nm 的电磁波的吸收特性建立起来的一种定性、定量和结构分析方法，其操作简单、准确性高、重现性好。当物质中分子吸收辐射时，就会获得一定的能量，该能量与分子内部的能级跃迁、分子的振动或转动、电子的自旋或成核的自旋运动相对应。紫外-可见吸收光谱通常由一个或几个宽吸收谱带组成。最大吸收波长表示物质对辐射的特征吸收或选择吸收，它与分子中外层电子或价电子的结构有关。

利用紫外-可见吸收光谱可以研究过渡金属配合物的电子跃迁(d-d 跃迁、f-f 跃迁)、荷移吸收和配体内电子跃迁，因而可用于金属配合物的结构鉴定。解析紫外-可见吸收光谱可用于：①定量分析，广泛用于各种物料中微量、超微量和常量的无机和有机物质的测定；②定性和结构分析，用于推断空间阻碍效应、氢键的强度、互变异构、几何异构现象等；③反应动力学研究，即研究反应物浓度随时间变化的函数关系，测定反应速率和反应级数，探讨反应机理；④研究溶液平衡，如测定配合物的组成、稳定常数、酸碱解离常数等。

3. 核磁共振谱

核磁共振(NMR)是具有磁矩的原子核(如 ^{1}H、^{13}C 等)在一定强度的磁场作用下，以一定频率的无线电波照射分子，产生能级跃迁获得共振信号，记录吸收信号的强度，对应其吸收频率所获得的波谱。由于有机化合物大多都含 C、H 原子，因此有机物的结构测定常用氢核磁共振谱(^{1}H NMR)和碳核磁共振谱(^{13}C NMR)。其中氢核磁共振谱反映的是 ^{1}H 的磁共振信号，其可以提供分子中不同种类氢原子的相关信息。而碳核磁共振谱反映的是 ^{13}C 的磁共振信号，它能提供更多有关分子骨架结构的信息。在有机化合物研究中，采用高分辨的核磁共振仪测定纯液体或溶液的 NMR，将所得图谱与分子结构相关联，可以为确定有机化合物的分子结构提供有力证据，同时还可以确定有机化合物中存在的各种官能团。

1)氢核磁共振谱

氢核磁共振谱(^{1}H NMR)是通过测定化学位移(δ)、偶合常数(J)及峰面积等参数来研究分子中 H 原子相关信息的技术。

(1)化学位移

化合物分子中的氢核，由于所处化学环境的不同，会在不同的射频频率处产生共振，因而在 NMR 谱图中显示出吸收峰位置的移动，这种因化学环境变化引起共振谱线位移的现象称为化学位移。但这种由化学环境引起的位移差异较小，甚至难以精确地测出其绝对值，因而需要采用一个标准来做对比，目前常用四甲基硅烷$(CH_3)_4Si$ 作为标准物质，并人为地将其吸收峰出现的位置定为零。某一质子吸收峰出现的位置与标准物质质子吸收峰出现的位置之间的差异称为该质子的化学位移。

(2)偶合常数

当使用高分辨率的核磁共振仪时，质子的共振峰就会分裂成多重峰，谱线的这种精细结构是由于邻近质子的相互作用引起了能级的裂分而产生的。这种由于邻核的自旋而产生的相互感染作用称为自旋-自旋偶合，由自旋-自旋偶合产生的多重峰的间距称为偶合常数，用 J 表示，单位是 Hz。

偶合常数是磁性核裂分强度的量度。对于氢核来说，有机化合物中各类质子所处的化学环境和磁环境不等同是产生自旋偶合的基本条件。且自旋分裂后小峰数目符合"$n+1$"规律、即若有 n 个相邻氢，将出现$(n+1)$个分裂缝，且分裂缝面积比是 $1:1$(双峰)、$1:2:1$(三峰)、$1:3:3:1$(四重峰)等，即$(a+b)^n$式展开式后各项的系数(n 为相邻氢的个数)。偶合常数的大小取决于相互作用的氢核之间间隔键的距离。间隔的键数越小，则偶合常数值越大。由于偶合分裂现象的存在，我们可以从核磁共振谱中获得更多信息，这对有机物的结构剖析具有极为重要的意义。

（3）峰面积

在 ^1H NMR 谱图中，峰面积以积分曲线高度表示。每个吸收峰的面积正比于产生该峰的 ^1H 核数目。因此，通过比较各峰和积分曲线高度，便可获知产生各峰的 ^1H 核数目的相应比例，再借助已知的分子式即可计算各峰所代表的 ^1H 核数目。

^1H NMR 谱图的解析步骤如下：首先观察吸收峰的位置（化学位移），确定该峰可能归属的化学结构；然后通过比较偶合常数，得到其自旋裂分的吸收峰，分析发生相互偶合的键中氢原子的数目；再由积分曲线计算出相对吸收峰的质子数目，并确定基团之间的关系，推测化合物结构，必要时结合化合物的理化性质及 IR、UV、MS 等结果确定化合物的结构式。

2）碳核磁共振谱

与 ^1H NMR 谱图相比，碳核磁共振谱（^{13}C NMR）具有以下特点：①^1H NMR 谱提供了化学位移、偶合常数、积分曲线几个重要信息，积分曲线与氢原子数目有定量关系；^{13}C NMR 谱中，峰面积与碳原子数之间没有定量关系，因此没有积分曲线。②^{13}C 的化学位移比 ^1H 大得多，以 TMS 为内标，^1H 的 δ 值大多在 $0\sim250$ppm 之间。由于其范围宽，碳核周围化学环境的微小差别在谱图上将有所区别，因此，碳谱比氢谱能给出更多的有关结构的信息。③在氢谱中，必须考虑氢核之间的偶合裂分，在碳谱中，由于 ^{13}C 的天然丰度只有 1.1%，碳核之间的偶合机会很少。另外，碳谱中的偶合常数没有氢谱中的偶合常数用途大。④弛豫时间对氢谱的解析用途不大，而对碳谱的解析用处很大。弛豫时间长，谱线强度弱。不同化学环境下的碳核弛豫时间差别很大，只要测定了弛豫时间，就可根据碳谱中各谱线的相对强度将碳核识别出来。因此，化学位移、偶合常数、弛豫时间是剖析碳谱的重要数据。

进行 ^{13}C NMR 测定一般都是进行质子去偶，解析质子去偶谱要抓住两点：①谱线数与碳数之间的关系。若无对称分子，分子中的碳数将等于谱线数。若谱线比碳数少，说明分子中存在某种对称性。若谱线电碳数多，通常是存在异构体、溶剂峰、杂质峰等。②确定各谱线的化学位移值。

碳谱不仅在有机物的结构测定中十分重要，而且在生物大分子的合成研究，合成高分子的结构与组成研究，金属配合物结构特点的研究，反应机理的研究，分子动态过程如构型、构象的转换，互变异构体的转变，化学变化及反应速率的研究等方面也都具有十分广泛的应用。

4. 质谱（MS）

质谱法又称原子质谱法，是利用电磁学原理对核电分子或亚分子裂片依其质量和电荷的比值（荷质比，m/z）进行分离和分析的方法。质谱是指裂片的相对强度按其荷质比排列的分布曲线。根据质谱图提供的信息，可进行有机物与无机物的定性、定量分析，复杂化合物的结构分析，同位素比的测定及固体表面的结构和组成分析。

当化合物经过不同方式被电离后，可获得不同的离子，在质谱图上均按荷质比大小出现相应的峰，其位置和强度与分子的类型、结构及电离方式密切相关，据此为分子结构的测定提供大量的信息。不同种类的有机化合物具有不同特征的质谱裂解规律，从而产生相应的碎片离子，这些碎片离子能为分子结构式的确定提供重要信息。

通过对质谱的分析可以得到如下结构信息：①样品元素组成；②无机、有机及生物分析的结构，因为结构不同，分子或原子碎片不同，所以质荷比不同；③应用色谱-质谱联用(GC-MC)技术进行复杂混合物的定性定量分析；④应用激光烧蚀等离子体-质谱联用技术，进行固体表面结构和组成分析；⑤样品中原子的同位素比(最基本的)。

质谱法分子具有如下特点：①信息量大，应用范围广，是研究化合物结构的有力工具；②由于分子离子峰可以提供样品分子的相对分子质量的信息，因此质谱法也是测定相对分子质量的常用方法；③分析速度快、灵敏度高、高分辨率的质谱仪可以提供分子或粒子的精密测定。

5. X 射线衍射

X 射线衍射分析是利用晶体形成的 X 射线衍射对物质进行内部原子在空间分布状况的结构分析方法。每一种结晶物质都有其特有的结构参数，包括点阵类型、晶胞大小、单胞中原子(离子或分子)的数目及位置等。将具有一定波长的 X 射线(用于 X 射线衍射的辐射源通常是以铜、钼、铁、铬等元素为阳极靶材料的真空管，而铜靶又常用于有机化合物)照射到结晶性物质上时，X 射线因在结晶内遇到规则排列的原子或离子而发生散射，散射的 X 射线在某些方向上相位得到加强，从而显示与结晶结构相对应的特有的衍射现象。

单晶 X 射线衍射可精确测定分子和固体中原子的位置，是应用最广、不确定性最小的一种方法。由于无机分子和无机固体的结构种类繁多，单晶 X 射线衍射结构分析在无机化学中的作用较在有机化学中更重要。对有机分子的结构分析所提供的光谱数据不充足，但可以明确地表征新无机化合物；此外，无机分子中的成键作用更加复杂多变，需要根据键长和键角的信息才能精确推断化学键的性质。

6. X 射线光电子能谱

光电子能谱的基本原理是光电效应，即具有足够能量的入射光照射至试样，试样中原子或分子某一能级的电子因吸收了光子的能量而被电离出来。由于不同元素、不同能级的光电子动能及其信号强度均不同，通过能谱能量分析器测量可将不同动能的电子区分开。利用检测器记录得到的电子信号强度与电子动能 E_k 或电子结合能 E_e 关系的曲线，称为光电子能谱。用 X 射线作激发源时主要是激发原子的内层电子，称为 X 射线光电子能谱法（XPS），因最初以化学领域应用为主要目标，故又称为化学分析用电子能谱法（ESCA）。

能谱中表征试样内层电子结合能的一系列光电子谱峰称为元素的特征峰，原子所处化学环境不同，使原子内层电子结合能发生变化，则 X 射线光电子谱谱峰位置发生移动，称为谱峰的化学位移。由于固体的热效应与表面荷电效应等物理因素引起电子结合能改变，从而导致的光电子谱峰位移，称为物理位移。在应用 X 射线光电子能谱进行化学分析时，应尽量避免或消除物理位移。

能谱峰分裂有多重态分裂与自旋-轨道分裂等。如果原子、分子或离子价(壳)层有未成对电子存在，则内层能级电离后会发生能级分裂，从而导致光电子谱峰分裂，称为多重分裂。一个处于基态的闭壳层(不存在未成对电子的电子壳层)原子被光电离后，生成的离子中必有一个未成对电子。若此未成对电子角量子数大于 0，则必然会产生自旋-轨道偶合(相互作用)，使未考虑此作用时的能级发生能级分裂，从而导致光电子谱峰分裂。由于内层电子能级间隔大，不像价电子能级密集重叠，不同元素原子内层轨道的结合能往往差异较大，容易在 X 射线光电子能谱中区分开来。因而 X 射线光电子能谱非常适合元素的定性分析，可以根据元素最强特征峰的结合能位置和裂变情况进行元素定性分析。分析时首先通过对试样进行全扫描以确定试样中存在的元素，然后对所选择的峰进行窄扫描，以确定化学状态。通过 XPS 谱峰化学位移的分析不仅可以确定元素及其价态，还可以研究试样的化学结构。

利用 XPS 研究配合物可以获得有关配合物的中心离子内层电子状态，以及相应配体的电子状态和配位情况，可以获得有关配合物结构的许多信息，是非常有效的研究手段。

2.2.3　物质性能表征

1. 热分析技术

热分析是在程序控制温度下测量物质的物理性能与温度之间的对应关系的一种技术。常用的热分析技术有热重法（TG）、差热分析法（DTA）和差示扫描量热法（DSC）。热分析主要用于研究物理变化和化学变化，不仅能提供热力学参数，还能给出有参考价值的动力学数据。随着热力学技术的发展，各种联用技术，如差热/热重-色谱分析、热重/差热-质谱、差热-红外光谱和热重-逸出气体分析等，使热分析在理论数据分析和实验方法上得到了很大发展。

1）热重法

TG 是在程序控制温度下，测量物质的质量与温度之间关系的一种技术。由 TG 测得的试样质量的变化率和温度的函数关系为热重曲线（TG 曲线），它表示过程的失重累计量，即积分型。对 TG 曲线进行一次微分，可以得到微商热重曲线（DTG 曲线），它表示的是试样质量的变化率和温度 T 或时间 t 的关系，即失重速率。TG 曲线上的一个平台，在 DTG 曲线上是一个峰，峰面积和试样的质量变化成正比，由于 TG 能够精确测定物质质量的变化，因此它已成为很重要的分析手段，广泛应用于无机化学、有机化学和高聚物领域。

只要物质受热时发生质量变化，就可根据 TG-DTG 曲线研究其变化过程。其主要应用有：分析鉴定固体样品的物质组成、结构，如物质组成中结晶水的数量、产生的挥发性组分量等；研究物质的热分解反应行为，判断其热稳定性，推测其热分解机理，为其制备、储存提供依据；研究固体与气体之间的反应；测定物质的熔点、沸点。

2）差热分析法

DTA 是在程序控制温度下测量试样和参比物之间的温度差随温度或时间变化关系的一种分析技术。DTA 仪器主要由温度控制系统和差热信号测量系统组成，辅之以气氛或冷却水通道，测量结果由记录仪或计算机数据处理系统处理。

体系在程序控温下，不断加热或冷却降温，物质将按照其固有的运动规律发生量变或质变，从而吸热或放热。如果试样在升温过程中没有热反应，则其与参比物之间的温差为 0；如果试样产生相变或气化则吸热，产生氧化分解则放热，从而产生温差，将温差所对应的电势差（电位）放大并记录，便得到 DTA 曲线。各种物质由于理化性质不同，表现出其特有的 DTA 曲线。根据 DTA 曲线便可判定物质内在性质的变化，如晶型转变、熔化、升华、挥发、还原、分解、脱水或降解等。

3）差示扫描量热法

DSC 是在程序控制温度下测量输入到试样和参比物的能量差与温度或时间关系的一种技术。DSC 仪器和 DTA 仪器装置相似，不同的是在试样和参比物容器下装有两组补偿加热丝。当试样在加热过程中由于热效应与参比物之间出现温差时，通过差热放大电路和差动热量补偿放大器，使流入补偿电热丝的电流发生变化。当试样吸热时，补偿放大器使试样一边的电流立即增大；反之，当试样放热时则使参比物一边的电流增大，直到两边热量平衡，温差消失。换句话讲，试样在热反应时发生的热量变化，由于及时输入功率而得到补偿，所以实际记录的是试样和参比物下面两支电热补偿的热功率之差随时间的变化关系。

DSC 可以测定多种热力学和动力学参数，如比热容、反应热、转变热、相图、反应速率、结晶速率、高聚合物结晶度、样品纯度等。该法使用范围宽、分辨率高、试样用量少，适用于无机物、有机化合物和药物分析，广泛用于石化、聚合物、制药、生物、食品、有色金属和石油化工等各个领域的材料表征及过程研究。

2. 微结构电子显微分析

材料显微结构分析是材料科学中最为重要的研究方法之一，它主要用于研究材料的微结构，即探测材料的微观形态、晶体结构和微区化学成分。虽然研究材料微结构有许多方法，但只有电子显微分析法能直观地将晶体结构与形貌观察结合，弥补其他方法的不足。常用的电子显微镜有透射电子显微镜(transmission electron microscope，TEM)、扫描电子显微镜(scanning electron microscope，SEM)。

电子显微镜的放大倍数可达近百万倍，由电子照明系统、电磁透镜成像系统、真空系统、记录系统、电源系统 5 部分构成。

1)透射电子显微镜

透射电子显微镜，也称透射电镜，是使用最为广泛的一类电镜。透射电镜是一种高分辨率、高放大倍数的显微镜，是材料科学研究的重要工具，能提供极微细材料的组织结构、晶体结构和化学成分等方面的信息。透射电镜的分辨率为0.1～0.2 nm，放大倍数为几万至几十万倍。想获得一张好的透射电镜照片，关键是试样的制备，在透射电镜制样主要有以下几种情况：

(1)粉末样品的制备

用超声波分散器将需要观察的粉末在溶液中分散成悬浮液，用滴管滴几滴在覆盖有碳加强火棉胶支持膜的电镜铜网上。待其干燥后，蒸上一层碳膜，即成为电镜观察用的粉末样品。

(2)薄膜样品的制备

块状材料通过减薄的方法制备成对电子束透明的薄膜样品。制备薄膜一般有以下步骤：切取厚度小于 0.5 mm 的薄块；用金相砂纸研磨，把薄块减薄为0.1～0.05 mm 的薄片。为避免严重发热或形成应力，可采用化学抛光法；用电解抛光或离子轰击法进行最终减薄，在孔洞边缘获得厚度小于 50 nm 的薄膜。

(3)复型样品的制备

样品通过表面复型技术获得。复型技术把样品表面的显微组织浮雕复制到一种很薄的膜上，然后把复制膜(称为"复型")放入透射电子显微镜中观察分析，这样才使透射电子显微镜应用于显示材料的显微组织。

2)扫描电子显微镜

扫描电子显微镜是 1965 年发明的较现代的细胞生物学研究工具，主要利用二次电子信号成像来观察样品的表面形态，即用极狭窄的电子束去扫描样品，通过电子束与样品的相互作用产生各种效应。其中主要是样品的二次电子发射，二次电子能够产生样品表面放大的形貌像，此像是在样品被扫描时按时序建立起来的，即使用逐点成像的方法获得放大像。

参 考 文 献

[1] 陆余平, 赵拯. 对萃取概念教学的探讨[J]. 化学教育, 2011, 32(04): 38-39.

[2] 淡美俊, 赵怡. 液相微萃取的概念及应用[J]. 中国科技术语, 2015, 17(01): 57-59.

[3] Rickles R N, 冉天寿. 液-固萃取[J]. 医药农药工业设计, 1978, (05): 1-35.

[4] 侯延民, 闫永胜, 李松田, 等. 非有机溶剂液/固萃取分离在分析化学中的应用进展[J]. 化学试剂, 2007, 29(07): 397-402.

[5] 余晓雪, 孙小梅, 葛淑萍, 等. 钯(Ⅱ)与铬(Ⅵ)、锌(Ⅱ)、镉(Ⅱ)的钙黄绿素液固萃取分离及钯的荧光猝灭法测定[J]. 冶金分析, 2008, 28(11): 36-39.

[6] 骆广生. 一种新型的化工分离方法——萃取结晶法[J]. 化工进展, 1994, 2(06): 8-11.

[7] 葛玉林. 常减压蒸馏流程模拟与优化及换热网络综合[D]. 大连: 大连理工大学, 2007.

[8] 徐世民, 王军武, 许松林. 新型蒸馏技术及应用[J]. 化工机械, 2004, 31(03): 183-187.

[9] 魏鹏程, 赵铭钦, 刘鹏飞, 等. 不同蒸馏方法提取辛夷挥发油的比较分析[J]. 现代食品科技, 2013, 29(02): 358-361.

[10] 李亮, 刘大春, 杨斌, 等. 真空蒸馏铅阳极泥制备粗锑的研究[J]. 真空科学与技术学报, 2012, 32(04): 301-305.

[11] 郑弢. 分子蒸馏提纯三种天然产物及理论模型的研究[D]. 天津: 天津大学, 2004.

[12] 郭祚刚. 基于分子蒸馏技术的生物油分级品位提升研究[D]. 杭州: 浙江大学, 2012.

[13] 颜晓航. 薄层色谱法操作技术控制要点分析[J]. 安徽医药, 2012, 16(09): 1271-1272.

[14] 丛景香, 林炳昌. 多维液相柱色谱[J]. 化学进展, 2007, 19(11): 1813-1819.

[15] 艾秀珍. 辣椒碱类化合物及辣椒碱单体的提取与纯化[D]. 杭州: 浙江大学, 2007.

[16] 蒋劢博. 红枣中环磷酸腺苷提取与纯化工艺研究[D]. 乌鲁木齐: 新疆农业大学, 2013.

[17] 李椿方. 大孔吸附树脂和逆流色谱分离纯化莱菔硫烷的研究[D]. 北京: 北京化工大学, 2008.

[18] 胡晓波, 龚毅, 郭智勇, 等. 葡聚糖凝胶过滤色谱柱法测定两种氨基酸锌螯合物螯合率的差异性[J]. 食品科学, 2009, 30(24): 397-400.

[19] 梁耀光, 吕巧莉. 葡聚糖凝胶 Sephadex LH-20 分离苷类的研究进展[J]. 广东化工, 2013, 40(13): 101.

[20] 彭悦, 聂基兰. 交联葡聚糖凝胶吸附性能及应用[J]. 江西化工, 2001, (02): 20-24.

[21] 黄艳艳. 琼脂糖凝胶分离纯化大黄等中药有效成分的研究[D]. 聊城: 聊城大学, 2008.

[22] 岑琴, 周丽莉, 礼彤. 膜分离技术及其在中药领域中的应用[J]. 沈阳药科大学学报, 2008, 25(01): 77-80.

[23] 郭瑞丽, 李玲. 膜分离技术及其应用简介[J]. 新疆大学学报(自然科学版), 2003, 20(04): 410-413.

[24] 侯玱斐, 任虹, 彭乙雪, 等. 膜分离技术在食品精深加工中的应用[J]. 食品科学, 2012, 33(13): 287-291.

[25] 姜安玺, 赵玉鑫, 李丽, 等. 膜分离技术的应用与进展[J]. 黑龙江大学自然科学学报, 2002,

19(03): 98-103.

[26] 康为清, 时历杰, 赵有璟, 等. 水处理中膜分离技术的应用[J]. 无机盐工业, 2014, 46(05): 6-9.

[27] 李平华, 赵汉臣, 闫荟. 膜分离技术在中药研究开发中的应用[J]. 中国药房, 2007, 18(24): 1918-1920.

[28] 刘鹤, 李永峰, 程国玲. 膜分离技术及其在饮用水处理中的应用[J]. 上海工程技术大学学报, 2008, 22(01): 48-53.

[29] 王华, 刘艳飞, 彭东明, 等. 膜分离技术的研究进展及应用展望[J]. 应用化工, 2013, 42(03): 532-534.

[30] 王志斌, 杨宗伟, 邢晓林, 等. 膜分离技术应用的研究进展[J]. 过滤与分离, 2008, 18(02): 19-23.

[31] 岳志新, 马东祝, 赵丽娜, 等. 膜分离技术的应用及发展趋势[J]. 云南地理环境研究, 2006, 18(05): 52-57.

第 3 章　金属配合物合成

配位化合物是一类比较典型的无机化合物，它是由配体和中心原子(或离子)经配位键合而成的化合物，简称配合物。配体可以是简单分子或离子，也可以是复杂分子、离子、基团或有机高分子；中心原子(或离子)通常是金属原子、离子。配位化合物的复杂性、多样性和广泛性使得配合物合成化学涉及传统有机合成化学及无机合成化学的各个领域。

金属配合物是有机配体和金属离子之间通过配位键形成的具有高度规整的无线网络结构的配合物。自 20 世纪以来，人们对金属配合物的合成与性能已进行了相当多的研究，并取得了一系列成果。他们利用不同的合成方法、不同的有机配体、不同的金属离子合成了大量不同结构和性能的金属配合物[1]。

3.1　金属配合物的合成方法

金属配合物合成方法包括溶剂法、非溶剂法、气相法、配位聚合法、固相反应法、金属蒸气法、基底分离法等，本节主要介绍几种常用的合成方法[2]。

3.1.1　溶剂法

在溶剂存在的条件下直接进行配位反应，是金属配合物制备的常用方法。

1. 溶剂法溶液中的取代反应

取代反应是指某化合物中的原子、离子或原子团被取代，而形成另一新化合物的作用。取代反应仍是迄今合成配合物最常用的方法。反应类型主要有金属取代反应、配体取代反应及配体上的衍生化反应等。

1) 金属取代反应

金属的取代反应是指金属配合物和某种过渡金属的盐(或某种金属化合物)之间进行的离子的交换、取代反应，也可称为金属的置换反应。反应中金属离子的置换有一定的规律，不同的配体有不同的金属置换顺序。例如，双水杨亚甲基乙二胺配合物的取代顺序(即生成配合物的稳定性次序)为 Cu＞Ni＞Zn＞Mg。该方法操作简单，可以从一种配合物出发得到一系列不同的过渡金属取代产物。

2) 配体取代反应

配体取代反应在一定条件下，新配体可以取代原配合物中一个、几个或全部配体，从而得到新的配合物的反应。

1926 年一位苏联学者在研究 $Pt(II)$ 配合物取代反应的基础上发现，在配合物内界中，某配体对其反应位基团若有活化作用，则可加速其反应基团被取代，这种作用称为反位效应。对于 $Pt(II)$ 配合物的取代反应，配体反应效应的强弱顺序如下：$C_2H_4 \approx CN^- \approx CO > NO \approx H^+ \approx PR_3 > SC(NH_2)_2 \approx CH_3^+ > NO_2^- \approx I^- \approx SCN^- \approx C_6H_5^+ > Br^- > Cl^- > Py > NH_3 \approx RNH_2 \approx F^- > OH^- > H_2O$。应用反位效应规律，可以指导配合物的合成及鉴别顺、反异构体。

必须指出，反位效应的顺序是一个经验规律。至今尚未找到一个对一切金属配合物通用的各种配体的反位顺序。即使对于 $Pt(II)$，也不是所有配合物反应都严格遵守反位效应规则，大约 120 个详细研究过的 $Pt(II)$ 配合物反应中，约有 80 个反应严格遵守该规则。此外，反位效应也存在于八面体配合物中，但不及平面正方形配合物那么明显和典型。

3) 配体上的衍生化反应

席夫碱、戊二酮和偶氮化合物作配体时，配体上可发生化学反应，从而导致新配合物的生成。

2. 溶剂法溶液中的氧化还原反应

许多金属配合物的制备常利用氧化还原反应，即将有不同氧化态的金属化合物，在配体存在下适当地氧化或还原以制备所需的金属配合物。

1) 金属氧化反应

将金属溶解在酸中制备某些金属离子的水合物是典型的金属氧化反应。例如，金属镓和过量的高氯酸(72 %)一起加热至沸，待镓全部溶解并冷至稍低于混合物沸点温度(200 ℃)时，就有 $[Ca(H_2O)_6](ClO_4)_3$ 晶体析出。

$$Ga + 3HClO_4 + 6H_2O \xrightarrow[\text{冷却结晶}]{\text{加热至沸}} [Ga(H_2O)_6](ClO_4)_3 + 1.5H_2$$

过渡金属的高氧化态配合物都可由相应的低氧化态配合物氧化制得。常用的氧化剂有过氧化氢、空气、卤素、高锰酸钾、二氧化铅等。

2) 金属还原反应

由高氧化态金属配合物经还原可制备低氧化态金属配合物，还原剂可用 H_2、K、Na、Zn、H_4N_2 及有机还原剂等。例如

$$Cl_3Rh(H_2O)_3 + 2PPh_3 + H_2CO \longrightarrow \begin{array}{c} Cl \\ | \\ OC-Rh-PPh_3 \\ | \\ PPh_3 \end{array} + 2HCl + 3H_2O$$

3) 电氧化与电还原反应

电化学法合成配合物时，不必另外加入氧化剂或还原剂。这是最直接的氧化还原反应合成方法；可以在水溶液中进行，也可以在非水溶液或混合溶液中进行。目前电化学合成使用较多的是有机弱酸和卤化物反应体系。例如，在水和甲醇的混合液中，加入乙酰丙酮和氯化物，用铁作电极（参加反应的金属），电解后得到浅棕色晶体$[Fe(C_5H_7O_2)_2]$。电解结束后，在电解液中通入空气或氧气就得到$[Fe(C_5H_7O_2)_3]$。

非水溶液的电化学合成体系应用很广，特别是对一些易水解的配合物的制备更为有效。例如，用铂丝作阴级，钴作阳极，电解液是 Et_4NBr 与 Br_2 的苯（含 10%～20%甲醇）溶液，在氮气保护下电解，可得到深黄色的配合物$(Et_4N)_2[CoBr_4]$。

3.1.2　金属蒸气法和基底分离法

1. 金属蒸气法

金属蒸气法(MVS)的装置一般由金属蒸发器、反应室和产物沉积壁三部分组成，整个装置体系要保持良好的真空度。反应物在蒸发器中经高温蒸发生成活性很高的蒸气，这些活泼的金属原子和配体分子在低温沉积壁上发生反应而得到产物[3]。

例如，由 Co 蒸气直接合成 $Co_2(PF_3)_8$。将 Co 置于金属蒸发器的坩埚中，将体系抽真空后加热至 1300 ℃，用液氮冷却反应器，以 10 mmol/min 的速度加入 PF_3，再将坩埚加热至 1600℃使金属挥发，由此发生的反应为

$$2Co + 8PF_3 \longrightarrow Co_2(PF_3)_8$$

反应结束后，冷却坩埚，充入氮气，取出坩埚，加上盲板，再将装置从液氮中取出，加热至室温将未反应的 PF_3 抽出，产物 $Co_2(PF_3)_8$ 则留在反应器壁上。

2. 基底分离法

该法与 MVS 相似。在 MVS 法中最低共沉积温度是液氮的温度（77 K），若要合成以克计的含有 N_2、O_2、H_2、NO、CO 和 C_2H_4 等配体的配合物则不能实现。这是由于在 77 K 温度下，此类配体不凝聚，另外，金属原子在此类挥发性配体中的扩散和凝聚速度远超过金属-配体之间的反应速率。因此，在反应壁上得到的是胶态金属。当体系温度低于配体熔点的 1/3 时，基底上金属-配体的配位作用超过金属的凝聚作用。为此要实现配合物的合成必须在较低的温度下进行。在具体的合成工作中要针对反应体系选择恰当的温度、配体、金属原子的浓度及沉积速率等相关条件。

3.1.3　固相反应法

通过固相反应合成新的配合物有两种方法：通过配体和相应的金属化合物反应来制备；用已知配合物为原料制备新的配合物。

1. 配体与金属化合物反应

通常配体的熔点较低，在反应条件下配体呈熔融状态，故配体与金属化合物之间的反应为复相反应。例如，将三苯基膦与二氯化钯加热，得到黄色 $Pd[P(C_6H_5)_3]_2Cl_2$，过量的配体用萃取法除去。该法简单，适用于制备由 Co、Cu、Pd、Ni、Pt 等过渡金属与膦、胂及其衍生物形成的配合物。

2. 用已知配合物制备新配合物

配合物固相反应是一类重要的化学反应，但大多数的研究工作停留在简单的固相反应体系，配合物合成的固相反应研究较少。究其原因为固相反应装置、反应条件控制和产物跟踪、检测存在一些困难。最近发展起来的固相反应气相色谱联用法和质谱联用法等手段，较好地解决了上述困难。

1) 通过配合物热分解制备新配合物

将四 (三乙基膦) 合铂在减压情况下，加热到 50～60 ℃，得到橙红色的 $Pt(PEt_3)_3$ 黏稠油液。

$$Pt(PEt_3)_4 \xrightarrow[50\sim60\ ℃]{真空} Pt(PEt_3)_3 + PEt_3$$

另一个有趣的例子是隐形墨水显色。以无色墨水 (主要成分是 $[Co(H_2O)_6]Cl_2$ 溶液) 在纸上写字，加热烘干则显出蓝色字迹，其反应如下

$$2[Co(H_2O)_6]Cl_2 \xrightleftharpoons{\triangle} Co[CoCl_4] + 12H_2O$$

$$\text{无色} \qquad\qquad\qquad \text{蓝色}$$

2) 通过形成金属–金属键以制备新配合物

$K_2[Ni(CN)_4]$ 于氢气气氛中加热，然后采用 DMF (N,N-二甲基甲酰胺) 萃取产物，即可获得 $K_4[Ni_2(CN)_6]$。

3) 通过配体取代制备新配合物

$[Co(NH_3)_5(H_2O)](ReO_4)_3 \cdot 2H_2O$ 在油浴上加热至约 50℃，脱水约 2h，然后升温至 115～120 ℃，并保持恒温 4～5 h，即可获得 $[Co(NH_3)_5(OReO_3)](ReO_4)_2$。

3.1.4　大环配合物合成法

至少含有四齿而且能够完全包围金属离子的配体称为大环配体，大环配体所形成的化合物称为大环配合物。事实上，在人们设计并合成数以千计的人造大环配合物以前，自然界早就存在着诸多结构复杂、性能各异的大环配合物。我们熟悉的叶绿素、维生素 B_{12}、血红蛋白等均是天然的大环配位化合物，在自然界的生命过程中起着举足轻重的作用。因此，合成大环配合物并剖析其结构、性能，进而最终实现人工模拟生命过程的研究已引起研究者的广泛关注，从而推动了超分子化学的发展。

其中元件组装反应是大环配体金属配合物及其相应聚合物、多核配合物、金属簇合物及高分子金属配合物最常用的合成反应，也是生物体内生物配合物常用的合成反应。元件组装反应是指金属配合物及其聚合物的有关组分、基团等部件单体经过一步或多步装配式地配位连接聚合或缩合而形成目标化合物的反应，它包括配位聚合、配位缩合、桥联聚合或缩合、嵌入聚合、配体接枝、配体加成、局部环化和整体环化等反应。在众多元件组装反应中，以模板反应研究得最多，相对也较为成熟，故我们仅对大环配合物的模板合成反应做简要介绍。

大环配体合成时产率低、副产物多，由于试剂聚合需要高度稀释，消耗大量溶剂而造成的不经济等问题，多年来大环配合物的合成出现瓶颈。近年来不少研究成果表明，采用金属离子可以促进大环配体生成，并直接合成大环配合物，从某种程度上说，超分子化学的诞生离不开模板效应。究其原因，是由于金属离子的配位作用，可将某一反应基团固定在某一恰当的位置上，即用金属离子将反应基团以适当的几何形状固定，从而使环化反应易于进行。

20 世纪 60 年代，Busch 对模板的作用方式进行了系统的研究和分类，指出所谓"模板效应"是由于配体与金属离子配位而改变其电子状态，并取得某种特定空间配置的效应。但此仅局限于当时所了解的经典模板效应，即以金属离子作为模板，则它对合成反应所起的作用就称为模板效应。借助金属离子的模板效应来促进环化的合成反应，称为"模板反应"。伴随二十余年来超分子化学的蓬勃发展，模板效应的研究与应用更为深入，金属离子与配体的作用、氢键作用、疏水作用、π—π 相互作用，以及催化抗体等都可以归结为模板效应。多年前，由数学家、艺术家甚至体育界人士首先提出的许多拓扑结构，如轮烷、索烃、绳结、双螺旋和奥林匹克环等新颖的超分子结构，最近已在某些超分子化学研究室利用模板效应原理成功地合成。

采用模板效应进行合成，一般具有如下特征：①利用分子识别和相互匹配原理，使反应具有一定的方向性；②借助分子间非共价键较弱的相互作用，易于重排、耗能小；③拒绝有缺陷分子进入反应，效率高；④模仿自然界的自组装，采用简便的原料来合成超级的、用其他方法难以获得的复杂结构。因此，模板效应在合成大环配合物方面是一种效率较高、选择性较好的新合成方法。

3.2　金属配合物的研究进展

3.2.1　席夫碱金属配合物

席夫碱化合物是指由伯胺与活泼羰基化合物合成的一类含有亚甲胺基的化合物，其吡啶环上存在着配位能力极强的 N 原子及环外 N 原子，是一种性能优良的有机配体，金属离子含有空轨道，可接纳配体提供的电子对，从而形成配合物。官能化的席夫碱金属配合物结构稳定而丰富，在生物、催化、材料及分析化学领域存在广泛应用，从而引起人们的广泛兴趣[4]。

1. 席夫碱金属配合物分类

1）缩胺类席夫碱及其金属配合物

早期合成的席夫碱均为缩胺类[5]。其中，单胺类配体以去质子状态和中性状态，即作为阴离子型单官能团二齿配体和中性的单齿配体，与金属配合；而二胺类席夫碱配合物具有双官能团，其稳定性随配体原子数的增加而增加。近年来，国内陆续报道了一些新的二胺类席夫碱，如取代苯甲醛缩二胺类双席夫碱、双苯并咪唑-2-甲基酮缩二胺类席夫碱、双胡椒醛缩二胺类席夫碱等的合成[6]。

2）缩酮类席夫碱及其金属配合物

β-二酮异羰基化合物及其衍生物可以与含氨基的化合物形成缩酮类席夫碱。用来催化各种交叉偶联反应的席夫碱“环钯”也经常用到缩酮类席夫碱。对二羰基化合物与胺缩合生成的席夫碱类双核或多聚配合物目前也有报道[7]。

3）氮杂环或氮杂大环类席夫碱及其金属配合物

席夫碱类配体的含金属芳香性杂环式金属配合物中的金属离子作为芳香环的一员参与了环 π 键的生成，这种特殊的结构使该类化合物具有一些特殊的性质[8]。位于金属原子对位的亚甲基具有碱性，可以加质子，并且该亚甲基上的氢也非常活泼，很容易发生交换及甲酰化、溴化等反应。氮杂环及氮杂大环类席夫碱及其金属配合物，目前广泛应用于半导体材料、金属材料、常温超导材料、光敏材料、催化剂及超分子设计方面[9]。

4）腙类席夫碱及其金属配合物

腙类配体由于具有较好的抗肺结核、抗麻风病、抗细菌和抗病毒传染等作用而深受医学界的重视，更重要的是这类配体与过渡金属生成的一些配合物具有更加突出的生物活性。龚钰秋等合成出了氧化吡啶-2-甲醛的半卡巴腙席夫碱和贵金属金、铂、钯的多种配合物，并成功地获得了其中金和钯配合物的单晶结构。另外，异丙基水杨酰腙席夫碱、对氟苯甲醛水杨酰腙镍（Ⅱ）配合物、3,5-二羟基苯甲酰腙和双-2-氨基苯甲醛-丙二酰双腙席夫碱及其金属配合物等合成及表征也均有报道。

2. 席夫碱金属配合物应用研究

1）催化性能的研究

催化剂在当今工业生产、有机合成和制备新药物方面都有决定性作用，因此，合成具有高催化活性、易于分离、能够重复利用的固相催化剂成为人们研究的热点[10]。烯烃和芳香烃的催化氧化是碳氢化合物转化成含氧衍生物的一类重要反应，生成的含氧衍生物如醇、酮等不仅是多种工业产品的中间体，也是香料、医药等精细化工产品的重要原料。其中，环己烯氧化反应的产物较为复杂。段宗范等合成了聚苯乙烯担载的酪氨酸水杨醛席夫碱钴配合物。结果表明，70℃时，以微量醋酸为添加剂，在催化剂的催化作用下，以常压氧气氧化环己烯，得到烯丙基位的氧化产物环己烯醇、环己烯酮和中间产物环己烯过氧化氢。催化剂经五次循环使用仍具有较高的催化活性。环己烯在该高分子配合物作用下的催化氧化遵循一个自由基反应历程，与经典的 Haber2 Weiss 历程相一致。除此之外，在有机合成中，孙伟等用壳聚糖与水杨醛及其衍生物合成了一系列席夫碱聚合物，其与 Cu^{2+} 配位以后，用于催化苯乙烯与重氮乙酸乙酯的反应，取得了很高的化学收率，同时显示了一定的对映选择性，催化剂可以重复使用且活性没有明显下降。另外，李琳等研究了氯化钴与不同的席夫碱所组成的新型催化体系对氯苄及其衍生物的双羰化反应的催化性能。结果表明，氯化钴/吡啶-2-羧酸钾的催化活性最佳，对于实现苯丙酮酸的工业化生产具有重要意义。

2）抗菌抗癌性的研究

席夫碱由于其良好的配位化学性能和独特的抗菌、抗癌等生理活性，而受到人们的重视。氨基酸席夫碱能将抗癌基运载到癌变细胞内，从而增大杀伤癌变细胞的选择性。近年来一些席夫碱及其过渡金属配合物对肿瘤和病菌的抑制作用也已见报道[11]。侯汉娜等用微量热法研究了一种新型席夫碱及其 3d, 4f 配合物对大肠杆菌和金黄色葡萄球菌的抗菌活性。结果表明，两种化合物对大肠杆菌的生长代谢有强的活性，但对金黄色葡萄球菌的生长代谢的活性弱得多。Zn 和 Yb 的导入使化合物对大肠杆菌生长代谢的抑制作用稍微增加，但大大降低了对金黄色葡萄球菌的抑制作用。对于非生长代谢，两种化合物的活性有很大的差别。无论对大肠杆菌还是金黄色葡萄球菌，由于配体的导入，化合物表现出显著的抑制作用[12]。

3) 电极材料的研究

席夫碱金属配合物可以作为载体制作电极，用于特定离子的检测。这种离子选择性电极是一种已获得实际应用的电化学传感器，具有分析快速简便，对分析物无损害和可现场测试等优点[13]。

以传统的亲脂性季铵盐、季磷盐为载体的阴离子选择性电极对阴离子的选择性呈经典的 Hofmeister 序列，其应用受到限制。而以金属配合物为载体的阴离子选择性电极对阴离子的响应呈现出不同程度的 Hofmeister 选择性次序，该特性主要归因于响应阴离子与膜中活性物质中心金属的特殊作用及载体配合物的空间构型。罗恩平等通过研究表明，以硫杂化大环席夫碱金属双核汞配合物为载体的 PVC 膜电极对碘离子和水杨酸根离子具有高选择性，并采用紫外可见光谱技术和交流阻抗技术研究了电极对碘离子的响应机理[14]。

有研究者合成了双 PMBP（1-苯基-3 甲基-4-苯甲酰基-5-吡唑啉酮）缩 1,3-二氨基硫脲金属配合物，用其作为载体制成电极，实验表明电极响应具有较好的稳定性与重现性；在 pH = 2.0 时，以邻硝基苯基十二烷基醚为增塑剂，载体用量为 3.0%的条件下，电极对亚硝酸根呈现较好的响应特性，并且响应速度快，电极寿命长，其可应用于食品中亚硝酸根的快速检测。因此，可以预见席夫碱金属配合物可能成为对阴离子响应的新一类理想载体。

4) 荧光性能研究

20 世纪 80 年代末，有关席夫碱荧光性能的研究受到研究者广泛关注，特别是溶液中荧光行为的研究较为多见。例如，席夫碱与铍形成的配合物在紫外光照射下产生较强烈的蓝色荧光，可以应用于胺类化合物含量的测定。此外，席夫碱还可用于金属离子荧光及光度测定，例如，异双四齿席夫碱配体为较强的荧光性物质，pH 为 9.62 时，铜（II）离子与该配体形成的配合物可使其荧光猝灭，因此，该异双席夫碱可应用于有机生物体的微量铜离子检测。另外，也可借助于席夫碱与 Al、Ga、Be 等金属离子螯合配合物产生荧光的特性进行检测[15]。

3.2.2　天然活性成分金属配合物

近年来，有研究认为金属元素在中药药效有效发挥方面起到重要作用，金属离子可在传统中药制备过程中与中药化学成分如蒽醌、黄酮、生物碱等形成配合物，且天然金属配合物也是原药材中化合物的一种存在形式。药物中各化学成分与金属离子形成配合物后其活性会改变，如抗菌性、抗肿瘤性、抗氧化性等。将中药有效成分与金属离子进行配位得到活性增强的化合物，此配位方法是提高中药化学成分药效的有效途径。近年来，一些学者制备了金属元素与中药天然活性成分的螯合配合物，并研究配合物可能的生物活性。

1. 黄酮类配合物

黄酮类配合物是一类非常重要的天然活性成分,具有抗菌、抗病毒、抗肿瘤、抗氧化、抗炎等多种生物活性[16]。由于其具有很好的超离域度和大 π 键共轭体系,同时带有羟基、羰基或羧基等含孤对电子的基团,故可以和金属离子形成配合物。近年来黄酮类配合物中研究较多的是芦丁、槲皮素、桑色素、白杨素等化合物,涉及的金属元素有 Cu^{2+}、Co^{2+}、Ni^{2+}、Zn^{2+}、Al^{3+}、Cd^{2+}、 Ca^{2+}、Fe^{2+}、Mg^{2+}等及稀土金属。结构表征大多采用红外光谱、元素分析及核磁共振等方法[17]。

研究发现桑色素锌(Ⅱ)、桑色素铜(Ⅱ)的配合物对 Hep-2、BHK-2 等肿瘤细胞瘤株的抑制作用强于配体,而桑色素合钴(Ⅱ)对上述癌细胞瘤株的抑制作用弱于配体。芦丁铁配合物和铜配合物的体外和体内的抗氧化活性和抗菌活性的结果表明铜配合物清除自由基的能力在体外较高,而铁的抗氧化活性和抗炎能力比芦丁低得多,分析其原因有可能是 Cu^{2+}可作为超氧化物歧化酶的活性中心[18]。

2. 多糖类配合物

多糖是自然界中普遍存在的一种高分子天然产物,可分为中性多糖(淀粉、纤维素)、酸性多糖(果胶、透明质酸、藻酸)、糖胺类多糖(壳聚糖、甲壳低聚糖)等。具有抗癌、抗肿瘤、抗病毒、防衰老、防辐射、降血糖、降血脂等诸多生物活性。而且多糖与一些金属和非金属离子形成的配合物更有其结构和生物活性的特殊性,是生物体不可或缺的成分之一,且已广泛应用于化工、医药、农业、食品业等各个行业。研究人员对其工业和药用价值也展开了大量的研究。多糖与铁、钙、铜、稀土元素等金属离子形成的配合物已大量开发成为临床用药、保健品供人们使用。近年来由于天然产物化学的迅速发展,多糖金属配合物的研究也进入了快速发展阶段[19]。

以天然多糖壳聚糖为例,壳聚糖是从虾、蟹等甲壳动物中提取的一种天然高分子多糖,是甲壳素的脱乙酰化产物,是由 β-(1,4)-2-氨基-2-脱氧-D-葡萄糖单元和 β-(1,4)-2-乙酰胺基-2-脱氧-D-葡萄糖单元组成的共聚体。壳聚糖是迄今所发现的唯一的天然碱性多糖,由于具有生物相容性和血液相容性及其对过渡金属与稀土金属有良好的配位作用,因此,以壳聚糖及改性壳聚糖为配糖基,与金属离子配位所得的壳聚糖金属配合物具有许多优良的性能[20-25]。

1)对尿素的吸附作用

壳聚糖金属配合物对尿素有吸附作用。尿素是尿毒症和肾功能衰竭患者血液中蓄积的主要毒性成分,高效率的清除尿素–口服尿素吸附剂一直是生物医学工程领域研究的重要课题。由于常规的吸附剂存在吸附容量低、吸附选择性差、生物和血液相容性不好等缺点,因此研制出一种高吸附性、无毒副作用、生物相容性好、选择性高的新型尿素吸附剂成为人们关注的热点。另有研究表明壳低聚糖铜配合物吸附尿素的最佳条件是尿素溶液初始浓度为 2.0 mg/mL，反应的 pH 为 5.5，反应温度为 45℃，反应时间为 6 h。在此条件下，尿素吸附量达 77.58 mg/g。由此可知，壳低聚糖铜配合物对尿素的吸附容量大、吸附效果较好，且生物及血液相容性好。同时原料壳低聚糖也具有良好的生物活性和药效价值，因此该产品具有实际应用价值，不但可用于生物医药领域，也可用于食品、保健品等生产领域。

2) 催化作用

金属有机配合物催化剂具有较高的催化活性和选择性，工业上已普遍采用，此类催化剂在空气中或受潮后容易失去催化活性，对金属反应釜具有一定的腐蚀作用，且不易分离。为改善该类催化剂的性能，从 20 世纪 60 年代便发起了高分子金属配合物催化剂的研究。研究表明壳聚糖金属配合物在作为人工模拟酶及高分子金属催化剂方面具有诱人的应用前景。壳聚糖金属配合物具有天然酶的一些结构特征，如分子量较大、含有金属离子(Cu^{2+}、Mn^{2+}、Pb^{2+})等，控制条件可得螯合环状结构，因而对许多化学反应，如催化烯类单体聚合、不饱和化合物氢化、醇类、酚类氧化等均表现出极好的催化活性。赵晓伟等的研究表明壳聚糖-Cu(Ⅱ)是一种有效的高分子金属配合物催化剂，作为过氧化氢模拟酶对过氧化氢分解具有较好的催化作用。反应温度、反应时间、溶液 pH 等都是影响壳聚糖-Cu(Ⅱ)催化性能的重要因素[26]。

多糖金属配合物具有广泛的发展空间，其主要应用于日常生活，例如，多糖金属化合物在医药领域正发挥举足轻重的作用，可以利用多糖金属配合物的药理活性作用服务于人类。同时，多糖金属配合物也可以应用于工业生产，开发多样的生物高效催化剂及吸附剂等，提高工业催化效率和吸附效率也将成为此类配合物的发展主流。但也应该正视多糖配合物的工业制备还存有一定的缺陷，产品还存在副作用，因此，多糖配合物研究仍需要投入更多的人力和物力。

3. 醌类化合物

醌类化合物是一类具有抗炎、抗菌、抗病毒及抗癌作用的化合物，醌环类药物阿霉素是目前多种癌症化疗中常用的最重要药物之一，其对多种人体肿瘤呈现出良好的治疗活性。有实验研究表明阿霉素的 Fe^{3+} 配合物具有更好的抗肿瘤活性，而且具有较阿霉素更低的心脏毒性，因此对醌类化合物的金属配合物研究也正引起广泛关注。

4. 聚合金属配合物

聚合金属配合物化学是由配位化学和高分子化学交叉而发展起来的化学前缘分支学科，它是研究聚合金属配合物的组成、结构、合成、性能与应用的化学分支学科。聚合金属配合物是将金属配合物自身聚合或引入高分子聚合物中而形成的一类化合物，它在高分子化合物的主链或支链中含有金属配合物，因此，又称高分子金属配合物。由于其组成、结构和性质的独特性，聚合金属配合物的设计、合成和应用研究得以迅速发展，并成为当前化学科学中最活跃的分支领域之一。这不仅是因为聚合金属配合物具有多样、多维的拓扑结构，而且因为它们与简单的无机高分子化合物和有机高分子化合物不同，涉及无机、有机、高分子、固态化学及材料化学等诸多学科领域，因而表现出奇特的光、电、磁、催化、吸附等优异性能。聚合金属配合物是有机配体和金属离子之间通过配位键形成的具有高度规整的无限网络结构的配合物。分子结构中，金属离子将配体分子连接在一起，并使它们的排列具有较明确的指向性，将具有特定结构与功能的配体与金属离子按预先要求和设想的方式与方向排列起来，从而获得具有预期结构、性质和功能的新化合物。因而可以通过预先设计合理的结构单元，来合成希望得到的既具有配合物特性，又具有高分子聚合物特性，同时又因两者的融合而产生的新特性的聚合金属配合物。

　　将聚合金属配合物和简单金属配合物相比，就不难发现聚合金属配合物中高分子链在结构和功能方面所起的独特作用，主要表现在两个方面：

　　第一，通过对聚合金属配合物高分子链的精细设计，充分利用金属离子附近高分子链的微畴作用（也称环境作用），形成配位饱和或不饱和的配合物。同时，远离金属离子的高分子链，可以通过电荷转移、静电作用和氢键等相互作用力形成各种高分子场，其中包括静电场、疏水场等，以及通过阻碍所引起的势能作用等来调节高分子链的层次结构，并充分发挥其刚柔相济的特点，以达到控制高分子聚合金属配合物的结构、电子状态、稳定性和氧化还原等性质的目的。

　　第二，具有高分子结构和骨架的聚合金属配合物，和高分子化合物一样，易于加工成各种形状（棒、柱、管、片、膜状等），并易于成膜，这很大程度地提高了它们作为新材料的实用性。

　　由此可见，聚合金属配合物作为一种新的化合物和材料，既保持了高分子化合物的普通特性，又因为结构中引入了金属配合物产生的微畴结构，可以赋予其化合物材料一些特有的功能。

参 考 文 献

[1] 贾盛澄, 李新华, 赵亚娟. 多孔金属-有机配合物的研究进展——设计、合成及性质[J]. 世界科技研究与发展, 2007, 29(05): 6-18.

[2] 刘波, 张娜, 陈万芝. 过渡金属 N-杂环卡宾配合物合成[J]. 化学进展, 2010, 22(11): 2134-2146.

[3] 郑焱. 不饱和羧酸金属配合物的合成及性质研究进展[J]. 广州化工, 2015, 43(04): 45-47.

[4]　王翠, 田富容, 杨丹, 等. 希夫碱金属配合物的研究及进展[J]. 广州化工, 2010, 38(08): 61-63.

[5]　王慧丽, 胡英芝, 阎娥, 等. 希夫碱金属配合物应用进展[J]. 云南化工, 2011, 38(01): 70-76.

[6]　赵敏. 铜(Ⅱ)、锰(Ⅱ)等希夫碱金属配合物的合成及其 DNA 生物传感器的研制[D]. 青岛: 青岛科技大学, 2009.

[7]　黄得和. 氮杂环席夫碱及其配合物的合成、晶体结构与抑菌活性研究[D]. 南昌: 南昌航空大学, 2010.

[8]　麻七克. 席夫碱及其金属配合物和羧酸配位聚合物的研究[D]. 昆明: 云南大学, 2012.

[9]　苏冉. 新型席夫碱的合成、表征及性质测试[D]. 长春: 吉林大学, 2014.

[10]　江维, 钟宏, 刘广义, 等. 希夫碱金属配合物作为催化剂的应用[J]. 精细化工中间体, 2008, 38(04): 12-16.

[11]　周红艳. 希夫碱金属配合物与 DNA 相互作用研究[D]. 兰州: 西北师范大学, 2008.

[12]　苏宝君. 含二茂铁基查尔酮氨基(硫)脲 schiff 碱及其金属配合物的合成与抑菌活性研究[D]. 西安: 陕西科技大学, 2013.

[13]　罗恩平. 对称和不对称有机金属配合物为中性载体阴离子选择性电极研究[D]. 重庆: 西南师范大学, 2005.

[14]　王秀玲. 双核、单核 Schiff 碱金属配合物和有机锡金属配合物中性载体阴离子选择性电极研究[D]. 重庆: 西南师范大学, 2004.

[15]　侯丽新. 希夫碱锌配合物电致发光材料的合成及物理性能研究[D]. 太原: 太原理工大学, 2007.

[16]　刘衍季, 何小燕, 左华, 等. 黄酮类金属配合物的生物活性研究进展[J]. 中国中药杂志, 2012, 37(13): 1901-1904.

[17]　钱俊臻, 王伯初, 谭君, 等. 黄酮类化合物的金属配合物及其药理作用[J]. 中国药理学通报, 2012, 28(08): 1058-1062.

[18]　唐丽君, 陈翔, 仇佩虹. 黄酮类金属配合物的研究进展[J]. 广东微量元素科学, 2008, 15(12): 6-13.

[19]　孙兰萍. 壳聚糖配合物的合成及其性质研究[D]. 合肥: 安徽大学, 2006.

[20]　段新芳, 孙芳利, 朱玮, 等. 壳聚糖金属配合物的防腐性能[J]. 林业科学, 2004, 40(06): 138-143.

[21]　冯小强, 李小芳, 杨声, 等. 壳聚糖金属配合物对黑曲霉的抑制活性研究[J]. 食品科学, 2011, 32(03): 152-155.

[22]　蒋挺大. 壳聚糖金属配合物的催化作用研究进展[J]. 化学通报, 1996, 8(01): 22-27.

[23]　李博. 壳聚糖金属配合物对有机磷农药的降解作用研究[D]. 青岛: 中国海洋大学, 2011.

[24]　刘松, 邢荣娥, 于华华, 等. 壳聚糖/羧甲基壳聚糖金属配合物对氧自由基的清除作用研究[J]. 功能高分子学报, 2004, 17(04): 645-648.

[25]　夏文晨. 壳聚糖衍生物的制备及抗菌性能研究[D]. 天津: 河北工业大学, 2014.

[26]　尹学琼. 壳聚糖金属配位控制降解及低聚壳聚糖的应用研究[D]. 昆明: 昆明理工大学, 2002.

第4章 生物合成与转化方法

4.1 生物催化剂——酶

生物合成与转化是一门以有机化学为主干与生物科学密切交叉的前沿学科，它涉及微生物学、生物化学、遗传学、生物化工、化学及化工等诸多领域。生物催化体系是迄今人类所获知的最高效、最具有选择性的温和催化体系。生物体中的酶以远远超出人们可以想象的速度来催化各种生化反应。酶不仅在生物体内，也在生物体外促进天然的和人工合成的化学分子的诸多转化反应，并且显示出优良的化学选择性、区域选择性和立体选择性。因此生物合成和生物转化提供了许多以往常规化学方法不能或很难完成的化合物合成方法[1-3]。

酶是活细胞产生的一类具有催化功能的生物分子——生物催化剂，其中绝大多数是蛋白质[4]。酶能使许多化学反应在较温和条件下(室温、常压和水溶液中)以极高的速率和效率进行，某些酶具有严格的底物转移性，目前已广泛应用于有机合成反应中。自然界中存在的酶的种类很多，已知的酶超过1500种。有机合成中所用的酶主要有氧化还原酶、转移酶、裂解酶、水解酶、异构化酶和连接酶等[5]。

用于酶促反应的酶制剂可分为纯酶、粗酶，或是含有某种酶的完整微生物细胞。纯化的酶价格相对昂贵，且大多数纯化酶需要昂贵的辅酶协助才能发挥作用，其稳定性差，因此，使用纯化酶催化反应将影响实际应用。将酶固定在惰性载体上可以提高其稳定性及选择性，还有利于回收再循环使用，固定法给酶催化的工业应用带来新希望。

4.1.1 酶催化生物合成特点

酶作为一种特殊的催化剂，除具有一般催化剂的共性(例如，反应前后酶本身没有量的改变；只加速反应而不改变反应平衡等)外，还具有其独特的优势[6]。

1. 极高的催化效率

酶的催化效率相对其他无机或有机催化剂要高 $10^7 \sim 10^{13}$ 倍。例如，过氧化氢分解反应，用 Fe^{2+} 催化，效率为 6×10^{-4} mol/(mol·s)，而用过氧化氢酶催化，效率为 6×10^6 mol/(mol·s)。由此可见，酶比 Fe^{2+} 催化效率要高出 10^{11} 倍。酶的高催化效率也表现在它能在非常温和的条件(例如，常温、常压、pH 接近中性的生理条件)下大幅度加速反应[7]。

2. 高度的专一性

酶的专一性是指酶对它所作用的底物有严格的选择性，一种酶只能催化某一类甚至某一种物质，使其发生化学变化。

1)绝对专一性

一种酶只能催化一种底物使之发生特定的反应。如脲酶只能催化尿素水解成二氧化碳和氨，不能催化尿素以外的任何物质(包括结构与尿素非常相似的甲基尿素)发生水解，也不能使尿素发生除水解以外的其他反应。

2)相对专一性

酶的相对专一性即指酶可催化具有相同化学键或基团的底物进行某种类型的反应。如酯酶催化酯键的水解，但对于酯键所连接的基团却无严格的限制。

3)立体化学专一性

有些酶对底物的构象有特殊的要求，往往只能催化底物的一种立体化学结构。例如，蛋白水解酶通常只对 L 型氨基酸构成的肽起催化作用；而乳酸脱氢酶只能催化 L-乳酸氧化，对构型相反的 D-乳酸却无作用[8]。

3. 反应条件温和

酶是蛋白质，由生物体产生，只能在常温、常压、pH 接近中性的条件下发挥作用。高温、高压、强酸、强碱、有机溶剂、重金属及紫外线等因素都能使酶失活。因此，酶的催化反应一般都是在比较温和的条件下进行的[9]。

4. 酶的催化活性受到调节和控制

酶的活性在生物体内受多方面因素的调节和控制。生物体内酶和酶之间、酶和其他蛋白质之间都存在着相互作用，机体通过调节酶的活性和酶量，控制代谢速率，以满足生命的各种需要和适应环境的变化。调控方式很多，包括抑制剂调节、反馈调节、酶原激活及激素控制等[10]。

4.1.2 酶催化生物合成影响因素

酶的催化作用除了取决于酶本身的结构与性质外，外界条件因素也具有重要的影响。

1. 温度

温度对酶催化生物合成反应的影响包括两个方面，一方面，当温度升高时，与一般化学反应一样，反应速率加快，其温度系数(当温度提高 10℃时，其反应速率与原反应速率之比)为 1～2；另一方面，随温度的升高，酶逐渐失活，酶蛋白变性，反应速率随之下降。因此，酶反应的最适温度就是此两种过程平衡的最佳点，在低于最适温度时，前一种效力为主，在高于最适温度时，则后一效力为主。大多数酶的最适温度在 30～60℃之间，少数酶能耐受较高的温度，如细菌淀粉酶在 93℃下活性最高，又如牛胰核糖核酸酶加热到 100 ℃时仍不失活。

需要注意的是最适温度并非酶的特征恒定物理常数，它往往受酶的纯度、底物、激活剂、抑制剂等诸多因素的影响。因此，对某一种特定的酶而言，必须说明是在什么条件下的最适温度。此外，最适温度与作用时间有关，酶可以在短时间内耐受较高的温度。

2. pH

大多数酶的活性受 pH 影响较大，极端的情况(强酸或强碱)会导致蛋白质的变性，即单倍的三级结构受到破坏，使酶发生不可逆性的失活。一般情况下，由于蛋白质的两性特性，酶在任何 pH 环境中都可能同时含有正电荷或负电荷的基团，此种可离子化的基团通常是酶活性部分的组成部分。为了完成催化作用，酶活性部位中的可游离基必须保持持有特定的电荷，即具有催化活性的酶只能以一种特定的离子化状态形式存在。因此，具有催化活性的酶可能占有总酶浓度的较大比例或只是小部分，其值一般依 pH 而定。

3. 激活剂

能够增加酶的催化活性的物质称为激活剂。例如，Co^{2+}、Mg^{2+}、Mn^{2+}等金属离子可显著增加 D-葡萄糖异构酶的活性；Cu^{2+}、Al^{3+}和 Mn^{2+}三种金属离子对黑曲霉酸性蛋白酶有协同激活作用，三者若同时加入，酶活性可提高约两倍。上述金属离子的激活作用是金属离子使底物向更有利于同酶的活性部位相结合，而加速反应进行的过程。

4. 抑制剂

凡是能够使酶的催化活性降低或丧失的物质称为酶的抑制剂；凡使酶的活性降低，但不引起酶蛋白变性的作用称为抑制作用。抑制剂的作用机理是它们可以引起酶蛋白变性，使酶分子上的某种必需官能团发生变化，从而引起酶活性下降、甚至丧失，最终致使酶反应速率降低。

4.2 无机化合物的生物合成反应

以酶为高效催化剂的生物合成反应已广泛应用于无机化学反应中，如常见的羧酸化合物、环氧化合物的转化与水解，以及无机化学中的经典反应如氧化反应、还原反应、加成反应等。掌握了这些反应的特点和机理，可以对生物合成反应有更为深刻的理解。

4.2.1 羧酸化合物、环氧化合物的转化与水解

1. 酯的水解

1）单羧酸酯的水解

猪肝酯酶（pig liver esterase，PLE）是常用的一种酯酶[11]。它可在温和的反应条件下催化乙酸环丙酯、1-甲基-1-环戊二烯甲酸乙酯和前列腺素 E_1 甲酯水解，会引起化学结构的变化[12]。PLE 的这些催化特性可用于前列腺素 PGE_1 合成过程中最终的羧基脱保护反应[13]，PLE 催化结构遇酸或碱不稳定单羧酸酯的水解反应如下：

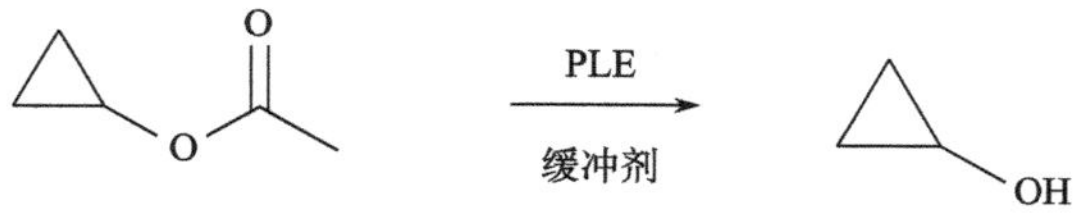

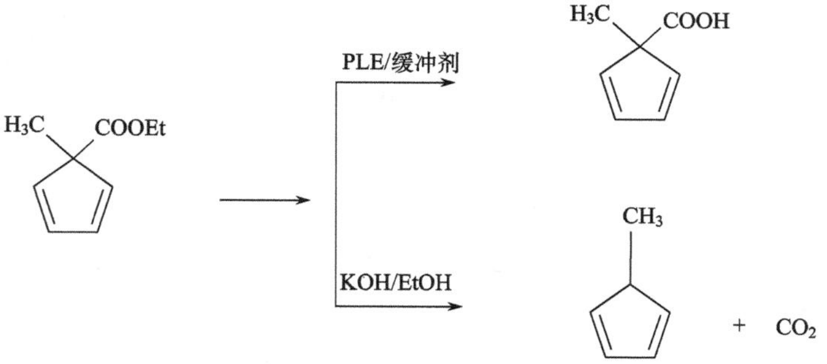

2）二元羧酸酯的水解

二元羧酸酯带有两个酯基，利用酶的区域选择性可以选择性地催化其中的一个酯基水解。如 α-胰凝乳蛋白酶、木瓜蛋白酶、枯草杆菌蛋白酶。同样可用于区域选择性催化水解反应。

3）内酯的水解

内酯是由 ω-羟基酸发生分子内酯化反应形成的。具有 5～7 元环的消旋化内

酯，可以通过酶催化水解得到光学纯的 ω-羟基酸。酯酶 PLE、HLE 及 PPL 都可用于内酯的选择性水解。底物为 5～7 元环的消旋化内酯水解时，可以得到光学纯度为 90% 的 S 构型内酯(未被水解部分)和 R 构型 ω-羟基酸。此法也可用于双环内酯的选择性水解[14]。经酶选择性水解之后，水解产物 ω-羟基酸再用化学方法内酯化，即可得到与水解中未反应内酯相反构型的内酯。

2. 酯的醇解

有机介质中的酯醇解反应(转酯化反应)属于一类平衡反应，需将其移动至特定的反应方向。例如，Bornscheuer 课题组报道了在 CLA-B 存在下布洛芬乙烯酯与正丁醇的转酯化拆分。反应过程中生成的乙烯醇互变异构为乙醛，使得反应不可逆完成[15]。

在某些情况下，使用过量的醇是促进反应转化完全的一个行之有效的方法。酰基转移酶 I 催化的谷氨酸二甲酯衍生物的反应具有区域性和对应选择性，反应过程中使用过量丁醇作为亲核体和溶剂[16]。

$$R=PrCONH，CBzNH$$

3. 羧酸的酯化反应

手性羧酸与简单的无手性醇在有机介质中的直接生物催化酯化反应是一个可逆反应过程，为促使平衡向生成产物方向移动，反应试剂醇必须过量使用，或者产物水需在反应过程中不断去除。例如，通过洋葱伯克霍尔德菌脂肪酶催化的消旋羧酸与 1-丁醇在含有无水硫酸钙的己烷中的对应选择性酯化反应，可获得 (R)-3-苯氧基丁酸和相应的 (S)-丁基酯。

4. 腈的水解

腈经由酰胺中间体水解生成羧酸的反应要求较强烈的反应条件，如高温下的强碱或强酸条件。在适当条件下，酰胺中间体可作为主产物被分离出来。腈的生物催化转化具有许多优点，如温和的反应条件、化学选择性、区域选择性、立体选择性，并且反应过程中无副产物。

　　腈存在于植物、真菌、细菌、藻类、海绵、昆虫，甚至哺乳动物中。这些氰化物对哺乳动物细胞有很高的毒性。腈化物降解的主要途径是酶水解。根据底物的不同类型，酶催化的水解反应可以通过两种不同的途径进行。脂肪族腈的水解代谢为两步反应，首先在腈水合酶催化作用下生成相应的酰胺，然后再经酰胺酶或蛋白酶水解为羧酸。芳香族、杂环和不饱和脂肪腈水解代谢则是一步反应，被腈水解酶直接水解产生羧酸。

　　腈水合酶和腈水解酶的作用机理不同，腈水合酶含有一个辅基吡咯并喹啉醌（pyrroloquinoline quinone，PQQ）和一个金属离子（Co^{2+}或Fe^{3+}）；腈水解酶不含金属离子和辅酶，而是存在亲核巯基。其催化反应的机理类似于碱催化的腈水解过程，即巯基首先亲核进攻腈化合物中的碳原子形成酶-亚胺中间体，再水合产生四面体中间体，该中间体除去氨转变为酰基-酶中间体，后者水解产生羧酸，并使酶恢复原有形态[17]。

　　丙烯酰胺是聚丙烯酰胺类高分子材料合成的重要单体，传统化学法是通过丙烯腈的水合法制备。反应中会产生大量的副产物，分离纯化困难。采用完整短杆菌细胞、绿叶假单胞菌或玫瑰色红球菌可将丙烯腈生物转化为高产率丙烯酰胺（产率达 99%）。反应中产生的副产物丙烯酸可以通过添加酰胺酶抑制剂来消除。例如，利用酰胺酶突变菌株玫瑰色红球菌 J1（*Rhodococcus rhodochtoud J*1），此法从根本上解决了酰胺酶引起的副产物丙烯酸的生成问题，使产物丙烯酰胺得到积累，转化液中丙烯酰胺的质量浓度大于 400 g/L。该方法目前已经应用于工业大规模生产。

　　化学法水解腈化物一般只能得到羧酸，反应没有选择性，而芳香酯和杂环芳香腈可以被玫瑰色红球菌选择性水解为相应的酰胺，所生成的化合物都是重要的药物合成中间体。由于酰胺类产物的溶解度低，产物以结晶形式存在于反应介质中，产物的纯度大于 99%。

　　大多数腈化物可以通过改变培养条件，使微生物产生腈水解酶，其能使氰基直接转化为相应的羧酸。传统的化学法水解多氰基化合物不具有较好的选择性，而微生物酶法水解多氰基化合物具有特征的区域选择性。玫瑰色红球菌能选择性水解 1,3-和 1,4-二氰基苯中的一个氰基形成一元羧酸。

　　支顶孢属菌（Acremonium sp）可区域选择性水解多氰基底物中某一氰基。例如，反式-1,4-二氰基环己烷经支顶孢属菌选择性水解生成对氰基环己烷羧酸，后者经还原即得到止血剂——氨甲环酸（*tranexamic acid*）。α-氰醇和 α-氨基腈水解可用于制备 α-羟基酸和 α-氨基酸。白色球拟酵母（*Torulopsis candida*）能催化消旋体脂肪族氰醇水解生成(*S*)-α-羟基酸。粪产碱菌（*Alcaligenes facecalis*）静态细胞培养法能催化消旋体扁桃腈水解生成光学纯(R)-扁桃酸，反应中底物可原位消旋化使终产物(R)-扁桃酸产率达到91%。

5. 酰胺的水解反应

生物催化水解酰胺是制备氨基酸非常有效的方法，氨基的保护可以先形成苯乙酸酯，然后用青霉素酰化酶水解除去保护基。此外，Kiener等报道了外消旋的酰胺在两种不同酰胺酶(Klebsiella DSM9174 和 Burkholderia DSM49925)的作用下，得到两种不同构型的羧酸，该反应(S)-产物的产率41%，对映体过量(ee)为99.4%；(R)-产物的产率22%，ee为99.0%。

6. 环氧化物的水解反应

环氧化物水解酶可以将环氧化物水解成反式-2-二醇。多数环氧化物水解酶存在于动物的肝脏中，现已确定肝细胞中存在两种环氧化物水解酶：微粒体环氧化物水解酶(microsomal epoxide hydrolase，MEH)和胞质环氧化物水解酶(cytosolic epoxide hydrolase，CEH)，其中 MEH 对非天然环氧化物具有较高的催化活性和立体选择性。

MEH 水解环氧化物反应的机理是通过反式扭转 180° 的方式把水分子加成到环氧化物或芳烃氧化物中，生成连二醇产物。实验证明 MEH 催化的底物中含有脂溶性基团，如芳香基或烷基，当脂溶性基团位于环氧乙烷环附近时，MEH 催化反应速率加快，若极性基团位于环氧乙烷环附近，它将抑制 MEH 的催化活性。底物取代基的空间位阻也对反应速率有较大影响，例如，外消旋体单取代芳香基或烷基环氧乙烷可以用 MEH 催化法拆分，一般(R)-环氧化物容易被水解，产生(R)-二醇，剩下未起反应的(S)-环氧化物。取代基 R 的性质决定了反应的选择性。苯基和直链烷基环化物不能有效地被拆分，而支链烷基可增加反应的选择性。

4.2.2　生物催化氧化反应

1. 催化作用原理和特点

生物催化氧化反应主要由三大类酶所催化，单加氧酶(mono-oxygenase)、双加氧酶(dioxyg enase)和氧化酶(oxidase)[18,19]。单加氧酶催化的加氧反应是将分子氧中的一个氧原子偶合到底物分子中，另一个氧原子被还原，一般被 NADH(尼克酰胺腺嘌呤二核苷酸)或 NADPH(尼克酰胺腺嘌呤二核苷酸磷酸)还原形成水；双加氧酶催化的加氧反应是将分子氧的两个氧原子连续地偶合进底物分子中；氧化酶催化的氧化反应是将分子氧作为直接电子受体，催化底物脱氢，脱下的氢再与氧结合生成水或过氧化氢。

2. 羟化反应

烷烃和芳香烃的羟化按单加氧酶催化反应的机理进行。单加氧酶催化的反应往往用完整的微生物细胞作为生物催化剂，这样也有利于 NADH 或 NADPH 的循环使用。

1) 烷烃的羟化反应

传统有机化学合成中几乎不能将碳氢化合物中的非活泼 C—H 键羟化，而生物转化反应则可以直接进行羟化反应[20]。例如，甾体分子中许多位置的选择性羟化反应能用适当的微生物来催化，如黑根霉或黑曲霉能立体选择性催化孕甾酮[图 4.1(a)]的 11α-羟化，如此可省去常规化学合成中的许多步骤，大大降低 11α-羟基孕甾醇酮的生产成本；弗氏链霉菌(*Streptomyces fredial*)能使化合物(b)的 C11 位发生 β-羟化；玫瑰产色链霉菌能使 9α-氟氢可的松[图 4.1(c)]发生 C16 位 α-羟化；木贼镰孢生物催化可使石胆酸[图 4.1(d)]发生 7β-羟化，并具有高度的选择性。具体转化底物如图 4.1 所示。

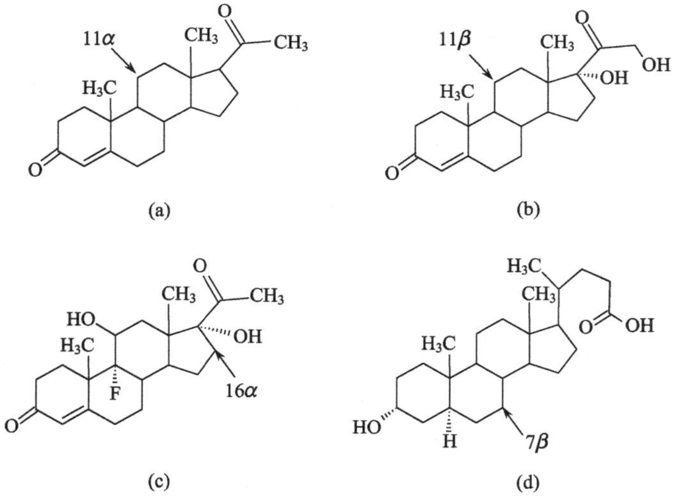

图 4.1 几种烷烃的羟化反应

Lukacs 等研究了微生物芽孢杆菌属 *Bacillus megaterium* 对烃的不对称羟基化反应，发现其羟基化具有区域选择性(69%)和对映异构体选择性，该反应的收率为 31%，ee 为 91%，反应没有得到芳基氧化或过氧化产物。

2) 芳香族化合物的羟化

化学法用重氮盐水解或其他取代法可使苯环羟化，其涉及反应步骤繁多，且副产物也多。而单加氧酶能催化邻、对位取代芳烃立体选择性羟化。以真菌、酵母高等物种细胞单加氧酶催化芳烃羟化反应为模型，研究发现其反应机理的第一步是对芳香族化合物进行环氧化，生成不稳定的中间体芳烃氧化物，该中间体通过氢负离子迁移重排生成苯酚产物。

3. 烯烃的环氧化

合成小分子环氧化物可以利用单加氧酶催化烯烃的环氧化反应来制备，而且还可以制得传统化学法所不能制备的产物。在单加氧酶催化烯烃的环氧化反应过程中，需要 NAD(P)H 和分子氧的直接参与。石油假单胞菌能催化烯烃的环氧化反应，此外还发现多种细菌也可催化烯烃的环氧化，微生物环氧化物的绝对构型大多数是 R 型。

4. Baeyer-Villiger 反应

酮在过氧羧酸作用下氧化生成酯或内酯的反应称为 Baeyer-Villiger 反应。它是一种合成酯或内酯的具有很高应用价值的方法[21,22]。生物催化 Baeyer-Villiger 反应的黄素辅基中间体(FAD-4α-OOH)与过氧羧酸类似作为亲核试剂进攻羰基碳。酶法催化 Baeyer-Villiger 反应具有立体选择性，潜手性的酮能通过环己酮单加氧酶的不对称氧化生成相应的内酯，氧的插入具有很高的选择性。例如，*Acinetobacter* sp.的环己酮单加氧酶可将潜手性酮不对称氧化为相应的内酯，氧插入位置取决于 4 位取代基 R 的性质，其产物的立体构型取决于中间体中基团的迁移能力：当 R 为 CH$_3$O、Et、n-Pr 和 t-Bu 时，产物为 S 构型；但当 4 位为 n-Bu 时，其产物转变为 R 构型。

5. 芳烃双羟基化反应

双加氧酶分子中通常都含有一个血红素复合物和一个铁离子，它催化分子氧中的两个氧原子与底物相结合。微生物细胞中的双加氧酶可以催化芳烃化合物氧化为内过氧化物，后者再被还原酶催化还原为顺式连二醇，生成手性顺式二醇。

恶臭假单胞菌(Pseudomonas putida)的突变菌株能催化不同取代基的芳香族化合物转化为相应的手性顺式连二醇。该菌株对单取代苯和对位双取代苯顺式二羟基化所得的连二醇产物构型相反。β-萘甲酸能够被睾丸酮假单胞菌 A3C(*Pseudomonas testosterone* A3c)氧化为顺式连二醇。Gilson 等用基因工程技术构建了一株高表达的甲苯双加氧化酶的工程菌株，此菌可将联苯类化合物顺式二羟基化为相应连二醇类化合物。

6. 多元醇的区域选择性氧化

潜手性二元醇的不对称氧化是手性内酯合成的重要步骤，生物催化剂马肝醇脱氢酶(HLADH)对潜 S 型(pro-S)或潜 R 型(pro-R)羟基的氧化具有较好的选择性。如 1，4-或 1,5-二醇中，所得还原产物羟基醛会自然环合形成更稳定的五元或六元环状半缩醛，最后再被 HLADH 氧化形成相应的内酯。

4.2.3 生物催化还原反应

1. 催化作用原理和特点

生物催化的还原反应使用最多的是脱氢酶，它可广泛地用于催化醛或酮羰基及烯烃碳碳双键的还原反应。若所转化的底物是潜手性的，则可以获得手性产物。常用的脱氢酶有面包酵母醇脱氢酶和马肝醇脱氢酶，它们催化不对称还原产物仲醇的对映体产率可接近 100%。此类酶已被广泛地应用于醛和酮的还原反应中，尤其是手性醇的合成，具有实际应用价值。

脱氢酶催化酮或烯烃的还原反应原理：首先，脱氢酶在还原型辅酶参与下，底物加一分子的氢，而还原型辅酶本身转化为氧化型辅酶；然后，为延续还原反应，加入第二种辅助底物，作为氧化型辅酶再生的电子和质子供体。常用辅酶有NADH 辅酶Ⅰ(尼克酰胺腺嘌呤二核苷酸)和 NADPH 辅酶Ⅱ(尼克酰胺腺嘌呤二核苷酸磷酸)。一般有 80%的氧化还原酶以 NADH 作为辅酶，10%的氧化还原酶以 NADPH 为辅酶，少数氧化还原酶以黄素单核苷酸(FMN)和黄素腺嘌呤二核苷酸(FAD)作为辅酶。

2. 酮的还原反应

脱氢酶可以选择性地将醇或酮还原为手性醇。而后在脱氢酶的作用下，氢负离子从醛或酮基的潜手性面一侧(si 面或 re 面)进攻，结果将醇或酮还原为手性(R)-或(S)-醇。通常在大多数情况下，脱氢酶的立体选择性服从 Prelog 规则，即 H 从空间位阻小的方向对羰基进攻，形成构象稳定的优势中间体，因此，由底物的立体结构可以预测反应产物。

1)马肝醇脱氢酶催化酮还原

马肝醇脱氢酶(HLADH)是常用的脱氢酶，其最大用途是还原中等大小的单环酮(四到九环)和双环酮，无环酮被还原时的立体选择性低，具有空间位阻和分子结构大于萘烷的酮不宜作为该酶的底物[23]。具有空间位阻的笼状多环酮，例如，2-三环癸酮(2-tricyclodecanone)消旋体(10.23)被 HLADH 还原后，可以得到外醇和未反应的对映体酮，产物对映体过量分别为 90%和 68%。HLADH 催化内消旋体顺式十氢化萘-2,7-二酮、反式十氢化萘-2,6-二酮和无手性 1,2,3,4,5,6,7,8-八氢萘-2,6-二酮还原后产生具有高度光学活性的(S)-醇产物的对映体，产率大于 98%，因此，二环或多环酮分子中的桥头碳原子不能发生消旋化而使构型保留。

2）酵母细胞催化酮还原

面包酵母或称酿酒酵母是酮的不对称还原中应用最为广泛的微生物。酵母完整细胞中含有可催化氧化还原反应的多种脱氢酶和辅酶，因此，不需要额外添加辅酶循环再生系统。通过微生物转化，酵母细胞可以还原简单脂肪族酮或芳香族酮形成相应的 S 型醇，产物具有较高的光学纯度。长链脂肪酮（如正丙基酮、正丁基酮和苯基酮）不能被酵母还原。只有酮分子中甲基酮特征结构才能被酵母催化还原。环状 β, β-二酮可被选择性地还原为 β-羟基酮，而不产生二羟基化合物，若式中 R 基团不同，产物顺反式的比例将有显著差异[24-26]。

3）烯烃的还原反应

用传统的化学法选择性还原碳碳双键较难发生，而脱氢酶催化烯烃的双键还原成饱和烷烃具有很高的立体选择性，并具有较广的底物适用性。例如，酵母催化 2-氯-2-烯酸甲酯结构中烯烃双键得到的产物 2-氯烷基羧酸具有高度的光学活性。类似还原反应中，产物的绝对构型由起始烯烃的顺、反(E、Z)异构体来决定，可以分别获得 R 或 S 构型取代烷基酸。还原酶对 Z 型烯烃的手性识别较好，而对 E 型烯烃识别较弱。酵母细胞对烯酸酯的还原反应历程是先水解后还原。

4.2.4　生物催化加成和消除反应

生物催化加成和消除反应的酶主要是裂合酶（lyases），裂合酶中脱水酶、脱氨酶等可催化小分子化合物，如水或氨不对称加成到碳碳双键、氢氰酸加成到碳氧双键上等，最终生成手性化合物。卤化反应和脱卤素反应在有机合成中具有重要应用。自然界中存在着大量可催化卤化物合成的卤化酶，现已从细菌、真菌、海藻、高等植物、海洋软体动物、昆虫和哺乳动物中纯化得到上千种不同结构的天然卤化物，其中氯化物和溴化物较多见，而氟化物和碘化物相对较少，其存在形式为：氯化物和溴化物主要存在于海洋生物中，而氟化物和碘化物主要存在于陆地生物中。

1. 氰醇反应

氧腈酶（oxynitrilase）催化氢氰酸不对称加成到醛或酮分子的羰基上，得到手性氰醇（cyanohydrin）。氰醇是多种有机化合物合成的重要原料之一，可以进一步转化为手性的 α-羟基酸或酯、酮醇和醇胺等。氰醇也是拟除虫菊酯杀虫剂的醇基部分，如溴氰菊酯（deltamethrin）、氯氟胺氰戊菊酯（fluvalinate）[27]。

根据氧腈酶对羰基潜手性面的识别能力不同，可以分为(R)-氧腈酶和(S)-氧腈酶两种，它们能从不同来源的植物中分离制备。氧腈酶具有较高的立体选择性，(R)-或(S)-氧腈酶能立体选择地催化潜手性底物生成(R)-或(S)-氰醇。实验结果表明，不同的 R_1 和 R_2 对于产物的构型与光学纯度有较大的影响。

2. 水和氨的加成反应

裂合酶能够催化水和氨与碳碳双键的加成反应，这些反应具有良好的立体选择性。富马酸酶是一种脱水酶，它能催化水加成到富马酸碳碳双键中生成 L-苹果酸。富马酸酶催化的加水反应具有严格的立体选择性，富马酸的顺式结构马来酸不能与富马酸酶发生反应。富马酸酶的底物适应性范围较窄，但产物光学纯度较高。3-甲基天冬氨酸酶是从细菌培养物中分离得到的一种裂合酶，它能催化富马酸衍生物加氨生成天冬氨酸衍生物。

上述酶催化的加氨反应也具有良好的立体选择性。此种酶对底物结构的要求并不十分严格，一些天然底物中的甲基被氯原子或其他烷基取代的衍生物也可被该酶催化。

3. Michael 加成反应

在培养基中加入一定量三氟乙醇后，面包酵母就可以催化 Michael 加成反应。反应历程为，第一步三氟乙醇被氧化成三氟乙醛，三氟乙醛与焦磷酸硫胺素形成加合物；第二步酰基负离子被加成到 α，β-不饱和羰基化合物碳碳双键上形成三氟甲基酮中间体，该中间体被脱氢酶立体选择性地还原，生成手性三氟甲基醇或相应的内酯[28-30]。

4. 卤代反应

能够催化卤代反应的酶是卤素过氧化物酶(haloperoxidases)，分别有氯、溴、碘过氧化物酶，而氟没有相应的过氧化物酶。卤素过氧化物酶的底物专一性不高，反应选择性较低。

1) 烯烃的卤代反应

卤素过氧化物酶能催化次卤酸对烯烃的加成反应，生成 α，β-卤代醇。例如，氯过氧化物酶对非共轭双键(如丙烯)、共轭双键(如丁二烯)，以及累积双键(如丙二烯)都具有反应活性。所有类型的碳碳双键都可以进行卤代反应。

2) 炔烃的卤代反应

卤素过氧化物酶能催化炔烃转化为 α-卤代酮。与烯烃相比，炔烃反应的产物类型与卤素离子的浓度有关。

3) 芳香族化合物的卤代反应

卤素过氧化物酶可以催化芳香化合物和杂环芳香化合物发生卤代反应，特别是富电性酚类、苯胺类化合物及它们的 O-和 N-取代衍生物。

4) 含有活泼 C—H 键化合物的卤代反应

卤素过氧化物酶可以催化含有活泼 C—H 键化合物的卤代反应，特别是底物分子中吸电子取代基邻位的 C—H 键比较活泼，容易发生卤代反应。1，3-二酮容易被卤化生成 2 位单取代或 2，2 位双取代卤代衍生物。

5. 脱卤素反应

近年来，大量的含卤素有机化合物被排放到环境中，给地球造成污染。利用微生物进行脱降解卤素降解反应是一种非常有效的治理卤代物污染的方法，通常自然界中存在五种主要的卤化物降解途径。

卤代醇环氧化物酶在有机合成化学中具有一定的应用价值，它能催化底物，可以是各种氯溴或碘代醇，其中最优底物卤化的卤代醇形成环氧化物。底物可以是各种氯、溴或碘代醇，其中最佳的底物为溴代醇。

脱卤素酶又称卤素水解酶，它可催化水解脱卤反应，其机理为 OH⁻ 亲核取代卤素。从恶臭假单胞菌中分离得到的(R)-特异性脱卤素酶，能选择性地催化氯代丙酸外消体中的(R)-对映体转化为(S)-乳酸，而(S)-氯代丙酸不被脱卤素酶催化水解。

4.3　天然化合物的生物合成反应

结构复杂多样的天然产物是现代药物的重要组成部分和新药发现的重要源泉。天然产物的生物合成研究开始于 20 世纪 80 年代中期，90 年代基因组研究、生物信息学及生物技术的进步大大促进了该学科的发展。其核心是从基因和蛋白水平阐明天然产物的生物全合成途径，通过酶催化的化学反应将基因与化合物的结构单元建立一种对应关系，从而理解自然界神奇的化学合成、生物拮抗及生理调控过程。进入 21 世纪以来，生命科学的进步、新药发现的困难及对传统学科的反思使得人们对于天然产物有了新的认识，而天然产物的生物合成研究正是顺应了这一历史潮流。同时，建立在基因工程、代谢工程、合成化学、基因组学、系统生物学等学科基础上的合成生物学研究对于结构复杂的天然产物类药物研究有特殊的意义：①将微生物作为细胞工厂来获得来源稀缺、结构复杂天然产物类药物可以实现复杂药物的高效制备；②以生物合成和组合生物合成研究为基础，合成生物学研究在天然产物药物研究所关注的新化合物发现与创造方面也具有独特的优势。酶及酶体系能将许多天然化合物转化为具有较高生物活性的物质。近年来开展的采用植物细胞、微生物和游离酶对天然化合物如人参皂苷、三七皂苷、大豆皂苷、甘草皂苷、甾体化合物等进行结构修饰的研究已取得可喜的进展。

4.3.1　水解作用

研究显示，糖链的结构对皂苷生物活性起着非常重要的作用。例如，含有从黄山药中提取的 8 种甾体皂苷的中药制剂——地奥心血康胶囊，对冠心病、心绞痛、心肌缺血等症有显著疗效，其中皂苷结构上的差异只是糖链的不同；它们的苷元与薯蓣皂苷元类似，而薯蓣皂苷元却不具有上述疗效，反而有明显的细胞毒性作用。甾体皂苷是植物中一类重要的生物活性物质，具有多种生理活性。目前对其生物活性的研究已从溶血、抗生育等方面转向更有应用前景的抗癌、抗真菌、治疗心血管疾病、调节免疫及治疗糖尿病等方面。由于甾体皂苷结构的复杂性，合成难度较大。通过生物转化的方法得到高活性、低毒性的甾体皂苷已成为该领域的发展趋势。

人参皂苷是人参中的主要活性成分。近年，人参皂苷以其独特的生理和药理活性，特别是在抗癌、抗氧化及抗衰老方面的疗效使其成为最有开发潜力的化合物之一[31]。由于含有不同糖链的人参皂苷生物活性和毒性不同，因此，希望通过酶的水解作用来对其进行结构改造，以获得高活性的人参皂苷。金东史等利用人参皂苷-β-葡萄糖苷酶将人参中含量较高的皂苷——Rb、Rc 和 Rd 等原人参二醇类皂苷转化，得到具有高抗癌活性的人参皂苷 Rh$_2$；董阿玲等利用 49 种微生物菌株对人参皂苷 Rg$_1$ 进行生物转化研究，发现小型丝状真菌黑曲霉 *Aspergillus niger* 3.1858 和蓝色犁头霉 *Absidia coerulea* 3.3583 能在 6 d 后将 Rg$_1$ C20 位的糖基水解，使其完全转化为弱极性代谢产物 Rh$_1$，该代谢产物是强抗癌活性物质；这种转化方式与以往报道的 Rg$_1$ 在小鼠胃、小肠及人小肠内代谢的方式不同。并由此推测，真菌酶体系中的水解酶对 Rg$_1$ C20 位的葡萄糖有特异的立体选择性，而对 C6 的葡萄糖选择较弱。与此同时，他们还利用 49 种微生物对三七中主要皂苷成分——人参皂苷 Rb$_1$、Rg$_1$、Rd、Rb$_2$、Re、Rg$_2$ 及三七皂苷 R$_1$ 进行了系统的生物转化研究。通过反复探讨，建立了 4 种能够大量培养，对人参皂苷 Rb$_1$、Rg$_1$、Rd 和三七皂苷 R$_1$ 进行生物转化的真菌转化体系，并已从 4 种真菌体系中得到 8 个转化产物。其中 Rd 和 Rh$_1$ 的转化率达 85 % 以上，转化产物人参皂苷 Rg$_3$、Rh$_2$、Rh$_1$ 在人参属植物中都是微量成分，具有强抗肿瘤活性，这对稀有人参皂苷的生物转化制备、新药开发及进行工业化生产具有重要的应用价值[32,33]。

4.3.2　羟化作用

碳氢化合物中非活泼 C—H 键的羟化是一种非常重要的生物转化反应，传统有机化学合成几乎不能进行这样的直接羟化反应。自 1952 年微生物法合成糖皮质激素进入商品化生产以来，羟基化的生物转化技术成为甾体药物或其中间体合成路线中不可缺少的关键技术。微生物及其酶体系能够在甾体化合物的 C1～C21

和 C26 位进行羟基化，以提高其生物活性和制备中间体。甾体化合物 11α-、11β-、15α-和 16α-位羟基化技术，已应用于甾体药物的工业化生产，主要生产肾上腺皮质激素及其衍生物。

青蒿素是我国从中药中自主开发的抗疟药物，有文献报道，青蒿素类成分的水溶性与其活性有关，陈有根等分别利用灰色链霉菌 Streptomyces griseus (Krainsky) Waksman et Henrici 在青蒿素及其衍生物蒿甲醚结构中引入了羟基，得到 9α-羟基青蒿素，而其抗疟作用活性中心过氧桥并未发生任何改变，体外抗疟实验表明该化合物具有抗恶性疟原虫 FCC-1 的作用，这在有机合成中是较难做到的，对新药的开发具有重要的现实意义[34,35]。占纪勋等利用中华根霉 Rhizopus chinensis Saito 和雅致小克银汉霉 Cunninghamella elegans Lendn 对青蒿素转化得到去氧青蒿素（deoxyartemisinin II）、3α-羟基去氧青蒿素（3α-hydroxy deoxyartemisinin III）和 9β-羟基青蒿素（9β-hydroxyartemisinin IV），前两种化合物同时过氧桥断裂而丧失抗疟活性，空白试验显示，底物在不加微生物的相同培养条件下依然能转化为去氧青蒿素。提示青蒿素过氧桥断裂失去一个氧原子成为去氧青蒿素可能是土豆培养基中铁元素的作用所致。利用植物细胞培养也能实现青蒿素的生物转化：过青蒿素在掌叶大黄毛状根培养体系中转化为去氧青蒿素；利用长春花和银杏植物悬浮培养均能将青蒿素 C3 位羟化，同时中心过氧桥断裂失去一个氧原子形成 3α-羟基去氧青蒿素。尽管这些研究结果并未达到预期的目的，但对进一步生物转化研究有非常重要的参考价值[36,37]。

4.3.3　糖基化反应

糖基化是生物细胞中最重要的反应之一，与多种生理病理过程有直接关系。在微生物和植物的次级代谢过程中，糖基化也是重要的反应，即生物为了使有机分子更有效地发挥作用而进行的一种结构修饰。这种天然的修饰存在于多种生物学活性不一样的天然化合物中，包括抗生素、抗癌药物、激素、甜料、生物碱及黄酮等多种代谢产物。根据糖苷键类型的不同，糖基化可分为 O-糖基化、N-糖基化和 C-糖基化 3 种方式。C-糖基化是其中极为罕见的一类，目前发现存在于为数不多的天然产物中，糖基供体和受体之间通过稀有的 C—C 糖苷键连接，其生物学机制还未彻底阐明。催化这个反应的 C-糖基转移酶可以作为一种新的生物资源，在药物开发方面有望显示其应用价值。

1. 生物细胞中的糖基化

在生物细胞中，糖基化是糖基转移酶以糖基供体和受体（亲核物质）为底物，把糖基供体转移到受体上的过程。特定的受体分子包括蛋白、核酸、寡糖、脂和其他小分子物质。糖基供体是核苷二磷酸活化形式（NDP-）的各种糖基，主要是一些 NDP-六碳糖，其中 NDP-葡萄糖最为常见；另外还包括一些 NDP-脱氧六碳糖及许多稀有的 NDP-糖胺等。在微生物合成抗生素过程中，以及植物合成黄酮化合物、皂苷、甾体生物碱等次级代谢物质过程中，糖基化往往都是最后一步反应。糖基与不同糖基受体的结合不仅能大大增加天然产物的结构多样性，在功能上，这些糖组分通常参与靶细胞的分子识别，直接或间接影响到化合物的生物学活性。植物中的许多糖基化物质除作为重要的药物和化工原料外，在调节自身激素水平和体内化合物的状态，以及抵抗外来有害生物或化合物的侵袭以适应环境变化等方面都起到了重要作用。

根据糖苷键类型可把糖基转移酶分为 3 类，包括 O-糖基转移酶、N-糖基转移酶和 C-糖基转移酶，其中 C-糖基转移酶数目最少。虽然数目众多的糖基转移酶在序列上呈现多样性，但从立体结构来看折叠方式却极其有限，仅分属于 GT-A 和 GT-B 两大超级家族，少数属于 GT-C 家族。

2. 微生物源天然产物的糖基化

目前发现的微生物源的含 C-糖基的化合物（也称为 C-糖苷）都是次级代谢产物，其糖基供体和受体均存在一定程度上的结构多样性，糖基受体多是聚酮和肽类结构，供体多是一些六碳糖或脱氧六碳糖。

1) 含 C-糖基的抗生素

含 C-糖基的抗生素包括榴红菌素、美达霉素、乌达霉素等。其中，乌达霉素是具有抗肿瘤活性的聚酮抗生素，结构上属于角环素家族，聚酮母核上连接有一个寡糖链，其中第一个糖基 D-橄榄糖（D-olivose）通过 C—C 糖苷键与聚酮母核连接。其生物合成途径基本已经阐明：首先，经过 9 次二碳单位聚合，形成长的聚酮链，再经过还原、芳香化、环化等反应形成芳香聚酮母核；然后，进行包括 C-糖基化和 O-糖基化在内的各种修饰反应，从而把相应的寡糖链连在母核上。催化 C—C 糖苷键形成的酶是 C-糖基转移酶 UrdGT2。目前关于这个酶已经有晶体结构分析的报道，认为它是一个同源二聚体，属于 GT-B 超级家族。美达霉素是具有抗菌活性和一定抗肿瘤活性的抗生素，其芳香聚酮母核与一个稀有的脱氧六碳糖胺（angolosamine）通过 C—C 糖苷键相连。这个抗生素最突出的地方在于，1985 年，Hopwood 教授研究组把美达霉素的基因簇与放线紫红素的基因组合在一起，在生物细胞中产生了第一个杂合的天然化合物，从而诞生了"组合生物合成"的概念。这个化合物生物合成途径已经有部分阐明，推测其母核的形成与乌达霉素类似，也存在前期芳香聚酮母核形成和后期结构修饰的步骤。2003 年，美达霉素生物合成全基因簇从链霉菌菌株中克隆出来；2005 年，美达霉素合成中第一个后期修饰酶——立体专一性酮基还原酶的功能已经被鉴定。目前已经有证据显示其 C-糖基化是美达霉素生物合成的最后一步反应。

2) 含 C-糖基的铁载体类化合物

除上述聚酮抗生素外，C-糖基化还存在于一些致病菌的铁离子载体中，其糖基受体是肽类结构，形成的化合物包括 *salmochelins*、小菌素及肠菌素等。肠菌素和 *salmochelins* 都是肠道致病性大肠杆菌和沙门氏菌的细菌素类产物，其母核是由 3 个 N-(2,3-二羟苯甲酰) 丝氨酸进行分子间酯化而形成的环状结构，所以属于非核糖体肽类。在 3 个 N-(2,3-二羟苯甲酰) 丝氨酸单体的 DHB 环上，其 C5 位置都有可能被葡萄糖通过 C—C 糖苷键修饰，形成含有 1～3 个 C-糖基的肠菌素，其中 salmochelins 是含有一个或者两个糖基的肠菌素。这些化合物都是肠细菌内的铁载体，能特异性与环境中微量的三价铁结合，满足细胞对铁的需要。

参 考 文 献

[1] 何奕波, 陶满庆. 手性药物的生物合成与转化 [J]. 安徽农业科学, 2007, 35(33): 10585-10586.

[2] 孙万儒. 手性化合物的生物合成与转化[J]. 化工科技市场, 2003, 26(06): 5-7.

[3] 于荣敏. 天然药物活性成分的生物合成与生物转化[J]. 中草药, 2006, 37(09): 1281-1288.

[4] 佘华, 王身立. 生物催化剂与酶概念的发展[J]. 生命科学研究, 2000, 4(2): 10-17.

[5] 唐存多, 史红玲, 唐青海, 等. 生物催化剂发现与改造的研究进展[J]. 中国生物工程杂志, 2014, 34(09): 113-121.

[6] 葛赞, 钟凯, 吴维高, 等. 酶催化法合成单甘酯的研究进展[J]. 中国食品添加剂, 2012, (05): 212-218.

[7] 刘可人, 金美芳, 吴士良. O-糖基化位点预测及糖基化酶催化特点[J]. 生命的化学, 2006, 26(01): 25-27.

[8] 王博. 具有手性选择性酯酶/脂肪酶的筛选、催化特点及应用研究[D]. 杭州: 浙江大学, 2011.

[9] 朱晶莹, 安思源, 卢滇楠, 等. 酶催化合成聚酯的研究进展[J]. 化工学报, 2013, 64(02): 407-414.

[10] 曹淑桂. 有机溶剂中酶催化研究的新进展——酶催化活性和选择性的控制与调节[J]. 化学通报, 1995, (05): 5-12, 17.

[11] 程婕, 赵晓瑜. 猪肝酯酶研究进展[J]. 生物技术通讯, 2003, 14(03): 222-224.

[12] 钟妮, 陈建波. 猪肝酯酶催化苯乙二醇环碳酸酯水解最佳反应条件的研究[J]. 生物学杂志, 2010, 27(05): 11-13.

[13] 朱利民. 猪肝酯酶在不对称合成中的应用[J]. 应用化学, 1989, 6(06): 8-15.

[14] 张方林. 脂环仲胺催化醛的 Aldol 反应研究[D]. 武汉: 华中科技大学, 2008.

[15] 查溪, 包永忠. 聚醋酸乙烯酯醇解动力学[J]. 化学反应工程与工艺, 2011, 27(05): 438-442.

[16] 钟南京. 有机溶剂相中碱催化甘油醇解甘油三酯反应的研究[D]. 广州: 华南理工大学, 2010.

[17] 刘铭, 焦鹏, 曹竹安. 微生物法生产丙烯酰胺的生物催化剂——腈水合酶研究进展[J]. 化工学报, 2001, 52(10): 847-852.

[18] 郑爱芳. 生物催化的 Baeyer-Villiger 氧化反应研究[D]. 成都: 中国科学院研究生院(成都生物研究所), 2006.

[19] 侯倩倩. 几类重要的酶催化反应的机理研究[D]. 济南: 山东大学, 2013.

[20] 蔡炽柳, 刘琪英, 王铁军, 等. 木质生物质平台化合物催化转化制备长链烷烃的反应路径与催化剂研究进展[J]. 林产化学与工业, 2015, 35(06): 153-162.

[21] 马国富. 新型的 Baeyer-Villiger 催化氧化反应研究[D]. 兰州: 西北师范大学, 2007.

[22] 杨志旺. 锡化合物催化剂的合成及催化酮类 Baeyer-Villiger 氧化反应研究[D]. 兰州: 西北师范大学, 2006.

[23] 娄文勇, 宗敏华, 王菊芳, 等. 马肝醇脱氢酶催化有机硅酮不对称还原反应动力学[J]. 生物化学与生物物理进展, 2003, 30(03): 431-434.

[24] 解晴. 酵母催化不对称还原 2′-氯-苯乙酮及相关酶的克隆表达[D]. 杭州: 浙江大学, 2008.

[25] 杨忠华, 姚善泾, 赵珺. 活性酵母细胞不对称催化苯乙酮还原及树脂吸附对反应的促进作用[J]. 催化学报, 2005, 26(10): 895-899.

[26] 张文虎. 环糊精介入酵母细胞催化芳香酮的不对称还原反应[D]. 无锡: 江南大学, 2008.

[27] 刘森林, 宗敏华, 涂然, 等. 醇腈酶促不对称合成手性氰醇反应条件的研究[J]. 分子催化, 2001, 15(02): 109-112.

[28] 杜大明, 花文廷. 催化不对称 Michael 加成反应的新进展[J]. 有机化学, 2002, 22(03): 164-173.

[29] 李宁, 郗国宏, 吴秋华, 等. 有机催化不对称 Michael 加成反应[J]. 有机化学, 2009, 29(07): 1018-1038.

[30] 马世俊. 有机小分子催化不对称(氮杂)Michael 加成反应的研究[D]. 天津: 南开大学, 2013.

[31] 高娟. 糖苷酶转化人参皂苷的研究[D]. 长春: 东北师范大学, 2012.

[32] 王冠. 人参花蕾中人参皂苷的分离纯化与生物转化[D]. 北京: 北京化工大学, 2010.

[33] 朱琼, 李德坤, 周大铮, 等. 人参皂苷 Ro 碱水解动力学研究及水解产物结构解析[J]. 中国中药杂志, 2014, 39(05): 867-872.

[34] 曾丽香. 青蒿素前体合成酵母工程菌构建及发酵产物生物转化研究[D]. 广州: 广州中医药大学, 2010.

[35] 曾庆平, 鲍飞. 青蒿素合成生物学及代谢工程研究进展[J]. 科学通报, 2011, 56(27): 2289-2297.

[36] 孔建强, 王伟, 程克棣, 等. 青蒿素的合成生物学研究进展[J]. 药学学报, 2013, 48(02): 193-205.

[37] 刘万宏, 黄玺, 张巧卓. 青蒿素生物合成与基因工程研究进展[J]. 中草药, 2013, 44(01): 101-107.

第5章 纳米材料的合成

纳米科技是 20 世纪 80 年代末期兴起,并正在迅猛发展的交叉科学的前沿领域。它的基本含义是在纳米尺寸范围内认识和改造自然,通过直接操作和安排原子、分子创造新的物质。纳米科技是研究由尺寸在 0.1～100 nm 之间的物质所组成的体系的运动规律和相互作用,及其实用技术问题的科学技术。它主要包括纳米体系物理学、纳米化学、纳米材料学、纳米生物学、纳米电子学、纳米加工学和纳米力学[1]。

纳米材料和技术是纳米科学技术领域最富有活力、研究内涵十分丰富的学科分支。广义上说,纳米材料是指颗粒尺寸在纳米级的超细材料,它的尺寸大于原子簇而小于通常的微粉。与普通微粉相比,纳米材料具有独特的物理和化学效应,如量子尺寸效应、小尺寸效应、表面效应、宏观量子隧道效应等,在功能材料、传统材料改性、新型电子、光电子器件开发和催化领域具有广阔发展前景。因此,狭义上讲,纳米材料应该是区别于微粉材料而具有纳米效应的材料[2,3]。

5.1 纳米材料简介

5.1.1 纳米材料的基本理论

纳米粒子的尺寸处于原子簇和宏观物体交界的过渡域,是介于宏观物质与微观原子或分子间的过渡亚稳态物质。当粒子尺寸进入纳米量级时,它可能呈现出传统固体材料不具有的一些特性。

1. 介电限域效应

随着纳米粒子粒径的不断减小和比表面积不断增加,其表面状态的改变将会引起微粒性质的显著变化。当在半导体纳米粒子表面修饰一层某种介电常数较小的介质时,相对裸露于半导体纳米粒子周围的其他介质而言,被包覆的纳米粒子中电荷载体的电力线更易穿过这层包覆膜,从而导致它与裸露纳米粒子的光学性质有较大的差距,这就是介电限域效应。当纳米粒子与介质的介电常数值相差较大时,便产生明显的介电限域效应。此时,带电粒子间的库仑作用力增强,结果增强了电子-孔穴对之间的结合能和振子强度,减弱了产生量子尺寸效应的主要因素——电子-孔穴对之间的空间限域能,即此时表面效应引起的能量变化大于空间效应所引起的能量变化，从而使能带间隙减小，反映在光学性质上就是吸收光谱表现出明显的红移现象[4]。纳米粒子与介质的介电常数相差越大，介电限域效应就越明显，吸收光谱强度也就越大。近年来，在纳米 Al_2O_3、Fe_2O_3、SnO_2 中均观察到了红外振动吸收。

2. 量子尺寸效应

所谓的量子尺寸效应是指当粒子尺寸下降到某一值时，金属费米能级附近的电子能级由准连续变为离散能级的现象，和纳米半导体微粒存在不连续的最高被占有分子轨道和最低未被占有分子轨道能级能隙变宽现象。能带理论表明，金属费米能级附近的电子能级一般是连续的，这一点只有在高温或宏观尺寸情况下才成立；对于只有有限个导电电子的超微粒子来说，低温下的能级是离散的。对于大粒子或包含无限个原子的宏观物体来说，它们的能级间距几乎为零；而对于纳米粒子，所包含的原子数有限，导电电子数很少，这就导致能级间距有一定的值，即能级间距发生分裂。当能级间距大于热能、磁能、静磁能、静电能、光子能量或超导带态的聚集能时，必须要考虑量子尺寸效应，因为这会导致纳米粒子磁、光、声、热、电及超导电性与宏观特性有显著的不同[5,6]。

3. 小尺寸效应

当纳米粒子的尺寸与光波波长、德布罗意波长及超导态的相干长度或透射深度等物理特征尺寸相当或更小时，晶体周期性的边界条件将被破坏；非晶体纳米粒子的颗粒表面层附近原子密度减小，导致声、光、电、磁、热、力学等特征呈现显著变化，例如，光吸收显著增加，并产生吸收峰的等离子共振频移；磁有序态向磁无序态、超导相向正常相的转变；声子谱发生改变等，这种现象称为小尺寸效应。

4. 表面效应

表面效应是指由于纳米粒子尺寸小，表面能高，位于表面的原子占相当大的比例，原子配位不足及高的表面能，使这些表面原子具有高的活性，极不稳定，很容易与其他原子结合。这种表面原子的活性不但引起纳米粒子表面原子输运和构型的变化，同时也引起表面电子自旋构象和电子能谱的变化[7,8]。

5. 宏观量子隧道效应

在低温、宏观体系中，粒子具有贯穿势垒的能力称为隧道效应。近年来，人们发现一些宏观量，如颗粒的磁化强度、量子相干器件中的磁通量及电荷，仍具有隧道效应，它们可以穿越宏观系统的势垒而发生变化，故称为宏观量子隧道效应[9-11]。

除上述理论以外，还有库仑堵塞、量子隧穿、体积效应等。

5.1.2 纳米材料特性

纳米材料具有大的比表面积，表面原子数、表面能和表面张力随粒径的下降急剧增加，小尺寸效应、表面效应、量子尺寸效应及宏观量子隧道效应等导致纳米粒子的热、磁、光、敏感特性和表面稳定性等不同于常规粒子，这就使得它具有广阔应用前景。

1. 热学性能

纳米粒子的熔点、开始烧结温度和晶化温度都比常规块体的低得多。由于纳米粒子比表面积大、表面能高，以至于活性大、体积远小于块体材料的纳米粒子熔化时所需增加的内能小，且熔点急剧下降；纳米粒子压制成块体材料后的界面具有高能量，在烧结中的界面能成为原子运动的驱动力，有利于界面中的孔洞收缩，在较低的温度下烧结就能达到致密化的目的。

纳米粒子的热学性能也与纳米粒子的尺寸和形状密切相关。纳米粒子的尺寸越小，比表面积越大，表面能越高，熔点也就越低。不同形状的纳米粒子的比表面积、表面能也不相同，所以它们的热学性能也不相同[12-14]。

2. 磁学性能

对用铁磁性金属制备的纳米粒子，粒径大小对磁性的影响十分显著，随粒径的减小，粒子由多畴变为单畴粒子，并由稳定磁化过渡到超顺磁性。这是由于在小尺寸下，当各向异性能减少到与热运动能可相比拟时，磁化方向就不再固定在一个易磁化方向上，磁化方向做无规律的变化，结果导致超顺磁性的出现。由铁磁性和非磁性金属材料组成的纳米结构多层膜表现出巨磁电阻效应。由磁性纳米粒子均匀分散于非磁性介质中所构成的纳米粒子膜，在外磁作用下也具有巨磁电阻效应[15]。

3. 光学性能

当纳米粒子的尺寸小到一定值时，可在一定波长的光的激发下发光，即所谓的发光现象。一些情况下，纳米材料的吸收光谱存在"蓝移"现象，即吸收/发射谱向短波方向移动。这是由于粒子尺寸下降导致能隙变宽，而表面效应使晶格常数变小也导致吸收带移向高波数。另一些情况下，还可以观察到纳米粒子的吸收带移向长波长，即"红移"现象。这是由于粒径减小的同时，粒子内部的内应力也会增加，导致电子波函数重叠加大，带隙、能级间距变窄。因此，纳米材料光吸收带的位置是由影响峰位的蓝移因素和红移因素共同作用的结果。此外，金属纳米粒子还具有宽频带强吸收性质。另外，纳米粒子的光学性能与纳米粒子的尺寸和形状也密切相关。例如，不同尺寸的球形纳米粒子的紫外可见吸收光谱会发生蓝移或红移，谱峰会变宽或变窄；球形纳米粒子和棒状纳米粒子的紫外可见吸收光谱也不相同。

4. 纳米粒子悬浮液和动力学性质

1882 年布朗发现布朗运动，他在显微镜下观察到悬浮在水中的花粉颗粒做永不停息的无规则运动。布朗运动是由于介质分子热运动造成的。扩散现象是在有浓度差时，由于微热运动(布朗运动)而引起的物质迁移现象。粒子越大，热运动越小。对于质量较大的胶粒来说，重力作用是不可忽视的。如果粒子密度大于液体，因重力作用悬浮在流体中的微粒将下降。但对于分散度高的物系，因布朗运动引起的扩散作用与沉降方向相反，故扩散成为阻碍沉降的因素。粒子越小，这种作用越显著，当沉降速度与扩散速度相等时，物系达到平衡，即沉降平衡。

5. 表面活性及敏感特性

随纳米粒子粒径的减小，比表面积增大，表面原子数增多及表面原子不饱和导致大量的悬键和不饱和键等，使得纳米粒子具有高的表面活性。用金属纳米粒子作催化剂时要求它们具有高的表面活性，同时还要求提高反应的选择性。金属纳米粒子粒径小于 5 nm 时，它的催化性和反应的选择性有特异行为。由于纳米粒子具有大的比表面积、高的表面活性及表面性能与气氛性气体相互作用强等原因，纳米粒子对周围环境十分敏感，如光、温、气氛和湿度等。不同种类、尺寸和形状的纳米粒子具有不同的表面活性和不同的敏感特性[16,17]。

6. 光催化性能

光催化是纳米半导体独特性能之一。这种纳米材料在光的照射下，通过把光能转变成化学能，促进有机化合物的合成或使有机物降解的过程称为光催化。近年来，人们在实验室里利用纳米半导体微粒的光催化性能进行海水分解提 H_2，对 TiO_2 纳米粒子表面进行 N_2 和 CO_2 的固化都获得成功，人们把上述过程也归结为光催化过程。光催化的基本原理是：当半导体氧化物纳米粒子受到大于禁带宽度能量的光子照射后，电子从价带跃迁到导带，产生电子-空穴对，电子具有还原性。空穴与氧化物半导体纳米粒子表面的 OH^- 反应生成氧化活性很高的 OH 自由基，活泼的 OH 自由基可以把许多难降解的有机物氧化成 CO_2 和水等无机物[18-20]。

5.2　纳米材料制备

纳米材料的特殊性决定了其在国民经济各领域中广阔的应用前景。纳米材料的关键在于纳米粉体材料的制备。新的制备方法及工艺也将促近纳米材料及纳米科学技术的发展。有关纳米粉体材料的制备方法有很多，本章主要介绍常用的几种制备方法。

5.2.1　固相法

采用固体原材料(如金属粉末氮化物、碳化物)经过高温或球磨而获得纳米粉体的过程称为固相法制备纳米材料。固相法无溶剂、选择性高、产率高、工艺简单，是纳米粉体材料制备的主要手段[21,22]。

1. 固相物质热分解法

常用的高温固相反应法合成纳米粒子(如氧化物和氧化物之间的固化反应)是相当困难的，因为完成固相反应需要提供较长时间的煅烧或提高温度来加快反应速率，但在高温下煅烧易使颗粒长大，同时使颗粒与颗粒之间牢固地连接，为了获得粉末又需要进行粉碎。

采用热分解制备纳米粒子，通常是将盐类或氢氧化物加热使之分解，得到各种氧化物超微粉末。例如，$Si(NH)_2$ 在 900～1200 ℃之间热分解生成无定形 Si_3N_4，然后在 1200～1500 ℃之间进行晶化处理，制备高纯超微 Si_3N_4 粉末，平均粒径为 0.1 μm。

2. 物理粉碎法

利用介质和物料间相互研磨和冲击，或通过冲击波等诱导爆炸反应，合成单一或复合纳米粒子。特点：操作简单，但产量低、成本较高、产物不纯、粒度比易控制且分布不均匀。

3. 机械合金化法

机械合金化法是利用高能球磨法，控制适当的球磨条件以获得纳米级晶粒的纯元素、合金或复合材料的方法，是一个由大晶粒变为小晶粒的物理粉碎过程。特点：工艺简单、制备效率高，能制备出常规方法难以获得的高熔点金属和合金纳米材料，成本较低，适用于制备纯金属纳米材料，还可以制得互不相溶体系的固溶体、纳米金属间化合物及纳米金属陶瓷复合材料等。但制备中易引入杂质、纯度不高、颗粒分布也不均匀。

4. 室温、近室温固相化学合成法

室温、近室温固相反应近年来取得了很大的研究进展，反应一般经历四个阶段：扩散—反应—成核—生长。不同的反应体系中，如果成核速度大于生长速度，则有利于生成纳米微粒；如果生长速度大于成核速度，则形成块状晶体。有研究者在(近)室温下通过固相化学反应合成了颗粒大小均匀、晶粒形貌为近似球形粒状、平均粒径在 100 nm 以下的纳米晶粒。此方法操作方便、合成工艺简单、可直接得到结晶良好的微粉体、无中间步骤、不需要高温灼烧处理、转化率高、粒径均匀、粒度可控、污染少，同时又可以避免或减少液相中易出现的硬团聚现象，以及由中间步骤和高温反应引起的粒子团聚现象。改变反应物配比、掺入惰性物质、加入微量溶剂或表面活性剂、研磨不同的时间等固相反应条件对合成纳米晶的晶粒形貌、粒度和粒径分布有一定影响。

5.2.2　液相法

1. 水热合成法

水热合成法，可以简单地描述为使用特殊设计的装置，人为创造一个高温高压环境，使通常难溶或不溶的物质溶解或反应，生成该物质的溶解产物，并在达到一定的过饱和度后进行结晶和生长的方法。当然，这种方法也可用于易溶的原料来合成所需产品。水热合成法合成出的产物晶粒发育完整、粒径小、分布均匀、团聚程度较轻、易得到合适的化学计量比和晶粒形态；可使用较便宜的原料，且省去了高温煅烧和球磨，避免了杂质引入和结构缺陷等。其引起人们广泛关注的主要原因是：①采用中温液相控制、能耗相对较低、适用性广，既可制备超微粒子和尺寸较大的单晶，还可制备无机陶瓷薄膜；②原料相对廉价易得，反应在液相快速对流中进行，产率高、物相均匀、纯度高、结晶良好，形状、大小可控；③可通过调节反应温度、压力、溶液成分和 pH 等因素来达到有效地控制反应和晶体生长的目的；④反应在密闭的容器中进行，可控制反应气氛形成合适的氧化还原反应条件，获得某些特殊的物相，尤其适用于有毒体系中的合成，从而尽可能地减少了环境污染[23,24]。

水热合成法由于设备简单、操作简便、产物产率高、结晶良好，在合成纳米材料方面表现出了良好的多样性，从而得到越来越多的应用。在现代合成与制备化学中，越来越广泛地应用水热法来实现通常条件下无法进行的反应，合成多种多样的一般条件下无法得到的新化合物与新物相。目前，水热合成法已成为功能材料、特种组成与结构的无机化合物及特种凝聚态材料等合成的重要途径。在大量实践中，通过把它与其他合成技术，如分子的自组装、模板剂、晶体工程等的

交叉与结合，水热合成技术得到了进一步改进，如在水热反应过程中施加其他作用力(如微波场、γ辐照、磁场和电场等)以强化反应过程。

2. 溶剂热合成法

溶剂热合成法是在水热法的基础上发展起来的一种新的材料制备方法。将水热合成法中的水换成有机溶剂或非水溶媒(如有机胺、醇、氨、四氯化碳、苯等)，采用类似于水热合成法的原理，可以制备在水溶液中无法合成、易氧化、易水解或对水敏感的材料，如半导体化合物、氮化物、硫属化物、新型磷(砷)酸盐分子筛三维骨架结构等。

溶剂热合成化学与普通溶液合成化学不同，它主要研究物质在相对高温和高压(或密闭自生蒸气压)条件下溶液中的化学行为与规律。在溶剂热条件下，溶剂的物理化学性质如密度、介电常数、黏度、分散作用等相互影响，且与通常条件下相差很大。因此，它不但使反应物的溶解、分散过程及化学反应活性大为增强，使反应能够在较低的温度下发生；而且由于体系化学环境的特殊性，可能形成以前在常规条件下无法形成的亚稳相。其过程相对简单，易于控制，并且在密闭体系中可以有效地防止有毒物质的挥发，可以制备对空气敏感的前驱体和目标产物；另外，物相的形成与粒径的大小、形态也能被有效控制，而且产物的分散性好。重要的是通过溶剂热合成法合成出的纳米粉末，能够有效地避免表面羟基的存在，这是其他湿化学方法包括共沉淀法、溶胶-凝胶法、金属醇盐水解法、喷雾干燥热解法及最近发展起来的声化学反应法、微乳液法、模板法、自组装法等所无法比拟的。与其他传统制备路线相比，溶剂热合成的显著特点在于：①反应在有机溶剂中进行，能够有效地抑制产物的氧化，防止空气中氧的污染，这对于高纯物质的制备是非常重要的；②在有机溶剂中，反应物可能具有很高的反应活性，这可以代替固相反应，实现某些物质的软化学合成，有时溶剂热合成法可以获得一些具有特殊光学、电学、磁学性能的亚稳相；③非水溶剂的采用使得溶剂热法可选择的原料范围扩大，如氟化物、氮化物、硫属化物等均可作为溶剂热合成法反应的原材料，同时，非水溶剂在亚临界或超临界状态下独特的物理化学性质极大地扩大了所能制备的目标产物的范围；④由于有机溶剂具有低沸点，因此在同样的条件下，它们可以达到比水热合成更高的气压，从而有利于产物的结晶；⑤反应温度较低，反应物中的结构单元可以保留到产物中不受破坏，同时，有机溶剂的官能团和反应物或产物作用，生成某些新型的在催化和储能方面有潜在应用的材料；⑥非水溶剂的种类繁多，其本身的一些特性如极性与非极性、配位络合作用、热稳定性等为我们从反应热力学和动力学的角度去研究化学反应的实质与晶体生长的特性提供了线索[25]。

溶剂热合成法可以被认为是软溶液工艺和环境友好的功能材料制备技术。由于它在基础科学和应用领域显示出了巨大潜力，可以预言，溶剂热合成将会成为未来材料科学研究的一个重要方面。

3. 溶胶–凝胶法

溶胶–凝胶法制备纳米粉体的工作开始于 20 世纪 60 年代，且可以制备一系列纳米氧化物、金属单质及金属薄膜等。将金属醇盐或无机盐类经水解形式或者解凝形式形成溶胶物质，然后使溶质聚合胶凝化，经过凝胶干燥、还原焙烧等过程可以得到氧化物、金属单质等纳米材料，这样的方法称为溶胶凝胶法。该方法具有所需反应温度低、化学均匀性好、产物纯度高、颗粒细小、粒度分步窄等特点[26]。

4. 沉淀法

在含有一种或多种金属离子的盐溶液中，加入沉淀剂(OH^-、$C_2O_4^{2-}$、CO_3^{3-}等)，或于一定的温度下使溶液发生水解，形成不溶性的氢氧化物，水合氧化物或盐类从溶液中析出，然后经过洗涤、热分解、脱水等过程得到纳米氧化物或复合化合物的方法称为沉淀法。该方法具有设备简单、工艺过程易于控制、易于商业化等优点。

1) 共沉淀法

含有多种金属阳离子的溶液中加入沉淀剂后，离子得以全部沉淀的方法称为共沉淀法，又可细分为单相共沉淀和多相共沉淀。例如，在 $BaCl_2$ 和 $TiCl_4$ 的混合水溶液中加入草酸后可以得到化合物 $BaTiO(C_2O_4)_2 \cdot 4H_2O$ 沉淀，经高温分解可以得到超细 $BaTiO_3$ 粉体。

2) 均相沉淀法

通过控制溶液中沉淀剂的浓度，使之缓慢地增加，可以使溶液中的沉淀处于平衡状态，并且沉淀能均匀地出现，这样的方法称为均相沉淀法。例如，在尿素水溶液中，通过控制溶液的温度，可以控制反应的进度：$(NH_2)_2CO + 3H_2O \rightarrow 2NH_4OH + CO_2\uparrow$，通过控制沉淀剂 NH_4OH 的量，可以制备多种盐的均匀沉淀。

5.2.3　气相法

在较高温度下，使用固体原材料蒸发成蒸气或直接使用气体原料，经过化学反应，或者气体直接达到过饱和状态凝聚成固态纳米微粒并收集，得到纳米材料的方法称之为气相法。气相法是制备纳米粉体、晶须、纤维、薄膜的主要方法，但该方法所需设备复杂、成本较高[27-29]。

1. 惰性气体冷凝法

惰性气体冷凝法（inert gas condensation, IGC）以其产物表面清洁、产物粒径分布均匀、容易控制及适合工业化生产等优点引人关注。利用该法已成功制备出了纳米铜、纳米金、纳米铁-钴等纳米材料。惰性气体冷凝法是在 1963 年提出的，即通过在纯净的惰性气体中进行蒸发和冷凝过程获得纳米微粒。20 世纪 80 年代初，Gleiter 等提出了将该方法制备的纳米微粒在超高真空条件下紧压致密可以得到多晶体，从而进一步完善了该方法。该方法加热源有以下几种：电阻加热、等离子体喷射、高频感应、电子束、激光加热等。该方法可以通过调节惰性气体压力、蒸发物质的分压（蒸发温度或速率）、惰性气体的温度来控制纳米微粒的大小。

2. 化学气相沉积法

化学气相沉积法是将原物质在特定压力下蒸发到固体表面使其发生固体表面化学反应，形成纳米颗粒沉积物。这种方法发展相对较早，是一种相当成熟的方法。它制得的微粒大小可控、力度均匀、无黏结，具有规模生产价值。近年来，人们将化学气相沉积法与其他物理技术成果结合，发展了等离子体气相沉积法、激光诱导化学气相沉积法、高频气相沉积法等。这些新型纳米材料制备技术的出现，使得化学气相沉积法适用范围更大，可以制备的纳米材料类型更多，材料性能也更加优越。

3. 溅射法

该方法采用金属板分别作为阴、阳极。阴极为蒸发用材料，在两电极间充入氩气（40~250 Pa），两电极间电压范围是 0.3~1.5 kV。由于电极间辉光放电使 Ar 离子形成，在电场作用下 Ar 离子冲击阴极靶材表面，使靶材原子从其表面蒸发形成纳米粒子。粒子大小及尺寸分布主要取决于两电极间的电压、电流和气体压力，靶材的表面积越大，原子的蒸发速度越快，纳米颗粒的获得量越多。用溅射法制备纳米微粒有以下优点：①可制备多种纳米金属，包括高熔点和低熔点金属；②能制备多组元的化合物纳米微粒，如 $Al_{52}Ti_{48}$、$Cu_{91}Mn_9$ 等；③可获得较大量的纳米颗粒材料。

参 考 文 献

[1] 冯亚娟. 功能材料结构与性能的同步辐射研究[D]. 合肥: 中国科学技术大学, 2014.

[2] 胡伟. 碳纳米材料的第一性原理研究[D]. 合肥: 中国科学技术大学, 2013.

[3] 李盼. 基于表/界面调控的无机纳米材料的结构设计与性能研究[D]. 济南: 山东大学, 2013.

[4] 余保龙, 吴晓春, 邹炳锁, 等. 介电限域效应对 SnO_2 纳米微粒光学特性的影响[J]. 物理化

学学报, 1994, 10(02): 103-106.

[5] 方云, 杨澄宇, 陈明清, 等. 纳米技术与纳米材料（Ⅰ）——纳米技术与纳米材料简介[J]. 日用化学工业, 2003, 33(01): 55-59.

[6] 吴鹰飞, 周兆英, 冯焱颖, 等. 纳米技术及其前景[J]. 科技通报, 2003, 19(01): 42-46.

[7] 夏和生, 王琪. 纳米技术进展[J]. 高分子材料科学与工程, 2001, 17(04): 1-6.

[8] 张莉芹, 袁泽喜. 纳米技术和纳米材料的发展及其应用[J]. 武汉科技大学学报（自然科学版）, 2003, 26(03): 234-238.

[9] 黎雪莲. 纳米复合材料的制备、性质及其在生物分析中的应用[D]. 重庆: 西南大学, 2013.

[10] 马青. 纳米材料的奇异宏观量子隧道效应[J]. 有色金属, 2001, 53(03): 51-52.

[11] 颜鑫, 周继承, 邓新云. 纳米碳酸钙四大纳米效应应用表现[J]. 化工文摘, 2008, (04): 44-47.

[12] 陈月辉, 赵光贤. 纳米材料的特性和制备方法及应用[J]. 橡胶工业, 2004, 51(03): 182-188.

[13] 吉云亮, 刘红宇. 纳米材料特性及纳米技术应用探讨[J]. 中国西部科技（学术）, 2007, (07): 7-8.

[14] 任庆云, 王松涛, 王志平. 纳米材料的特性[J]. 广东化工, 2014, 41(03): 82-82.

[15] 石士考. 纳米材料的特性及其应用[J]. 大学化学, 2001, 16(02): 39-42.

[16] 王苏新, 张玉珍. 纳米材料的特性及作用[J]. 江苏陶瓷, 2001, 34(02): 5-6.

[17] 王天赤, 路嫒, 车丕智, 等. 纳米材料的特性及其在催化领域的应用[J]. 哈尔滨商业大学学报（自然科学版）, 2003, 19(04): 501-504.

[18] 林婵. TiO$_2$ 纳米材料的制备、改性及其光催化性能研究[D]. 青岛: 中国海洋大学, 2014.

[19] 周琪, 钟永辉, 陈星, 等. 石墨烯/纳米 TiO$_2$ 复合材料的制备及其光催化性能[J]. 复合材料学报, 2014, 31(02): 255-262.

[20] 邹永存. 纳米结构的半导体金属氧化物: 合成及气敏、光催化性质[D]. 长春: 吉林大学, 2014.

[21] 郭周武. 低热固相反应合成纳米颗粒材料[D]. 桂林: 广西大学, 2005.

[22] 李道华, 喻永红. 纳米材料的合成技术及其研究进展[J]. 西昌学院学报（人文社会科学版）, 2004, 16(01): 59-63.

[23] 刘军枫. 功能氧化物纳米材料的液相合成与性质研究[D]. 北京: 清华大学, 2007.

[24] 孙晓明. 低维功能纳米材料的液相合成、表征与性能研究[D]. 北京: 清华大学, 2005.

[25] 张惠敏. 杂多化合物纳米材料的固、液相合成及催化性质研究[D]. 乌鲁木齐: 新疆大学, 2006.

[26] 朱永春, 钱逸泰. 低温液相合成纳米材料[J]. 中国科学（G 辑: 物理学 力学 天文学）, 2008, 38(11): 1468-1476.

[27] 丁宏秋. 气相燃烧合成 Al$_2$O$_3$ 纳米材料及结构[D]. 上海: 华东理工大学, 2011.

[28] 方晓生, 张立德. 气相法合成一维无机纳米材料的研究进展[J]. 无机化学学报, 2006, 22(09): 1555-1567.

[29] 何春年. 化学气相沉积法原位合成碳纳米管增强铝基复合材料[D]. 天津: 天津大学, 2008.

第二部分　天然产物结构改性转化

第 6 章　糖的结构改性

多糖是存在于众多有机体中一类具有结构多样性的特殊生物高分子，其作为某些生物转化识别过程中的关键物质已被人们深入地认识，天然多糖已具有许多优异性能，如抗肿瘤、抗氧化[1]、抗病毒、抗增殖[2]及抗诱变等，此类生物活性使多糖衍生类药物研究成为目前多糖研究的热点之一。多糖特有的生物活性源于其结构特征，新化学官能团的引入常伴随多糖活性的增强，另外利用糖残基上的羟基、羧基、氨基等基团对多糖分子进行表面修饰，亦可进一步改善多糖的诸多性能，甚至获得具有特定结构的功能新材料。多糖衍生物的强抗病毒活性已经在临床应用上得到了充分的证明，因而对多糖结构进行适当修饰是多糖领域研究的重点之一。日本学者研究发现海藻硫酸多糖具有体内抗肿瘤活性[3]；美国国家癌症研究所针对海洋无脊椎动物生物活性进行筛选，发现其水相提取物展现了较强抗艾滋病病毒(HIV)活性，并证实该活性组分主要源于硫酸多糖。本章主要对多糖羟化、羧基化、氨化等化学修饰方法，基因工程技术、酶法修饰等生物修饰方法，超声波、离子辐射等物理修饰方法，以及可能存在的相应生物活性进行较全面总结。

6.1　多糖结构表征

多糖含有易于发生酯化反应的伯羟基、仲羟基和羧基，以及可以转化为氨基化合物的 —NH_2。欲了解衍生化过程中多糖骨架可能发生的所有结构变化，需在改性前尽可能全面地对多糖结构进行分析。因为即使多糖类型相同，多糖的化学结构包括分支、糖原连接顺序、链中的氧化部分(如葡聚糖中的醛基、酮基和羧基)和残余的天然杂质也均可能存在差异，尤其是在真菌和植物多糖中。

6.1.1　多糖结构表征方法

要完全阐明一种糖的结构一般需要提供以下几方面的信息 :

(1)分子量及组成单糖的种类与摩尔比;

(2)各糖环的构象 (呋喃型或吡喃型)与异头碳的构型;

(3)各糖残基间的连接方式;

(4)糖残基的连接顺序;

（5）二级结构及空间构象等。

常用的多糖结构表征方法见表 6.1。

表 6.1　多糖结构表征中常用的方法

解决的问题	研究方法
单糖组成和摩尔比	部分酸水解、完全酸水解、纸色谱、气相色谱、薄层色谱、高效液相色谱
分子量测定	凝胶过滤法、质谱法、蒸气压法、黏度法
吡喃环或呋喃环形式	红外光谱
连接次序	选择性酸水解、糖苷键顺序水解、核磁共振
羟基被取代情况	甲基化反应-气相色谱、过碘酸氧化、核磁共振、质谱法
糖链—肽链连接方式	单糖与氨基酸组成、稀碱水解法、肼解反应
α-，β-异头异构体	糖苷键水解、核磁共振、红外光谱、拉曼光谱、二维核磁共振谱
阐明未知多糖的相似结构	利用免疫化学法，制备对抗未知多糖的抗体
分子的形貌、凝胶网络亚细胞结构	原子力显微镜（AFM）
对称性、螺距等螺旋体参数	X 射线衍射（XRD）

6.1.2　部分多糖的结构

对多糖高级结构和空间构象的研究，是开发和利用多糖类物质的关键，也是对多糖进行化学改性的基础。研究人员已阐明部分真菌多糖的结构见表 6.2。

表 6.2　部分多糖的结构

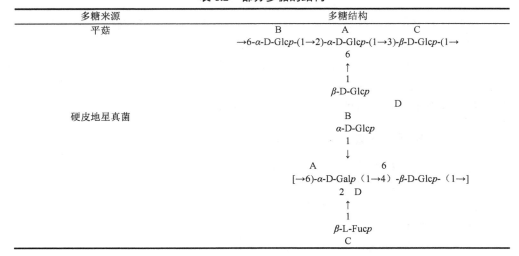

续表

多糖来源	多糖结构
白多孔菌菌丝体	由（1→3）β-D-吡喃甘露糖基，（1→3,6）相连的 β-D 吡喃甘露糖基和（1→6）相连的 α-D 吡喃半乳糖基组成，并且摩尔比为 3:1:1，并且沿主链方向在（1→3,6）相连的 β-D 吡喃甘露糖基的 C-6 位置以还原性（1→）β-D 吡喃甘露糖基作为末端
针层孔菌 ribis	由（1→4），（1→6）糖苷键相连的主链，并且沿主链方向在（1→6）糖苷键相连的葡糖基的 C-3 位置上连着一个 β-D-葡萄糖
担子菌地星	→3)-α-D-Man$p$(1→4)-β-L-Fuc$p$-(1→6)-β-D-Glc$p$-（1→ 6 ↑ 1 α-D-Glc$p$
佛罗里达侧耳	一种支链葡聚糖，分子量为 1.1×10^6，有一条以（1→3）糖苷键连接的 α-D-Glc$p$ 残基主链，部分 O-6 被 β-D-Glc$p$ 单元所取代，以及侧链少部分 3-O-被 β-D-Glc$p$ 残基所取代
人工种植的蛹虫草	3 种主要多糖级分 P50-1、P70-1 和 P70-2、P70-4 含有一条以（1→6）-β-D 吡喃甘露糖基组成的主链，与支链以 O-3 键结合，支链是主要以（1→4）- α-D-吡喃葡萄糖基和（1→6）-β-D-吡喃半乳糖基组成，末端以 β-D-吡喃半乳糖基和 α-D-吡喃葡糖基结束

6.2　化学方法修饰

运用化学方法对糖残基上的羟基、羧基和氨基等基团进行修饰，可提高多糖的生物活性。

6.2.1　多糖硫酸酯化

硫酸酯化多糖（sulfated polysaccharides，SPS）也称多糖硫酸酯（polysaccharides sulfate，PSS），是指糖羟基上带有硫酸根的多糖，是抗病毒多糖中研究最多的一类天然或化学修饰多糖，包括从动、植物中提取的各种硫酸多糖、肝素、天然中性多糖的硫酸衍生物及人工合成、半合成的各种硫酸多糖，具有免疫增强、抗凝血、抗氧化等活性，尤其具有突出的抗病毒(HIV、巨噬细胞病毒、流感病毒等)活性[4,5]。具有高生物活性的硫酸酯多糖一般具有如下特点:①均一多糖硫酸酯化产物抑制病毒的作用优于杂多糖的硫酸酯化产物；②每个单糖单位需要 2～3 个 SO_4^{2-} 才能有好的抗 HIV 活性，每个单糖单位含有 1.5～2 个 SO_4^{2-} 有良好的抗病毒活性；③多糖相对分子质量越小，生物活性越高，在相对分子质量 10 000～500 000 之间保持最大活性。

1. 硫酸酯化多糖原理

硫酸化方法主要原理是溶于一定溶剂系统中的多糖与相应硫酸化试剂在特定条件下反应，使得多糖残基上某些羟基连接硫酸基团。以氯磺酸试剂为例，多糖硫酸化反应是在路易斯碱溶液中由—SO_3取代多糖羟基中的—H，经中和得到多糖硫酸盐，如图 6.1 所示。

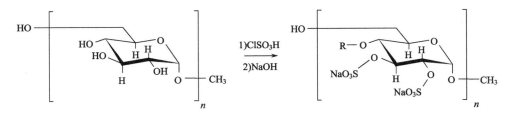

图 6.1　多糖硫酸酯化反应[6]

2. 硫酸酯化多糖合成方法

多糖硫酸酯化常用的方法有 Wolfrom 法、Ngasawa 法、浓硫酸法、三氧化硫-吡啶法及三氧化硫-二甲基甲酰胺法等。中性多糖一般能溶于有机溶剂，可直接对其硫酸酯化。一般吡喃型多糖的硫酸酯化常采用 Wolfrom 法，呋喃型多糖常采用 Ngasawa 法。硫酸化方法的原理为:溶于一定溶剂系统中的多糖与相应的硫酸化试剂在一定的条件下反应，使得多糖残基上的某些羟基接硫酸基团。以氯磺酸试剂为例，多糖的硫酸酯化反应是在路易斯碱溶液中由 SO_3H^+取代多糖羟基中的 H^+，经中和得到硫酸酯盐。

多糖硫酸化方法中 Wolfrom 法试剂易得，反应条件相对简单，且产物回收方便，是一种较理想的硫酸化方法。但目前研究者多将 Wolfrom 法进行适当改良，借以实现不同修饰目的。

多糖硫酸化反应中，硫酸化试剂与糖单位的摩尔比对硫酸化程度也有较大影响，即取代度(DS)随着二者比例的增加而提高。反应时间对 DS 也有影响，通常情况下，时间越长硫酸化程度越高，但并非反应时间越长越好，有时 DS 会随着时间的延长而降低[7]。

3. 硫酸酯化多糖生物活性

硫酸酯化多糖的活性不仅与硫酸根的存在与否关系密切，还受硫酸取代度大小的影响。硫酸基的取代位置也是影响硫酸多糖活性的重要因素。尽管硫酸根与硫酸多糖的抗病毒活性密切相关，但并不是硫酸根越多活性越强，分子中硫酸根过多会产生抗凝血等副作用。一些海洋硫酸多糖因硫酸基过多而显示一定的毒性，经过脱去部分硫酸基(称多糖的脱硫修饰)，可降低其毒性。

Bao 等[8]研究了硫酸化修饰对真姬菇多糖分子量及生物活性的影响，结果发现修饰后多糖的平均分子量低于修饰前多糖，但其抗肿瘤及免疫调节活性均高于修饰前多糖。Huang 等[9]研究了硫酸化黄芪多糖对鸡传染性法氏囊病病毒细胞传染性的影响，结果表明修饰后黄芪多糖可以显著抑制传染性法氏囊病病毒感染抗鸡胚成纤维细胞(CEF)，此研究结果表明硫酸化修饰可以显著提高黄芪多糖的抗病毒活性。Han 等[10]以无水甲酰胺为溶剂，氯磺酸-吡啶复合物为硫酸化试剂，成功对海洋真菌(*Keissleriella* sp.Y S4108.)多糖 YCP 进行了硫酸化修饰，结果显示硫酸化修饰可以显著提高多糖 YCP 抗凝血活性和抗血小板聚集活性。

Josephine 等研究发现从羊栖菜中分离的硫酸酯化多糖能阻止因环孢霉素而引发的大鼠肾脏线粒体功能缺失，起到对环孢霉素引起大鼠肾脏线粒体抗突变的生物学效应。Mahanama De Zoysa 等通过测定主动脉血栓形成时间的研究从发酵的褐藻中分离得到的硫酸酯化多糖具有抗凝血活性，这种硫酸酯化褐藻多糖得率是 1.32%，是一种酸性多糖，虽然抗凝活性弱于肝素，但是对今后海洋藻类资源的开发具有指导意义。Mao 等研究了从绿藻袋礁膜中分离的多糖的结构和抗辐射作用，发现其具有与其他富含鼠李糖的绿藻多糖不同的化学组成，硫酸酯化含量约为 21.8%，能激活因辐射受损的老鼠的白细胞和造血功能。

硫酸化葡聚糖抗凝血活性的提高和硫酸基团的 DS 和分子量有关，而且取决于 2，3，4 位的葡萄糖单体上是否有硫酸基取代。Cui 等研究了野生葛根中 $(1\rightarrow6)$-α-D-葡萄糖的结构和构象，并采用 MTT 法评价了硫酸酯化衍生物减轻过氧化氢对大鼠肾上腺嗜铬细胞瘤细胞的损伤作用。Guo-Guang Liu 合成的硫酸酯化紫云英属多糖具有很高的抗 HIV 活性。Ronghua Huang 等研究了适用于制备硫酸酯化壳聚糖的一种新方法及其抗凝血性。Li Wang 用氯磺酸-吡啶(CSA-Pyr)法制备了九种脱脂米麸多糖硫酸化衍生物，经 MTT 体外实验评价了其抗肿瘤活性，当硫酸化程度在 0.81~1.29，糖含量在 41.41%~78.56%时，硫酸化衍生物体外的抗肿瘤活性相对较高。因此硫酸化修饰是目前多糖结构修饰中研究得最多而且效果突出的一种修饰手段。

4. 多糖脱硫修饰

硫酸根具有抗凝血作用，因而部分脱硫，可降低多糖的抗凝活性，从某种意义上降低了毒性。脱硫的研究还有助于探讨硫酸根对海洋多糖构效关系的影响。此外，在海洋多糖的结构测定中定位脱硫非常重要。目前脱硫法有酸脱硫法、碱脱硫法和有机溶剂脱硫法。最初主要用浓 H_2SO_4 和无水乙酸进行脱硫，但反应条件剧烈，易引起糖苷键的断裂和多糖构象的改变。人们对此法稍进行改进，用甲醇分解法在比较温和的条件下进行脱硫。有机溶剂脱硫法不易引起多糖中糖苷键的断裂，也不易引起多糖分子结构改变，对多糖化学结构分析测定的研究具有重大意义。

6.2.2　多糖羧甲基化

多糖与羧酸或羧酸衍生物的酯化反应是目前应用最广泛的多糖改性方法之一。羧甲基化能增加多糖溶解度和电负性，向多糖中引入羧甲基可以提高多糖的水溶性，能给多糖增强活性或带来新的活性，因而羧甲基化也是常用的对多糖进行化学修饰的方法。　其反应式见图 6.2。

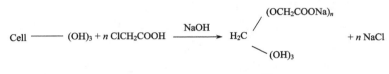

图 6.2　纤维素的羧甲基化[6]

1. 羧甲基化多糖合成方法

目前多糖常用的羧甲基化方法是将多糖在 NaOH 中碱化，再加异丙醇、氯乙酸，获得羧甲基化衍生物。Katrin Petzold 等分别采用乙醇/甲苯、乙醇、异丙醇作为反应媒介合成羧甲基化木聚糖并表征其结构。壳聚糖作为一种医用生物材料有着广泛的用途，但是由于其难溶性限制了其广泛应用，而羧甲基化壳聚糖是将其转化成水溶性的有效方法。Hua-CaiGe 等研究了微波辅助制备羧甲基化壳聚糖的新工艺，微波辐射会促进反应体系质的传递，会增加氯乙酸和壳聚糖活性基团的反应，从而提高羧甲基取代度。

多糖羧甲基化 DS 与反应的温度、一氯乙酸的浓度、碱液的浓度等均相关。难溶性多糖纤维素羧甲基化的实现依赖于合适溶剂的选择。经典的方法一般采用有机溶剂／氢氧化钠作为媒介，但目前常采用二甲基乙酰胺－氯化锂（DMAc/LiCl）作为反应溶剂。Ramos 等[11]用 DMSO（二甲基亚砜）和 TBAF（四丁基氟化铵三水化合物）的混合物作为溶剂，在此种溶剂中，聚合度高达 650 的纤维素也可以在 15 min 内溶解，比 DMAc／LiCl 更为有效。

2. 羧甲基化多糖生物活性

近两年，关于多糖的羧甲基化报道较多，Wang YF 等对从茯苓菌中获得的水不溶性的 β-葡聚糖分别进行硫酸化、羧甲基化、甲基化、羟乙基化和羟丙醇化，得到了 5 种水溶性的衍生物。研究发现硫酸化和羧甲基化衍生物均有显著的抗

S-180 肿瘤细胞和胃癌瘤细胞活性，而原多糖并没有此活性。Chen 等制备了羧甲基化壳聚糖，其可以促进正常皮肤纤维原细胞及瘢痕瘤皮肤纤维原细胞中胶原的分泌。ElSherbiny 研究了新的羧甲基化壳聚糖的合成、表征及其吸附金属离子的能力，其可以应用在废水处理领域。

此外，牛膝多糖羧甲基化后也具有抗肿瘤活性。研究表明，虎奶多糖进行羧甲基化修饰后能有效抑制 Fe^{2+}-VitC(亚铁离子-维生素 C)引起的大鼠肝线粒体脂质过氧化、膜流动性的降低和线粒体的肿胀，清除邻苯三酚自氧化产生的超氧自由基。Yang 等[12]研究了黑木耳多糖的羧甲基化修饰。体外抗氧化实验表明，羧甲基化黑木耳多糖的 DPPH·清除率和 ABTS+·活性均显著高于未修饰的黑木耳多糖。

6.2.3　多糖磷酸酯化

在多糖生物合成过程中，形成糖苷键时磷酸酯基断裂，因此，向糖原引入磷酸酯基是一个非常重要的活化步骤。糖的磷酸酯类是一类比较重要的糖类衍生物，多糖磷酸酯化一般是为了降低多糖的溶解性或增强生物活性。磷酸酯化改性可增加纺织材料的阻燃性，纤维素磷酸酯可用作弱阴离子交换剂。Muhammad 等[13]研究了 pH 对西米淀粉磷酸基团 DS 的影响。研究发现，单独使用三聚磷酸钠作为磷酸化试剂时，在 pH 8～10 时，磷酸基团含量随 pH 升高而逐渐增加。

1. 磷酸酯化多糖合成方法

磷酸酯化试剂有磷酰氯、磷酸酐、磷酸或其盐。磷酸及磷酸酐或两者的混合物是最早采用的磷酰化试剂，但一般糖苷键在酸性条件下极易水解，而此反应又是在高温下进行，此条件下糖易降解，从而使产物收率和 DS 均不高，大大限制了该法的应用。但一些对酸稳定的多糖或寡糖，用此法进行磷酰化就比较简单易行。磷酸盐廉价、易得，但反应活性低，不易获得高 DS 的产物。与磷酸相比其优点是一般不会引起多糖的降解。常用的磷酸盐有磷酸氢钠、磷酸二氢钠、偏磷酸钠或它们的混合盐。磷酰氯作为磷酰化试剂可获得高 DS 的磷酰化产物，但反应激烈、收率低、副产物多、有多种取代磷酸酯，因而限制了它的广泛应用，往往只用于合成简单的磷酰酯。一般常用的试剂是三氯氧磷($POCl_3$)，Yuan 等用 $POCl_3$ 作为磷酸化试剂，以吡啶为溶剂制备了磷酸酯化多糖。

2. 磷酸酯化多糖生物活性

采用磷酸化修饰得到的多糖磷酸酯衍生物具有抗病毒、抗菌、免疫调节、抗肿瘤等活性，并且糖链的长短及磷酸根的数目与抗肿瘤活性有着密切的关系。Wang 采用三氯氧磷法和多聚磷酸法分别合成了两种褐藻多糖磷酸酯化衍生物，采用环氧氯丙烷和氨水合成了褐藻氨基化衍生物，并分别选取超氧自由基、羟自由基和DPPH清除活性评价了3种褐藻多糖衍生物体外抗氧化活性，结果显示磷酸酯化的褐藻多糖衍生物表现出更强的羟自由基和DPPH清除活性，揭示了不同取代基团与抗氧化能力之间的关系。目前关于糖磷酸酯化修饰的研究报道还比较少，而且多糖、寡糖及其类似物的磷酸酯衍生物的生物活性、磷酸基在其中的作用及作用机制还不明确，尚待进一步研究。

6.2.4 多糖乙酰化

多糖的乙酰化也是重要的多糖化学修饰方法之一。多糖中乙酰基对多糖活性有影响，多糖部分乙酰化后而具有抗肿瘤活性，因为乙酰基能改变多糖分子的定向性和横次序，从而改变多糖的物理性质。乙酰基的引入使分子伸展变化，最终导致多糖羧基基团的暴露，增加在水中的溶解性。乙酰基的数量和位置对多糖活性有显著影响，O-3 位具乙酰基时，多糖抗肿瘤活性最强；O-5 位具乙酰基时，抗肿瘤活性显著减弱；在 O 位全部乙酰化时抗肿瘤活性则消失。此现象的可能原因是乙酰基能改变多糖分子的定向性和横向次序，从而改变了糖链空间排布，进而使之活性发生改变。纤维素经过乙酰化，乙酰基 DS 可低于 0.5，以这种低乙酰基 DS 的纤维素衍生物为原料进行硫酸化修饰，然后脱乙酰基，可得到高硫酸 DS 且取代基分布均匀、抗 HIV 活性更高的硫酸化纤维素。多糖乙酰化的主要试剂是乙酸和乙酸酐。一般是将多糖置于一定的溶剂如吡啶、甲醇、DMAc/LiCl 中，然后加入乙酰化试剂来完成酰化反应，乙酰化部位可以发生在羟基氧和胺基氮上。例如，纤维素全乙酰化是在甲苯、高氯酸存在下与乙酸酐反应来完成的，见图 6.3。

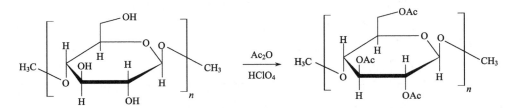

图 6.3   纤维素的全乙酰化[6]

Samaranayake[14]等报道了一种纤维素乙酰化新方法。该方法中乙酰基 DS 低于 0.5，以此种低乙酰基 DS 的纤维素衍生物为原料进行硫酸化修饰，然后脱乙酰基，可获得高硫酸取代度且取代基分布均匀、抗 HIV 活性更高的硫酸化纤维素。Jing Wang 等合成了过硫酸化，乙酰化和苯甲基化三种褐藻多糖衍生物，并且研究了其体外抗氧化活性。在乙酰化和苯甲酰化反应中，使用了新型催化剂（NBS），同时用红外光谱和核磁共振光谱研究了其乙酰化程度。乙酰化和苯甲酰化褐藻多糖衍生物具有很强的抗氧化活性，并且明显高于褐藻多糖。苯甲基化褐藻多糖清除超氧和羟基自由基活性最强，而乙酰化的褐藻多糖硫酸酯清除 DPPH 自由基和还原能力最强。硫酸基、乙酰基和苯甲酰取代基对于褐藻多糖体外抗氧化活性起着重要作用，而且抗氧化活性机制不同。

6.2.5　多糖烷基化

多糖的烷基化是指向多糖中引入烷基、取代烷基或长链芳香醇。目前研究较多的是壳聚糖的烷基化。烷基化削弱了壳聚糖分子间的氢键作用，从而改善了其溶解性能，其中乙基、丁基和辛基等烷基取代衍生物有较好的水溶性，且烷基取代基碳原子越多，抗凝血性能越好。

另外，多糖的烷基化对硫酸多糖 HIV 活性具有促进作用。Uryu 等[15,16]合成了对 HIV 有抑制活性的硫酸烷基寡糖，如硫酸十八烷麦芽醇己糖苷、硫酸十二烷昆布戊糖苷和硫酸十二烷昆布寡聚物。研究表明烷基化后寡糖的抗 HIV 活性显著提高，作用机理可能是烷基与病毒囊膜脂双层作用，从而破坏其囊膜。Qi 等[17]研究了孔石莼多糖的乙酰化修饰，发现乙酰化修饰能提高其抗氧化活性。梁进等研究了茶多糖的乙酰化修饰，结果显示乙酰化修饰可以显著改变茶多糖的 APTT（活化部分凝血活酶时间）凝血指标，导致其抗凝血活性显著增强。

多糖烷基化采用的试剂为卤化烃或其取代物，烷基化的部位为氨基氮和羟基氧，以壳聚糖为例，其氨基氮的烷基化反应如图 6.4。

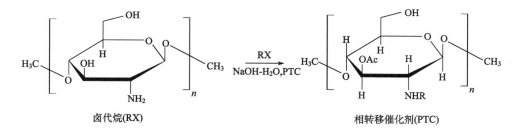

图 6.4　壳聚糖的烷基化[6]

6.2.6　多糖硝酸酯化

多糖硝酸酯通常由多糖与硝酸和硫酸的混合硝化剂按一定的比例反应制备，几乎完全衍生化的淀粉硝酸酯（DS=3）可用作炸药，其制备过程与纤维素的硝酸酯化过程类似。此外，将淀粉溶解在 N_2O_4/DMF 中，在甲醇存在下，继续加热中间体淀粉亚硝酸酯，也可制得淀粉硝酸酯。纤维素硝酸酯是迄今最重要的多糖硝酸酯，简称“硝化棉”，已应用到许多领域（表 6.3）。采用不同硝化试剂，可以获得

不同 DS 的产物。采用 90% HNO₃ 与磷酸和脱水剂 P₂O₅ 的混合物，或者 90% HNO₃
与乙酸酐的混合物，均可对纤维素进行完全硝酸酯化改性（DS=3），中间体乙酰硝
酸酯是高反应活性的硝化试剂。DS3 的纤维素硝酸酯可用于分析领域，用于黏度
法或 SEC 法测定分子量和分子量分布。在无水条件下，硝化反应不影响多糖的平
均聚合度（DP）。

表 6.3　具有不同 DS 值的纤维素硝酸酯的溶解性及应用领域

N/%	DS	溶解性	应用领域
11.8～12.2	2.20～2.32	酯、酮、醚醇混合物	工业涂层
10.9～11.2	1.94～2.02	乙醇、异丙醇	塑料薄片、苯胺油墨
12.6～13.8	2.45～2.87	酯	炸药

　　自然界中存在的多糖并不都具有活性。有些多糖由于结构或理化性质等障碍
而不利于其生物学活性的发挥。有些从天然生物体内分离的多糖活性较弱，有待
进一步提高。有些多糖不溶于水，影响进一步的药理研究。多糖的活性与多糖的
结构、分子量、溶解性等诸多因素紧密相关。因此，采取一定的化学方法对多糖
结构进行适当修饰是解决以上问题的根本途径。笔者在实验室制备了一些硫酸化、
乙酰化、羧甲基化的黑木耳多糖，目前正在研究其抗癌活性。但是多糖的衍生化
也有使原有活性减弱或丧失的情况发生，因此多糖的衍生化关键在于确定多糖的
结构与活性关系，确保多糖在衍生化后活性中心的立体构象处于最佳状态。

6.3　生物方法修饰

　　生物方法在多糖结构修饰的应用主要是利用微生物具有繁殖速度快的特性，
此特性为工业化批量生产活性多糖提供了可能。为数较多的天然微生物多糖不具
备理想活性结构，因此，需要对其进行有目的的修饰。

6.3.1　基因工程技术对多糖的结构修饰

　　通过操纵微生物基因表达或引入外源基因来控制微生物体内多糖合成途径，
可以获得目标多糖。Jamas 等[18]对野生酵母菌通过引入外源基因，使其胞内多糖
结构发生变化，支链糖基 DS 从 0.2 提高到 0.5，且空间构象变得更为舒展，单螺
旋结构比例提高，多糖体外抗肿瘤活性比修饰前提高 35 倍左右。

　　目前，基因工程在多糖结构修饰方面的应用尚处于起步阶段，还面临诸多问
题，如操作控制的不稳定性、外源基因获取困难等，但从其初步研究进展预测，
基因工程在多糖结构修饰方面将具有广阔应用前景。

6.3.2　酶法修饰

多糖降解存在物理降解、化学降解和酶法降解三种作用方式。其中酶降解法是一种绿色高效降解方法，具有操作简单、可控性好等特点。

某些 *Pertostreptococcus* 和 *Eubacterium* 的革兰阳性厌氧菌可产生肝素降解酶，并能特异性地断裂肝素结构中具有的特殊修饰基团（如羧甲基、乙酰基）的糖苷键[19]。Yoshizawa 等[19]将 β-琼胶酶用于条斑紫菜（*Porphyrcl yezoensis*）多糖（PASF）的降解，并对酶动力学作了初步研究。PASF 是一种部分 C-6 上带有硫酸基的（3, 6）-半乳多糖，经 β-琼胶酶降解，最初快速降解阶段主要发生在不带硫酸基的糖苷键上；而后慢速降解阶段接序发生在含有硫酸取代基的多糖序列处。酶技术在多糖结构修饰中的应用目前仅限于某些多糖降解的酶类，积极开发其他类型的酶，如转移酶、合成酶等，将丰富酶技术在多糖结构修饰中的应用。

6.4　多糖与金属络合

大量研究发现，利用金属元素对糖类化合物进行修饰，修饰后的产物往往具备新的功能，使糖类化合物的生物活性得到提高，并降低其副作用。修饰后的糖类化合物广泛应用于医药、食品、农业等领域，提高了开发出的药品的稳定性，并降低了某些金属元素的毒性，同时也提高了其活性和生物利用率。

6.4.1　铁对糖类的修饰

铁是人类及动物生命活动中不可缺少的微量元素，通过包埋或嫁接的形式将铁离子与糖类进行复合来修饰糖类，能够在一定程度上改变糖类的结构和功能，所形成复合物还可作为铁元素补充剂应用于医药领域，使动物体内的铁元素得到有效补充。

Komulainen 等[20]研究了 Fe(III) 与氧化淀粉的反应规律与机理，指出二者是通过络合作用实现的，即淀粉的阴离子配体—O—和—COO—与 Fe(III) 发生配位作用，并随着 pH 的增大，在氧化淀粉的羟基和 Fe(III) 之间产生氢键，最后生成氧化淀粉-Fe 的络合物。Bergh 等[21]用环己二烯铁取代乳糖皮蒽上的 3—OH 而达到对乳糖皮蒽修饰的目的，使生成的产物具有芳香性及环己二烯的功能。另外，多种铁与糖的配合物，如乳酸亚铁、富马酸铁、葡萄糖酸亚铁、琥珀酸亚铁、枸橼酸亚铁、延胡索酸亚铁、谷氨酸亚铁及甘油磷酸铁的合成等都有相关的研究报道。

Wang 等[22]制备了茶多糖与金属铁和钙的络合物，并对络合物清除自由基的活性做了研究。通过对比实验发现，修饰后的茶多糖铁[APTS-Fe(III)]清除自由基活性与 ATPS 接近，而 ATPS-Ca（Ⅱ）清除自由基活性则比 ATPS 弱很多。

6.4.2　铜对糖类的修饰

　　铜是自然界常见的金属元素，是人体必需的微量元素之一，在人体中的含量仅次于铁和锌，可与蛋白质结合生成铜蛋白或含铜酶，参与生物体内电子转移、氧输送及氧化还原反应等过程，还可调节体内铁的吸收等。

　　铜修饰多糖的常用方法有表面络合，离子交换及螯合等，修饰后多糖的结构及稳定性发生变化。 Mitic 等[23]对铜与普鲁兰糖的反应做了研究。他们以铜盐和普鲁兰糖为原料，分别通过控制反应 pH、反应温度及反应时间三个主要因素来观察生成的复合物的稳定性。最终得到 pH 为 7.5，溶液沸腾下反应 7min 时对产物结构的破坏程度最小，即稳定性最好的结论，产物结构如图 6.5 所示，该结构中铜离子与多糖通过配位键结合在一起，因而复合物结构稳定。

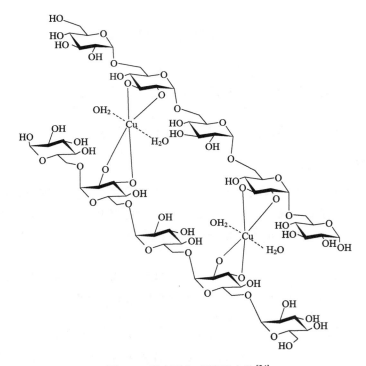

图 6.5　铜离子与多糖配合物[24]

6.4.3　锌对糖类的修饰

　　锌是真核生物体内重要的微量元素，它参与体内多种生理活动，具有重要的生理功能。锌缺乏可以导致胚胎发育不良、儿童发育迟缓且智力低下、免疫机能及代谢机能发生紊乱等。锌通过与人体可消化吸收的糖类相结合可避免与人体内其他物质的拮抗作用。

目前常见的是葡萄糖酸锌制剂，国外有报道采用普通化学法、催化氧化法等方法制备葡萄酸锌，国内关于葡萄糖酸锌制备的新方法的研究较多。Zhou 等[25]用一步酶法直接生产葡萄糖酸锌，即以葡萄糖为原料，采用葡萄糖氧化酶和过氧化氢酶直接催化生成葡萄糖酸，并与氧化锌反应生成葡萄糖酸锌。除葡萄糖酸锌外，锌还可修饰其他多糖。He 等用金针菇多糖和锌进行了螯合实验，发现最佳的螯合工艺为：Zn(Ⅱ)初始质量浓度为 6 g/L、金针菇多糖与 Zn(Ⅱ)的质量比为 6：1、螯合时间为 10 h、pH 为 4，并通过红外光谱发现 Zn(Ⅱ)与金针菇多糖之间的反应是通过配位作用实现的。

Staroszczyk 等[26]利用微波促进锌与马铃薯淀粉的反应，先将反应物在 459 W微波下照射 30 min，又在 700W 的微波下照射 1min 后测定产物，发现反应时间从原来的 120 min 缩短至 30 min，且产物的结晶度有所增加而粒度不发生变化，另外产物溶解度也有所增加。

6.5 物理方法修饰

作为物理场之一的超声波可广泛应用于对多种生物大分子，如 DNA、葡聚糖等的结构修饰。低频(1MHz)、高强度(3W/cm)的超声波主要是通过增加质点振动能量来切断生物大分子中的某些化学键，从而降低分子量，增加水溶性，提高生物活性。

6.5.1 超声波修饰

超声波修饰主要通过低频、高强度的超声波增加质点振动能量来切断多糖分子中的某些糖苷键，导致分子量降低，水溶性增加，从而使其活性显著增强。Tabata等[27]研究了超声降解裂褶多糖，发现超声降解反应主要通过随机剪切裂褶多糖主链的糖苷键而实现，而且超声降解技术不能引起多糖空间构象变化。Zhou 等[28]研究了超声降解对条斑紫菜多糖抗氧化活性的影响，获得了超声波降解条斑紫菜多糖所具有的可清除超氧阴离子和羟自由基活性均高于条斑紫菜多糖的结论，并表明了超声处理可能是增强条斑紫菜多糖抗氧化活性的一种新的有效的方法。

经过超声波降解的多糖分子量分布呈现一定规律性，即无论多糖分子量分布范围大小，产物分子量均分布范围较窄，且超声降解不会引起多糖空间构象发生改变。因此，超声波降解技术已应用于多种多糖的物理结构修饰。

6.5.2　离子辐射修饰

辐照分子修饰是利用电离辐射（γ 射线、X 射线及电子束等）诱发的物理化学变化，如多糖结构的聚合、交联、接枝及降解。Wu 等[29]研究表明经 γ 射线辐照后，淀粉峰值黏度、热糊黏度、冷糊黏度及回落黏度均随辐照剂量增加而减少，凝胶温度却未呈现显著变化，但伴随峰值时间减少，凝胶连贯性提高。辐照对某些淀粉中直链淀粉含量存在相对负面的影响。

天然多糖来源广泛，具有多种生理活性，且其活性往往与其分子大小、结构单元构成及糖链连接化学基团密切相关。多糖结构修饰是多糖类药物研究的重要研究方向之一，它可以增强天然多糖生物活性或使多糖获得崭新的活性，另外可降低多糖类药物的毒副作用，从而有利于多糖类药物的开发与应用。随着多糖结构修饰方法的扩增与日趋完善及相关物理及生物等学科技术水平的快速发展，多糖及多糖衍生物将会在生物功能活性领域发挥更具潜力的作用，相关科学工作者将会开发出更具特色的多糖类药物等生物医用材料来推动糖药、糖生物及糖材料学的发展。

参 考 文 献

[1] Wang J, Guo H, Zhang J, et al. Sulfated modification, characterization and structure–antioxidant relationships of *Artemisia sphaerocephala*, polysaccharides[J]. Carbohydrate Polymers, 2010, 81(4): 897-905.

[2] Yang W, Pei F, Shi Y, et al. Purification, characterization and anti-proliferation activity of polysaccharides from *Flammulina velutipes*[J]. Carbohydrate Polymers, 2012, 88(2): 474-480.

[3] Zhang J, Liu W, Li Y, et al. Advances in the study on heparin-like oligosaccharides and polysaccharide derivatives-based anticoagulatory materials[J]. Chemical Industry & Engineering Progress, 2003, 22(7): 699-702.

[4] Huheihel M, Ishanu V, Tal J, et al. Activity of *Porphyridium* sp. polysaccharide against herpes simplex viruses *in vitro* and *in vivo*[J]. Journal of Biochemical & Biophysical Methods, 2002, 50(2-3): 189-200.

[5] Talarico L B, Zibetti R G, Faria P C, et al. Anti-herpes simplex virus activity of sulfated galactans from the red seaweeds *Gymnogongrus griffithsiae* and *Cryptonemia crenulata*. [J]. International Journal of Biological Macromolecules, 2004, 34(1-2): 63-71.

[6] Li Y H, Wang F S, He Y L. Research status of the chemical modification methods of polysaccharides[J]. Chinese Journal of Biochemical Pharmaceutics, 2007, 28(2): 62-65.

[7] Yang J, Du Y, Wen Y, et al. Sulfation of Chinese lacquer polysaccharides in different solvents[J]. Carbohydrate Polymers, 2003, 52(4): 397-403.

[8] Bao H, Choi W S, You S. Effect of sulfated modification on the molecular characteristics and biological activities of polysaccharides from *Hypsizigus marmoreus*. [J]. Bioscience

Biotechnology & Biochemistry, 2010, 74 (7): 1408-1414.

[9] Huang X, Wang D Y, Lu Y, et al. Effect of sulfated astragalus polysaccharide on cellular infectivity of infectious bursal disease virus[J]. International Journal of Biological Macromolecules, 2008, 42 (2): 166-171.

[10] Han F, Yao W, Yang X, et al. Experimental study on anticoagulant and antiplatelet aggregation activity of a chemically sulfated marine polysaccharide YCP[J]. International Journal of Biological Macromolecules, 2005, 36 (4): 201-207.

[11] Ramos L A, Frollini E, Heinze T. Carboxymethylation of cellulose in the new solvent dimethyl sulfoxide/tetrabutylammonium fluoride[J]. Carbohydrate Polymers, 2005, 60 (2): 259-267.

[12] Yang L, Zhao T, Wei H, et al. Carboxymethylation of polysaccharides from *Auricularia auricula* and their antioxidant activities *in vitro*[J]. International Journal of Biological Macromolecules, 2011, 49 (5): 1124.

[13] Muhammad K, Hussin F, Man Y C, et al. Effect of pH on phosphorylation of sago starch[J]. Carbohydrate Polymers, 2000, 42 (1): 85-2390.

[14] Uryu T, Ikushima N, Katsuraya K, et al. Sulfated alkyl oligosaccharides with potent inhibitory effects on human immunodeficiency virus infection[J]. Biochemical Pharmacology, 1992, 43 (11): 2385-2392.

[15] Uryu T, Katsuraya K, Yoshida T. Synthesis of sulfated polysaccharides and oligosaccharide derivatives with potent anti - aids virus activity. Oligosaccharide derivatives with potent anti - aids virus activity[J]. Journal of Macromolecular Science - Pure and Applied Chemistry, 1996, 33 (12): 1863 - 1874.

[16] Qi H, Zhang Q, Zhao T, et al. *In vitro* antioxidant activity of acetylated and benzoylated derivatives of polysaccharide extracted from Ulva pertusa (Chlorophyta). [J]. Bioorganic & Medicinal Chemistry Letters, 2006, 16 (9): 2441-2445.

[17] Samaranayake G, Glasser W G. Cellulose derivatives with low DS. II. Analysis of alkanoates[J]. Carbohydrate Polymers, 1993, 22 (2): 79-86.

[18] Jamas S, Easson D D, Ostroff G R, et al. Pgg-Glucans—A novel class macrophage - activating immunomodulators[DB]. Acs Symposium Series, 1991, 469: 44 - 51.

[19] Yoshizawa Y, Tsunehiro J, Nomura K, et al. *In vivo* macrophage-stimulation activity of the enzyme-degraded water-soluble polysaccharide fraction from a marine alga (*Gracilaria verrucosa*) [J]. Bioscience Biotechnology & Biochemistry, 1996, 60 (10): 1667-1671.

[20] Komulainen S, et al. Complexion of Fe (III) with water - soluble oxidized starch. Starch - Starke, 2013, 65 (3-4): 338 - 345.

[21] Bergh A, Gradén H, Pera N P, et al. Carbohydrate functionalization using cationic iron carbonyl complexes[J]. Carbohydrate Research, 2008, 343 (10–11): 1808-1813.

[22] Wang Y F, Jin Z Y. Preparation and hydroxyl radical-scavenging effects of tea polysaccharides metal complex[J]. Natural Product Research & Development, 2009, 21 (3): 382-387.

[23] Mitić Z, Cakić M, Nikolić G M, et al. Synthesis, physicochemical and spectroscopic characterization of copper (II)-polysaccharide pullulan complexes by UV-vis, ATR-FTIR, and

EPR[J]. Carbohydrate Research, 2011, 346(3): 434-441.

[24] Barbucci R, Magnani A, Lamponi S, et al. Cu(Ⅱ) and Zn(Ⅱ) complexes with hyaluronic acid and its sulphated derivative : Effect on the motility of vascular endothelial cells[J]. Journal of Inorganic Biochemistry, 2000, 81(4): 229-237.

[25] Zhou H, Yanling E, Jiang X, et al. One step production for zinc gluconate by enzymatic process[J]. Food & Fermentation Industries, 2009, 35(10): 77-80.

[26] Staroszczyk H, Janas P. Microwave-assisted synthesis of zinc derivatives of potato starch[J]. Carbohydrate Polymers, 2010, 80(3): 962-969.

[27] Tabata K, Ito W, Kojima T, et al. Ultrasonic degradation of schizophyllan, an antitumor polysaccharide produced by Schizophyllum commune Fries[J]. Carbohydrate Research, 1981, 89(1): 121-35.

[28] Zhou C, Wang Y, Ma H, et al. Effect of ultrasonic degradation on *in vitro* antioxidant activity of polysaccharides from porphyra yezoensis (*Rhodophyta*)[J]. Food Science & Technology International, 2008, 14(6): 479-486.

[29] Wu D, Shu Q, Wang Z, et al. Effect of gamma irradiation on starch viscosity and physicochemical properties of different rice[J]. Radiation Physics & Chemistry, 2002, 65(1): 79-86.

第 7 章　氨基酸结构改性

氨基酸是兼具氨基与羧基的一类有机化合物总称，是合成蛋白质、酶等生物大分子的基本结构单元，在生命中具有举足轻重的意义，近年来，氨基酸及其衍生物的研究方兴未艾。目前已有的氨基酸衍生物种类繁杂、合成方法多样，本章分别从氨基酸聚合物、氨基酸化合物及氨基酸改性大分子化合物三个角度对氨基酸衍生物化学合成方法进行详细介绍，主要针对氨基酸衍生物制备、氨基酸改性大分子化合物的研究及应用。

7.1　氨基酸类聚合物合成

聚氨基酸是一种生物相容性高、体内可自发降解的生物高分子材料，被广泛应用于人工皮肤、手术缝合及药物释放等医疗卫生领域[1]。根据其来源可分为天然聚氨基酸和合成聚氨基酸；根据其组成结构不同可分为均聚氨基酸及共聚氨基酸。

7.1.1　均聚氨基酸

均聚氨基酸是由 α-氨基酸单体合成的高分子聚合物，在体内降解释放的天然小分子氨基酸，因此材料无毒，具有良好生物相容性，易被机体吸收。制备均聚氨基酸常用谷氨酸羧基内酸酐(NAC)开环聚合法，即将单体氨基酸与光气反应获得氨基酸-羧基内酸酐(氨基酸 NCA)，再利用引发剂引发 NAC 开环聚合[2]，如图 7.1 所示。

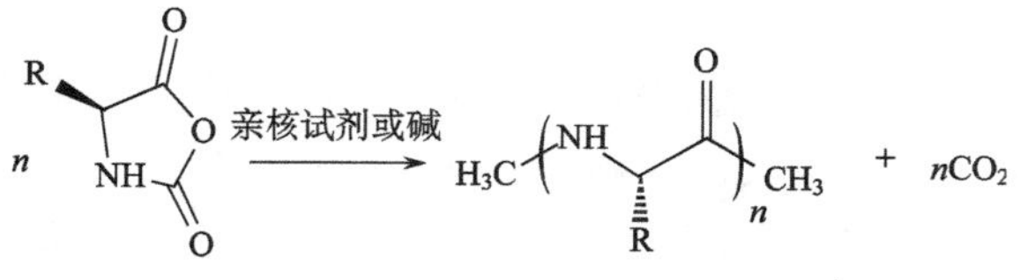

图 7.1　α-氨基酸-N-羧基环内酸酐的开环聚合[3]

目前已有报道的均聚氨基酸主要有聚谷氨酸[4]、聚天冬氨酸[5, 6]、聚赖氨酸[7]等，此类聚合物在医药、日化、农业、食品等多个领域均有应用。但不同聚氨基酸溶解性差别较大，只有少数溶于水，且没有通用溶剂，限制了其在医学领域的应用。为改善这一现状，可向材料中引入第二组分制备共聚物，通过共聚单体种类、共聚物分子量及配比控制聚合物的溶解性、降解速度及周期，结合不同材料的优点，赋予新材料特殊性质。

7.1.2　共聚氨基酸

1. 多组分氨基酸共聚物

将两种或多种不同氨基酸单体聚合可获得多组分氨基酸共聚物，其代谢产物为氨基酸，且未引入其他聚合物链段，结构简单、易于合成。自然界中氨基酸来源丰富、价廉易得，且不同氨基酸具备不同的多样活性基团，其可作为与药物结合的活性位点，实现载药功能。Akagi 等[8]制备了 γ-谷氨酸与 L-苯丙氨酸共聚物，利用透析法制备了直径 20 nm 的纳米粒子，体外实验研究表明该纳米粒子无细胞毒性，并可在体内自发降解为无毒产物，因此该氨基酸共聚物材料可作为蛋白、质粒 DNA 及抗癌药物的载体。黄月等[9]利用苄基保护的谷氨酸 NAC 和苄氧羰基保护的赖氨酸 NCA 开环聚合得到了侧链带羧基和氨基的 pH 敏感型的谷氨酸-赖氨酸无规则共聚物 P(Glu-co-Lys)，并制备了负载顺铂及阿霉素的胶束，结果表明此类聚合物具有较低的细胞毒性和较好的生物相容性。此外，聚(天冬氨酸-色氨酸)[10]及聚(赖氨酸-精氨酸)[11]也有报道。

2. 氨基酸-聚乳酸共聚物

聚乳酸因其可在体内完全降解而引起医学领域广泛关注[12]，但亲水性、细胞亲和性较差等劣势影响了其在生物医学工程领域的应用[13]。将亲水性能高、生物相容性强的氨基酸引入聚乳酸，即获得聚(乳酸-氨基酸)共聚物，其具有高效调节聚乳酸材料的降解性能和生物相容性的特性。因此，氨基酸与聚乳酸形成共聚物后可实现聚乳酸改性，根据聚合机理不同可划分为：丙交酯与吗啉二酮环状衍生物共聚、直接熔融法缩聚及 NAC 开环共聚三种。

1) 丙交酯与吗啉二酮环状衍生物共聚

丙交酯与环状氨基酸衍生物吗啉二酮共聚是改性聚乳酸的重要方法之一，其关键步骤是吗啉-2,5-二酮及其衍生物的合成[14]。吗啉-2,5-二酮是 α-氨基酸与 α-羟基酸的环状二聚体，通过与丙交酯开环聚合可得到相应的聚(乳酸-氨基酸)共聚物。该共聚物分子链的酰胺键可形成分子间氢键，使其具备较强的机械性能与热性能，酯键又赋予其一定的亲水性，加强了聚乳酸的生物降解性能[15]。Jin 等[16]保护丝氨酸的氨基形成了吗啉-2,5-二酮，再与 L-丙交酯合成聚乳酸-丝氨酸共聚物，其合成路线如图 7.2 所示。所得聚合物由于侧链的活性羟基(氨基酸基团)可连接功能化丙烯酸酯基团，形成交联凝胶。

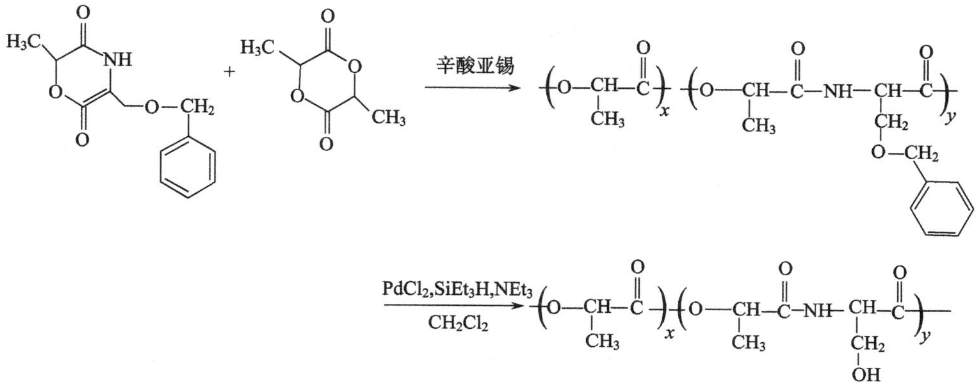

图 7.2　聚乳酸-丝氨酸共聚物的合成路线[16]

2) 直接熔融法缩聚

直接熔融法选择不同摩尔比的乳酸与氨基酸在合适的催化剂、反应时间、温度、压强下获得乳酸-氨基酸无规则共聚物，此方法合成步骤简单，可有效降低成本。Wang 等[17]以 D,L-乳酸和甘氨酸为原料，氧化亚锡为催化剂，高真空条件下熔融法合成了乳酸-甘氨酸无规则共聚物。Shinoda 等[18]利用天冬氨酸和丙交酯在不添加任何催化剂和溶剂的条件下发生聚合，常压 180 ℃反应 2.5 h，而后减压至 400 Pa，160 ℃反应 21 h，即得到具有双亲性性能的聚(琥珀酰亚胺-乳酸)聚合物。结果表明该聚合物具有较强的溶解性，且天冬氨酸含量较高，可将其应用于药物传递系统及双亲性生物降解材料中。

3) NAC 开环共聚

N-羧基内酸酐(NCAs)是氨基酸一类重要的有机合成中间体，可与聚乳酸发生共聚。Nottelet 等[19]以 ε-N-苄氧基羰基-L-赖氨酸-N-羧酸酐与聚己内酯在低温条件下反应得到了聚 ε-己内酯-g-聚-L-赖氨酸。研究显示产物具有水溶性，呈碱性，在溶液中可自组装为纳米胶束，平均直径为 60～500 nm。还可向聚乳酸中引入活性基团，以此作为大分子引发剂与氨基酸 NCA 开环共聚。Arimuar 等[20]将端氨基聚乳酸(PLA-NH$_2$)作为大分子引发剂引发 β-苄基-L-天冬氨酸-羧酸开环共聚，脱天冬氨酸羧基保护得到了聚乳酸-天冬氨酸共聚物。改变二者投放的摩尔比可控制氨基酸链段的长度。该聚合物胶束具有一定的 pH 响应特性，改变溶液 pH 可改变所形成胶束的粒径大小。

3. 氨基酸-聚乙二醇共聚物

聚乙二醇(PEG)是目前广泛应用于医学、卫生、化工等多领域的聚醚高分子化合物。将聚乙二醇与氨基酸共聚后，所获得的聚合物具有聚乙二醇生物相容性高、不被免疫系统识别等特性。常用方法为先制备具有活性氨基的聚乙二醇，再以此引发各种氨基酸 NCA 开环聚合，再获得预期嵌段共聚物。引入不同氨基酸可获得性质多样的共聚物，例如，亲水性聚乙二醇与疏水性氨基酸如天冬氨酸、谷氨酸等共聚可获得双亲性高分子聚合物，其在水溶液中形成负载疏水药物的胶束、纳米粒子、囊泡等。Prompruk 等[21]以聚乙二醇、天冬氨酸及苯丙氨酸合成了具有三段结构的高分子共聚物，制备载药胶束。苯丙氨酸固有的刚性结构可支撑胶束内核，天冬氨酸的离子作用可提高药物负载率，聚乙二醇作为亲水性外壳可避免胶束被网状内皮系统识别与吞噬，延长药物在体内的循环时间。李忱[22]以带氨基末端的聚乙二醇引发亮氨酸 NCA 开环聚合制备二嵌段与三嵌段双亲性共聚物，并利用纳米沉淀法制备负载阿霉素的高分子胶束，研究其载药性能及体内、体外细胞活性。结果表明，合成的聚(聚乙二醇-亮氨酸)胶束能实现阿霉素的高效负载，且其载药效率、释放行为及抗肿瘤活性受到二者投放比例的影响。Park 等[23]将聚乙二醇与 L-赖氨酸共聚，通过物理吸附包裹于腺病毒表面，利用血清蛋白负电性与聚赖氨酸正电性通过离子作用使聚赖氨酸-聚乙二醇(PLL-g-PEG)去聚乙二醇化，将腺病毒释放，并通过内吞作用进入组织细胞。结果表明腺病毒表达作用显著提高的同时，有效降低了聚赖氨酸的细胞毒性。

7.2　氨基酸化合物

7.2.1　氨基酸基苯并咪唑

苯并咪唑是一种氮杂环化合物，具有极广泛的生物活性，如抗病毒、抗真菌、抗肿瘤、抗高血压、抗炎症、抗寄生虫等，在药物化学领域具有重要意义[24]。因此，苯并咪唑类化合物的合成引起了研究者的广泛关注。近年随绿色化学研究与产业的发展，以天然、无毒氨基酸为原料合成的苯并咪唑种类数量逐年增加[25]。

1. 氨基酸合成苯并咪唑

通常氨基酸合成苯并咪唑分两步完成，首先，邻苯二胺与 α-氨基酸在强酸作用下酰胺化，酰胺羰基再与邻苯二胺的另一个氨基发生加成反应形成咪唑环，如图 7.3 所示。选用合适的催化剂也可使此反应一步完成。Wu 等[26]以对苯二胺和 α-甘氨酸为原料，以 5.5 mmol/L 的 HCl 为催化剂回流 3 d，得到配体 2-胺甲基苯并咪唑盐酸盐。氨基酸也可与取代对苯二胺反应生成苯并咪唑，Kaushik 等[27] 先利用甘氨酸与苯甲酰氯先合成内酯类中间产物，再与对苯二胺化合物缩合成含有苯并咪唑环的衍生物，研究表明该衍生物具有较优的抗炎活性。

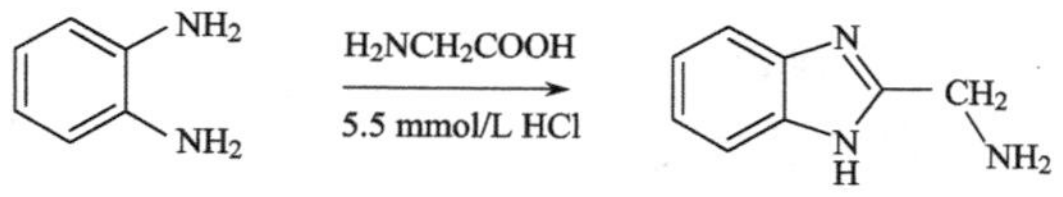

图 7.3　胺甲基苯并咪唑合成路线[27]

2. 氨基酸修饰苯并咪唑

氨基酸还可对苯并咪唑进行功能化分子修饰。Wang 等[28]以甘氨酸的氨基与
2-乙酰基-苯并咪唑的羰基发生缩合反应获得甘氨酸 Schiff 碱，并与稀土金属
Pr(III)配位获得配合物，其反应过程如图 7.4 所示。

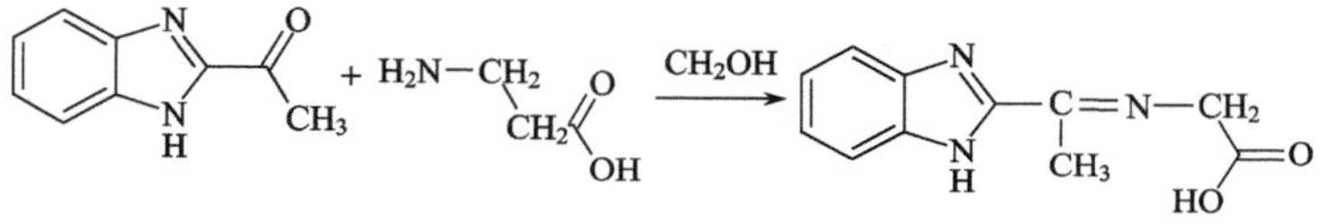

图 7.4　乙酰基苯并咪唑-甘氨酸 Schiff 碱配体[28]

7.2.2　氨基酸席夫碱

席夫碱(Schiff)是具有亚氨基(—CH—N—)或甲亚氨基(—C=N—)官能团
的有机化合物，其作为配体可与金属、过渡金属、稀土金属离子通过配位键合成
配合物，并应用于医药、农药、新材料开发等多领域研究。氨基酸结构中含有活
性氨基和羧基，易与羰基化合物反应得到氨基酸 Schiff 碱，并已在抑菌、抗癌、
抗病毒、抗氧化等生物应用中发挥效能[29]。翟珊珊[30]等利用六种氨基酸(L-丙氨
酸、L-蛋氨酸、L-苯丙氨酸、L-甘氨酸、L-丝氨酸、L-缬氨酸)、三种芳香醛(邻
香草醛、水杨醛、萘酚醛)合成了 11 种 Schiff 碱邻菲咯啉镍配合物，并采用 UV、
荧光光谱和 CD 光谱等光谱学方法研究了配合物与小牛胸腺 DNA(CT–DNA)和
牛血清白蛋白(BSA)的相互作用，从而推断出配合物与生物活性物质间的作用方
式。王强[31]等选用蛋氨酸与 5 种活泼羰基化合物(邻香草醛、2-羟基-1 萘甲醛、
吡啶-2-甲醛、噻吩-2-甲醛、2-乙酰基吡啶)合成了系列 Schiff 配体及八十种新型
Schiff 碱金属配合物，并探讨了配合物与 DNA 的作用方式。

7.3　氨基酸大分子化合物

7.3.1　氨基酸改性淀粉

在环境污染日趋严重的今天，全球科技工作者正致力于研究开发各类杀菌
剂、抗菌材料和杀菌装置。以生物活性原料合成的抗菌高分子材料经常应用于医

药、卫生、食品包装等多个领域。淀粉作为一种天然高分子多糖有其他合成材料无可替代的优点：①来源广泛、成本低廉、可再生；②可自发降解，且降解产物无毒无害；③表面具有多活性基团，易于化学改性。因此，随着可再生资源和绿色化工日益赢得广泛关注，如何开发利用淀粉原料成为研究者关注的热点课题。淀粉改性研究已得到不同单体(如丙烯酰胺、甲基丙烯酰胺、丙烯腈、甲基丙烯腈和丙烯酸)与淀粉聚合形成的高聚物，但此类高聚物一旦暴露于空气，即易被细菌微生物污染，为解决这一问题，利用不同氨基酸小分子化合物对淀粉高聚物进行二次改性成为一项具有实际意义的重要工作。

胡丕山[32]制备了支链淀粉-丙烯酰胺共聚物后引入四种不同氨基酸(半胱氨酸、组氨酸、谷氨酸、甘氨酸)合成氨基酸改性淀粉，氨基酸羧基与支链淀粉-丙烯酰胺共聚物氨基发生缩合反应，并对氨基酸接枝反应条件进行优化，获得了具有较优抑菌活性的新型淀粉改性产物。

7.3.2　氨基酸改性碳酸钙

纳米碳酸钙是最早研制的无机纳米材料之一，其性能优势已被广泛应用于塑料、橡胶、油漆、油墨、造纸、涂料等领域[33]。但纳米碳酸钙表面较强的亲水性使其仅适合于极性体系，在非极性体系中则难以分散，无法发挥纳米碳酸钙的特异功能。为改善纳米碳酸钙在有机体系中的相容性与分散性、增强纳米碳酸钙复合体系性能，需对纳米碳酸钙进行有机表面改性处理[34]，以酸性氨基酸改性碳酸钙为常用方法之一。酸性氨基酸由于侧链带负电，可吸引游离或晶体表面的 Ca^{2+} 来改变碳酸钙结晶过程。袁清峰等[35]将氨基酸以化学键合的方式接枝到纳米碳酸钙表面，并对其结构进行表征，结果表明改性后的纳米碳酸钙分散性好，无明显团聚现象发生。

7.3.3　氨基酸改性硅基材料

伴随经济与现代工业的飞速发展，各行业废水排放量激增，由此造成严重水体污染，影响人类生存环境和身心健康。废水中处理重金属离子的简单、有效、低成本方法为吸附法。热门硅基吸附材料——有序介孔分子筛 SBA-15 具有比表面积大，孔道高度有序及孔径分布单一且大小可调等优良结构和性能特色，但纯氧化硅材料本身并不具备活性基团，即材料化学活性不高，且其本身不具备催化氧化能力，对重金属离子选择吸附性能和离子交换能力较低，这些缺陷限制了其在实际生产和应用中的快速发展，化学改性是解决上述问题的主要手段之一[36]。

目前已有报道称改性对重金属离子具有吸附作用的氧化硅介孔材料，多经有机硫醇/醚、胺类、咪唑等有机基团修饰合成，具有一定毒性，当吸附剂完成对重金属离子的吸附后，可能引起二次污染。而氨基酸无毒，利用金属元素易与含特定官能团氨基酸配位生成配合物的反应特点，可以实现对 SBA-15 的改性，从而去除有害重金属离子[37]。相鑫鑫[38]以硅基介孔材料 SBA-15 为研究对象，用不同种类的氨基酸对该介孔材料进行了改性，并研究了改性后介孔材料对重金属离子的吸附性能。结果证明，用 L-甲硫氨酸和 L-半胱氨酸改性后的介孔材料 Met-SBA-15 和 Cys-SBA-15 对 Hg（II）具有较强的吸附功能。

7.3.4　氨基酸改性天然产物

1. 氨基酸改性植物甾醇

植物甾醇是一种重要的植物功效成分，属于甾体类化合物，以环戊烷多氢菲为主体骨架，如图 7.5 所示，包含三个六元环和一个五元环，分子 C-3 位上连接一个羟基，C-17 位连接一个含 9～10 个碳原子的疏水侧链。植物甾醇独特的化学结构决定其水不溶性和低油溶性，在常温下呈粉末状或片状，仅溶于无水乙醇、正己烷、乙醚、氯仿等有机溶剂，熔点高，一般在 140℃以上，极大地限制了其在食品、医药、化妆品等领域的应用[39]。因此，研究者探索在不影响植物甾醇生理功能前提下的改性，提高其生物利用率，降低植物甾醇摄入量，扩大其在食品工业中的应用范围。目前，关于改善植物甾醇水溶性的研究多集中于物理改性，例如制备微乳、纳米分散体和微胶囊等产品。此类物理改性产品可在一定程度上改善植物甾醇水溶液分散度，但存在稳定性差、产品货架期短等缺点。通过化学改性合成的水溶性植物甾醇酯则性质稳定，但空间位阻增强了酯的合成难度。刘萍[40] 研究筛选植物甾醇与氨基酸酯化改性方法，成功合成了三种氨基酸植物甾醇酯，改善了植物甾醇的水溶性，表征了植物甾醇酯的物理化学性质，为植物甾醇的工业化生产和应用提供了理论依据。

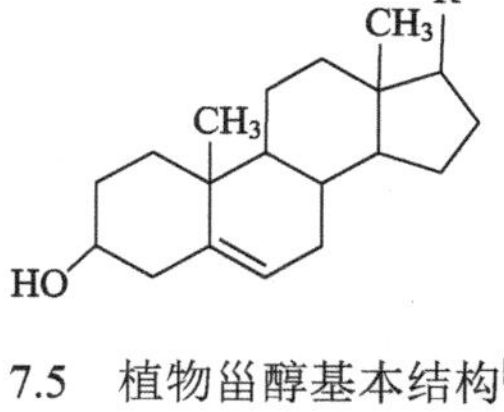

图 7.5　植物甾醇基本结构[41]

2. 氨基酸改性熊果酸

熊果酸是具有保肝、抗炎、抗病毒、抗菌等生物活性的天然五环三萜类化合物，近年来熊果酸的抗肿瘤作用及机制备受关注，其衍生物可提高熊果酸的抗肿瘤活性，且副作用小、毒性低，临床应用潜力大[42]。白锴凯等[43]以脂溶性氨基酸

对熊果酸 C_3—OH 及 C_{17}—COOH 进行了化学修饰，制备了一系列熊果酸衍生物。体外抗癌实验表明，此类衍生物对胃癌细胞 BGC-823 和 AGS 的抑制能力明显强于熊果酸母核。

氨基酸结构多样，具有氨基和羧基两种活性官能团，可通过多种化学反应制备衍生物。以氨基酸为原料合成的氨基酸类衍生物已被广泛应用于医药、材料、载药等多个领域，具有广阔发展前景。

参 考 文 献

[1] Petrauskas V, Maximowitsch E, Matulis D. Thermodynamics of ion pair formations between charged poly (Amino Acid) s[J]. Journal of Physical Chemistry B, 2015, 119(37): 12164-12171.

[2] Zhao W, Gnanou Y, Hadjichristidis N. Organocatalysis by hydrogen-bonding: a new approach to controlled/living polymerization of alpha-amino acid N-carboxyanhydrides[J]. Polymer Chemistry, 2015, 6(34): 6193-6201.

[3] Hadjichristidis N, Iatrou H, Pitsikalis M, et al. Synthesis of well-defined polypeptide-based materials via the ring-opening polymerization of alpha-amino acid N-carboxyanhy drides[J]. Chemical Reviews, 2009, 109(11): 5528-5578.

[4] Cagri-Mehmetoglu A, van de Venter M. Properties of polyglutamic acid produced by bacillus subtilis ATCC 6633 in rehydrated whey powder supplemented with different carbon sources[J]. Polymer-Korea, 2015, 39(5): 801-808.

[5] Meng H, Zhang X, Chen Q, et al. Preparation of poly (aspartic acid) superabsorbent hydrogels by solvent-free processes[J]. Journal of Polymer Engineering, 2015, 35(7): 647-655.

[6] Jamiu Z A, Al-Muallem H A, Ali S A. Aspartic acid in a new role: Synthesis and application of a pH-responsive cyclopolymer containing residues of the amino acid[J]. Reactive & Functional Polymers, 2015, 93: 120-129.

[7] Rehan M, Sagar A, Sharma V, et al. Penta-l-lysine potentiates fibrin-independent activity of human tissue plasminogen activator[J]. The journal of physical chemistry B, 2015, 119(42): 13271-13277.

[8] Akagi T, Higashi M, Kaneko T, et al. Hydrolytic and enzymatic degradation of nanoparticles based on amphiphilic poly (gamma-glutamic acid)-graft-L-phenylalanine copolymers[J]. Biomacromolecules, 2006, 7(1): 297-303.

[9] 黄月. 谷氨酸赖氨酸无规共聚物的合成表征及其作为抗癌药物载体的应用[D]. 湘潭: 湘潭大学, 2013.

[10] Sun X Y, Zhang J P, Yin C X, et al. Poly (aspartic acid)-tryptophan grafted copolymer and its scale-inhibition performance[J]. Journal of Applied Polymer Science, 2015, 132(45): 8.

[11] Peng Q, Zhu J, Yu Y, et al. Hyperbranched lysine-arginine copolymer for gene delivery[J]. Journal of biomaterials science Polymer edition, 2015, 26(16): 1163-1177.

[12] Ren J. Biodegradable poly (lactic acid): Synthesis, Modification, Processing And Applications[M]. Springer Science & Business Media, 2011.

[13] Lasprilla A J, Martinez G A, Lunelli B H, et al. Poly-lactic acid synthesis for application in biomedical devices—A review[J]. Biotechnology advances, 2012, 30(1): 321-328.

[14] Yakai F, Chengbin C, Li Z, et al. Synthesis and characterization of novel copolymers based on 3 (S)-Methyl-Morpholine-2, 5-Dione[J]. 天津大学学报(英文版), 2012, 18(5): 315-319.

[15] Yancheva D, Daskalova L, Cherneva E, et al. Synthesis, structure and antimicrobial activity of 6-(propan-2-yl)-3-methyl-morpholine-2, 5-dione[J]. Journal of Molecular Structure, 2012, 1016(1016): 147-154.

[16] Jin S, Gonsalves K E. Synthesis of poly(l-lactide-co-serine) and its graft copolymers with poly(ethylene glycol)[J]. Polymer, 1998, 39(21): 5155-5162.

[17] Wang Z, Hou X, Mao Z, et al. Synthesis and characterization of biodegradable poly(lactic acid-co-glycine) via direct melt copolymerization[J]. Iranian Polymer Journal, 2008, 17(10): 791-798.

[18] Shinoda H, Asou Y, Suetsugu A, et al. Synthesis and characterization of amphiphilic biodegradable copolymer, poly(aspartic acid-co-lactic acid)[J]. Macromolecular Bioscience, 2003, 3(1): 34-43.

[19] Nottelet B, El Ghzaoui A, Coudane J, et al. Novel amphiphilic poly (epsilon-caprolactone)-g-poly (L-lysine) degradable copolymers[J]. Biomacromolecules, 2007, 8(8): 2594-2601.

[20] Arimura H, Ohya Y, Ouchi T. The formation of biodegradable polymeric micelles from newly synthesized poly(aspartic acid)-block-polylactide AB-type diblock copolymers[J]. Macromolecular Rapid Communications, 2004, 25(6): 743-747.

[21] Prompruk K, Govender T, Zhang S, et al. Synthesis of a novel PEG-block-poly(aspartic acid-stat-phenylalanine) copolymer shows potential for formation of a micellar drug carrier[J]. International Journal of Pharmaceutics, 2005, 297(1–2): 242-253.

[22] 李忱. 负载阿霉素的聚乙二醇—聚亮氨酸胶束在骨肉瘤治疗中的应用[D]. 长春: 吉林大学, 2014.

[23] Park J W, Mok H, Park T G. Physical adsorption of PEG grafted and blocked poly-l-lysine copolymers on adenovirus surface for enhanced gene transduction[J]. Journal of Controlled Release, 2010, 142(2): 238-244.

[24] Bansal Y, Silakari O. The therapeutic journey of benzimidazoles: A review[J]. Bioorganic & Medicinal Chemistry, 2012, 20(21): 6208-6236.

[25] Renneberg D, Dervan P B. Imidazopyridine/pyrrole and hydroxybenzimidazole/pyrrole pairs for DNA minor groove recognition[J]. Journal of the American Chemical Society, 2003, 125(19): 5707-5716.

[26] Wu H Y, Li H, Zhu B L, et al. The synthesis and crystal structures of new 2-aminomethylbenzimidazole Zinc(II) complexes exhibiting luminescence[J]. Transition Metal Chemistry, 2008, 33(1): 9-15.

[27] Kaushik D, Khan S A, Chawla G. Synthesis of (substituted benzamidostyryl) lH-benzimidazoles and their screening for anti-inflammatory activity[J]. Medicinal Chemistry Research, 2012, 21(4): 459-467.

[28] Wang D, Yang Y, Yang Y, et al. Synthesis and properties of a Pr(III) complex with 2-acetylbenzimidazoledehyde-glycine Schiff-base ligand[J]. 科学通报(英文版), 2006, 51(7): 785-790.

[29] Boghaei D M, Mehrnaz G. Spectral characterization of novel ternary zinc(II) complexes containing 1, 10-phenanthroline and Schiff bases derived from amino acids and salicylaldehyde-5-sulfonates[J]. Spectrochimica Acta Part A: Molecular and Biomolecular Spectroscopy, 2007, 67(3-4): 944-949.

[30] 翟珊珊. 氨基酸芳香醛希夫碱镍配合物的合成、结构及与 DNA 和 BSA 的相互作用[D]. 聊城大学, 2014.

[31] 王强. 蛋氨酸类希夫碱配合物的合成、表征与生物活性研究[D]. 青岛: 中国海洋大学, 2011.

[32] 胡丕山. 氨基酸改性支链淀粉接枝共聚物的制备及其抗菌性的研究[D]. 无锡: 江南大学, 2008.

[33] de Muynck W, Cox K, de Belle N, et al. Bacterial carbonate precipitation as an alternative surface treatment for concrete[J]. Construction and Building Materials, 2008, 22(5): 875-885.

[34] 章峻, 包富荣, 戴冬萍, 等. 马来酸酐(MAH)表面改性纳米碳酸钙粉体的制备及表面性能[J]. 无机化学学报, 2007, 23(05): 822-826.

[35] 袁清峰, 高延敏, 朱静燕. 氨基酸表面改性纳米碳酸钙表面性能研究[J]. 中国涂料, 2009, 24(02): 30-32.

[36] 方冬梅. 硅基介孔材料表面改性及其应用于重金属离子吸附研究[D]. 上海: 华东理工大学, 2012.

[37] 李青. 半胱氨酸改性复合介孔材料的制备及其在金属离子吸附研究中的应用[D]. 上海: 华东理工大学, 2013.

[38] 相鑫鑫. 硅基介孔材料氨基酸改性及其对重金属离子的吸附性能研究[D]. 长春: 东北师范大学, 2014.

[39] Moreau R A, Whitaker B D, Hicks K B. Phytosterols, phytostanols, and their conjugates in foods: structural diversity, quantitative analysis, and health-promoting uses[J]. Progress in Lipid Research, 2002, 41(6): 457-500.

[40] 刘萍. 水溶性氨基酸植物甾醇酯的合成及其性质研究[D]. 无锡: 江南大学, 2014.

[41] Lagarda M J, García-Llatas G, Farré R. Analysis of phytosterols in foods[J]. Journal of Pharmaceutical and Biomedical Analysis, 2006, 41(5): 1486-1496.

[42] Meng Y Q, Liu D, Cai L L, et al. The synthesis of ursolic acid derivatives with cytotoxic activity and the investigation of their preliminary mechanism of action[J]. Bioorganic & Medicinal Chemistry, 2009, 17(2): 848-854.

[43] 白锴凯, 陈芬玲, 郑允权, 等. 氨基酸改性熊果酸衍生物的合成及对胃癌细胞的抑制作用[J]. 中国药学杂志, 2012, 47(04): 265-269.

第8章 脂肪酸结构改性

8.1 脂肪酸改性天然产物

近年来，随着绿色化学、洁净化学等一系列新理念、新技术的产生与应用，天然油脂资源，特别是脂肪酸加工利用的价值愈发显著。脂肪酸(fatty acid, FA)是由碳、氢、氧三种元素组成，含有羧基结构的脂肪族碳氢链。脂肪酸作为一种天然羧酸，因具备结构简单、生物相容性高、对机体无毒等特性而备受研究者关注，特别是脂肪酸分子结构中活性羧基基团为其衍生物制备提供的特异结构条件。本章从化学修饰角度介绍脂肪酸改性研究方法及其衍生物应用，主要针对脂肪酸及其衍生物在多领域的应用研究。

8.1.1 脂肪酸改性天然聚多糖

多糖在自然界中蕴藏丰富，种类繁多。天然聚多糖是来自于自然界的生物质可再生资源，具有优异的生物降解性和生物相容性，易于获取、可再生、安全无毒，可作为化工能源的最佳替代品。另外，天然聚多糖作为一种免疫调节剂已越来越广泛地应用于恶性肿瘤、慢性肝炎等疾病的治疗与康复[1]。以长链脂肪酸改性修饰天然多糖，则可赋予多糖更为特异的药学、生物学等功能特性，因此，相关研究已引起研究者，尤其是药学、合成化学领域相关工作者的高度重视。

1. 脂肪酸改性聚多糖机理

常见的聚多糖如纤维素、甲壳素、淀粉、葡聚糖等表面含有大量活性羟基，可与脂肪酸羧基官能团发生酯化反应。由于聚多糖分子量大、结构复杂，发生酯化反应时，空间位阻阻碍反应进行，因此，通常以偶合剂来催化酯化反应的发生。二环己基碳二亚胺(dicyclo hexylcarbodiimide, DCC)即是典型的促进脂肪酸与聚多糖发生酯化反应的交联剂，其偶联机制如图 8.1 所示。首先羧基与 DCC 反应形成活性中间体 O-酰基脲，再与葡聚糖羟基反应成酯。

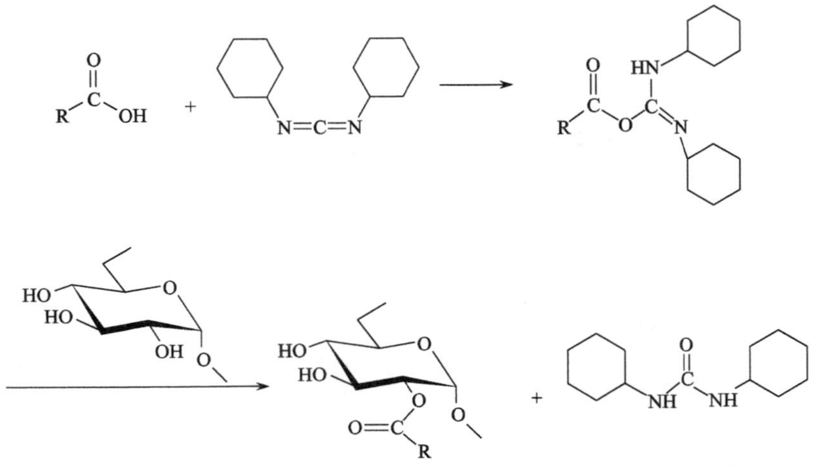

图 8.1　DCC 为交联剂的聚多糖与含羧基化合物酯化反应

2. 脂肪酸改性聚多糖实例

1) 葡聚糖

葡聚糖 (dextran) 又称右旋糖酐，由葡萄糖残基以 α-1,6 糖苷键连接构成其主链，少量 α-1,2、α-1,3、α-1,4 糖苷键构成侧链，分子结构式为 $(C_6H_{10}O_5)_n$。葡聚糖水溶性强，可接枝疏水脂肪酸生成双亲性聚合物，并通过自组装获得胶束材料，此新型材料可作为药物载体，实现药物体内靶向运送。目前已有报道的葡聚糖接枝改性疏水脂肪酸有月桂酸、硬脂酸、棕榈酸、胆酸和脱氧胆酸等。Jeong 等[2]采用 DCC 为交联剂合成了葡聚糖-脱氧胆酸聚合物，即脱氧胆酸与 DCC 共溶于二甲基亚砜 (DMSO) 中，葡聚糖与二甲基吡啶 (DMAP) 共溶于 DMSO 中，将两溶液混合，并搅拌反应 2d，过滤除去不溶物后透析、冻干、洗涤、并真空干燥获得产物；该研究还将聚合物产品制备成纳米粒子，负载并考察其对阿霉素和全反式维甲酸的载药性能，研究表明葡聚糖-脱氧胆酸聚合物作为载体提高了原药物的抗肿瘤活性。Nichifor 等[3]采用 DCC 和 DMAP 分别作为交联剂和催化剂，合成了葡聚糖-胆汁酸聚合物，研究表明 DS 对聚合物各种物理性质如黏度、表面活性等具有重要影响。

2) 壳聚糖

壳聚糖即 α-(1→4)2-氨基-2-脱氧-β-D-葡聚糖，是几丁质脱乙酰化产物，壳聚糖作为一种天然高分子多糖，因低毒性、低致敏性、高生物相容性和生物可降解等特性而广泛应用于医药、食品、化工等行业。另外，壳聚糖可间隙性开放致密的上皮组织屏障，形成细胞间通道，增加细胞组织通透性。与其他天然聚合物相比，壳聚糖在分子结构上含有较多的游离氨基，能够与天然脂肪酸如硬脂酸、月桂酸、油酸、亚油酸等发生键合，进而对其进行表面疏水修饰，修饰后可应用于目标药物的载药功能系统。谢贻斑[4]以硬脂酸对壳聚糖进行疏水性修饰，获得了双亲性壳聚糖硬脂酸接枝物，并以透析法制备了阿霉素载药胶束。

3）淀粉

淀粉是由单一类型糖单元组成的高分子化合物，并且归属为极具生物降解特性的绿色高聚物资源，目前它已成为食品加工业的重要原料及化工应用中可降解、可再生的绿色能源。但天然淀粉存在冷水中不易溶解、淀粉糊化、老化、低温易凝沉、成膜性能差等限制其应用的诸多缺陷。因此，采用改性处理淀粉、修饰结构，可使其适应现代化工业新技术和新工艺要求，并拓宽淀粉应用范围[5]。

淀粉分子结构中的羟基可与脂肪酸发生酯化，生成淀粉酯。淀粉经酯化改性后，其葡萄糖单元上的羟基被取代，分子间氢键作用被削弱，从而使酯化淀粉具有热塑性和疏水性[6]。Aburto 等[7]制备了一系列可生物降解的脂肪酸淀粉酯。研究表明，酯化后的淀粉具备优良疏水性和热稳定性，可减少淀粉和水之间氢键的结合，增加其自身结构稳定性，即减弱了亲水性，在生物医学领域，利用此疏水性可作为释放麻药和生物活性制剂的载体。

4）普鲁兰多糖

普鲁兰多糖（Pulhilan）又称短梗霉多糖，是由出芽短梗霉发酵产生的胞外水溶性黏多糖，Bemier 于 1958 年首次发现并对其进行结构表征。普鲁兰多糖是一种水溶性、中性高分子直链多糖，由麦芽三糖重复单元通过 α-1, 6 糖苷键连接构成[8]。普鲁兰多糖具有生物相容性和生物可降解性特性，可作为药物传递领域的生物材料，但由于其水溶性差，普鲁兰多糖不能直接作为药物载体。经过修饰改性后，在水溶液中可自组装形成具有独特核壳结构的普鲁兰多糖纳米胶束，疏水片段通过疏水相互作用将难溶性药物包载到疏水内核内，亲水多糖链则形成外壳结构。此种修饰不仅稳定载体结构、延长药物循环时间，还提高了药物主动靶向性和利用度，并且减少了药物对机体的毒副作用。

高盼[9]通过亚油酸疏水改性普鲁兰多糖制备了一种新型的两亲性聚合物油酸-普鲁兰多糖（PULA）。该聚合物通过透析法自组装成纳米胶束，并以阿霉素为模型药物，制备了载药纳米胶束 PULA/DOX，考察了该载药胶束的载药量、药物释放、细胞毒性及药物在细胞内的分布等，为普鲁兰多糖在药物载体方面的研究提供参考依据。

8.1.2 脂肪酸改性植物甾醇

植物甾醇为植物化学物重要活性成分之一，因其具有显著的降低胆固醇、抗癌、抗动脉粥样硬化、抗氧化等生理功能而被科学家称为"生命的钥匙"。其可广泛应用于药品、保健品、化妆品等多个领域[10]。但较低的溶解度却限制了其体内生物利用率。现有研究报道可利用不饱和脂肪酸与植物甾醇发生化学反应生成不饱和脂肪酸植物甾醇酯，产物在提高植物甾醇溶解性的同时，还可增强不饱和脂肪酸的稳定性，并赋予其特殊生理功能。

1. 不饱和脂肪酸植物甾醇性质及应用

油酸、亚油酸、亚麻酸等不饱和脂肪酸均可与不同植物甾醇如豆甾醇、β-谷甾醇、菜籽甾醇等生成不饱和脂肪酸植物甾醇酯。经酯化后的植物甾醇溶解度有显著提高，例如，在21℃条件下，游离植物甾醇在脂类化合物中溶解度仅为2%，而酯化后可增加至35%～40%。

植物甾醇酯优越的脂溶性及降胆固醇特性被广泛应用于食品、药品、化妆品等行业。植物甾醇酯应用于人造奶油、色拉酱中可降低胆固醇[11]；应用于洗发、护发剂中可使头发强韧[12]；应用于牙膏中可有效抗炎，治疗牙周肿胀、牙龈出血等[13]。

2. 不饱和脂肪酸植物甾醇合成

不饱和脂肪酸植物甾醇酯主要通过化学法和酶促催化法合成。

1）化学合成法

化学法主要通过四条路径合成[14]：①直接酯化法；②植物甾醇与脂肪酸甲酯酯交换法；③植物甾醇与脂肪酸卤化物合成法；④植物甾醇与脂肪酸酸酐合成法。化学法条件简单、工艺成熟、价格便宜、易于实现工业化生产，但化学法通常存在以下不足：①高反应温度使植物甾醇脱水、不饱和脂肪酸氧化，生成副产物；②原料消耗多、产物成分复杂、不易分离纯化。

Allan 等[15]在不添加任何有机溶剂、无机酸的条件下直接酯化合成了可工业化生产的油酸-植物甾醇酯和亚油酸-植物甾醇酯，并充分保证了产品的使用安全性。张品等[16]以响应面优化法系统研究了 α-亚麻酸甾醇酯的绿色合成工艺，探讨了其合成机理及反应动力学，并进一步研究了衍生物的理化性质及在油脂中的氧化稳定性，其反应方程式如图 8.2 所示。

2）酶促催化法

酶促催化法由于其使用安全性正逐渐受到研究学者的亲睐。脂肪酶的专一特性确保了产品的精确控制，可根据所需设计出具备特定功能活性的健康油脂。酶法条件温和、产物质量好、副产物少，但也存在酶价格昂贵、条件要求苛刻、生产成本高、不易实现工业化等不足。

郑海杰[17]以脂肪酶催化合成了植物甾醇油酸酯。并运用中心组合设计，对催化反应条件进行了优化研究。结果表明，反应温度41 ℃，反应时间19 h，底物摩尔比 2.4∶1，加酶量 7%条件下酯化率高达 77.43%。

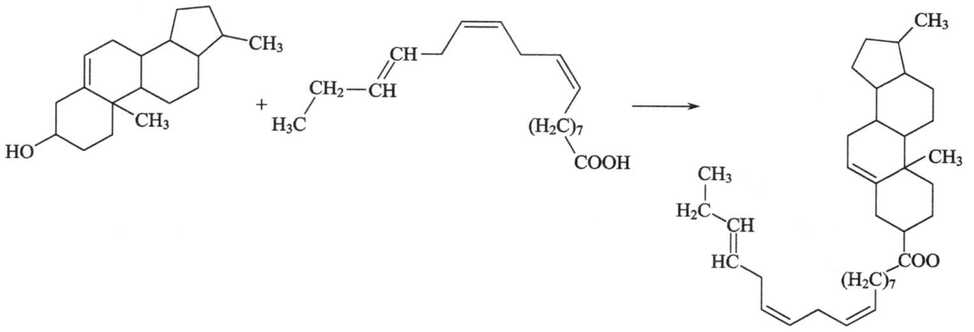

图 8.2　α-亚麻酸植物甾醇酯合成路线[16]

8.2　脂肪酸改性无机粉体

无机粉体是具有微米或纳米级新型无机材料的统称，添加到聚合物材料中，可降低生产成本、提高材料利用率，赋予聚合物材料绝缘、阻燃等特殊理化性质。但无机粉体的粒径小、比表面积大、易团聚，其表面性质与聚合物有机体系相差甚远，难以很好地分散在聚合物材料中，因此可以采用表面处理实现改性。脂肪酸修饰改性即可增进无机粉体与聚合物之间的相容性、亲和性，提高二者结合力[18]。

8.2.1　脂肪酸改性无机粉体机理

脂肪酸可通过以下两种方法改性无机粉体：①化学吸附，主要依靠范德华力、分子间氢键将脂肪酸吸附在无机粉体粒子表面；②化学键合反应，脂肪酸活性羧基基团可与无机粉体材料表面的多羟基发生酯化成键，使其长链烃基彼此缠绕，并包覆在无机粉体材料表面，实现无机粉体表面的有机化。

欧乐明等[19]利用硬脂酸对氢氧化镁进行表面改性，以红外光谱表征其结构，结果表明改性前的 $Mg(OH)_2$ 在 1706cm^{-1} 处硬脂酸羧酸—COOH 的 C=O 键特征吸收峰消失，在 1754cm^{-1} 处出现羧酸根阴离子的不对称伸缩振动。证明了硬脂酸分子在 $Mg(OH)_2$ 表面发生了吸附键合，实现了脂肪酸修饰。张建强等[20]以硬脂酸对二硫化钼粉体进行了表面改性，改性机理可通过表征进行分析，分析结果为硬脂酸分子结构中的活性羧基和二硫化钼分子表面羟基进行酯化键合，形成了酯化修饰后的二硫化钼双包覆表面模型。

8.2.2　脂肪酸改性无机粉体实例

1. 碳酸钙

碳酸钙无毒、无刺激、色白,将其应用于塑料、橡胶、涂料中可有效降低成本,但碳酸钙具有与有机主体低极性、易亲油特性相反的表面极性强、易亲水的特点,因此,其与有机主体相容性差,并且难以在其中分散均匀,限制了碳酸钙在填料中的应用。因此,在使用前应对其进行表面改性,减少团聚现象,改善与有机体的界面相容性[21]。

任晓玲等[22]采用干法以硬脂酸对重质碳酸钙进行了改性,并用浊度和扫描电镜(SEM)表征了其改性效果。结果表明改性后的碳酸钙表面包覆了一层油状光亮物,变为亲油疏水性,其颗粒表面变得光滑,可更好地进行工业应用。高仁金等[23]以碳酸钙沉淀体积、吸油值、活化度和黏度为指标研究了硬脂酸改性剂的改性时间、改性用量、改性温度及对改性最终效果的影响。研究表明当硬脂酸用量 2.5%、改性温度 85 ℃、改性时间 50 min 时,改性碳酸钙效果最佳。丁士育等在共沸蒸馏法脱水碳酸钙-正丁醇纳米悬浮液的过程中添加脂肪酸,合成制备了改性修饰碳酸钙粉体共聚材料。以超微透射电子显微镜、红外光谱等表征研究方法对其进行分析,确定了加入纳米碳酸钙质量3%的脂肪酸后,可获得活化度高达99.9%的改性纳米碳酸钙,且改性后的粉体材料粒子分散性和分散程度均有大幅提高,既可有效避免粒子团聚现象,还可以在改性后纳米碳酸钙表面形成致密保护膜,使其具有抗酸性。

2. 纳米氧化锌

纳米氧化锌是一种新型无机材料,纳米特性赋予其独特的理化性质,使其在橡胶、油漆、涂料、医药、化工等多个领域表现出巨大应用前景[24]。但纳米氧化锌不能直接添加到有机物中,主要原因有:①氧化锌表面亲水疏油,呈强极性,难以均匀分散于有机介质中;②粒径小、比表面积大、表面能高、极易团聚,影响了纳米氧化锌的实际应用效果。所以,必须对其进行表面改性,降低表面能、调节疏水性、改善其与有机质之间的结合力,从而最大限度地提高氧化锌的利用率[25]。

姜林等以改性剂硬脂酸对氧化锌纳米材料最佳工艺条件进行了优化,并认为脂肪酸羧基与氧化锌颗粒表面羟基可发生酯化反应,使氧化锌表面由原有的极性变为非极性,提高氧化锌亲油性,增加其在有机溶剂中的分散性。苏小莉等采用表面改性-气流粉碎的一体化工艺思想,以硬脂酸表面改性纳米氧化锌材料。改性前后的氧化锌新材料借助超微扫描电镜、傅里叶变换红外光谱 X 射线光电子能谱

（XPS）、X 射线衍射（XRD）分析表征。研究表明改性纳米氧化锌粒子团聚性降低、表面亲油疏水、有较好的分散性。若将其应用于橡胶中，可有效提高橡胶的硫化性能和力学性能。

3. 氢氧化镁

氢氧化镁由于无毒、不挥发、价格低廉等优点而成为非常重要的高分子材料，但同时尚存在诸多急待研究解决的瓶颈问题，如：①高填充量将衰减材料机械物理性能；②由于其在有机物中分散性和相容性差，会影响有机聚合物的外观和加工性能。因此，目前多采用脂肪酸对其进行表面改性，从而改变氢氧化镁理化特性，有效提高氢氧化镁利用率。

庞洪昌等[26]利用月桂酸与氢氧化镁键合将月桂酸成功包覆于氢氧化镁表面，从而改变了氢氧化镁表面的强极性。以红外光谱验证了反应的进行，并研究了改性后氢氧化镁在聚乙烯中加工及力学性能。赵连梅等[27]利用油酸对纳米氢氧化镁进行表面改性，以吸油率、沉降速率、粉末接触角等指标讨论了添加量、改性时间、改性温度对活化指数的影响，并应用了扫描电镜、X 射线散射等方法表征比较了改性前后的氢氧化镁。实验结果表明，油酸在 40 ℃、改性时间 2 h、添加量 4%的条件下活化指数较好。刘继纯等[28]研究了硬脂酸改性后的氢氧化镁对复合材料聚丙烯（PP）的流变学和阻燃等性能的影响。研究表明氢氧化镁在硬脂酸改性后虽阻燃性能未有明显改变，但团聚程度减少，分散度显著提高，改善了相容性进而改善了其加工性能。

8.3　天然不饱和脂肪酸双键改性

近年天然油脂资源改性及应用已成为油脂化学研究热点，其中合理利用不饱和脂肪酸的天然双键是最具特色的化学改造方式之一，其可合成系列油化学品以替代部分石油产品，缓解对石油资源的过度依赖。脂肪酸双键经化学改性主要可得到环氧脂肪酸、酯类化合物、共轭亚油酸等。

8.3.1　环氧脂肪酸

以油酸、亚油酸等不饱和脂肪酸及其酯类为原料，在催化剂作用下生成的环氧脂肪酸及其酯类不仅是塑料行业重要的添加剂，也是化学工业上重要的中间体，可将其应用于合成增塑剂、稳定剂、润滑剂、环氧树脂等。

合成环氧化脂肪酸的主要途径是在给氧体和催化剂作用下对不饱和脂肪酸的双键实施环氧化。常用给氧体有三种：①过氧化氢。过氧化氢作为给氧体时，体系内有机酸会在催化剂作用下生成过氧有机酸，过氧有机酸一旦生成即会作为环氧化试剂迅速将活性氧传递给双键发生环氧化反应。Sepulveda[29]等在乙酸乙酯溶剂中以两种氧化铝为催化剂，在过氧化氢作用下对不饱和脂肪酸酯进行环氧化改性，反应转化率高达 95%，且改性催化体系可循环利用。②过氧甲酸。过氧甲酸在脂肪酸环氧化反应中一方面可作为给氧体，另一方面使环氧化体系中有 H^+ 存在，因此可不添加无机酸催化剂。Campanella 等[30]以大豆油脂肪酸甲酯为原料，在过氧甲酸作用下不使用催化剂合成了环氧豆油脂肪酸甲酯，并研究了反应物摩尔比、温度、搅拌速度对环氧化反应的影响。研究表明不饱和脂肪酸酯与过氧化氢比例为 1：2，温度为 40 ℃，搅拌速度为 350 r/min 为环氧化最佳反应反应，此时反应转化率高达 96.7%，最终产率高达 83.5%。③分子氧。分子氧会将甲醛氧化为过氧甲酸，过氧甲酸再把活性氧传递给双键，但这一反应体系所用有机溶剂不易分离，易造成产物损失[31]。

8.3.2　共轭亚油酸

共轭亚油酸(CLA)是由不饱和脂肪酸衍生的十八碳共轭二烯酸的多种位置异构体和几何异构体的总称，可预防肥胖、降低胆固醇、抗动脉粥样硬化。目前主要通过蓖麻油脱水法、碱催化异构化法及金属催化异构法，以不饱和脂肪酸为原料获得高纯度、高活性的 CLA。

1. 蓖麻油脱水法

蓖麻油中含有大量蓖麻酸，在酸催化下可脱水形成碳正离子，进而转化为CLA。早期通常通过蓖麻油脱水法合成共轭亚油酸，但反应不够彻底且非共轭组分含量高。赵国志等[32]以硫酸为催化剂，在 230～280 ℃减压条件下进行了蓖麻油脱水研究。研究表明了采用脱水法后产物共轭亚油酸所占百分比仅为 12%～26%，其中共轭亚油酸含量则增加至 56%～61%。

2. 碱催化异构法

碱催化异构法是在强碱条件下，夺去亚油酸第 11 位碳的质子并形成负碳离子，负碳离子在热力学因素作用下发生离子电荷的迁移，通过异构化形成多种共轭化合物[33]，其过程如图 8.3 所示。在异构化过程中，除亚油酸外也可使用富含亚油酸组分且价格便宜的天然植物油，如玉米胚芽油、棉籽油、葵花籽油、大豆油等。Berdeaux 等[34]以乙二醇为溶剂、以氢氧化钾为催化剂，在 N_2 保护下历时 13 h 完成了亚油酸甲酯的全部异构化，所得共轭亚油酸含量高达 91%。刘瑞阳等[35]以红花籽油为原料经碱催化异构制备得到了含共轭亚油酸、硬脂酸、棕榈酸和油酸的混合脂肪酸，并通过液液萃取得纯化共轭亚油酸。

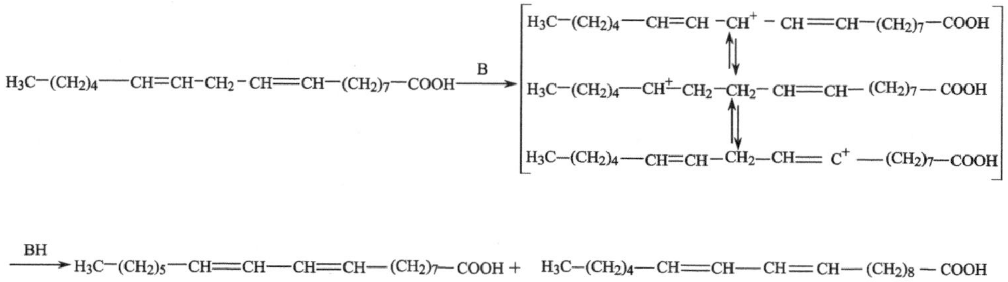

$$H_3C-(CH_2)_4-CH=CH-CH_2-CH=CH-(CH_2)_7-COOH \xrightarrow{B}$$

$$\begin{bmatrix} H_3C-(CH_2)_4-CH=CH-CH^+-CH=CH-(CH_2)_7-COOH \\ \updownarrow \\ H_3C-(CH_2)_4-CH^+-CH_2-CH_2-CH=CH-(CH_2)_7-COOH \\ \updownarrow \\ H_3C-(CH_2)_4-CH=CH-CH_2-CH=C^+-(CH_2)_7-COOH \end{bmatrix}$$

$$\xrightarrow{BH} H_3C-(CH_2)_5-CH=CH-CH=CH-(CH_2)_7-COOH + H_3C-(CH_2)_4-CH=CH-CH=CH-(CH_2)_8-COOH$$

图 8.3　碱催化亚油酸异构化合成共轭亚油酸反应路线[36]

3. 金属催化异构法

　　某些过渡金属元素如钌、铂、铅、银的有机金属配合物、活性羰基配合物可作为催化剂，实现异构化催化亚油酸及植物油非共轭亚油酸化。Young 等[37]将铑和铱阳离子配合物溶至丙酮、甲醇混合有机溶剂中，在 N_2 保护加热条件下与红花籽油共混，实现了非共轭双键向共轭双键的近完全转化。

　　脂肪酸作为一种天然羧酸化合物，可利用其活性羧基实现化学改性，制备性质、结构不同的衍生物。以脂肪酸为原料合成或改性的脂肪酸衍生物可应用于聚合物加工、医药保健品、日用化工产品及表面活性剂等多个领域，具有广阔市场空间及发展前景。

参 考 文 献

[1] Smith J, Wood E, Dornish M. Effect of chitosan on epithelial cell tight junctions[J]. Pharmaceutical Research, 2004, 21(1): 43-49.

[2] Jeong Y I, Chung K D, Kim D H, et al. All-trans retinoic acid-incorporated nanoparticles of deoxycholic acid-conjugated dextran for treatment of CT26 colorectal carcinoma cells[J]. International Journal of Nanomedicine, 2013, 8: 485-493.

[3] Nichifor M, Carpov A. Bile acids covalently bound to polysaccharides 1. Esters of bile acids with dextran[J]. European Polymer Journal, 1999, 35(12): 2125-2129.

[4] 谢贻斑. 壳聚糖硬脂酸嫁接物给药系统的脑靶向研究[D]. 杭州: 浙江大学, 2012.

[5] Johnston D A, Mukerjea R, Robyt J F. Preparation and characterization of new and improved soluble-starches, -amylose, and-amylopectin by reaction with benzaldehyde/zinc chloride [J]. Carbohydrate Research, 2011, 346(17): 2777-2784.

[6] 张水洞. 酯化淀粉的研究进展[J]. 化学研究与应用, 2008, 20(10): 1254-1259.

[7] Aburto J, Alric I, Thiebaud S, et al. Synthesis, characterization, and biodegradability of fatty-acid esters of amylose and starch[J]. Journal of Applied Polymer Science, 1999, 74(6): 1440-1451.

[8] Coseri S, Spatareanu A, Sacarescu L, et al. Pullulan: A versatile coating agent for superparamagnetic iron oxide nanoparticles[J]. Journal of Applied Polymer Science, 2016,

133（5）：42926（1-9）.

[9] 高盼. 亚油酸修饰的普鲁兰自组装胶束作为药物载体的研究[D]. 大连：大连理工大学，2014.

[10] Ogawa H, Yamamoto K, Kamisako T, et al. Phytosterol additives increase blood pressure and promote stroke onset in salt-loaded stroke-prone spontaneously hypertensive rats[J]. Clinical and Experimental Pharmacology and Physiology, 2003, 30（12）：919-924.

[11] Sun S, 翟鹏贵, 彭启辉, 等. 新资源食品原料植物甾醇和植物甾醇酯的安全与应用[J]. 中国卫生监督杂志, 2011, 18（01）：51-55.

[12] 钱伟. 甾醇和必需脂肪酸微囊化研究[D]. 大连：大连工业大学, 2009.

[13] 陈茂彬. 植物甾醇酯的制备、生物活性及应用研究[D]. 武汉：华中农业大学, 2005.

[14] 张品, 邓乾春, 黄庆德, 等. 不饱和脂肪酸植物甾醇酯的合成工艺研究进展[J]. 中国油脂, 2009, 34（07）：37-41.

[15] Allan R, Williams J L, Ruey B, et al. Preparation of Sterol and Stanol-esters[J]. 2001.

[16] 张品. α-亚麻酸甾醇酯的合成及品质特性研究[D]. 北京：中国农业科学院, 2009.

[17] 郑海杰. 植物甾醇酯的酶促合成及其对高脂血症大鼠血脂代谢的影响[D]. 合肥：合肥工业大学, 2012.

[18] Liu C, Zheng X, Peng P. The nonlinear conductivity experiment and mechanism analysis of modified polyimide（PI）composite materials with inorganic filler[J]. Ieee Transactions on Plasma Science, 2015, 43（10）：3727-3733.

[19] 欧乐明, 罗伟, 冯其明, 等. 硬脂酸改性氢氧化镁及表征[J]. 中国非金属矿工业导刊, 2007, （3）：35-38.

[20] 张建强, 冯辉霞, 赵霞, 等. 硬脂酸对二硫化钼粉体的表面改性研究[J]. 应用化工, 2008, 37（07）：742-745.

[21] He M, Cho B U, Won J M. Effect of precipitated calcium carbonate-cellulose nanofibrils composite filler on paper properties[J]. Carbohydrate Polymers, 2016, 136: 820-825.

[22] 任晓玲, 骆振福, 吴成宝, 等. 重质碳酸钙的表面改性研究[J]. 中国矿业大学学报, 2011, 40（02）：269-272.

[23] 高仁金, 张于弛, 吴俊超. 硬脂酸对碳酸钙表面改性的研究[J]. 河南化工, 2010, 27（21）：41-43.

[24] 才红, 陈艳, 谢绍坚. 纳米氧化锌的制备和表面改性[J]. 无机盐工业, 2010, 42（06）：24-26.

[25] 崔小明, 陈天舒. 纳米氧化锌的制备及表面改性技术进展[J]. 橡胶科技市场, 2010, 8（13）：9-14.

[26] 庞洪昌, 叶俊伟, 李俊强, 等. 月桂酸键合改性氢氧化镁的制备及其在聚乙烯中的应用[J]. 中国科技论文在线, 2008, 3（06）：415-418.

[27] 赵连梅, 赵建海, 张强, 等. 油酸钠对纳米氢氧化镁的表面改性研究[J]. 消防科学与技术, 2007, 26（01）：80-82.

[28] 刘继纯, 高喜平, 刘红宇, 等. $Mg(OH)_2$ 表面处理对阻燃PP性能的影响[J]. 塑料科技, 2009, 37（02）：46-49.

[29] Sepulveda J, Teixeira S, Schuchardt U. Alumina-catalyzed epoxidation of unsaturated fatty

esters with hydrogen peroxide[J]. Applied Catalysis A-General, 2007, 318 (2): 213-217.

[30] Campanella A, Fontanini C, Baltanas M A. High yield epoxidation of fatty acid methyl esters with performic acid generated in situ[J]. Chemical Engineering Journal, 2008, 144 (3): 466-475.

[31] Schottler M, Boland W. Efficient synthesis of isotopically pure O-18 -epoxides using molecular oxygen[J]. Synlett, 1997, 1997, (1): 91-92.

[32] 赵国志, 赵锦毅, 赵越. 脱水蓖麻油的制取与应用[J]. 中国油脂, 1999, 24 (01): 35-37.

[33] 严梅荣, 顾华孝. 共轭亚油酸合成方法的研究进展[J]. 中国油脂, 2003, 28 (07): 40-42.

[34] Berdeaux O, Voinot L, Angioni E, et al. A simple method of preparation of methyl *trans* -10, *cis* - 12- and *cis* -9, *trans* -11-octadecadienoates from methyl linoleate[J]. Journal of the American Oil Chemists' Society, 1998, 75 (12): 1749-1755.

[35] 刘瑞阳. 共轭亚油酸的制备新工艺研究[D]. 杭州: 浙江大学, 2010.

[36] 赵晓, 陈骥, 钟渤凡, 等. 天然不饱和脂肪酸的双键化学改造的技术进展[J]. 大豆科学, 2013, 32 (03): 410-414.

[37] Young J M. Process for the manufacture of compounds containing a fatty acid moiety: US6274748[P]. 2001.

第9章　酚酮类结构改性

　　天然产物来源广泛，其独特的药理活性自古以来备受关注，并在我国经历了上千年的临床应用，疗效确切，使用安全[1]。随着对天然产物的研究日渐深入，许多天然产物优良的抗氧化、抗肿瘤、清除自由基、抗辐射等多种药理、保健功能与其化学结构的关系成为研究热点。与此同时，某些天然产物自身特殊的性质，如水溶性、脂溶性及稳定性等，限制了其广泛应用。例如，大豆黄酮结构中由于含有两个酚羟基，水溶性和脂溶性均较差，导致口服吸收的生物利用率不高，从而限制了其在临床及保健方面的应用[2]；某些天然活性物质是良好的先导物，但未必满足药性要求，需要进行结构修饰和优化[3]。因此，对天然产物进行结构修饰，引入特殊基团，在保留优良生物活性的同时设计合成出更多结构新颖的天然产物衍生物，以便扩大应用范围成为目前的研究热点[4]。

　　目前，对天然产物结构改造的主要方略目的包括：提高物理化学及代谢稳定性、提高生物活性强度和选择作用、改善药代动力学性质、消除或降低其毒副作用和不良反应等。目前普遍采用的天然产物改性方法主要分为物理方法、化学方法及生物方法。物理改性，通过媒介物提高天然产物溶出度和溶出速率的方式优化其物化性质，如形成包合物、纳米混悬剂等[2]；化学改性，通常通过化学方法进行结构修饰，定向设计合成优化物，提高母体活性[5]；生物改性，利用微生物等对天然产物进行结构衍生，提高利用率[6-10]。

　　化学衍生日益成为对天然产物改性研究的重要手段之一。对于天然产物来说，由于分子内氢键、酚羟基空间位阻及取代基大小等因素的影响，衍生位置的分布及衍生的难易程度呈现一定规律。以黄酮类化合物槲皮素为例[11]：①羟基取代规律。由于 C_5—OH 与 C_4—O 形成分子内氢键，不易被破坏，因此较难被取代；C_3—OH 和 C_4—OH 具有选择性保护特性，可同时被取代，但由于二者之间存在一定的空间位阻，取代基较大时 C_3—OH 更易被取代；C_3—OH 和 C_7—OH 不能与相邻基团形成分子内氢键，空间位阻小，因此最易被取代。②C_2=C_3 还原规律。由于 C_2=C_3 与 C_3—OH 发生酮式与烯醇式互变，当以酮式存在时较稳定，不易被还原；当以烯醇式存在时，还原所需能量小较易被还原。③C=O 还原规律。由于 C_4=O 与相邻的 C_5—OH 形成分子内氢键，加之 C_4=O 与 C_2=C_3 形成稳定的共轭结构，使 C_4=O 结构稳定，通常不易被还原。

　　天然产物化学结构改性将直接影响其生物活性，因此对天然产物衍生物构–

效关系的研究至关重要。同样，以槲皮素为例，各部位羟基的构-效关系研究表明[12]：①A 环羟基。C_5—OH 和 C_7—OH 有利于抗氧化活性，且易与过渡金属离子配位形成配合物；C_7—OH 具有较强酸性。②B 环羟基。邻二酚羟基对槲皮素自身的抗氧化活性贡献最大，甚至可认为是高效黄酮类抗氧化剂的结构基础。③C 环羟基。C_3—OH 的作用说法不一，但可以确定的是，黄酮分子中酚羟基数目越多，其抗氧化活性越强。

　　酚酮类化合物是天然产物家族中的重要一类，因其具有抗氧化、抗菌等多种生物活性而被广泛研究[13]。本章主要介绍利用化学方法对酚酮类天然产物进行结构修饰优化形成衍生物的结构与构-效关系研究。

9.1　酰化修饰改性

9.1.1　氧酰化修饰改性

　　在天然产物的酚羟基上引入酰基形成酯类的反应称为氧酰化反应[14]。氧酰化反应是一种亲核反应，反应方程式可简化表示为：R—OH+R'COCl $\longrightarrow$ ROCOR'。反应速率和平衡常数与醇或酚羟基上的亲核性强弱及分子的空间位阻有关。通常亲核性越强，空间位阻越小则反应越易进行。许多天然产物酰化后表现出优良的生物活性，研究表明，酰化后的黄酮类化合物脂溶性明显增强，同时具有促进脂肪及类脂代谢等活性[11]。

　　茶多酚是众所周知的天然抗氧剂，安全低毒，对其开发已成为食品添加剂领域的一大热点。然而由于其疏水性基团酚羟基较多，导致其油溶性较差，在油性食品中的应用受限。通过分子修饰的方法可将硬脂酰氯与茶多酚主体物质儿茶素酚羟基酯化交联形成衍生物，其水溶性改性为脂溶性，同时保留了茶多酚良好的抗氧化活性，扩大了其在含油脂丰富食品中作为抗氧化剂的应用[15]。2004 年，王洪新等[16]将含量为 87% 的普通茶多酚与棕榈酸酰氯在碱性催化剂条件下进行非水相酯化反应，制备出了茶多酚棕榈酸酯，正交试验得出了最佳反应条件。研究表明，制备的茶多酚棕榈酸酯脂溶性较好，具有较强抗氧化活性，当添加量为 $200×10^{-6}$ 时可完全溶于食用色拉油中，且不影响油脂的透明度，为制备新型食用油抗氧化添加剂提供了新思路。2006 年，邵卫梁[17]等同样以棕榈酰氯为酰化试剂，在不同催化剂和反应条件作用下，制备了 9 种不同酯化程度的茶多酚氧酰化产物。利用化学发光法测定脂溶性茶多酚的氧自由基抑制率和过氧化脂质 (LPO) 抑制率，结果表明酰化产物的抗氧化能力优于等质量的特丁基对苯二酚 (TBHQ)。

　　氧酰化茶多酚不仅可应用于油脂抗氧化等食品领域，还可拓展到塑料、橡胶等工业领域，其可以提高材料的相溶性和稳定性，具有重要的研究价值。2008 年，洪美花等[18]以乙酸乙酯为溶剂，在三乙胺为催化剂的条件下，合成抗氧化剂丙烯酰茶多酚酯，反应条件温和，生产成本低且产率较高。本方法可直接在塑料和橡胶制品的分子链中接枝嵌入抗氧化基团，防止材料在使用过程中低分子物质的渗出，起到了发挥抗氧化性及提高稳定性的作用。

2005 年，旷英姿等[19]在氮气保护下，利用月桂酰氯作为酰化试剂，合成了脂溶性茶多酚酰化衍生物，并优化出最佳反应条件。2008 年，张健希等[20]选用癸酰氯、月桂酰氯、椰油酰氯三种酰化试剂为原料与茶多酚反应合成脂溶性茶多酚。抗氧化活性实验表明，脂溶性茶多酚的含量在 50%~60%时，其抗氧化活性最佳，碳原子数目为 12 以上的直链饱和脂肪酰氯为最佳改性试剂。

2005 年仇峰等[21]采用三光气与二甲胺、吗啉、哌啶及乙基哌嗪等反应生成的氨基甲酰氯与大豆苷元进行氧酰化反应，取代芳环羟基合成了 4 种新型大豆苷元氨基甲酸酯类衍生物(结构见图 9.1)。缺氧试验表明，部分衍生产物的抗缺氧活性优于母体。

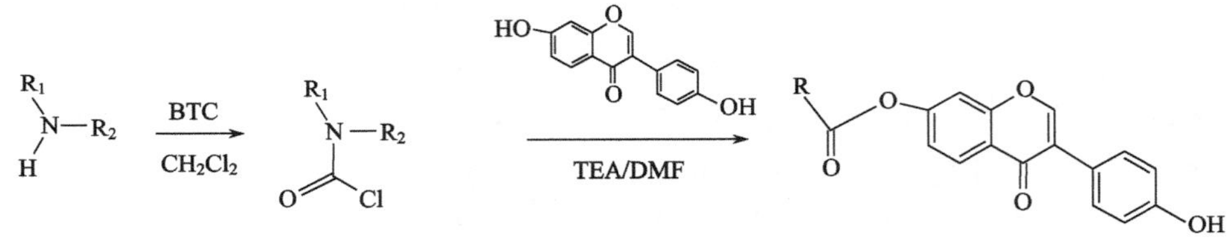

图 9.1   大豆苷元与氨基甲酰氯的氧酰化反应

9.1.2   碳酰化修饰改性

天然产物的碳酰化是指酰氯在催化剂的作用下攻击芳环，酰基取代苯环上的氢原子，从而形成天然产物酰化衍生物。碳酰化反应是一个亲电取代反应，反应方程式可简化表示为：R—OH+R'COCl ⟶ R'COR—OH。研究表明，将长链脂肪酸基团接在芳环上可显著增强其油溶性，同时减少对其氧化效果的影响。对于苯环上的氢原子取代，由于酰基的吸电子效应和空间位阻作用，使同一苯环上很难进行第二次碳酰化反应[22]。而大多数天然产物化合物中具有多个苯环结构，因此不同的苯环可能分别被酯化形成衍生物。

2008 年有研究者对传统碳酰化反应技术进行了优化，以三氯化铝为催化剂，硝基苯为反应溶剂，制备茶多酚的碳酰化衍生物 LTP。由于茶多酚在反应溶剂硝基苯中的溶解度较大，而目标产物茶多酚碳酰化衍生物溶解度低，从而产物可形成固体析出，使原本的可逆反应只能向正向移动，保证了茶多酚碳酰化产物的纯度。抗氧化能力实验表明，碳酰化制备的 LTP 与氧酰化 LTP 及其他脂溶性抗氧化剂相比，具有更强的抗氧化能力，且脂溶性更强。

通常，由于减少了对酚羟基的破坏，天然产物化合物经碳酰化比氧酰化获得的酰化产物具有更强的抗氧化能力和脂溶性。但由于碳酰化反应成本高，抗氧化能力不及氧酰化持久，以及酰化过程使用的试剂具有毒性，不适合添加到食品中或大批量生产，因此目前对于天然产物碳酰化的研究鲜有报道[23, 24]。

9.2 酯化修饰改性

大豆苷元作为植物雌激素的一种，具有优良的药理活性。2004 年，研究者在大豆苷元的 C_7 和 $C_{4'}$ 位上分别引入硬脂酸和油酸两种长链脂肪酸，从而衍生出六种大豆苷元的脂肪酸酯，显著改善了其脂溶性，并且这些脂肪酸酯在细胞水平上易与低密度脂蛋白结合，抗氧化活性显著增强[25]。Amari[26] 则改用短链脂肪酸，利用三甲基乙酸酯化大豆苷元，制备大豆苷元-7,4′-二-三甲基乙酸酯和氢化大豆苷元-7,4′-二-三甲基乙酸酯两种大豆苷元衍生物，研究表明二者有望成为更好的雌激素替代药物。2007 年，石晓娜[27] 利用大豆苷元与磷酰化的甘氨酸发生酯化反应，生成了大豆苷元的酯化衍生物，并发现酯化产物对多种蛋白质具有弱相互作用。

1995 年，Groot 等[28] 以 4-N,N-二甲基吡啶胺为催化剂，将儿茶素与苯甲酸发生酯化反应，得到儿茶素苯甲酸酯。

研究表明，槲皮素通过衍生形成的氨基酸酯化衍生物水溶性及生物活性都得到显著提高，因而此方法已成为一种重要的修饰改性手段。伍贤学等[29] 选择被羧基保护的内源性 L-氨基酸与部分保护的槲皮素的 $C_{3'}$—OH 发生耦合反应形成中间产物，再对中间产物催化氢解脱保护，获得了一系列槲皮素氨基甲酸酯。Ye 等[30] 合成了槲皮素苯基异氰酸酯，其抗肿瘤活性是槲皮素母体的 73 倍，对结肠癌细胞 CT26 的增殖抑制作用是槲皮素的 308 倍。同样的方法，以芦丁为原料，部分保护其羟基，并与保护了羧基的氨基酸反应，可得到一系列槲皮素-3-O-氨基酸酯衍生物[31]。评价其生物活性表明，该类槲皮素氨基酸衍生物是一种新型高选择性 Src 酪氨酸蛋白激酶活性抑制剂（IC_{50} 为 3.2～9.9μmol/L）。Mulhplland 等[32] 对 Golding[33] 合成的水溶性槲皮素前药 QC12（3′-O-N-羧甲基甲酰胺基槲皮素）进行临床实验，发现 QC12 口服无效，但注射 QC12 后可显著提高患者血浆浓度峰值（108.7μmol/L±41.67μmol/L），同时抑制卵巢癌 A2780 细胞增殖活性，将细胞周期阻滞在 S 后期与 G_2 早期。

对天然产物的酯化衍生是改善其水溶性或脂溶性，提高生物活性的有效修饰改性途径，但通常在反应过程中由于选择性较差，必然会结合或屏蔽某些天然产物的抗氧化主要官能团——酚羟基，从而使其生物活性存在不确定性[34, 35]。另外，酚羟基被取代也可能引起空间位阻、抗氧化等生物活性相应降低[36, 37]。因此，如何对天然产物的功能官能团利用特定基团进行屏蔽保护和去保护处理，已逐渐成为天然产物改性新的研究方向。

9.3　磺化修饰改性

磺化反应是提高天然产物水溶性的重要修饰手段之一[38, 39]。对于大豆苷元的磺化修饰研究通常在其 $C_{3'}$，C_5 位或 C_7，C_4 位上。采用"一锅法"三氟化硼-乙醚催化、甲基化及磺化等一系列反应得到的异黄酮衍生物水溶性显著增强，且抗缺氧活性等价于母体[40]。

王秋亚以大豆异黄酮的两种主要成分——大豆苷元和染料木素为先导化合物，依次进行甲基化(或乙基化)和浓硫酸的磺化反应，得到了一系列大豆异黄酮磺酸盐，并发现异黄酮骨架在硫酸中不会被破坏，且易发生亲电取代反应，极大丰富了大豆异黄酮类化合物的性质和种类[41]。为解决大豆苷元临床上利用率低的缺陷，Soidinsalo 等[42]利用大豆苷元与氯磺酸反应，一步合成了潜在剂类固醇硫酸酯化合物——大豆苷元 7,4-二磺酸钠(合成过程如图 9.2)。

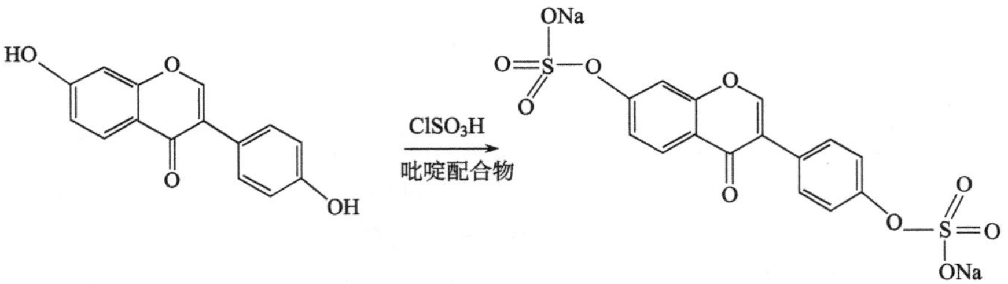

图 9.2　大豆苷元与氯磺酸的反应过程

Fairley 等[43]选用氯磺酸磺化大豆苷元，在碳酸钾溶液中析出制备产物——大豆苷元 7,4′-二磺酸盐。另外，利用基团保护法，分别制备出了大豆苷元的单取代物大豆苷元 7-磺酸盐和大豆苷元 4′-磺酸盐。研究表明，该衍生物极大提高了大豆苷元的代谢能力。

槲皮素具有抗氧化、抗病毒、抗肿瘤等生物活性，但其水溶性较差，口服生物利用率低，限制了其在临床上的广泛应用。磺化衍生是目前改善槲皮素水溶性的重要手段之一。刘文[44]等通过浓硫酸与槲皮素的磺化反应，并利用柱层析分离得到槲皮素-7-硫酸酯钠和槲皮素-7,4′-二硫酸酯二钠两种水溶性槲皮素衍生物。代永盛等[45]也用同样的方法获得了槲皮素磺化衍生物。研究表明，该衍生物与其母体槲皮素相比具有更强的抗血小板作用能力。

9.4　醚化修饰改性

醚化反应是增强天然产物稳定性和脂溶性的重要手段。黄酮类化合物具有清除人体自由基、扩张血管、防止动脉硬化、抗菌消炎及抗肿瘤等药理活性。异戊烯黄酮类化合物是活性较强但在自然界中分布有限的一类，通常需要人工合成[46]。张丽伟[47]以 3',4',7'-三-(O-羟乙基)-槲皮素为原料，分别与氯化苄、溴代十二烷和溴代十六烷反应，得到三种槲皮素醚类衍生物。

以芦丁为原料，依次经历羧基保护、水解、Williamson 成醚反应、水解、DCC 缩合、催化加氢脱保护基，可得到一系列槲皮素酰胺类衍生物[47]。生物活性评价表明，经此修饰后，槲皮素的体外抗肿瘤活性显著增强，可作为潜在的新型抗肿瘤化合物。同样以芦丁为原料经选择性苄基化、缓和酸水解、Pd/C 催化加氢、脱去苄基保护基，可得到醚化衍生物 3-O-甲基槲皮素[48]。该方法操作简便，收益高。

槲皮素的 C_3 和 C_7 位基团是物化及代谢的敏感部位，直接关系到槲皮素的稳定性。Kim 等利用聚甲醛与槲皮素的醚化反应，得到两种新型槲皮素共轭衍生物。研究表明，这两种化合物在培养基中的稳定性显著提高，且细胞膜通透能力明显增强[49]。与槲皮素同属黄酮类化合物的木犀草素，具有很强的抗氧化、抗菌、消炎和抗肿瘤等生物活性，甚至优于槲皮素，但由于比槲皮素更难得到且对其改性修饰研究较少，目前对木犀草素的研究还有很大空间。2009 年，张吉泉等[50]以木犀草素为原料，经过苄基化、酰基化(或烷基化)及催化加氢得到了一系列醚化衍生物 5-O-木犀草素。

袁尔东等[51]经一系列修饰反应将从亮叶杨桐叶中提取的类黄酮物质进行了异戊烯基修饰，包括将不需要醚化的羟基用乙酸酐酯保护起来，在无水碳酸钾的弱碱性环境中以丙酮作溶剂链接异丙烯基，将乙酸基团分离，从而得到了类黄酮的醚化产物(反应过程见图 9.3)。

Rancon 等[52]研究报道了黄酮无需羟基保护，直接与异戊烯基在强碱性介质中一步反应得到 C-异戊烯基黄酮。但该反应选择性较差，分离困难。

为提高葛根黄豆苷元溶解度，增强人体吸收利用能力，姜铁夫采用半合成的方法，以葛根黄豆苷元为母体，在其 C_7 和 C_4 位引入基团制备黄豆苷元双置换体醚化物——4'-氧代乙酸-7-乙氧基大豆苷元。研究表明新化合物溶解度显著提高[53]。

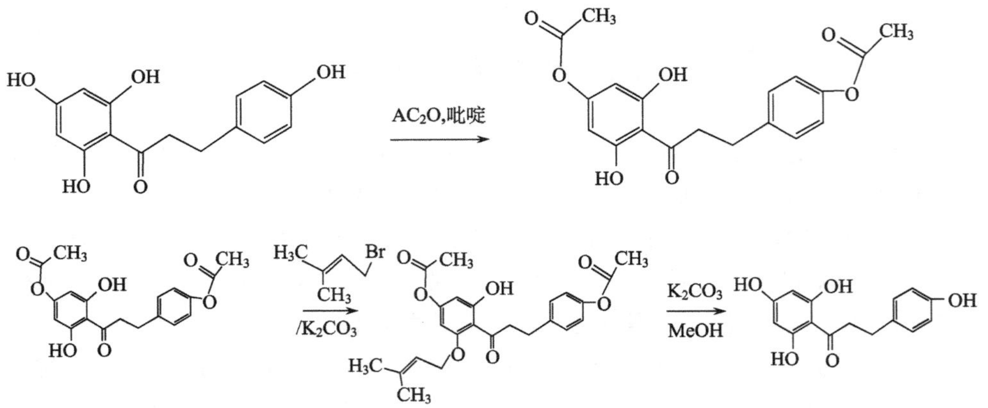

图 9.3　类黄酮的醚化反应

9.5　磷酰化修饰改性

　　磷元素在机体代谢过程中具有中心地位和作用，磷参与的绝大部分生命过程，实质是磷酰基参与的反应。对一些潜在生物活性的天然产物官能团进行磷酰化结构改造，成为改变其生物活性和仿生作用的重要手段[54]。2007 年，石晓娜利用改造后的 Atherton-Todd 反应对大豆苷元进行磷酰化改造，合成了六种大豆苷元磷酰化产物(结构见图 9.4)。研究发现，磷酰化试剂对大豆苷元的 C_7—OH 和 $C_{4'}$—OH 具有明显的选择性，在气相条件下可与溶菌酶、胰岛素、细胞色素 C 等蛋白质发生弱相互作用。另外，不同的磷酰化大豆苷元和蛋白质形成的复合物稳定性不同，这可能与磷酰化基团的疏水性能有关。

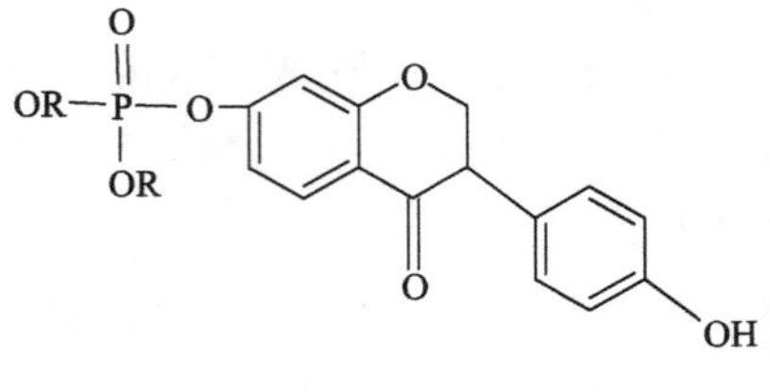

a　R= —CH$_3$　　　　b　R= —CH$_2$CH$_3$　　　　c　R= —CH$_2$CH$_2$CH$_3$

d　R= —CH(CH$_3$)$_2$　　e　R= —CH$_2$CH$_2$CH$_2$CH$_3$　　f　R= —CH$_2$CH(CH$_3$)$_2$

图 9.4　六种大豆苷元磷酰化产物

　　为提高大豆苷元的水溶性，陈晓岚采用改造优化后的 Atherton-Todd 反应，将大豆苷元的酚羟基与二烷基亚磷酸酯进行磷酰化反应(结构见图 9.5)，并进一步证

明大豆苷元的 C_7—OH 在磷酰化反应过程中较 $C_{4'}$—OH 具有更高的反应活性，同时改善了溶解性[55]。

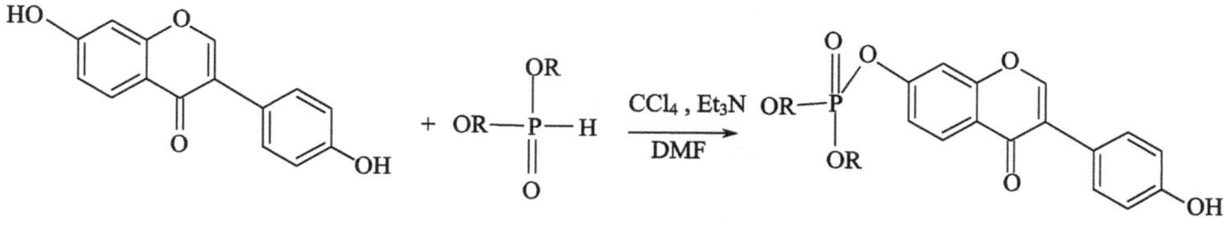

图 9.5　大豆苷元与二烷基亚磷酸酯的磷酰化反应

2010 年，邓玉霞[56]利用亚磷酸二乙酯、亚磷酸二异丙酯和亚磷酸二正丙酯等七种磷酰化试剂，通过 Atherton-Todd 反应合成了 7 种磷酰化大豆苷元单酯。研究表明，C_7—OH 具有更强选择性。

2012 年，肖咏梅等[57]通过 Atherton-Todd 反应合成了 7 种不同链长的磷酰化大豆苷元衍生物。结构表征发现，磷酰化反应发生在大豆苷元的 C_7—OH 上，生成了 7 种磷酰化大豆苷元单酯，并获得了该磷酰化反应的最佳反应条件。另外，实验表明磷酰化试剂碳链长短对反应产率没有明显影响。

9.6　配位修饰改性

许多天然产物化合物具有抗菌、消炎、抗肿瘤及清热解毒等多种功效，是中草药中有效成分。某些金属元素本身具有一定生理活性。例如，机体铜缺乏会引起一系列诸如贫血、冠心病及不孕症等疾病[58]，而摄入过多的铜会引起腹痛、恶心等中毒现象[59]。大多数天然产物化合物具有多个苯环、呋喃环、羰基和羟基等复杂结构，使整个结构具有超离域度，形成一个大的共轭结构，从而具有很强的与金属螯合的能力。天然产物化合物作为配体与金属元素形成配合物后，由于其与中心离子的协同作用，会得到生物活性更强的金属配合物[60, 61]。

目前，中药配位化学已成为重要的前沿学科之一，槲皮素作为天然产物中用于膳食的常见黄酮类物质，不仅具有重要的药理活性，而且广泛存在于各种植物中。研究表明槲皮素结构中存在 4 位的羰基和 3,5,7,3′,4′位五个酚羟基，但形成金属配合物时，配位反应主要发生在 C_3—OH 和 C_4=O 上，而 C_5—OH，$C_{3'}$—OH 及 $C_{4'}$—OH 几乎不参与配位（以槲皮素铜配合物为例，结构见图 9.6）[62-64]。2006 年，俞梅兰等[65]将槲皮素与三价铬离子进行络合反应，生成槲皮素铬（Ⅲ）配合物。测定槲皮素配体及其铬配合物超氧阴离子、羟基自由基和 DPPH 三种自由基的清除能力，结果表明，铬配合物的自由基清除能力较配体有较大提高。另外，配合物还具有显著的抗肿瘤及抗菌活性，以经典的嵌入方式与 DNA 结合。

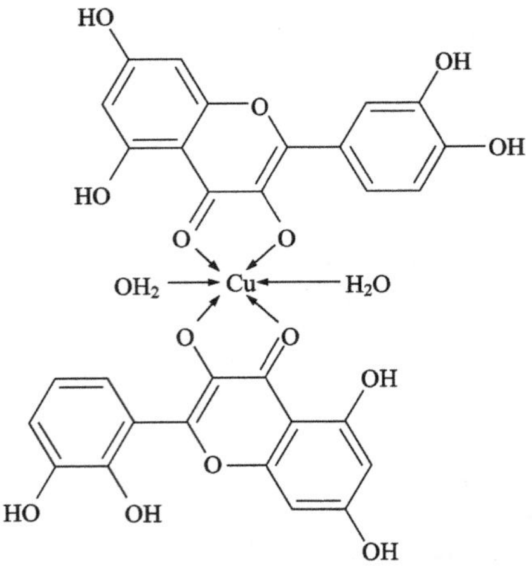

图 9.6　槲皮素铜配合物

　　芦丁作为一种黄酮类化合物，是天然产物的有效成分，毒性低、临床应用广泛。2013 年，郭艳华等[66]研究了将第一过渡系生命元素与芦丁形成配合物，探讨了配合物的抑菌活性。结果表明，配合物较芦丁配体水溶性增强，生物利用率提高，抑菌活性增强，且抑菌效果在一定浓度范围内呈剂量-效应关系。此研究对开拓芦丁衍生物在食品、药品等领域的应用具有重要意义。

　　Zhou 等[67]以槲皮素为配体，合成了包括 Mn、Co、Ni、Cu、Zn、Hg、Sc、Cd 及 Pb 在内的一系列金属配合物。荧光分析法研究表明，配合物以插入键合模式与 DNA 相互作用，插入 DNA 的碱基对之间，同时表明配合物的抗肿瘤活性可能是由于这种键合作用影响了 DNA 分子的内部结构，从而抑制了 DNA 分子的进一步遗传和复制。

　　黄酮类化合物中两个苯环，一个吡喃环，以及较多的羟基和羰基，使该类化合物具有超离域度，整个分子形成一个大的 π 键共轭体系，具有很强的螯合能力。朱金婵选择芹菜素、橙皮素、柚皮素三种具有药理活性的黄酮类化合物为配体，合成了铜配合物。并发现黄酮配体及其配合物均以嵌入方式与 ct-DNA 结合，配体及配合物均具有抑制肿瘤细胞增殖活性，且配合物活性显著高于配体。谭君[68]设计合成出了槲皮素与 Mn、Co、Ni、Cu 及 Zn 形成的金属配合物，并探讨了配体及配合物的抗肿瘤活性。研究表明，所有配合物中仅槲皮素铜配合物与 DNA 的结合方式不止一种，其他配合物均以插入方式与 DNA 结合，且抗肿瘤活性显著，锰、镍及锌配合物对 HepG2 细胞 48h 的 IC_{50}（某种药物诱导肿瘤细胞凋亡 50%的浓度）分别为 20.64 μmol/L、14.44 μmol/L 和 10.67 μmol/L。

　　斑蝥素是存在于芫菁科鞘翅类昆虫斑蝥中的一种抗肿瘤中药有效成分，临床上用于治疗原发性肝癌。去甲基斑蝥素为斑蝥素的去甲基衍生物，与后者相比，对消化道和泌尿系统的刺激较小。2003 年，尹富玲等[69]利用 2,2′-联吡啶及去甲基斑蝥酸钠与二水氯化铜进行配位反应，合成了桥联配体双核铜配合物。结构表征分析表明，配合物属三斜晶系，两个 Cu 原子呈六配位拉长畸变八面体构型，且具有较强体外抗肿瘤活性。该方法设计合成的配合物合理利用了联吡啶的 DNA 靶向作用及去甲基斑蝥酸根的抗肿瘤活性，为天然产物抗肿瘤新药的合成提供了新思路。

9.7　其他修饰改性

林建广等[70]采用溶剂热回流法成功制备了水飞蓟宾、葛根素和甘草素等七种黄酮类化合物的葡甲胺盐复合物（以水飞蓟宾为例，反应过程见图 9.7）。活性研究表明，这种黄酮葡甲胺盐类复合物对部分金属离子具有较好的络合作用，对酪氨酸酶活力具有良好的抑制作用，且基本不改变母体黄酮类化合物自身良好的自由基清除能力。优良的水溶性、自由基清除能力及美白效果，使该类化合物有望成为一种新型的添加剂应用于化妆品领域。

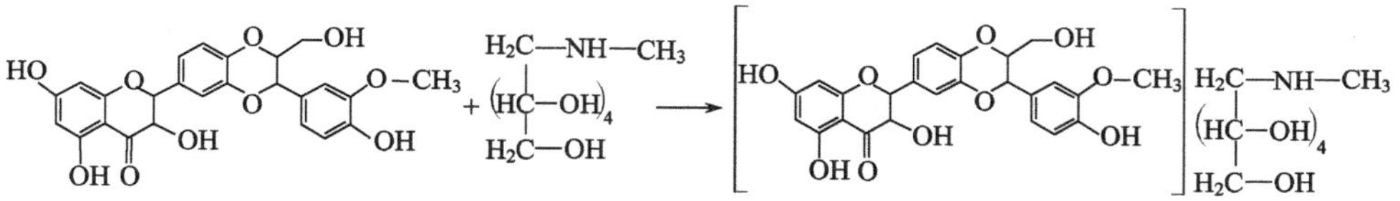

图 9.7　水飞蓟宾葡甲胺盐复合物的合成过程

槲皮素结构中含多个酚羟基结构，可反应生成结构多样的 *O*-甲基化衍生物。研究表明，*O*-甲基槲皮素克服了槲皮素脂溶性差、生物利用率低、半衰期短等缺点，具有明显的药效动力学优势[71]。例如，5-*O*-甲基槲皮素具有止咳、祛痰、防治心血管疾病等功效[72]；3′-*O*-甲基槲皮素具有抗心肌缺血、缺氧、清除自由基、降低胆固醇等功效[73]。Bouktaib 等[74]利用溴化苄对槲皮素不同位置的酚羟基进行连续保护，再采用加氢的方法半合成了全部 5 种一甲基化槲皮素衍生物，并获得较高产率。芦丁为槲皮素的芸香糖苷，在自然界中大量存在，且易于分离获得。李化军采用与 Bouktaib 类似的方法获得了 3-*O*-甲基槲皮素[75]。

2005 年，陈荣义[76]首先对茶多酚进行分子修饰保护酚羟基，然后进行烷基化，再将产物进行水解，还原酚羟基，从而实现了在保持茶多酚主体结构类似的基础上，引入长链烷基。研究表明，该茶多酚衍生物在植物油中溶解性好，抗氧化效果佳。

某些天然产物结构中具有相似的反应基团，利用传统的化学催化改性方法会使产物变得复杂，而选择酶作为催化剂，因其极强的选择性且反应条件温和，可减少副反应的发生，产物比较定向。此法已被应用到对于天然产物化学修饰的研究中。槲皮素类化合物由于具有多羟基结构，适合利用酶促反应进行酯化修饰。Ardhaoui 等[77]利用南极假丝酵母脂肪酶 B 为催化剂，以叔戊醇为溶剂，催化芦丁与脂肪酸反应生成芳香酯，并发现脂肪酸的疏水性越强，酯化反应的初始速率越大。从枯草芽孢杆菌中提取的酶催化大豆苷元羟基化，得到大豆苷元衍生物 7, 4′, 3′-三羟基大豆苷元，显著增强了大豆苷元的抗肿瘤活性[78]。Tobiason[79]最先使用酶法研究茶多酚的 C 环羟基酯化，制备出儿茶素 3-O-酰化衍生物，以一种较温和的条件获得了脂溶性茶多酚。酶法衍生天然产物的研究虽然日益广泛，但酶法合成成本高，不利于实际大面积推广应用。

钟晨[80]探索出一条可行的白藜芦醇二聚体天然产物合成路线，并解决了关于该类化合物二聚体合成过程中原料易烯醇化、产物结构不稳定、操作复杂及产率低等问题，并发现该类聚合物具有较好的神经保护、抗肿瘤及消炎活性。王光勇[81]建立了竹叶黄酮的分子印迹固相萃取分离法，采用悬浮聚合法，以木犀草素、油酸改性的纳米 Fe_3O_4 粒子、四乙烯基吡啶、羧乙基纤维素水溶液和二甲基丙烯酸乙醇酯分别作为模板分子、磁性组分、功能单体、分散剂及交联剂，制备出竹叶黄酮磁性分子印迹聚合物。分子印迹法制备的聚合物具有更高的特异选择性及物理化学稳定性，极大地拓宽了天然产物的应用范围。

Tanaka[82]将茶多酚与过量的硫醇化物反应，产物经 SephadexLH-20 葡聚糖凝胶分离后，获得了一系列儿茶素苯环氢原子取代衍生物。该方法避免了对儿茶素酚羟基的破坏，直接以硫醇化物取代苯环上的氢原子，从而在提高茶多酚脂溶特性的同时，保护了其抗氧化能力。

目前对天然产物的化学改性研究尚存在以下问题：①天然产物成分复杂，通常的改性方法选择性差，收率低；②反应过程部分试剂毒性较大、不稳定，产物处理困难[83]；③对天然产物改性后生物活性及其活性作用机制研究报道较少且不够深入；④多数文献仅报道在不同条件下研究个别改性产物的结构、活性及二者构效关系，没有形成系统研究。

因此，未来天然产物改性技术的研究方向可有所侧重：①提高制备改性产物的安全性、优化制备参数、降低制备成本，以获得天然产物的绿色改进技术；②提高改性产物的得率和纯度，以及提高天然产物中目标化合物分析鉴定技术的准确性；③更加系统地研究、比较、整理天然产物化合物改性前后的构效关系，深入研究其生物活性及活性作用机制。为天然产物进一步研究及推广应用提供新思路和理论依据。

参 考 文 献

[1]　屈博毅, 高嫚潞. 浅谈我国中药的发展[J]. 中国民族民间医药, 2009, 18(21): 19.

[2]　肖咏梅, 邓玉霞, 毛璞, 等. 大豆苷元的水溶性改性研究进展[J]. 化学世界, 2010, 51(04): 250-254.

[3]　郭宗儒. 天然产物的结构改造[J]. 药学学报, 2012, 47(02): 144-157.

[4]　岳荣彩. 天然产物白首乌二苯酮的神经保护作用和两面针碱的免疫调控作用机制研究[D]. 上海: 第二军医大学, 2013.

[5]　索志荣. 槐角中染料素的提取、改性和三种中药的色谱分析[D]. 西安: 西北大学, 2003.

[6]　杨雪薇. 木质纤维素大分子白腐菌改性机制及热解性质研究[D]. 武汉: 华中科技大学, 2011.

[7]　付晓陆. 柑桔属生物类黄酮酶法结构修饰的研究[D]. 杭州: 浙江工业大学, 2004.

[8]　Suzuki Y, Suzuki K. Enzymatic formation of 4G-α-D-glucopyranosyl-rutin[J]. Agricultural and Biological Chemistry, 1991, 55(1): 181-187.

[9]　张红城, 吴正双, 高文宏, 等. 黄酮类化合物改性方法的研究进展[J]. 食品科学, 2011, 32(03): 256-261.

[10]　于蓓蓓. 苦瓜过氧化物酶对芪类及黄酮类天然产物的生物转化研究[D]. 济南: 山东大学, 2007.

[11]　沈晓静. 槲皮素、木犀草素和山奈酚的衍生化反应研究[D]. 昆明: 云南大学, 2013.

[12]　邹坤, 张如意, 赵玉英. 天然产物抗氧化构效关系及作用机理的研究概况[J]. 天然产物研究与开发, 1993, 5(01): 66-72.

[13]　石会. 木芙蓉黄酮类化合物的提取及其性能研究[D]. 黄石: 湖北师范学院, 2013.

[14]　卢聪聪. 茶多酚的化学改性和脂溶性茶多酚分离分析[D]. 上海: 上海交通大学, 2008.

[15]　申雷. 茶多酚分子修饰改性及其对中式培根抗氧化作用的研究[D]. 南京: 南京农业大学, 2011.

[16]　王洪新, 聂小华. 油溶性茶多酚——茶多酚脂肪酸酯的研制[J]. 食品科学, 2004, 25(12): 92-96.

[17]　邵卫梁, 胡天喜, 杭晓敏, 等. 不同酯化程度的脂溶性茶多酚抗氧化和抗脂质过氧化研究[J]. 安徽医药, 2006, 10(12): 904-907.

[18]　洪美花, 周文富. 以三乙胺催化合成抗氧剂丙烯酰茶多酚酯及光谱分析[J]. 宝鸡文理学院学报(自然科学版), 2008, 28(02): 116-119.

[19]　旷英姿, 马全红, 顾宁. 脂溶性茶多酚的制备与表征[J]. 食品科技, 2005, 16(07): 53-56.

[20]　张健希, 张玉军, 晁燕, 等. 茶多酚脂溶性改性条件的确定及其抗氧化性能的研究[J]. 河南工业大学学报(自然科学版), 2008, 29(03): 15-20.

[21]　仇峰, 陈笑艳, 许佑君, 等. 大豆苷元氨基甲酸酯类衍生物的合成及其抗缺氧活性[J]. 中国药物化学杂志, 2005, 15(04): 247-250.

[22]　朱晋萱, 金青哲, 张士康, 等. 脂溶性儿茶素类化合物的制备研究进展[J]. 中国茶叶加工, 2012, 46(01): 43-47.

[23]　白艳, 江用文, 江和源, 等. 儿茶素改性的研究进展[J]. 食品科学, 2012, 33(17): 312-317.

[24] 应乐, 张士康, 王岳飞, 等. 茶多酚改性及其抗氧化性能研究进展[J]. 茶叶科学, 2010, 30(S1): 511-515.

[25] Lewis P T, Wähälä K, Hoikkala A, et al. Synthesis of antioxidant isoflavone fatty acid esters[J]. Tetrahedron, 2000, 56(39): 7805-7810.

[26] Amari G, Armani E, Ghirardi S, et al. Synthesis, pharmacological evaluation, and structure–activity relationships of benzopyran derivatives with potent SERM activity[J]. Bioorganic & Medicinal Chemistry, 2004, 12(14): 3763-3782.

[27] 石晓娜. 大豆苷元、茄呢醇含磷衍生物的合成及与蛋白弱相互作用研究[D]. 郑州: 郑州大学, 2007.

[28] de Groot A, Dommisse R, Lemiere G, et al. Advantages of long-range-INEPT measurements for structure determination of catechin esters[J]. Science, 1995, 17: 242-243.

[29] 伍贤学. 生物活性黄酮槲皮素的前药设计与合成研究[D]. 成都: 四川大学, 2005.

[30] Ye B, Yang J L, Chen L J, et al. Induction of apoptosis by phenylisocyanate derivative of quercetin: involvement of heat shock protein[J]. Anti-cancer Drugs, 2007, 18(10): 1165-1171.

[31] Huang H, Jia Q, Ma J, et al. Discovering novel quercetin-3-O-amino acid-esters as a new class of Src tyrosine kinase inhibitors[J]. European Journal of Medicinal Chemistry, 2009, 44(5): 1982-1988.

[32] Mulholland P, Ferry D, Anderson D, et al. Pre-clinical and clinical study of QC12, a water-soluble, pro-drug of quercetin[J]. Annals of Oncology, 2001, 12(2): 245-248.

[33] Golding B T, Griffin R J, Quarterman C P, et al. Analogues or derivatives of quercetin (prodrugs)[M]. Google Patents, 2001.

[34] She J, Mo L, Kang T. Preparation of water-soluble quercetin derivatives and their biological activities[J]. Chin J Med Chem (中国药物化学杂志), 1998, 8(4): 287-289.

[35] 马祥. 竹叶黄酮提取工艺和酶法改性的研究[D]. 广州: 暨南大学, 2013.

[36] 陈理, 孙东. EGCG 棕榈酸酯对人卵巢癌 HO-8910 细胞株的体外抑制活性实验研究[J]. 医学研究杂志, 2006, 35(03): 39-40.

[37] 高永贵, 王岳飞, 杨贤强, 等. 脂溶性茶多酚抗油脂氧化及其增效剂的研究[J]. 中国粮油学报, 2000, 15(03): 54-58.

[38] 刘谦光, 张尊听, 薛东. 大豆苷元磺化物的合成、晶体结构及活性研究[J]. 高等学校化学学报, 2003, 24(05): 820-825.

[39] Zhang Z T, Wang Q Y. Synthesis and Crystal Structure of Co (H₂O)₆](C₁₉H₁₇O4SO₃)₂ · 8H₂O[J]. Structural Chemistry, 2005, 16(4): 415-420.

[40] 雷英杰, 赵康. 5-甲基-7, 4'-二羟基异黄酮水溶性衍生物的合成及其抗缺氧活性[J]. 中国药物化学杂志, 2003, 13(05): 264-266.

[41] 王秋亚. 大豆异黄酮衍生物的合成及晶体结构研究[D]. 西安: 陕西师范大学, 2005.

[42] Soidinsalo O, Wähälä K. Synthesis of phytoestrogenic isoflavonoid disulfates[J]. Steroids, 2004, 69(10): 613-616.

[43] Fairley B, Botting N P, Cassidy A. The synthesis of daidzein sulfates[J]. Tetrahedron, 2003, 59(29): 5407-5410.

[44] 刘文, 宋芝娟, 梁念慈, 等. 槲皮素一硫酸酯对凝血酶诱导的猪血小板聚集和肌动蛋白聚合的影响[J]. 中国药理学通报, 1998, 14 (01): 92-93.

[45] 代永盛. 黄酮类化合物衍生物结构设计与合成[D]. 哈尔滨: 哈尔滨工程大学, 2006.

[46] 张毅. 多穗柯黄酮异戊烯改性及性质研究[D]. 广州: 华南理工大学, 2011.

[47] 张丽伟. 槲皮素衍生物的合成及应用研究[D]. 济南: 山东师范大学, 2012.

[48] 李化军. 3-取代槲皮素衍生物的合成研究[D]. 北京: 中国人民解放军军事医学科学　　　院, 2004.

[49] Kim M K, Park K S, Lee C, et al. Enhanced stability and intracellular accumulation of quercetin by protection of the chemically or metabolically susceptible hydroxyl groups with a pivaloxymethyl (POM) promoiety[J]. Journal of Medicinal Chemistry, 2010, 53 (24): 8597-8607.

[50] 张吉泉, 何瑶瑶, 王建塔, 等. 5-O-取代木犀草素衍生物的合成方法[J]. 化学试剂, 2009, 31 (11): 936-937.

[51] 袁尔东, 王菊芳, 刘本国, 等. 亮叶杨桐叶类黄酮的提取及其抗氧化活性研究[J]. 食品科学, 2009, 30 (14): 105-109.

[52] Rancon S, Chaboud A, Darbour N, et al. Natural and synthetic benzophenones: interaction with the cytosolic binding domain of P-glycoprotein[J]. Phytochemistry, 2001, 57 (4): 553-557.

[53] 姜铁夫, 康万军, 杜妙, 等. 葛根黄豆苷元衍生物的合成及理化性质研究[J]. 解放军药学学报, 2006, 22 (03): 228-230.

[54] Jones S, Selitsianos D, Thompson K J, et al. An improved method for Lewis acid catalyzed phosphoryl transfer with Ti (t-BuO) 4[J]. The Journal of Organic Chemistry, 2003, 68 (13): 5211-5216.

[55] 陈晓岚, 石晓娜, 屈凌波, 等. 大豆苷元磷酰化产物的结构确定[J]. 波谱学杂志, 2007, 24 (01): 85-90.

[56] 邓玉霞. 磷酰大豆苷元酯的合成及其与环糊精相互作用的研究[D]. 郑州: 河南工业大学, 2010.

[57] 肖咏梅, 杨亮茹, 邓玉霞, 等. 大豆苷元磷酰化改性及条件优化研究[J]. 粮食与油脂, 2012, (03): 9-12.

[58] 程宁宁. 稀土 β-二酮类杂环三元配合物的合成、表征及其生物活性的研究[D]. 上海: 上海师范大学, 2012.

[59] 胡文祥, 王建营. 协同组合化学[M]. 北京: 科学出版社, 2003.

[60] 朱金婵. 三种黄酮铜配合物的合成及其生物活性研究[D]. 广西: 广西师范大学, 2008.

[61] 蔡放, 江仁望. 天然产物的金属铜配合物研究进展[J]. 亚太传统医药, 2011, 7 (06): 163-168.

[62] 夏玉明, 朴惠善, 罗惠善. 槲皮素铜配合物的合成及其活性研究[J]. 延边大学学报 (自然科学版), 2000, 26 (01): 72-73.

[63] 张淑敏, 赫春香, 李杰兰, 等. 钼-槲皮素的配位化学研究[J]. 分析试验室, 2003, 22 (05): 35-37.

[64] 翟广玉, 渠文涛, 马海英, 等. 槲皮素金属配合物的研究进展[J]. 化学试剂, 2013, 35 (02):

140-146.

[65] 俞梅兰. 槲皮素铬(Ⅲ)配合物的合成、表征及生物活性研究[D]. 南昌: 南昌大学, 2006.

[66] 郭艳华, 许国权, 李艾华, 等. 天然黄酮芦丁的化学改性及抑菌作用[J]. 江汉大学学报(自然科学版), 2013, 41(02): 31-35.

[67] Zhou J, Wang L, Wang J, et al. Antioxidative and anti-tumour activities of solid quercetin metal (Ⅱ) complexes[J]. Transition Metal Chemistry, 2001, 26(1-2): 57-63.

[68] 谭君. 槲皮素金属配合物抗肿瘤作用及其与 DNA 相互作用的机理研究[D]. 重庆: 重庆大学, 2007.

[69] 尹富玲, 申佳, 邹佳嘉, 等. 2, 2′-联吡啶和去甲基斑蝥酸根桥联双核铜(Ⅱ)配合物的合成、结构表征及抗癌活性的研究[J]. 化学学报, 2003, 61(04): 556-561.

[70] 林建广. 天然抗氧剂改性及应用研究[D]. 无锡: 江南大学, 2008.

[71] 郭瑞霞, 李力更, 霍长虹, 等. 槲皮素甲基化衍生物的半合成及构效关系[J]. 中草药, 2013, 44(03): 359-369.

[72] Das S, Das K, Dubey V. Inhibitory activity and phytochemical assessment of ethno-medicinal plants against some human pathogenic bacteria[J]. J Med Plants Res, 2011, 5(29): 6536-6543.

[73] Murakami A, Ashida H, Terao J. Multitargeted cancer prevention by quercetin[J]. Cancer Letters, 2008, 269(2): 315-325.

[74] Bouktaib M, Lebrun S, Atmani A, et al. Hemisynthesis of all the O-monomethylated analogues of quercetin including the major metabolites, through selective protection of phenolic functions[J]. Tetrahedron, 2002, 58(50): 10001-10009.

[75] 李化军, 栾新慧, 赵毅民. 3-O-甲基槲皮素的合成[J]. 有机化学, 2004, 24(12): 1619-1621.

[76] 陈荣义. 茶多酚的提取纯化及其改性的研究[D]. 成都: 四川大学, 2005.

[77] Ardhaoui M, Falcimaigne A, Engasser J, et al. Enzymatic synthesis of new aromatic and aliphatic esters of flavonoids using Candida antarctica lipase as biocatalyst[J]. Biocatalysis and Biotransformation, 2004, 22(4): 253-259.

[78] Roh C, Choi K Y, Pandey B P, et al. Hydroxylation of daidzein by CYP107H1 from Bacillus subtilis 168[J]. Journal of Molecular Catalysis B: Enzymatic, 2009, 59(4): 248-253.

[79] Tobiason F L. MNDO and AM1 Molecular Orbital and Molecular Mechanics Analyses of (+)-Catechin, (−)-Epicatechin, and their 3-O-Acetyl Derivatives[M]. Plant Polyphenols; Springer, 1992.

[80] 钟晨. 天然产物白藜芦醇二聚体的全合成及其衍生物的设计和活性研究[D]. 上海: 复旦大学, 2013.

[81] 王光勇. 磁性竹叶黄酮分子印迹聚合物的制备及其性能评价[D]. 安徽: 安徽农业大学, 2012.

[82] Tanaka T, Kusano R, Kouno I. Synthesis and antioxidant activity of novel amphipathic derivatives of tea polyphenol[J]. Bioorganic & Medicinal Chemistry Letters, 1998, 8(14): 1801-1806.

[83] Danieli B, Luisetti M, Sampognaro G, et al. Regioselective acylation of polyhydroxylated natural compounds catalyzed by Candida antarctica lipase B (Novozym 435) in organic solvents[J]. Journal of Molecular Catalysis B: Enzymatic, 1997, 3(1): 193-201.

第 10 章　金属元素螯合物结构转化

10.1　主族金属螯合物

主族元素金属配合物研究是配位化学的重要研究内容之一，但其往往被种类繁多的过渡金属配合物"淹没"。这是由主族元素具有闭壳层电子层结构、价电子数较少及氧化态较单一等特性决定的，因此，主族金属配位化学研究进展明显滞后于过渡及稀土金属元素配位化学的快速发展，新型主族金属配合物的创新研究似乎乏善可陈。然而，研究者近年发现，一些具有特殊新颖结构的主族金属配合物也能够展现出与过渡金属配合物相类似的优良功能特性[1]。目前已有文献报道主族金属配合物对 H_2O、CO_2、NO、CO、胺类、烯烃、炔烃、醛、酮等有机小分子具有配位活化反应性能，特别是主族金属配合物对小分子 NH_3 的配位研究备受关注[1, 2]。

天然药物合成制备及功能活性相关领域研究中，国内外学者将金属离子与具有药理活性的天然产物有效化学成分相结合，制备了一系列具有崭新生物功能活性的天然有机小分子金属配合物，并从细胞水平、分子化学键结构水平阐释了其可能的作用机理及相应的构效关系。特别是在抗癌新药开发研究领域取得重要的理论与实验依据，展示了其潜在的应用前景。此外，研究者就天然药物金属配合物的结构多样性与功能活性多样性也做了大量而深入的研究，文献报道的研究对象主要集中于黄酮类金属配合物。另外，生物碱、香豆素及醌类金属配合物也有报道[3, 4]。

由于氨基酸配体的环境友好特性，主族金属氨基酸配合物在绿色功能材料应用领域，特别是在非线性光学材料相关应用领域已引起广泛关注。甘氨酸硫酸锂(GLS)[5]、L-脯氨酸氯化锂一水合物(LPLCM)[6]、二氯·三(甘氨酸)合钙(Ⅱ)[TGCC][7] 都因具有良好的倍频效应(second harmonic generation, SHG)而可能发展成为优良的非线性光学材料(nonlinear optical, NLO)。另外，元素周期表中的部分 p 区主族金属离子，如铋、碲、铅、锡、锑等，其 s 亚层和 p 亚层的价电子处于电子最外层，与配位场作用较强，容易形成类似于过渡金属离子的宽带发光，且其发光波长可延伸至近红外区，因而具有良好的应用前景。主族金属离子将成为继过渡和稀土离子之后的第三类激活离子并可能奠定激光材料发展新方向[8]。同时氨基酸结构本身固有的空间手性特征也嫁接至其配合物，使对应配合物具有了手性材料特征[9]。氨基酸作为构成生物体内蛋白质、酶等生物大分子的基本结构单元，其主族金属配合物研究的重要意义还在于其在生命科学、医药、农业等相关领域的潜在应用。从配位化学角度，氨基酸是一类具有氨基和羧基的双配位功能基团的优良配体。研究氨基酸与主族金属之间的相互作用，对考察金属的生物活性、探索生命过程的反应机理等都具有重要意义。

10.1.1　天然产物主族金属螯合物

　　天然产物有效药物成分的研究对象主要集中在黄酮类化合物，其次对生物碱、醌类化合物也有一些报道。

　　1. 黄酮类配合物

　　黄酮类化合物在自然界中广泛存在，其结构具有超离域及 π 键共轭特性，分子结构中的氧原子具有较强配位能力，同时具有 3-羟基、4-羰基、5-羟基或邻苯羟基基团，此空间结构有利于形成稳定配位化合物，目前文献报道的黄酮配合物主要类型包括槲皮素金属配合物、黄酮金属配合物、桑色素金属配合物、芦丁金属配合物和白杨素金属配合物[10]。黄酮类配合物具有的多样生物功能活性包括以下几方面。

　　1) 增强抗肿瘤和抗氧化活性

　　黄酮类活性成分多数本身即具有抗肿瘤和抗氧化活性功能，如牡荆素、槲皮素、汉黄芩素、芹菜素、山萘酚、大豆素、仙鹤草等，黄酮与金属离子形成配合物后，其活性明显增强。

　　2) 抗炎、抗菌及抗病毒等活性

　　黄酮与金属离子配位后，其协同作用可增强其抗炎、抗菌及抗病毒活性。房喻等[11]采用 pH 电位法研究了黄芩苷铝（Ⅲ）配合物，研究表明配合物稳定性强，并预期其可作为黄芩苷药物作用于人体，与体内生命必需元素相互作用而发挥功效。

　　3) 去除人体内过量金属微量元素

　　人体内微量金属元素有助于人体健康，但过量则会引起中毒，因此，必须采用恰当手段或药物干预治疗。天然黄酮分子结构中含有多个潜在活性配位位点，能够与体内部分微量金属元素形成配合物，借此消除过量微量金属元素（一般是自由离子形态），从而达到解毒效果。Finnegan 等[12]研究指出能够与 Al^{3+} 形成稳定配合物的配体可降低自由态 Al^{3+} 在体内的浓度；吴谊群等[13]率先合成并表征了天然黄酮金属晶体配合物三(3-羟基黄酮) 合铝(III)，研究结果可解决铝制品在医药、食品加工及日常生活的广泛应用中，人体铝蓄积引起人体中毒的问题。其分子学机制为铝毒性自由态 Al^{3+} 与 3-羟基黄酮形成配合物，从而降低其体内蓄积浓度，达到解毒的目的。

2. 醌类化合物

具有抗炎、抗菌、抗病毒及抗癌活性的醌类化合物，如蒽环类药物阿霉素是目前临床内科化疗广泛使用的重要广谱药物之一。有报道对白花丹素金属配合物的合成进行了较系统研究，先后合成了 Ca(Ⅱ)、Mg(Ⅱ)、Na(Ⅰ)等二十种化学结构确定的金属配合物，并表征了其中六种配合物的晶体结构；另外，采用体外细胞实验研究获得白花丹素及其金属配合物具有抗肿瘤活性的结论。具体表现为白花丹素与锌、镁等金属离子配位后，其抑瘤活性较配体均明显增强，将上述配合物对十种人类肿瘤细胞株抑制作用筛选的研究显示多数配合物较白花丹素配体活性增强。

3. 苦参碱金属配合物

Natarajan 课题组[14]利用广豆根活性组分苦参碱为配体与 Ga、Sn 金属离子反应获得配合物，并表征其单晶结构。研究表明苦参碱能与 Sn(Ⅳ)直接配位，而与镓金属离子配位为离子型化合物。另外，对比研究了苦参碱及其金属配合物体外抗肿瘤活性，发现苦参碱金属化合物对多数肿瘤细胞株抑制作用较苦参碱配体增强，其中苦参碱镓配合物对肺 NCIH460 肿瘤细胞、肝 HepG2 肿瘤细胞、结肠 SW480 肿瘤细胞抑制率分别为 56%、71.43%和 99.36%；苦参碱 Sn(Ⅳ)配合物仅对肾癌 Ketr-3 细胞和结肠癌 SW480 细胞具有较理想抑制效果，抑制率分别为 64.24%、61.87%。上述研究表明金属离子与苦参碱阳离子的协同作用有利于增加其抗肿瘤活性，且离子型化合物，特别是平面结构离子型化合物更有利于肿瘤抑制活性。另外，以 DNA 为靶标的生化作用机制表明苦参碱金属化合物与 DNA 的作用机制主要通过静电和插入作用来实现。

10.1.2　主族金属氨基酸螯合物

主要介绍有关主族金属氨基酸配合物的研究进展，并对未来主族金属氨基酸配位化学的发展进行了展望。

1. s 区金属元素的氨基酸配合物

碱金属和碱土金属是构成元素周期表的 s 区元素，分别位于第 Ⅰ、Ⅱ主族，它们在生物体代谢中发挥重要作用。s 区金属元素分布于多数细胞和组织中，含量较高，并持续供应，保证生物功能得以正常运转。碱金属阳离子 Li^+、Na^+ 和 K^+ 可调节体内活细胞离子平衡；碱土金属阳离子如钙是有机体的重要组成部分，研究其与氨基酸及其多肽配位反应，可充分理解生理功能中此类组分的相互作用。

近年新型锂配合物在能源、光学材料等方面的功能特性也引起研究者广泛关注。

1) 锂

2003 年，Schmidbaur[15]依据锂和钾 L-氢化天冬氨酸水合物 Li[L-AspH](H_2O) 的早期工作，提出了无水锂 L-氢化-α-谷氨酸 Li[L-α-GluH] 的独特结构。L-α-谷氨酸[L-α-GluH$_2$]与 LiOH 在水中进行中和反应，在 pH=6.8，20 ℃条件下经缓慢生长（8 个月），获得 Li[L-α-GluH]配合物晶体。不对称单元包含两个独立的 Li[L-α-GluH]组分，显示了 L-α-谷氨酸的两种配位模式。Hecke 等[16]合成了 L-脯氨酸氯化锂-水合物（L-proline lithium chloride monohydrate, LPLCM），于水溶液中低温获得。该配合物锂离子配位数为 2，分别是一个 L-脯氨酸配体和一个配位水分子，氯离子为抗衡阴离子。

近年来，常用方法为从热水中获得 8 种 2：1 配比的氨基酸两性离子和 Li$^+$盐晶体，且为基于四面体锂阳离子的配位网络结构，即二维方形网状结构、类金刚石结构和沸石 ABW 等三类结构[17]。

综上，锂离子可被视为最小金属离子，因此，在锂离子配合物中，锂离子通常为四配位或更低配位如二配位，相较于其他第 I 主族金属元素而言，锂离子的配位能力较强。

2) 钠

钠离子应该是自然界中丰度最大的金属元素之一，但钠氨基酸配合物晶体结构研究报道却有限[18]。2001 年，Krishnakumar 等从含有甘氨酸和硝酸钠的饱和水溶液中，获得了一种无色透明单晶——甘氨酸硝酸钠；另一种甘氨酸钠配合物是甘氨酸碘化钠水合物[19]。甘氨酸分子在配合物中仍然是以两性离子形式存在，但与锂离子相比，钠离子配位数（8）较高， 立方体结构为扭曲六角双锥多面体结构。2006 年，甘氨酸硫代硫酸钠二水合物被首次报道，其中钠原子均为六配位，但存在四种不同配位环境，配位原子为 O 原子和 S 原子，立方结构为畸变八面体。2007 年，Verbist[20]将 L-丙氨酸加入 Na$_2$MoO$_4$ 水溶液中，HNO$_3$ 调节 pH 为 3.4，可获得 L-丙氨酸配位 γ-型八钼酸盐 [Na(NO$_3$)(C$_3$H$_7$NO$_2$)]$_n$，其不对称单元由一个钠离子、三个硝酸根离子和两个 L-丙氨酸分子构成。

3) 镁

Marandi 等[21]将物质的量比为 1：0.71 的甘氨酸与氯化镁的水溶液在约 295 K 温度下缓慢蒸发，数周后，获得一种甘氨酸镁配合物——聚二氯 μ-甘氨酸·四水合镁（Ⅱ）的无色细长晶体。其中，镁离子为六配位八面体几何构型，且正八面体呈镜面对称。配位原子皆为 O 原子，分别来自四个配位的水分子和两个甘氨酸配体中的羧基 O 原子[O(1)和 O(2)]。该研究小组还将硝酸镁与甘氨酸反应，运用与氯化镁同样的晶体培养方法得到聚二硝酸 μ-甘氨酸·四水合镁（Ⅱ） 配合物。

4) 锶

Ptice 等[22]将等摩尔甘氨酸和氯化锶溶解在蒸馏水中，过滤反应混合物，静置结晶，在室温(27 ℃)下缓慢蒸发，一周后形成透明晶体。其结构由一个中心 Sr(Ⅱ)、一个水分子、一个两性离子甘氨酸和一个氯组成。Sr(Ⅱ)为九配位，连接一个水分子的氧、四个不同甘氨酸配体的六个氧和两个对称相关的氯，呈现出一个畸变的三帽三角棱柱配位几何构型。2005 年，Christgau 等[23]利用高温合成新技术合成了两种锶(Ⅱ)的配合物——六水•D-谷氨酸合锶(Ⅱ)和五水•二(氢化 L-谷氨酸)锶(Ⅱ)。

2. p-区金属元素的氨基酸配合物

p-区金属(或准金属)元素共有十种，包括铝、镓、铟、铊、锗、锡、铅、锑、铋和钋，分属于元素周期表中的第 ⅢA、ⅣA、ⅤA、ⅥA 族。与 s 区金属相比，它们的金属性较弱，存在毒性，镓毒性不强，但铊、铅是剧毒，毒性限制了它们的应用范围，同时也限制了涉及此类元素的相关研究[24]。但由于铅配位的灵活性及氨基酸配体的多样性，研究此类配合物意义重大。另外，Pb(Ⅳ) 和 Pb(Ⅱ)还可用于标记一些蛋白质的晶体学研究。因此，在 p 区金属元素中，铅氨基酸配合物研究相对较多。

1) 镓

有研究者运用甘氨酸作为原始模板，水热合成获得了一种新层状镓磷酸盐，并得到了该配合物较大的晶体[25]。

2) 铊

目前已有关于无水铊与氢化 L-谷氨酸配合物报道。将碳酸铊(0.469g, 1 mmol)加入 L-谷氨酸(0.294 g, 2 mmol)的 10 mL 水的悬浮液中，混合物回流 10 min，产生澄清溶液，在室温下采用缓慢蒸发法生长单晶[26]。五个月后，得到足够大的 [Tl(L-GluH)]无色晶体。

3) 铅

2000 年，Gasque[27]报道了铅-天冬氨酸配合物晶体结构。在铅-缬氨酸配合物的晶体结构中，中心铅离子为七配位，七个配位的氧原子分别来自一个螯合配位的缬氨酸配体、一个单配位的缬氨酸配体、两个水分子和一个硝基的螯合作用 [O(8) 和 O(9)]。由于脯氨酸较大的空间位阻，中心 Pb(Ⅱ)离子的配位数是 6，同时基于脯氨酸的分子结构，常常采用螯合配位模式。苯丙氨酸铅配合物 [Pb(phe)₂]$_n$ 的晶体结构也显示出中心铅为六配位，每个铅原子中的 6 个配位原子来自于螯合苯丙氨酸配体的 2 个氮原子和 4 个氧原子。报道了铅与异亮氨酸、亮氨酸、缬氨酸配合物的晶体结构，此三种配合物是从相应氨基酸和 Pb(NO₃)₂ 或 Pb(ClO₄)₂ 的水溶液中得到的。2011 年首次报道了含有 L-缬氨酸和 L-异亮氨酸的两种氨基酸配体铅配合物，运用同样的反应条件，还研究了铅的 L-缬氨酸、L-苯丙氨酸和 L-精氨酸等配合物。

10.1.3　主族金属氨基酸螯合物应用

主族金属与氨基酸形成的配合物的应用研究领域较为广泛。

1. 生命科学领域

主族金属中有人体必需常量元素(钙、钾、钠、镁)和微量元素(锡、锶、铷)。常量元素在体内所占比例较大，有机体需要量较多，是构成有机体的必需元素；微量元素虽然在人体内的含量较少，但分布广，对许多生命过程具有重要调节作用，同样与人体健康息息相关。主族金属氨基酸配合物的研究可以帮助人们认识、模拟与考察特定主族金属在其生命过程发挥作用的途径与机理。由于生命体系中涉及主族金属众多、过程纷繁复杂，因此，以功能为导向地开展金属主族金属配合物研究至关重要。

2. 生物医学领域

主族金属元素作用失常与人类诸多疾病的诱发密切相关，因此，可通过主族金属干预实现对疾病的调控。主族金属氨基酸配合物的研究在新药研发领域具有潜在应用价值，已有研究表明，镓、锗、锡、铋配合物具有良好的抗菌和抗癌活性，部分已作为抗癌药物应用于临床，但多数此类配合物仍处于实验阶段。主族金属与氨基酸的相互作用研究，将促进此类配合物的药理机制和构效关系进一步明朗，为开发金属配合物在疾病诊断、治疗及生命调控中的应用奠定基础，为筛选获得新高效、低毒药物提供新思路和新方法。由此，主族金属氨基酸配合物研究任重道远。

3. 农业应用领域

主族金属氨基酸配合物也是一类重要的农业生产肥料或饲料。不同于传统农业生产中只重用氮磷钾三大要素，主族金属氨基酸配合物类的生产肥料或饲料可以供给土壤所需的微量元素和氨基酸、改良土质、增进土壤肥力、促进作物营养吸收与生长、增强作物抗病和抗逆能力等。另外，最为重要的是主族金属氨基酸配合物绿色无污染，是一种环境友好的新型产品。

4. 新型功能材料领域

主族金属化合物常具有无色、透光性强的特点，可结合高光学、非线性、化学组成灵活多样的有机物，同时再掺杂入热稳定性强的无机物即可使此类新型配合物在有机无机杂化材料领域具有不可替代的优势。另外，部分主族金属氨基酸配合物晶体具有的良好二阶非线性光学性质，可运用于非线性光学材料。因此，晶态主族金属氨基酸配合物在光学、热电性、铁电性和磁性等功能材料方面具有重要的应用前景。

10.2　过渡金属螯合物

过渡金属是元素周期表中 d 区的一系列金属元素，易形成 d、s、p 杂化轨道，络合能力强。当金属离子处于不饱和配位时，可作为电子接受体与相关配体形成金属配合物[28]。最初，该类配合物主要应用于工业催化领域[29]，随着研究不断深入，研究人员发现过渡金属配合物具有抑菌、抗病毒、抗肿瘤作用并可作为分子探针应用于生命科学领域。B.Rosenberg 等[30]合成了第一个具备抗肿瘤活性的过渡金属配合物——顺铂。顺铂抗癌谱广，疗效确切，但第一代顺铂类药物耐药性差、毒性强、水溶性差，限制了其在医学领域的应用。因此，Jakupec 等[31]用吲哚咪唑基及其衍生物与金属钌配位，得到反式钌配合物，提高了抗肿瘤活性并降低了药物的毒副作用。此外，张若衡、王宏[32]等将过渡金属配合物作为光裂解试剂，当目的序列被特异的 DNA 序列标记产生导向作用后，金属离子配合物可在光照的条件下使 DNA 分子发生断裂，实现序列特异性 DNA 断裂的功能。过渡金属配合物基于配体及金属种类不同可具备多种性质及功能，并应用于材料、医学及生命科学等多个领域，本节根据配体种类不同对过渡金属配合物种类及其生物活性进行介绍。

10.2.1　含氮过渡金属螯合物

含氮配体主要包括吡啶、联吡啶、邻菲咯啉、席夫碱等化合物及其衍生物，它们能与多种过渡金属离子形成稳定配合物，其中吡啶类、席夫碱类多为主要配体，邻菲咯啉及其衍生物是常见辅助配体。含氮配体是配位化学中应用最多的一类配体，广泛用于抗肿瘤产品和各类探针中[33]。

1. 吡啶配体的过渡金属配合物

吡啶及其衍生物具有多个配位点，可与过渡金属盐配位形成具有新超分子结构的配合物[34]。吡啶类配体可分为以下三类：①多吡啶桥联配体，两端的氮原子桥联金属原子，形成具有各种空间结构的配合物；②多吡啶螯合配体，其结构十分稳定，是常用的光、电、磁材料；③多吡啶功能配体，此类配体经配位可形成具有特殊功能的分子材料[35, 36]。研究发现，一些吡啶类过渡金属配合物具有荧光特性，可作为核酸探针使用。

1984 年，Bartno 等[37]首次利用吡啶与锌配合生成 $[Zn(Phen)_3]^{2+}$。

[Zn(Phen)$_3$]$^{2+}$的左右两种异构体与同为手性分子的 DNA 作用时存在立体选择性，可作为 DNA 分子探针识别 DNA 双螺旋结构，区分 B-DNA 和 Z-DNA 构型。但[Zn(Phen)$_3$]$^{2+}$易消旋化，结构不稳定，因此该团队[38]利用金属钌合成了更稳定的[Ru(Phen)$_3$]$^{2+}$两种异构体，并利用位阻不同的异构体对不同种类 DNA 结合强度的差异设计了系列敏感探针。2003 年，郭春华[39]等以其他过渡金属离子代替成本较高的金属钌，寻找新型荧光探针，以 Ni^{2+}为中心离子，以新型配体 PHPIP（多吡啶-菲咯啉）为插入配体，合成了新型核酸探针[Ni(phen)$_2$PHPIP]ClO$_4$。该配合物与 DNA 结合后由于配体和溶剂分子之间的振动耦合，使激发态能量散失，电子吸收光谱减弱，荧光变化幅度增强。

吡啶类过渡金属配合物作为一种常见的分子探针，无放射性，价格便宜，使用方便，灵敏度高，具有广阔应用前景。

2. 席夫碱配体的过渡金属配合物

席夫碱（Schiff 碱）是氨和羰基化合物缩合而成的含有亚氨基（—CH—N—）或甲亚胺基（—C≡N—）官能团的有机化合物[40]。其配位能力强，易与过渡金属形成稳定的配合物。席夫碱配体从结构上可分为单席夫碱、双席夫碱、大环席夫碱、不对称席夫碱和对称席夫碱；从齿数分可为单齿类和多齿类[41]。近年来，席夫碱过渡金属配合物因其独特的药理学特性成为抗菌、抗癌、抗病毒材料的不二之选。

刘兴荣等[42]合成了 5-硝基水杨酸缩甘氨酸席夫碱及其与 Co^{2+}、Zn^{2+}、Ni^{2+}、Cu^{2+}的配合物，并对配合物进行了抗菌性测试。研究发现 Schiff-Zn 配合物对枯草杆菌有抑制作用，Schiff-Co 配合物对腊样芽胞杆菌有较好抗菌活性。陈德余等[43]合成了邻香草醛甲硫氨酸席夫碱及其过渡金属配合物，发现氨基酸类席夫碱金属配合物对自由基的清除能力明显强于单一的经氨基酸修饰的席夫碱，说明席夫碱类过渡金属配合物对清除氧自由基有一定的促进效果，进而起到抗病毒作用。

除医学领域外，带有某些特殊基团的席夫碱配合物可作为离子探针应用于光致变色领域 [44, 45]。过渡金属离子在生物体内沉积对人类健康造成巨大的危害，离子探针分析可以有效地检测金属离子的残留，在医学、生物、环境上有重要的意义。刘茜等[46]利用水合肼、水杨醛为原料，通过缩合反应合成了 4 种双席夫碱衍生物，并以荧光光谱法研究了该配合物对过渡金属离子（Cu^{2+}、Cd^{2+}、Co^{2+}、Ni^{2+}）的识别作用。结果表明各配合物由于空间位阻小，配位效应可最大程度发挥，产生猝灭现象，对金属离子具有较强识别能力。席夫碱金属配合物作为新型离子探针由于使用方便、价格便宜、结果准确，已成为一个新兴的研究热点。

10.2.2　含羧酸基团配体过渡金属螯合物

羧酸类配合物因羧酸基团种类的不同而具有多样性[47]。与过渡金属配位的羧酸基团可分为[48]含两个羧基团的有机配体、含三个羧基团的有机配体及含三个以上羧基团的有机配体。将有机羧酸类配体经无机原子(S、P 等)后不仅能增加配位点，且能改变对不同金属的亲和力、增加羧基上电子云的密度、提高配位能力。羧酸类配体通常采用单齿、双齿、螯合、桥联等配位模式与多数金属离子形成配位键。目前，关于羧酸类过渡金属配合物多用于合成微孔材料，进而应用于宇航、电子工业等尖端技术行业中[49]。但随着研究的深入，有研究者将羧酸类过渡金属配合物用于抗菌和抗肿瘤治疗中，取得了不错的效果。

龚云南[50]以吡唑羧酸为配体，4,4-联吡啶为辅助配体，与 Zn^{2+} 结合，研究了配合物对金黄色葡萄球菌和绿脓杆菌的抑菌作用。结果表明配合物对金黄色葡萄球菌和绿脓杆菌的 MIC(最低抑菌浓度，$\mu g/mL$)分别为 6.25 $\mu g/mL$ 和 12.5 $\mu g/mL$，强于配体的抗菌活性，分析其原因是由于 Zn^{2+} 可以接受电子，增加了药物与受体之间的电子迁移。2012 年，董丽丽[51]将 3-吲哚羧酸为配体，邻菲咯啉为辅助配体，与 Cu^{2+} 配位，用 MTT 法，筛选出对乳腺癌 MDA-MB-231 细胞有良好抑制作用的过渡金属配合物$[Cu(C_{12}H_{12}O_2N)_2(C_{12}H_8N_2)]$。进一步研究发现，配体的共平面结构可使配合物穿过细胞膜进入 MDA-MB-231 细胞内，抑制蛋白酶体的活性，从而抑制了肿瘤细胞的生长，致使肿瘤细胞凋亡，且配合物的浓度越高，作用时间越长，对肿瘤细胞的抑制作用越明显。

过渡金属离子经羧酸配位后，金属离子极性减小，金属配合物亲油特性增强，有利于穿过真菌的油脂层，因此配合物的抗菌活性强于单一配体[52]。填补羧酸类配合物在生物领域的空白，筛选出活性更强的抗菌、抗癌药物，具有广阔的应用前景。

10.2.3　多核过渡金属螯合物

多核过渡金属配合物是含两个或两个以上过渡金属离子的桥联配合物。可通过电子传递的相互作用及与配体的相互协调作用[53]使多核过渡金属配合物展现出不同于单核配合物的化学活性和生理作用，在医药卫生方面有广泛的应用[54]。多核过渡金属配合物中研究最多的物质是多核铂类配合物，多核铂类配合物通过链间交联或者间隔若干碱基的链内交联的方式作用于 DNA 靶点，因此与顺铂类药物相比具有更强耐药性，是新型抗癌药物研究的热点[55]。

Kabolizadeh [56]等合成了一系列以烷基二胺为配体的多核铂配合物，研究表明它对多个肿瘤细胞显示了良好的细胞毒性且与顺铂无交叉耐药性，并对肺癌的二线治疗及胃癌的一线治疗进行了临床研究[57]。杜俊等[58]将芳香基团引入链状二胺，得到了半刚性的二胺配体，与铂离子配位，得到的双核铂配合物可克服由于药物与谷胱甘肽结合而导致的耐药性和毒性，对卵巢癌 A2780 和 A2780-cisR 细胞进行抗肿瘤活性测试发现，多核铂配合物的 IC_{50} 值分别为 4.8 $\mu mol/L$ 和 3.6 $\mu mol/L$，优于顺铂类药物（IC_{50} 值分别为 2.8 μmol/L 和 18.6 μmol/L），表现出更佳的抗肿瘤活性。

10.2.4　含天然化合物配体过渡金属螯合物

天然化合物与过渡金属离子配位后所得配合物可通过配体的结构效应及金属离子的电子效应改变过渡金属配合物与作用靶点的结合方式及结合能力，进而产生协同作用，使天然化合物中有效成分更易被吸收，生理活性得到增强。目前，天然活性物质如黄酮类、生物碱类与过渡金属离子配位增强抗肿瘤活性是天然化合物改性研究的热点之一。

Chen 等 [59]将槲皮素与 Zn^{2+} 配位，对三种肿瘤细胞株（HepG2、 SMMC7721 和 A549 细胞）进行体外抗肿瘤活性实验，所得槲皮素锌配合物对三株细胞均有明显的毒性作用（IC_{50} 值分别为 10.67 μmol/L，24.10 μmol/L 和 21.63 μmol/L）。刘延成等[60]以鹅掌楸碱为原料，合成了鹅掌楸碱的 Mn^{2+} 和 Fe^{2+} 金属配合物。研究发现鹅掌楸碱-Mn 和鹅掌楸碱-Fe 配合物表现出高于配体的抗肿瘤活性，说明配合物发挥了天然活性配体及活性金属的双效作用，存在正协同效应。

天然化合物的分子结构中通常含有共轭平面体系，其金属配合物能够以非共价结合的插入方式与 DNA 结合，影响 DNA 构象，还可产生类 DNA 裂解酶，使 DNA 发生裂解，产生细胞毒性，起到抗肿瘤作用，甚至某些天然化合物配位过渡金属化合物的抗肿瘤活性高于传统抗肿瘤药物顺铂。

综上所述，过渡金属配合物的独特化学结构使其拥有了特殊的性质与用途，被广泛应用于材料、催化、医学及生命科学等多个领域。近年来，随着研究的不断深入及各学科之间的交叉融合，开发生物活性更强、毒副作用更小、应用范围更广的过渡金属配合物至关重要。目前已有报道的过渡金属配合物主要应用于以下三个方面：①作为抗菌、抗肿瘤药物应用于生物医学；②作为高灵敏度的离子探针应用于药物分析和环境监测领域；③作为核酸探针应用于生命科学领域。而各个领域所需配合物相关配体的选择成为研究者要思考的问题，随着实验数据和相关理论的完善，填补过渡金属配合物各个领域应用的空白，必将成为 21 世纪对过渡金属配合物研究的重点。

10.3　稀土金属螯合物

伴随近年稀土元素合成与应用研究的不断推广与深入，其在医药领域发展潜力也日益突出，如烫伤治疗、抗凝血、抗炎抑菌、抗动脉硬化、抗肿瘤，而且在核磁诊断、放射性同位素诊断等方面均有应用[61]。1975 年，Anghileri[62]报道了氨基酸稀土配合物的抗肿瘤功效，研究发现稀土元素镧的抗肿瘤活性高于镓，且其参与抗肿瘤的抑制作用可能与钙镁离子的代谢相关。采用稀土放射性同位素研究肿瘤中钙离子的代谢时发现，稀土放射性同位素与肿瘤组织有较高的亲和性，例如，140La、141Ce、147Nd、152 Eu、153Sm、160Tb、177Lu 等在 Ehrlich 腹水癌细胞的富集程度较正常细胞高，静脉注射 167Gd、169Yb 等稀土离子 10 min 后，它们在肿瘤组织中可分别达到 50%和 70%的剂量。另有研究表明稀土离子随原子序数增加，与肿瘤组织的亲和力存在增加的趋势[63,64]，因此稀土配合物在抗肿瘤治疗应用中具有重要意义。本节主要介绍稀土配合物种类及其抗肿瘤机制。

10.3.1　席夫碱稀土螯合物

稀土离子与氧的配位能力强，在近中性条件下，能形成稳定的含多个羟基配体的稀土配合物，而此类含羟基配体的配合物依靠与稀土结合的羟基配合物亲核进攻核苷酸中的 P—O 键来实现链的断裂[65]。氨基酸席夫碱与稀土形成配合物后可能对 DNA 有选择性断裂作用，且形成配合物后具有协同作用[66]。Hussein 等[67]研究发现稀土配合物易与小牛的胸腺 DNA 结合，有发展成新的 DNA 切割试剂和抗癌药物的潜质。

1. 醛类席夫碱稀土配合物

1970 年，Hodnett[68,69]研究发现含有席夫碱(C=N)结构的化合物具有抗癌活性，且与金属离子形成配合物后其抗肿瘤活性增强，并发现其抗肿瘤活性与结构的关系为醛基取代物较胺基取代物的抗癌效果好，由水杨醛制得的席夫碱较其他醛制得的好，取代基有利于分子的脂溶性时抗癌活性好，取代基从环上拉电子能力愈强其抗癌活性越高。考虑到水杨醛与邻香兰醛结构相似，缓解药物对细胞的毒性[70]，邻香兰醛及氨基酸引入药物分子可以增强药物脂溶性[71]。孔德源等[72]合成了一系列邻香兰醛缩氨基酸席夫碱稀土配合物，研究表明甘氨基酸缩邻香兰醛席夫碱稀土配合物和甲硫氨基酸缩邻香兰醛席夫碱稀土配合物对人急性早幼粒白血病细胞(HL-60)具有不同程度的增殖抑制作用，且抗肿瘤活性可能与配合物二聚体的结构相关。

2. 酮类席夫碱稀土配合物

相对于醛类席夫碱配合物，酮类席夫碱配合物的研究较少，近年来为寻找高效、低毒的抗菌、抗癌药物，各种酮类席夫碱及其配合物的合成及应用研究逐渐引起重视[73,74]。其中, 4 -酰基吡唑啉酮是一类含有氮杂环的 β -二酮型化合物，与氨基缩合形成的席夫碱中含有 N、O 等多个配位原子，可与不同金属形成多种类型的配合物[75]。

10.3.2　喹喏酮类稀土螯合物

　　基于稀土离子和喹诺酮的生物活性特点，合成了大量的具有抗菌、抗肿瘤等作用的配合物。胡瑞定[76]对喹诺酮钯化合物进行合成和表征并开展了其与 DNA 作用光谱学研究，首次合成了诺氟沙星、环丙沙星、氧氟沙星和恩诺沙星等喹诺酮药物与钯的化合物。王国平等[77,78]研究发现喹诺酮类药物中含有 α-酮酸结构，与稀土形成配合物可提高抗肿瘤活性。该课题组在后续研究中还发现钆的诺氟沙星配合物在一定浓度时对人肝癌细胞(BEL-7402)和 HL-60 均表现出明显的抑制活性，其抑制率分别为 89.4% 和 98.3%。此外另有研究发现抗肿瘤药物杀死癌细胞的机制与喹诺酮类药物杀死细菌的机制相似，即均能抑制拓扑异构酶 II 和 DNA，形成可裂解复合物，干扰 DNA 的复制，从而造成 DNA 损伤[79]。Feyerabend 等[80]对喹诺酮类化合物哌嗪环进行修饰改变其细胞毒性，实验表明其对六种人类肿瘤细胞均有良好的抗增殖活性。钆和钕能促进 MG63 人骨肉癌细胞凋亡[81,82]。铈配合物能够诱导 EAC 肿瘤细胞凋亡，研究表明其机制与凋亡机制相关。Lee 等[83]研究发现钇配合物对白血病细胞有抑制作用，其凋亡机制可能是通过对 Fas 关联的死亡结构域(FADD)作用，激活死亡受体而导致细胞凋亡。作为一类全合成药物，喹诺酮类药物结构中可供修饰的位点较多，通过结构修饰与稀土形成配合物可以筛选出高效低毒的抗肿瘤候选药物。

10.3.3　杂环类稀土螯合物

　　大量研究表明嘧啶、吡啶、吡唑及其衍生物具有一定的抗肿瘤活性，其与稀土形成配合物后，抗肿瘤活性优于配体，且产生协同效应。

1. 嘧啶类稀土配合物的抗肿瘤活性

　　嘧啶由两个氮原子取代苯分子间位上的两个碳，形成一种二嗪，该化合物及其衍生物具有重要的生理活性。冯长根等[84]研究发现稀土钐及铈与氟尿嘧啶形成的配合物具有抗肿瘤作用。刘霞等[85]研究发现以 N-3-邻甲基甲酰基-氟尿嘧啶 (TFu)为配体与稀土 Nd^{3+} 合成配合物，其对肝癌细胞 HepG2 的抗肿瘤活性优于配体，由此推测配合物的金属稀土与嘧啶类配体产生了协同作用。TFu 能缓慢地释放 5-Fu，选择性地在肿瘤组织内将 TFu 转化为 5-Fu，从而增强靶向性，表现出显著的抗肿瘤活性。曲建强等合成了八种 4,6-二甲基嘧啶-2-硫代乙酸的稀土配合物，发现其对人肝癌细胞 Bel-7402 均存在抑制作用，且该作用强于配体。轻稀土镧(La)、铈(Ce)、镨(Pr)的各浓度组配合物和重金属铕(Eu)、钆(Gd)、铽(Tb)配合物对 HL-60 和人宫颈癌细胞(Hela)有较强的抑制作用，且优于配体[86]。

2. 吡啶类稀土配合物的抗肿瘤活性

吡啶是一个氮杂原子的六元杂环化合物,可看作苯分子中的一个(—CH)被 N 取代,又名氮苯。吡啶及其衍生物较苯更加稳定,但可以发生亲电取代反应,还能与多种金属离子形成结晶性配合物,具有抗肿瘤活性。张永平等[87]合成了六种稀土(La、Nd、Sm、Eu、Er、Yi)苦味酸盐与 2,2-二硫代二(N-氧化吡啶)的配合物,发现此类配合物对人白血病 L1210、HL-60 细胞的抗肿瘤活性均优于配体。王宏权等[88]发现二(2-吡啶基-N-氧化物)二硫化物(L)及其镧(La)配合物具有抗肿瘤活性,其对 K562、L1210 和 HL-60 人白血病细胞的抑制作用均优于其配体。陈小轲等[89]采用 MTT 法研究发现吡啶配合物均能诱导 K562 肿瘤细胞的凋亡,但存在浓度依赖性和时间依赖性。流式细胞术检测发现经稀土镧联吡啶 8-羟基喹啉三元配合物诱导的 K562 肿瘤细胞被阻滞在 S 期,而经稀土镧联吡啶喹啉-2-甲酸诱导的 K562 肿瘤细胞被阻滞在 G1 期。

3. 吡唑类稀土配合物的抗肿瘤活性

吡唑是一种杂环化合物,易发生氯化、溴化、碘化、烷基化及酰化等反应,但吡唑衍生物只能用合成方法获得,吡唑化合物具有结构多样、高效、低毒等特性。毒性实验结果显示,稀土、钼酸、1,3-二苯基-4-吡唑甲醛缩异烟肼三元配合物对白血病癌细胞 K562 具有抑制作用,其 IC_{50} 值约为 25 μg/mL,且三配体协同作用大于吡唑单体对癌细胞抑制作用[90]。杂环化合物、稀土和酰基吡唑啉酮协同合成稀土酰基吡唑啉酮邻菲咯啉配合物表现出更好的癌细胞促凋亡能力,结果表明其具有较强的抗肿瘤作用[91]。肿瘤细胞对含吡啶、氨基等碱性基团的化合物识别能力较强,因此吡啶类稀土配合物可能通过吡啶基团提高对肿瘤组织的靶向性[92,93]。

10.3.4　黄酮类稀土螯合物

黄酮类化合物广泛存在于自然界中,其超离域度、大 δ 键共轭体系、孤对电子的氧原子及空间结构都有利于配合物的形成,且稀土金属离子具有空轨道,可接受黄酮类配体提供的电子对,从而形成配合物。对黄酮类稀土金属配合物的研究主要集中于黄酮醇类配体(槲皮素、芦丁)、黄酮苷类(橙皮苷)、二氢黄酮类(柚皮素),而与黄酮类配合的稀土金属(Ⅲ)则主要集中在镧(La)、钪(Sc)、钇(Y)、镱(Yb)、铈(Ce)、铽(Tb)、铕(Eu)、镨(Pr)、钐(Sm)、钕(Nd)、钆(Gd)、镝(Dy)。黄酮类化合物与稀土金属配位可以发生在以下三个部位:3 位羟基与邻位羰基、4 位羰基与 5 位羟基、B 环中的两个邻羟基,对于生物活性研究,大多集中在抗菌、抗炎、抗过敏、清除自由基、抗肿瘤等方面[94]。还有研究表明黄酮类金属配合物的抗肿瘤机制为黄酮类金属配合物插入 DNA 的碱基对之间，影响 DNA 分子的内部构型，破坏其碱基堆积力，抑制 DNA 的遗传和复制[95,96]。

1. 黄酮类稀土配合物的抗肿瘤活性

黄酮醇类稀土配合物的抗肿瘤机制多认为是清除氧自由基、抑制热休克蛋白的表达、抑制基质金属蛋白酶活性、抑制突变型 P53 基因的表达等。大体分为以下几类：①抗氧自由基作用和抗氧化作用；②逆转肿瘤细胞的多药耐药性；③控制抑癌基因和原癌基因的表达；④增强抗癌药作用的敏感性；⑤阻滞细胞周期，有研究表明：黄酮类化合物可作用于肿瘤细胞的 M 期或 S 期，从而通过干扰肿瘤细胞的细胞周期来抑制肿瘤的增殖，如查尔酮可抑制蛋白激酶(PKC)活性，改变细胞蛋白质的磷酸化过程以抑制肿瘤细胞的生长；⑥促进细胞凋亡；⑦抑制肿瘤细胞的信号转导；⑧抑制侵袭及转移等[97,98]。孙涓等[99]研究发现槲皮素对多种恶性肿瘤如胃癌、乳腺癌、肝癌、宫颈癌、结肠癌、卵巢癌、胆囊癌等均具有抑制作用，并对癌细胞的凋亡产生影响[100]。稀土与配体配合后，不仅可以降低其毒性，还可以增加其生理活性[101]，大部分稀土最外层均有空轨道，可以与槲皮素形成稳定的配合物。谭君研究发现槲皮素与稀土元素配合物可诱导肿瘤细胞凋亡，激活 Caspase-3 的活性，抑制 Survivin 蛋白表达。宋玉民[102]研究发现稀土芦丁配合物能与人血清白蛋白(HAS)和牛血清白蛋白(BSA)结合形成新的复合物，配合物与肽链之间主要通过氢键和范德华力形成配位键，使蛋白质肽链先伸展后收缩，说明稀土黄酮类稀土金属配合物对白蛋白的构象和分子能级都有明确的作用，从而起到一定的抗肿瘤作用。

2. 黄酮苷类稀土配合物的抗肿瘤活性

天然黄酮类化合物多以苷类形式存在，而关于黄酮苷类稀土金属配合物的报道非常少，主要集中在 O-苷类。张力等[103]采用碱提酸沉法从桔子皮中提取橙皮苷，并以橙皮苷化合物为配体与 La^{3+}配位，合成出橙皮苷-La 配合物。李英杰对合成得到的橙皮苷-Yb 和橙皮苷-Nb 进行结构表征，确定 4-CO 和 5-OH、4-CO 和 3-OH 是黄酮类稀土金属离子发生配位的主要位置，原因是 4 位羰基氧具有很强的配位能力，依据具体反应条件决定是与 5-OH 还是与 3-OH 进行配位反应[104]。夏侯国等[105]对合成的 Pr-橙皮苷配合物和 Y-橙皮苷配合物进行结构表征，推断稀土离子 Pr^{3+}和 Y^{3+}与橙皮苷的配合比为 1∶1。利用噻唑蓝(MTT)还原法测试表明，两种配合物对肺癌细胞 95-D 均有抑制作用。

3. 二氢黄酮类稀土配合物的抗肿瘤活性

柚皮素属二氢黄酮类物质，研究表明其可通过抑制肿瘤细胞的生长与增殖、抑制肿瘤细胞转移、促进肿瘤细胞凋亡等途径，发挥抗肿瘤作用[106]。Nie 等[107]发现柚皮素能通过抑制 MAPK-AP-1 和 IKKs-IKK-NF-kβ 的联合信号传导途径使 EGF 诱导的 MUC5AC 在 A549 细胞中的分泌衰减，从而达到预防肿瘤的目的。张芳[108]研究表明，柚皮素可增强抗人 DR5 单抗对人肝癌细胞系 HepG2 的凋亡作用。在对于黄酮类稀土金属配合物清除自由基的作用方面，汪宝堆[109]将合成得到柚皮素与 La、Dy、Sm、Eu 的配合物进行了抗超氧自由基、抗羟基自由基活性的研究。随着浓度的增大，配体及配合物对 O^{2-}、OH 的清除能力逐渐加强，但清除能力的增加程度越来越小。但目前还鲜有人研究二氢黄酮稀土配合物的抗肿瘤活性。

目前，稀土配合物抗肿瘤机制的研究大多集中于清除氧自由基、抑制拓扑异构酶、抑制肿瘤细胞信号转导、干预细胞周期通路等。随着人们对稀土配合物的抗肿瘤机制的深入研究和其构效关系的不断认识，今后对稀土药物的研究可能将倾向于安全、有效、可控的稀土配合物合成与功效研究。稀土与存在抗肿瘤活性的配体形成配合物后，其抗肿瘤活性往往优于配体，由此可以推断形成配合物后产生了协同效应。因此，稀土配合物的抗癌应用研究前景广阔。而考虑到将具有特定生物活性的配体与稀土离子配位后，既会产生生物活性的协同效应，同时又有降低毒性的可能性，若将具有抗骨质疏松作用的药物与稀土元素进行配合，从其对骨髓基质细胞的成骨、成脂分化的影响和成破骨细胞、骨细胞的分化及功能表达两个方面探讨其抗骨质疏松作用机制，将打破稀土配合物应用方面的局限，开拓稀土配合物用于预防与治疗老年病的新领域，必将产生深远的影响。

参 考 文 献

[1] Power P P. Main-group elements as transition metals[J]. Nature, 2010, 463(7278): 171-177.

[2] Yao S L, Xiong Y, Driess M. ChemInform abstract: Zwitterionic and donor-stabilized *N*-heterocyclic silylenes (NHSis) for metal-free activation of small molecules[J]. Cheminform, 2011, 30(7): 1748-1767.

[3] Mazumder B, Hector A L. Synthesis and applications of nanocrystalline nitride materials[J]. Journal Of Materials Chemistry, 2009, 19(27): 4673-4686.

[4] Power P P. Main group chemistry: A heavier-element ketone at last[J]. Nat Chem, 2012, 4(5): 343-344.

[5] Balakrishnan T, Ramamurthi K. Growth and characterization of glycine lithium sulphate single crystal[J]. Crystal Research & Technology, 2006, 41(12): 1184–1188.

[6] Devi T U, Lawrence N, Babu R R, et al. Synthesis, crystal growth and characterization of l-Proline lithium chloride monohydrate: A new semiorganic nonlinear optical material[J]. Crystal Growth & Design, 2009, 9(3): 1370-1374.

[7] Dhanaraj P V, Rajesh N P, et al. Studies on the growth and characterization of tris (glycine)

calcium（Ⅱ） dichloride–a nonlinear optical crystal[J]. Physica B Condensed Matter, 2011, 406（406）: 12-18.

[8] 徐军, 苏良碧. 主族金属离子激光材料——激光材料领域发展的新方向[J]. 无机材料学报, 2011, 26（4）: 347-353.

[9] Inhar I, Marta R M, Wojciech J S, et al. Amino acid based metal-organic nanofibers[J]. Journal of the American Chemical Society, 2009, 131（51）: 18222-18223.

[10] Power P P. Interaction of multiple bonded and unsaturated heavier main group compounds with hydrogen, ammonia, olefins, and related molecules[J]. Accounts of Chemical Research, 2011, 44（44）: 627-637.

[11] 房喻, 唐家益, 胡道道, 等. 黄苓甙—铜（Ⅱ）锌（Ⅱ）铝（Ⅲ）相互作用的 pH 电位法研究[J]. 陕西师范大学学报: 自然科学版, 1990, 18（2）: 51-55.

[12] Finnegan M M, Lutz T G, Nelson W O, et al. Neutral water-soluble post-transition-metal chelate complexes of medical interest: aluminum and gallium tris（3-hydroxy-4-pyronates）[J]. Inorganic Chemistry, 1987, 26（13）: 2171-2176.

[13] 吴谊群, 张斌, 朱清桃, 等. 三(3—羟基黄酮)合铝（Ⅲ）的合成及晶体结构[J]. 高等学校化学学报, 1998, 19（3）: 410-413.

[14] Natarajan S, Rao J K M. Crystal structure of bis（glycine）calcium（Ⅱ）dichloride tetrahydrate [J]. Zeitschrift Fur Kristallographie, 1980, 152（3-4）: 179-188.

[15] Schmidbaur H, Classen H G, Helbig J. Aspartic and glutamic acid as ligands to alkali and alkaline-earth metals: structural chemistry as related to magnesium therapy [J]. Angewandte Chemie International Edition, 1990, 29（10）: 1090-1103.

[16] Hecke K V, Cartuyvels E, Parac-Vogt T N, et al. Poly[2-l-alanine-3-nitrato-sodium（Ⅰ）][J]. Acta Crystallographica, 2007, 63（9）: 2354-2354.

[17] Cindrić M, Novak T K, Kraljević S, et al. Structural and antitumor activity study of γ-octamolybdates containing aminoacids and peptides[J]. Inorganica Chimica Acta, 2006, 359（5）: 1673-1680.

[18] Fromm K M. Coordination polymer networks with s-block metal ions[J]. Coordination Chemistry Reviews, 2008, 252（8–9）: 856-885.

[19] Krishnakumar R V, Nandhini M S, Natarajan S, et al. Glycine sodium nitrate[J]. Acta Crystallographica, 2001, 57（57）: 1149-1150.

[20] Verbist J J, Putzeys J P, Piret P, et al. Structure cristalline de dérivés d'acides aminés. V. NaI. 2（ + NH$_3$ CH$_2$ COO − ）: H$_2$O[J]. Acta Crystallographica, 1971, 27（6）: 1190–1194.

[21] Marandi F, Shahbakhsh N. Synthesis and crystal structure of [Pb（phe）$_2$]$_n$:a 2D coordination polymer of lead（Ⅱ）containing phenylalanine[J]. Zeitschrift Für Anorganische Und Allgemeine Chemie, 2007, 633（8）: 1137–1139.

[22] Price D J, Powell A K, Wood P T. Hydrothermal crystallisation and X-ray structure of anhydrous strontium oxalate[J]. Polyhedron, 1999, 18（18）: 2499-2503.

[23] Christgau S, Odderhede J, Stahl K, et al. Strontium D-glutamate hexahydrate and strontium di（hydrogen L-glutamate）pentahydrate[J]. Acta Crystallographica, 2005, 61（6）: 259-262.

[24] Galván-Arzate S, Santamaría A. Thallium toxicity [J]. Toxicology Letters, 1998, 99(1): 1-13.

[25] Hasnaoui M A, Simon-Masseron A, Gramlich V, et al. Synthesis of microporous phosphates with amino acids as structure directing agents zeolites and microporous crystals[J]. Shiyou Kantan Yu Kaifa/petroleum Exploration & Development, 2006, 36(3): 688-689.

[26] Burford N, Eelman M D, Leblanc W G, et al. Definitive identification of lead(Ⅱ)-amino acid adducts and the solid state structure of a lead-valine complex[J]. Chemical Communications, 2004, 3(3): 332-333.

[27] Gasque L, Bernès S, Ferrari R, et al. Complexation of lead(Ⅱ) by l -aspartate: crystal structure of polymeric Pb(aspH)(NO 3)[J]. Polyhedron, 2000, 19(6): 649-653.

[28] Chayen J. Principles of Bioinorganic Chemistry[M]// Principles of bioinorganic chemistry. University Science Books, 1994: 153–154.

[29] Cornils B, Herrmann W A. Applied Homoge neous Catalysis with Organometallic Compounds: A Comprehensive Handbook in Two Volumes[M], 2008.

[30] Rosenberg B, VanCamp L, Trosko J E, et al. Platinum compounds: a new class of potent antitumour agents[J]. Nature, 1969, 222(5191): 385-386.

[31] Jakupec M A, Galanski M, Arion V B, et al. Antitumour metal compounds: more than theme and variations[J]. Dalton Transactions, 2008, 14(2): 183-194.

[32] 张若蘅, 王宏, 徐筱杰. 序列特异性 DNA 断裂蛋白质[J]. 化学进展, 1994, 6(01): 14-25.

[33] 梁福沛, 陈自卢, 胡瑞祥, 等. 4, 4′-联吡啶锌(Ⅱ)配合物的合成及其晶体结构[J]. 无机化学学报, 2001, 17(05): 699-703.

[34] 敬炳文, 吴韬, 张曼华, 等. 功能性多吡啶配体的合成[J]. 高等学校化学学报, 2000, 21(03): 395-400.

[35] Liu Z D, Hider R C. Design of clinically useful iron(Ⅲ)-selective chelators[J]. Med Res Rev, 2002, 22(1): 26-64.

[36] Matsumoto M, Estes D, Nicholas K M. Evolution of metal complex-catalysts by dynamic templating with transition state analogs[J]. European Journal of Inorganic Chemistry, 2010, 2010(12): 1847-1852.

[37] Barton J K, Danishefsky A, Goldberg J. Tris(phenanthroline)ruthenium(Ⅱ): stereoselectivity in binding to DNA[J]. Journal of the American Chemical Society, 1984, 106(7): 2172-2176.

[38] Puckett C A, Barton J K. Methods to explore cellular uptake of ruthenium complexes[J]. J Am Chem Soc, 2007, 129(1): 46-47.

[39] 郭春华. 过渡金属-多吡啶-菲咯啉类核酸荧光探针的合成、表征及应用研究[D]. 福州: 福州大学, 2003.

[40] 孟祥福, 韩恩山, 王秀艳, 等. Schiff 碱及其配合物的应用进展[J]. 山西化工, 2006, 26(02): 36-39.

[41] 郑允飞, 陈文纳, 李德昌, 等. Schiff 碱及其配合物的应用研究进展[J]. 化工技术与开发, 2004, 33(04): 26-29.

[42] 刘兴荣, 刘培漫, 李明霞, 等. Co(Ⅱ)、Ni(Ⅱ)、Cu(Ⅱ)和 Zn(Ⅱ)的 5-硝基水杨醛缩甘氨酸 Schiff 碱配合物的合成及表征[J]. 山东医科大学学报, 1995, 33(03): 257-259.

[43] 陈德余, 张义建, 张平. 甲硫氨酸席夫碱铜、锌、钴配合物合成及抗 O_2^{-} 性能[J]. 应用化学, 2000, 17(06): 607-610.

[44] 王翠, 田富容, 杨丹, 等. 希夫碱金属配合物的研究及进展[J]. 广州化工, 2010, 38(08): 61-63.

[45] Isse A A, Gennaro A, Vianello E. Electrochemical reduction of Schiff base ligands H2salen and H2salophen[J]. Electrochimica Acta, 1997, 42(13–14): 2065-2071.

[46] 刘茜, 邹碧群, 覃雯, 等. 双席夫碱衍生物的合成及其对过渡金属离子识别的研究[J]. 化学试剂, 2011, (08): 740-742, 768.

[47] 王贤文. 吡啶-3(4)-甲醛缩-4-氨基安替比林希夫碱及药物喹碘仿为桥联配体的金属配位聚合物自组装、表征及性质研究[D]. 桂林: 广西师范大学, 2004.

[48] 王莉, 王海彦, 陈金鹏. β 沸石催化合成 TAME 的宏观动力学[J]. 辽宁石油化工大学学报, 2006, 26(01): 45-47.

[49] Evans O R, Wang Z, Xiong R G, et al. Nanoporous, interpenetrated metal-organic diamondoid networks[J]. Inorg Chem, 1999, 38(12): 2969-2973.

[50] 龚云南. 新型吡唑羧酸配合物的合成、结构及其性能研究[D]. 南昌: 南昌航空大学, 2011.

[51] 董丽丽. 3-吲哚羧酸过渡金属配合物的合成、表征及生物活性研究[D]. 青岛: 中国海洋大学, 2012.

[52] Yamada S. Advancement in stereochemical aspects of Schiff base metal complexes[J]. Coordination Chemistry Reviews, 1999, 190–192(5): 537-555.

[53] 孟庆金, 孙守恒, 游效曾. 双核钴配合物 $(RC_2R')CO_2(CO)_{6-n}[P(OEt)_3]_n$ 的合成与结构[J]. 有机化学, 1990, 10(02): 156-158.

[54] 孙献茹, 程鹏, 廖代正, 等. 草酸根桥联的钒氧铜配合物的合成、表征及抗肿瘤活性研究[J]. 化学通报, 1997, 9(04): 45-48.

[55] 刘斌, 廖代正. 桥联异双核配合物的设计和合成[J]. 化学通报, 1997, 8(07): 29-34.

[56] Kabolizadeh P, Ryan J, Farrell N. Differences in the cellular response and signaling pathways of cisplatin and BBR3464 $([\{trans-PtCl(NH_3)_2\}_2\mu-(trans-Pt(NH_3)_2(H_2N(CH_2)6-NH_2)_2)]^{4+})$ influenced by copper homeostasis[J]. Biochemical Pharmacology, 2007, 73(9): 1270-1279.

[57] Hensing T A, Hanna N H, Gillenwater H H, et al. Phase Ⅱ study of BBR 3464 as treatment in patients with sensitive or refractory small cell lung cancer[J]. Anticancer Drugs, 2006, 17(6): 697-704.

[58] 杜俊, 吴子怡, 贾默, 等. 单取代大环多胺铜(Ⅱ)-铂(Ⅱ)异核配合物的合成、表征及其与 DNA 的作用[J]. 无机化学学报, 2008, 24(10): 1669-1674.

[59] Chen X, Tang L J, Sun Y N, et al. Syntheses, characterization and antitumor activities of transition metal complexes with isoflavone[J]. Journal of Inorganic Biochemistry, 2010, 104(4): 379-384.

[60] 刘延成, 刘丽敏, 陈振锋, 等. 鹅掌楸碱金属配合物的合成及其抗肿瘤活性研究[C]. //中国化学会第 26 届学术年会无机与配位化学分会场, 2008.

[61] 张金超, 杨梦苏. 稀土配合物药物研究进展[J]. 稀有金属, 2005, 29(6): 919-926.

[62] Anghileri L J. On the antitumor activity of gallium and lanthanides[J]. Arzneimitte lforschung,

1975, 25(5): 793-795.

[63] Hirano S, Suzuki K T. Exposure, metabolism, and toxicity of rare earths and related compounds. [J]. Environmental Health Perspectives, 1996, 104 (Suppl 1): 85.

[64] 陈建兰, 郝新民, 曾正志. 稀土及其配合物药理学性质研究概况[J]. 西北师范大学学报: 自然科学版, 1999, 35(4): 100-105.

[65] 朱兵, 赵大庆, 倪嘉缵. 稀土及其配合物对核酸的断裂作用. 化学进展, 1998, 10(4): 395-404.

[66] Routier S, et al. Synthesis, DNA binding, and cleaving properties of an ellipticine- salen. copper conjugate[J]. Bioconjugate Chemistry, 1997, 8(6): 789-792.

[67] Hussein B H M, et al. A novel anti-tumor agent, Ln(Ⅲ) 2-thioacetate benzothiazole induces anti-angiogenic effect and cell death in cancer cell lines[J]. European Journal of Medicinal Chemistry, 2012, 51(5): 99-109.

[68] Hodnett E M, Mooney P D. Antitumor activities of some Schiff bases[J]. Journal of Medicinal Chemistry, 1970, 13(4): 786-786.

[69] Hodnett E M. Dunn W J. Cobalt derivatives of Schiff bases of aliphatic amines as antitumor agents[J]. Journal of Medicinal Chemistry, 1972, 15(3): 339.

[70] Cox P J. Cyclophosphamide cystitis—Identification of acrolein as the causative agent [J]. Biochemical Pharmacology, 1979, 28(13): 2045-2049.

[71] Szekerke M. Cyclic phosphoramide mustard (NSC-69945) derivatives of amino acids and peptides[J]. Cancer Treatment Reports, 1976, 60(4): 347-354.

[72] 孔德源, 谢毓元. 氨基酸类 Schiff 碱稀土配合物的合成及抗肿瘤活性Ⅱ[J]. 中国药物化学杂志, 1999, 9(3): 163-166.

[73] 姚克敏, 等. 稀土与直链醚—乙酰丙酮 Schiff 碱新配合物合成, 形成机理与波谱. 化学学报, 1998, 56(9): 900-904.

[74] 李锦州, 于文锦, 杜晓燕. 呋喃甲酰基吡唑啉酮双席夫碱配合物的合成及其生物活性[J]. 应用化学, 1997, 14(6): 98-100.

[75] 王瑾玲, 丁峰, 郁铭. 1-苯基-3-甲基-4-苯甲酰基-5-吡唑啉酮与对氨基苯乙酮的缩合反应、量化计算和抑菌活性[J]. 有机化学, 2004, 24(11): 1423-1428.

[76] 胡瑞定. 喹诺酮钯化合物合成、抗癌活性及邻菲咯啉金属配合物与 DNA 作用的光谱学研究[D]. 杭州: 浙江大学, 2007.

[77] 王国平, 雷群芳. 钇(Ⅲ)—喹诺酮配合物的合成、抗菌活性与抗肿瘤活性[J]. 浙江大学学报 (理学版), 2003, 30(4): 417-421.

[78] 王国平. 喹诺酮金属配合物的合成、结构与生物活性[D]. 杭州: 浙江大学, 2002.

[79] 王华萍, 孙远, 周游, 等. 优势结构 4-喹诺酮类化合物抗肿瘤活性的研究进展[J]. 中国药物化学杂志, 2012, 22(1): 59-67.

[80] Feyerabend F, et al. Evaluation of short-term effects of rare earth and other elements used in magnesium alloys on primary cells and cell lines[J]. Acta Biomaterialia, 2010, 6(5): 1834-1842.

[81] Scarpa R, Thiene M, Tempesta T. Functionalized N (2-oxyiminoethyl) piperazinyl quinolones as new cytotoxic agents[J]. Journal of pharmacy & pharmaceutical sciences : a publication of the

Canadian Society for Pharmaceutical Sciences, Société canadienne des sciences pharmaceutiques, 2007, 10(2): 153-158.

[82] Foroumadi A, et al. N-Substituted piperazinyl quinolones as potential cytotoxic agents: Structure–activity relationships study[J]. Biomedicine & Pharmacotherapy, 2009, 63(3): 216-220.

[83] Lee S Y, et al. The rare-earth yttrium complex [YR(mtbmp)(thf)] triggers apoptosis via the extrinsic pathway and overcomes multiple drug resistance in leukemic cells[J]. Medical Oncology, 2010, 29(1): 235-242.

[84] 冯长根, 等. Synthesis, antitumor and apoptosis inducing activities of novel 5-fluorouracil derivatives of rare earth (Sm, Eu) substituted polyoxometalates[J]. 中国化学(英文版), 2012, 30(7): 1589-1593.

[85] 刘霞, 等. 香豆素衍生物与Ce(Ⅲ)配合物的合成、表征及抗肿瘤活性[J]. 赣南医学院学报, 2014, 34(1): 15-17.

[86] 曲建强, 等. 4,6-二甲基嘧啶-2-硫代乙酸稀土配合物的合成、表征及抗肿瘤活性研究[J]. 中国稀土学报, 2006, 24(1): 98-102.

[87] 张永平, 等. 三苦味酸根2,2'-二硫代二(N-氧化吡啶)合稀土(Ⅲ)配合物的合成、表征及其抗肿瘤活性研究[J]. 无机化学学报, 2001, 17(3): 427-430.

[88] 王宏权, 陈晓, 李文广. 二(2-吡啶基-N-氧化物)二硫化物及其镧配合物的体外抗肿瘤作用[J]. 兰州大学学报: 医学版, 2000, 26(4): 16-17.

[89] 陈小轲, 等. 稀土三元配合物的合成、表征及其生物活性研究[J]. 应用化工, 2011, 40(10): 199-202.

[90] 夏庆春, 等. 稀土、钨酸、1,3-二苯基-4-吡唑甲醛缩异烟肼三元配合物的合成、表征及抗癌活性的研究[J]. 化学学报, 2010, 68(8): 775-780.

[91] Zhou M F, HE Q Z. Synthesis, characterization, and biological properties of nano-rare earth complexes with L-glutamic acid and imidazole[J]. 中国稀土学报(英文版), 2008, 26(4): 473-477.

[92] Desany B, Zhang Z. Bioinformatics and cancer target discovery[J]. Drug Discovery Today, 2004, 9(18): 795-802.

[93] 赵凯迪, 等. 吡啶锰配合物诱导肿瘤细胞死亡的作用及对线粒体功能的影响[J]. 中国细胞生物学学报, 2012, 2012(6): 544-554.

[94] 张齐雄. 黄酮类稀土金属配合物的研究进展[J]. 中国医药科学, 2012, 02(7): 54-56.

[95] 郭金保. 药用植物活性成分黄酮类化合物与核酸作用机制的研究[D]. 南昌: 南昌大学, 2008.

[96] Jing Z. Antioxidative and anti-tumour activities of solid quercetin metal(Ⅱ) complexes[J]. Transition Metal Chemistry, 2001, 26(1-2): 57-63.

[97] 孙佳, 叶丽红. 槲皮素抗癌作用研究进展[J]. 湖南中医杂志, 2012, 28(3): 159-160.

[98] 红宇, 韩艳秋. 槲皮素抗肿瘤及抗氧化作用的研究进展[J]. 中华临床医师杂志: 电子版, 2012, 06(15): 151-153.

[99] 孙涓, 余世春. 槲皮素的研究进展[J]. 现代中药研究与实践, 2011, (3): 85-88.

[100] 翟广玉. 槲皮素金属配合物及其生物活性[J]. 信阳师范学院学报: 自然科学版, 2010, 23(2): 310-315.

[101] 谭君. 槲皮素金属配合物抗肿瘤作用及其与 DNA 相互作用的机理研究[D]. 重庆: 重庆大学, 2007.

[102] 宋玉民, 吴锦绣. 稀土芦丁配合物的合成、表征及与血清白蛋白的相互作用[J]. 无机化学学报, 2006. 22(12): 2165-2172.

[103] 张力. 橙皮苷-镧配合物的合成[J]. 光谱实验室, 2010, (5): 1997-1999.

[104] 李英杰. 橙皮苷提取、分离及其钕、镱稀土金属配合物合成[D]. 通辽: 内蒙古民族大学, 2009.

[105] 夏侯国. 橙皮苷-稀土配合物的合成及抗肿瘤活性研究[J]. 化学试剂, 2014, 36(10): 893-896.

[106] 季鹏, 赵文明, 于桐. 柚皮素的最新研究进展[J]. 中国新药杂志, 2015, 2015(12): 1382-1386.

[107] Nie Y C, et al. Naringin attenuates EGF-induced MUC5AC secretion in A549 cells by suppressing the cooperative activities of MAPKs-AP-1 and IKKs-IκB-NF-κB signaling pathways[J]. European Journal of Pharmacology, 2012, 690(1-3): 207.

[108] 张芳. 柚皮素增强抗人 DR5 单抗对人肝癌细胞系 HepG2 的凋亡作用[D]. 新乡: 新乡医学院, 2012.

[109] 汪宝堆. 黄酮类希夫碱配合物的合成、表征、抗氧化、细胞毒素活性及与 DNA 结合的研究[D]. 兰州: 兰州大学, 2005.

第11章　维生素合成与结构改性转化

维生素是人和动物维持正常生理功能必需的一类微量有机物，在生物体生长、代谢、发育过程中发挥着重要的作用。生物体一般无法体内自身合成维生素，需要通过饮食摄入等外源方式获得。伴随人口增长与人类对健康需求的不断提高，人工手段合成维生素补充剂已成为必需。本章针对维生素 A、维生素 B、维生素 C、维生素 D 和维生素 E 的人工合成方法进行总结，并就维生素类衍生物的制备及其功能展开论述，以维生素 A、维生素 C 和维生素 E 等几种典型维生素为研究对象，介绍国内外对维生素改性及其应用的研究进展，比较维生素衍生物的化学合成法与生物合成法。

11.1　维生素的人工合成

维生素是一系列有机小分子化合物的统称，它们是生物体必需微量营养成分，维生素不能产生能量，但其对生物体的新陈代谢起重要调节作用。维生素缺乏会导致严重健康问题；适量摄取维生素可以保持机体正常代谢；过量摄取维生素，特别是脂溶性维生素将导致机体毒性。维生素现已成为国际医药与保健品市场的主要大众产品之一。据有关资料报道，20 世纪末，全世界医药、营养保健品、食品、化妆品、饲料等行业每年消耗的各种维生素原料市值高达 25 亿美元。市场对维生素原料需求量大，天然维生素资源供不应求，因此，人工合成维生素成为批量生产的重要途径。

研究表明，就化学结构与活性而言，天然与人工合成维生素对人体无本质区别。两者主要区别在于用途不同：天然维生素多存在于膳食中，含量较少，主要用于营养补充；而人工合成维生素多为药物制剂，含量、纯度高，易被人体吸收利用，常作为营养缺乏的补充药物，但过量服用可能产生毒副作用。维生素人工合成意义重大，探索简单、高效的合成方法早已成为该领域的研究热点，本节简要介绍几种重要维生素的人工合成方法。

11.1.1　维生素 A 合成

维生素 A 也称视黄醇，分子式 $C_{20}H_{30}O$，分子量 286.44，化学名称全反式 3,7-二甲基-9-(2,6,6-三甲基-1-环己烯基)-2，4，6，8-壬四稀-1-醇[1]。维生素 A 可从动物组织中提取，但资源分散、步骤繁杂、成本较高，故商品维生素 A 多为化学合成产品。目前，已见报道的维生素 A 工业合成方法主要有 Roche 和 BASF 两条合成工艺路线。

1. Roche $C_{14}+C_6$ 合成工艺

1947 年，瑞士科学家首先实现了维生素 A 乙酸酯的化学合成。 1948 年，Roche 公司在全世界率先实现维生素 A 乙酸酯工业化生产。Roche 合成工艺以 β-紫罗兰酮为原料，格氏反应为特征，经 Darzens 反应、格氏反应、选择加氢、羟基溴化和脱溴化氢五步反应实现维生素 A 乙酸酯合成，如图 11.1 所示[2]。

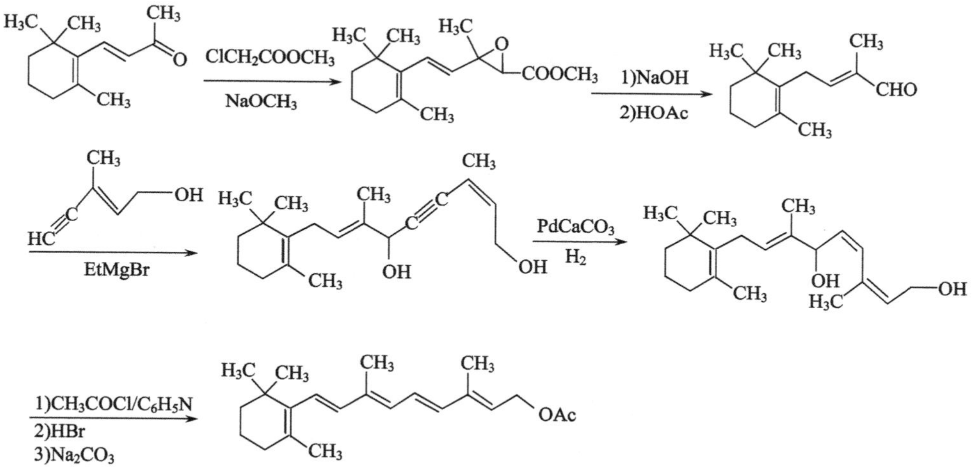

图 11.1　Roche $C_{14}+C_6$ 合成路线[1]

Roche 合成工艺优势为技术成熟，收率稳定，各反应中间体的立体构型相对清晰，原料较为常见；劣势为使用原辅材料多，近乎 40 余种。该技术路线是目前全球维生素 A 厂商普遍采用的合成方法。

2. BASF $C_{15}+C_5$ 合成工艺

20 世纪 50 年代，科学家开始探索维生素 A 的合成新方法。方法历经改进，于 1971 年，BASF 公司将此方法生产线投入工业使用，其典型特征是 Wittig 反应。以 β-紫罗兰酮为原料和乙炔进行格氏反应生成乙炔-β-紫罗兰醇，选择加氢得到乙烯-β-紫罗兰醇，再经 Wittig 反应之后，在醇钠催化下，与 C_5 醛缩合生成维生素 A 乙酸酯，如图 11.2 所示[3]。

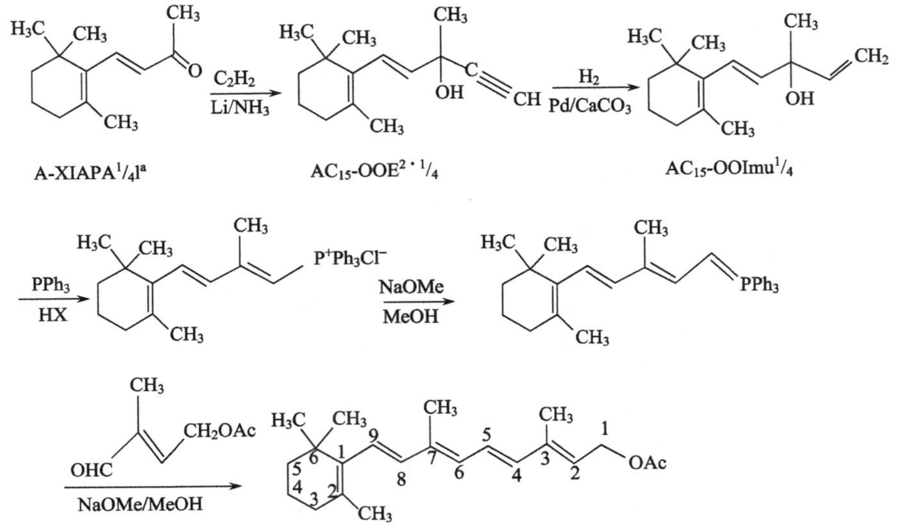

图 11.2　BASF $C_{15}+C_5$ 合成路线

　　BASF 合成工艺优点是反应步骤少、工艺路线短、收率高，但工艺中乙炔化、低温及无水等较高工艺技术要求不易实现。BASF 公司对该合成工艺进行了较长时间的摸索改进，并成功解决了氯苯、金属钠、三氯化磷在甲苯中的反应，实现了高放热的 Wittig 缩合瞬间完成。BASF 合成工艺主要的缺陷为需使用剧毒光气，对工艺和设备要求高，相对较难实现。

　　在 $C_{15}+C_5$ 的合成工艺中，1992 年，Babler 等[3]使用亚磷酸四乙酯与 C_{15} 醛反应，成功合成了 C_{15} 醛磷酸酯。1994 年科学家将其应用于维生素 A 乙酸酯的合成中，开发了一条利用 Wittig 反应制备维生素 A 的新方法，该方法可避免传统 BASF 合成工艺中价格高的三苯膦和剧毒光气的使用，是一种具有潜在工业应用前景、值得深入研究的维生素 A 合成新工艺。

11.1.2　维生素 B 合成

　　维生素 B 包括维生素 B_1、维生素 B_2、维生素 B_6、维生素 B_{12}、烟酸、泛酸、叶酸等。维生素 B 是推动体内能量代谢，协助糖、脂肪、蛋白质等产能营养素释放的重要辅酶组成部分。维生素 B 摄入不足将引起能量代谢障碍与失调。维生素 B 易溶于水，过量体内不储留。下面主要介绍维生素 B_6 和 B_{12} 的人工合成。

　　1. 维生素 B_6 合成

　　维生素 B_6 发现于 20 世纪 30 年代，属于水溶性维生素，是易于互相转换的三种吡啶衍生物——吡哆醛、吡哆醇、吡哆胺的总称，结构式如图 11.3 所示。维生素 B$_6$ 的化学合成方法主要有吡啶酮法和噁唑法两种。

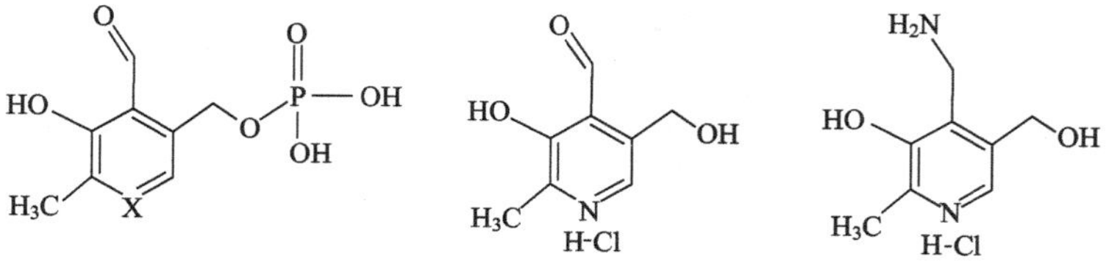

图 11.3　维生素 B$_6$ 的三种化学形式

1）吡啶酮法

吡啶酮法是以氯乙酸为起始原料，经酯化、取代、环合等反应合成维生素 B$_6$ 的方法。1939 年，Harris 等[4]首次应用吡啶酮法合成了维生素 B$_6$，并证明人工合成维生素 B$_6$ 与天然提取物具有相同化学结构和生物活性。吡啶酮法延用至 20 世纪 60 年代，后因步骤多、收率低、设备腐蚀严重等缺陷，逐渐被噁唑法取代[5]。

2）噁唑法

噁唑法以 N-甲酰丙氨酸乙酯为起始物，经环合得到关键中间体——4-甲基-5-乙氧基噁唑，然后与亲双烯体进行 Diels-Alder 反应，再经转化处理后得到维生素 B$_6$。该方法原料易得、收率较高，应用于生产后显著降低了生产成本，从而大幅降低了维生素 B$_6$ 的售价[6]。我国从 20 世纪 70 年代起展开噁唑法合成维生素 B$_6$ 的研究，尤其是周后元等[7]在前人基础上进行改进，避免了原工艺中五氧化二磷的使用，总收率较吡啶酮法收率提高近一倍，推向生产后收率达 47%，极大促进了我国维生素 B$_6$ 工业的发展。目前，改进噁唑法已成为国内维生素 B$_6$ 工业合成的通用方法，如图 11.4 所示。

与吡啶酮法相比，噁唑法有较大进步，但也存在一定不足。例如，噁唑中间体合成过程中用到了有毒溶剂苯和强腐蚀性的三氯氧磷；维生素 B$_6$ 粗品精制工艺较为复杂等。针对这些缺陷，国内外进行了大量研究，并取得一些成果。

罗氏（上海）维生素有限公司经过多年研究，采用溶剂替代技术，革除丙氨酸酯化阶段带水剂苯，开发了国内首条无苯维生素 B$_6$ 生产工艺。新的无苯生产工艺减轻了生产对环境的影响，改善了操作条件，但由于替代溶剂价格相对较高，工艺复杂性增加，生产成本有所上升[8]。

除传统间歇法，噁唑中间体合成也可采用连续法。在相关资料中，研究人员报道了一种噁唑中间体连续合成工艺。该工艺以 α-异腈基羧酸酯为原料，在一定压力下，经连续反应得到 5-烷氧基噁唑，产率高达 95% 以上，为工业噁唑中间体的合成提供了一条新途径[6]。

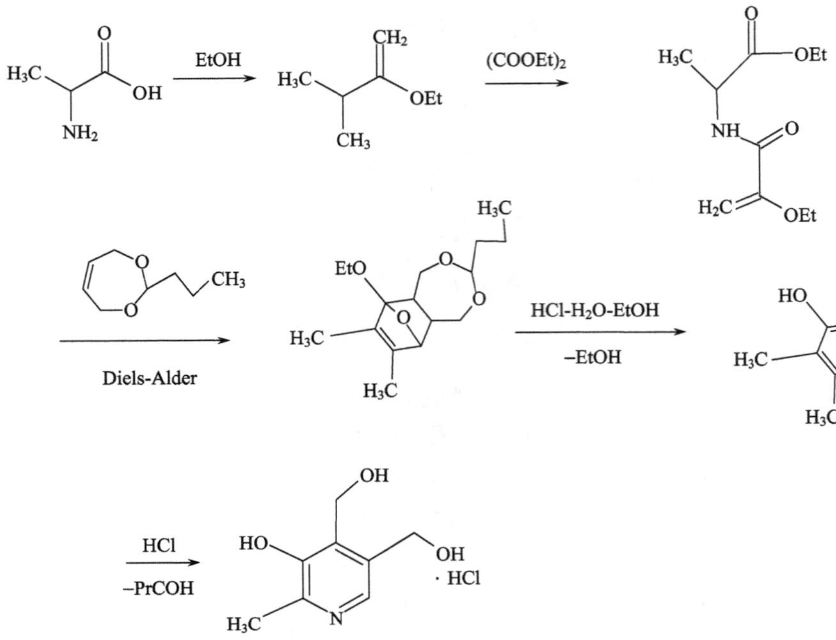

图 11.4　噁唑法路线图

3) 炔基醚法

吡啶环的构建是维生素 B_6 合成的关键步骤，有研究者通过［2+2+2］环加成反应构建了吡啶环。炔基醚法以二（3-取代基-2-丙炔基）醚和乙腈为原料，在钴络合物催化下反应得到吡啶环衍生物，再经后续处理即得维生素 B_6。"炔基醚法"为人工合成维生素 B_6 提供了一条新思路，但该方法原料不易得，反应条件苛刻，限制了其工业应用[9]。炔基醚法路线图如图 11.5 所示。

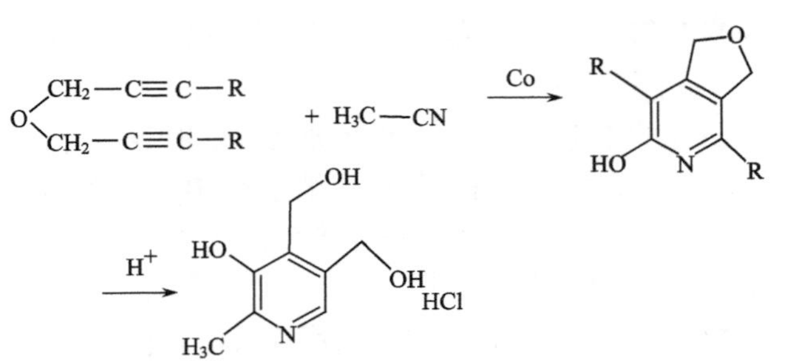

图 11.5　炔基醚法路线图

4) 微生物法

利用根瘤菌属微生物在有氧条件下发酵得维生素 B_6，是工业生产维生素 B_6

的一条新途径。微生物法不使用有毒有害原料，不污染环境，但产量低，难以实现工业化，需要对其进行深入研究[9]。

2. 维生素 B_{12} 合成

维生素 B_{12} 又称为钴胺素，是一类含有钴的咕啉类化合物总称，最初由 Minot 和 Murphy 于 1926 年在肝的粗匀浆物中发现。人体自身不能合成维生素 B_{12}，必须通过摄食动物源食品获得。维生素 B_{12} 具有重要的生理作用，其中脱氧腺苷钴胺素和甲基钴胺素以辅酶的形式参与体内 DNA 合成，促进脂肪及糖类代谢，并且具有产生及维持神经细胞髓鞘的作用[10]。

维生素 B_{12} 的生物合成十分复杂，涉及相关合成基因 30 余个[11]。研究人员通过对脱氮假单胞菌的研究，阐明了维生素 B_{12} 好氧合成路径[12]。对厌氧合成路径的研究成果源于以下 3 株菌：鼠伤寒沙门氏菌、费氏丙酸杆菌和巨大芽孢杆菌[13]。下面以微生物合成腺苷钴胺素为例，概述维生素 B_{12} 好氧及厌氧合成过程。

第一步是 5-氨基乙酰丙酸缩合形成尿卟啉原III。5-氨基乙酰丙酸的合成有 2 种途径：一种是由琥珀酰辅酶 A 和甘氨酸缩合产生（C4 途径）；另一种途径较为复杂，由谷氨酸的完整碳骨架转化得到，需要 tRNA 及 3 个酶参与（C5 途径）[14]。8 分子 5-氨基乙酰丙酸经氨基乙酰丙酸脱氢酶（HemB）、胆色素原脱氨酶（HemC）和尿卟啉原合成酶（HemD）的催化，最终缩合成尿卟啉原III。尿卟啉原III是维生素 B_{12} 中心咕啉环的前体，它的合成标志着维生素 B_{12} 中心环碳骨架初步形成。

第二步是催化尿卟啉原III合成腺苷钴咕啉胺酸。尿卟啉原III甲基转移酶是维生素 B_{12} 生物合成的关键酶，它催化 S-腺苷- L-甲硫氨（SAM）上的 2 个甲基转移到尿卟啉原III分子上。第 1 个甲基转移到中心环 C-2 位置形成前咕啉 1，接着在 C-7 位置进行第 2 次甲基化反应，产生前咕啉 2。以上所述好氧和厌氧合成路径并无本质区别，在此后中心环缩合反应中，2 条合成路径开始出现差异。

1）好氧合成维生素 B_{12} 中间体过程

在好氧路径中，前咕啉 2 在 C-20 位再次发生甲基化生成前咕啉 3。由 CobG 编码的单加氧酶催化 2 个氧原子加入中心咕啉环的 A 环，形成了分子内 γ-内酯，导致 A、D 环间的碳原子以乙酸的形式脱去[15]。前咕啉 3 经过咕啉环缩合反应及 3 次以 SAM 为供体的甲基化反应，形成重要中间体前咕啉 6。前咕啉 6 经过甲基化、甲基基团重排和酰胺化反应形成氢咕啉酸 a,c-二酰胺。好氧菌利用依赖于 ATP 的钴螯合酶催化钴元素插入到氢咕啉酸 a,c-二酰胺的咕啉环中心，从而得到具有钴元素的中间体——钴咕啉酸 a,c-二酰胺。

2）厌氧合成维生素 B_{12} 中间体过程

厌氧路径中，形成前咕啉 2 后随即发生了钴螯合反应，形成钴前咕啉 2。在鼠伤寒沙门氏菌和费氏丙酸杆菌中钴螯合酶是由 CysG 或 CbiK 编码的。CysG 蛋白在维生素 B$_{12}$ 的厌氧合成过程中不但具有转甲基酶活性和催化钴螯合的能力，还具有铁螯合酶和依赖于 NAD/NADH 的氧化还原酶活性。相对而言，厌氧菌中钴的螯合较早。钴元素在此阶段的螯合对随后 VB$_{12}$ 中心咕啉环的缩合具有重要意义。位于咕啉环中心的钴原子带有一个正电荷，它直接介导了中心咕啉环的 A 环分子重排，导致 A、D 环间的碳原子以乙醛的形式脱掉[1]。在厌氧合成路径中提前螯合的钴元素起到了好氧合成菌中氧原子的作用。在中心咕啉环缩合的同时，钴前咕啉 2 又发生了 3 次以 SAM 为甲基供体的甲基化反应，形成了重要中间体钴前咕啉 6。钴前咕啉 6 再经过甲基化、甲基重排及酰胺化反应生成钴啉酸 a,c-二酰胺。

　　前咕啉 2 催化合成钴啉酸 a,c-二酰胺后，好氧和厌氧合成路径又重新趋于一致。好氧菌中 CobO 与厌氧菌中的 CobA 是同功酶，可使编码的蛋白质具有腺苷转移酶活性，催化腺苷基团与钴啉酸 a,c-二酰胺中的钴相连[12]，形成腺苷钴啉酸 a,c-二酰胺。与腺苷钴啉酸 a,c-二酰胺相连的 4 个羧基再次发生酰胺化反应，就生成了腺苷钴啉胺酸。至此，带有腺嘌呤核苷酸的中心咕啉环合成完毕。

　　第三步是催化腺苷钴啉胺酸最终合成腺苷钴胺素。这一步主要是与中心咕啉环相连的 Coα 配基的合成。腺苷钴啉胺酸咕啉环侧链上唯一未酰胺化的羧基与氨丙醇的氨基相连形成腺苷钴啉醇酰胺。随后，氨丙醇的羟基发生磷酸化，生成磷酸化腺苷钴啉醇酰胺。磷酸化腺苷钴啉醇酰胺通过磷酸化的侧链与鸟嘌呤核苷酸（GMP）连接形成了腺苷-二磷酸鸟嘌呤核苷酸-咕啉醇酰胺。α-ribazole 的合成需要二甲基苯并咪唑（DMB）和烟酸单核苷酸（NaMN）的参与[13]。二甲基苯并咪唑的前体是核黄素；烟酸单核苷酸是合成烟酰胺腺嘌呤二核苷酸（NAD）过程中的 1 个中间产物。最后一步是由钴胺素合成酶催化 α-ribazole 替代腺苷-二磷酸鸟嘌呤核苷酸-咕啉醇酰胺分子中的鸟嘌呤核苷酸（GMP），至此复杂的腺苷钴胺素的合成过程结束。

　　维生素 B$_{12}$ 是微生物发酵过程中的次级代谢产物，反馈调节机制对菌体中维生素 B$_{12}$ 的积累具有重要作用。需要进行详尽代谢工程研究，才能定向改造菌种，达到解除反馈抑制、提高维生素 B$_{12}$ 产量的目的。相信随着科技的进步和实验技术的不断提高，代谢工程育种将会得到广泛应用。

11.1.3　维生素 C 合成

　　维生素 C 又名 L-抗坏血酸，是人体必需的一种水溶性维生素，它能改善机体免疫系统[16]，参与胶原蛋白、细胞间质和神经递质的合成[17]。在食品工业中，维生素 C 常被作为抗氧化剂用于食品的保鲜。1933 年，德国化学家 Tadeus Reichstein 第一次用化学方法合成维生素 C。1937 年，人们开始用莱氏法进行维生素 C 的生产，但是莱氏法工序繁多、劳动强度大、易造成环境污染[18,19]。

目前，合成维生素 C 常用硫酸酸化法、离子交换法和"二步发酵法"[20]。硫酸酸化法操作简单，但操作中甲醇浓度和 pH 对维生素 C 的质量和收率都有较大的影响，在行业中该方法基本已被淘汰。离子交换法是将维生素 C 钠水溶液经过阳离子交换树脂除去钠离子，得到维生素 C 溶液，再经过减压浓缩、冷却结晶、离心分离、精制工序得成品维生素 C 粉末。离子交换法耗水量大、能耗高、设备投资多，并且生产周期长、产品易变质、质量差、收率低。"二步发酵法"是利用微生物发酵使 L-山梨糖转化成 2-酮基-L-古龙酸，避免了莱氏法中的两步化学反应，提高了产量。但"二步发酵法"不能完全脱离化学合成步骤，仍避免不了环境污染的问题。近年来，有研究利用真核微生物合成维生素 C，以完全脱离化学合成步骤，减少环境污染，但目前该方法仍在研究当中。

11.1.4　维生素 D 合成

维生素 D 为固醇类衍生物，具有抗佝偻病作用，目前认为维生素 D 也是一种类固醇激素。植物不含维生素 D，但维生素 D 原在动、植物体内都存在。维生素 D 是一种脂溶性维生素，有五种化合物，与健康关系较密切的是维生素 D_2 和维生素 D_3[21]。人体皮下储存有 7-脱氢胆固醇，受紫外线的照射后，可转变为维生素 D_3，因此适当的日光浴足以满足人体对维生素 D 的需要。

1. 传统合成方法

用传统光化学方法合成维生素 D_2 和维生素 D_3，由 7-DHC 或麦角固醇光照后经单重激发态 B 环断键反应生成相应的预维生素，再经 1,7-氢迁移、重排的周环反应便可相应得到维生素 D_3 或维生素 D_2。但实际上工业化生产高产率的维生素 D 相当困难，主要受两个方面的制约[22]。

1）副产物复杂

光照后生成的预维生素可发生次级光化学反应生成速甾醇和光甾醇。所有的光化学产物在过度光照时都会吸光进一步发生次级光化学反应，生成更为复杂的副产物。据文献报道，可以从过度光照光化学反应体系中分离出 13 个毒固醇、2 个超固醇、1 个焦维生素 D_3 和 1 个异焦维生素 D_3。由于合成维生素 D 时需要紫外光照射，能量很高，反应体系中还会有难以分离鉴定的各种断键产物，因此难以进行分离提纯。

2）溶解度小

从 7-DHC 与麦角固醇的结构式看，它们的一端有一个亲水羟基，而甾族的环与侧链都亲脂。这样既亲水又亲脂的双亲分子很难在溶剂中有高的溶解度，不适合大规模工业化生产。另外，维生素 D 及其中间体对光、热、空气都很敏感，不易控制反应过程与后处理的条件。

2. 光化学合成方法

近几十年来，众多科学家从有机合成光化学角度开展了全面研究。其中包括光化学合成维生素 D 原料的开发；光源、溶剂、光化学反应器等的选择；原料激发态性质与光化学反应动力学研究。近年来，我国对维生素 D 合成的研究取得了卓有成效的进展[23]。

光化学合成维生素 D_2 的原料麦角固醇主要来自酵母发酵，或从生产青霉素等药物的废菌丝、植物油、香菇等产品中提取。北京化工大学开发了一条新路线，从青霉素菌丝体提取麦角固醇，收率高达 50%，大大降低了生产成本。此外，他们还开发出低压汞灯和新型氮气搅拌式光照反应器，并建立了新型制备型液相色谱和计算机控制系统用于维生素 D_2 的分离纯化，但制备型液相色谱提纯不利于规模化生产且成本较高。

光化学合成维生素 D_3 的原料为 7-DHC，主要经动物体提取的胆固醇加工而成。中国科学院理化技术研究所开发了一条从胆固醇合成 7-DHC 的新途径。该方法可回收利用氧化反应催化剂，氧化剂用的是空气，催化剂可选择性催化氧化，使酰化胆固醇生成 7-酮基酰化胆固醇，再经相应还原、脱除等反应制备 7-DHC。反应过程中无难以去除的杂质。另外，摒弃传统溴化及脱除溴化氢的方法制备 7-DHC，可消除原子溴对光化学反应造成的不良影响。该路线合成的 7-DHC 产率高达 55%，维生素 D_3 纯度高于 95%。

11.1.5　维生素 E 合成

维生素 E 是一种脂溶性维生素，其水解产物为生育酚，是最主要的抗氧化剂之一，人体无法自行合成，必须从外界摄取[24]。维生素 E 分为天然 维生素 E 和合成维生素 E 两种，天然维生素 E 包括四种生育酚（α, β, γ, δ）和四种生育三烯酚（α, β, γ, δ）共 8 种类似物；合成维生素 E 指的是 α-生育酚，存在 8 种旋光异构体，每种异构体占 12.5%[25,26]。

目前维生素 E 的合成反应式如图 11.6 所示，该反应的反应机理是烯醇在催化剂 $AlCl_3$ 的作用下，形成烯烃碳正离子进攻氢醌内苯环，即亲电加成反应的机理，该反应的实质是傅一克烷基化反应。通过烷基化反应后，再脱水形成六元环，就得到维生素 E。这种方法的关键是要得到中间体异植物醇和三甲基氢醌。

维生素 E 的生产方面，主要是其主环三甲基氢醌的合成和侧链异植物醇的合成。三甲基氢醌的合成目前以三甲苯为原料，经磺化、硝化、还原、氧化反应合成主环。这条路线步骤多、中间体难以分离、有大量不纯的杂质、环境处理困难。另一条反应路线是间甲酚作原料，采用甲基化、磺化、还原、再氧化、再还原等步骤得到主环，其关键之处在于催化剂的选择。异植物醇中间体的合成是维生素 E

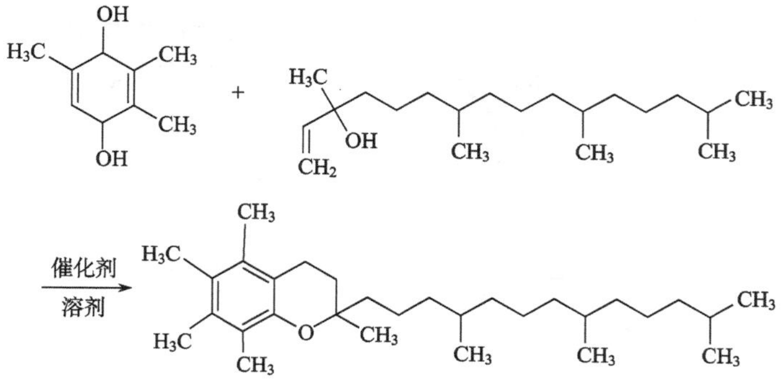

图 11.6　维生素 E 合成路线

合成的关键，异植物醇的经典合成方法可从假紫罗兰酮出发，通过加氢还原，再与炔醇进行缩合，得到 C16 的炔醇，脱水后加氢还原形成 C16 醇，然后溴代或氯代，再与烯丁酮反应形成异植物醇，这些都是工业生产上的环节。由于工业生产上的维生素油相当不稳定，生产上一般将维生素 E 油用乙酸酐进行酯化，得到比较稳定的维生素 E 乙酸酯，其可以长期稳定存在[27]。

在维生素 E 的合成研究中，研究重点在于催化剂的改进和溶剂的选择。在催化剂的改进方面，大多数以氢醌与异植物醇为基础原料，以溴化锌、氯化锌或三氯化铝等路易斯酸作为催化剂，通过傅一克烷基化反应碳正离子机理进行缩合成环。该反应的优势在于反应条件温和，劣势在于催化剂用量高、回收困难、环境污染较大。针对这些不足，研究人员又改用三氟化硼作催化剂，通过三甲基氢醌与植基氯、植基溴或异杆植醇合成生育酚，但三氟化硼对设备腐蚀严重。此方法的显著缺点为路易斯酸用量大、腐蚀性较强、产生大量含锌离子废水、环境处理困难[28]。

人们除了使用含锌催化剂外，还尝试使用氯化亚铁作催化剂，与锌作催化剂相比，副反应减少，但设备腐蚀问题仍不能解决。三氟乙酸或酸酐代替锌盐作催化剂，副反应显著减少，但是这些催化剂都非常昂贵。现在已有多种固体酸催化剂应用到维生素 E 的合成上，例如，钱东用固体酸磷钼酸作催化剂[29]，催化剂用量大幅度减少，在室温下合成维生素 E 纯度在 88%左右。瑞士迪士曼公司的研究人员最近采用稀土元素化合物代替传统的氯化锌和盐酸体系，发现催化剂用量可以非常少，且方便回收利用。但由于稀土化合物作催化剂价格太高，此方法只能应用于研究，不能应用到工业生产中。还有研究者以镧系的三氟磺酸铱和三氟磺酸钪作催化剂，在维生素 E 的收率和纯度方面，都是以三氟磺酸钪作催化剂时效果最佳[30]。

维生素是人和动物维持正常生理功能的必需微量有机物，在生物体生长、代谢、发育过程中发挥着重要的作用。近年，随着国际国内市场对维生素产品的需求迅速增长，大力发展人工合成维生素产业，如何优化维生素合成的工艺过程、工艺条件、设备条件等，进而实现维生素的工业化生产是维生素化学合成工艺革新的主要任务，也必将成为合成维生素领域的研究热点。

11.2　维生素的结构修饰

维生素是机体正常生长发育和代谢必需的微量营养素，其合成不足时需从外界摄入，以避免引起各种疾病，即维生素缺乏症。维生素种类繁多，根据溶解性大致可分为水溶性维生素和脂溶性维生素两类。常见的水溶性维生素有维生素 C 和维生素 B；脂溶性维生素主要包括维生素 A、维生素 D、维生素 E 和维生素 K 等。由于游离的维生素稳定性较差，且各种维生素具有溶解专一性，其产品在使用时会受到一定的限制[31]。为解决上述问题，已有诸多研究主要集中于维生素的改性，将游离维生素通过化学或生物的方法改性合成维生素酯类、糖苷、乙基醚、甲基硅基等衍生物，其中酯类衍生物是主要的改性形式。在合成维生素类衍生物时，化学合成法中常用到一些对人体有毒有害的化学溶剂或催化剂，因此，当此类维生素改性产品用于食品或保健品时会存在化学试剂残留风险。近年来，生物合成法，尤其是酶法因快速、高效而备受青睐，目前已得到广泛应用。本节从化学和生物合成两方面对维生素的改性方法、不同改性方法存在的优缺点及维生素衍生物在食品、化妆品、保健品、医药领域的应用等方面进行介绍。

11.2.1　典型维生素的改性

1. 维生素 A 的改性

维生素 A 最初发现于 1909 年，是从蛋黄脂溶性提取物中获得的[32]。随后，Drummond 等在动物脂肪和鱼油中也发现了维生素 A[33]。1935 年，Karrer 等得到维生素 A 的高纯度晶体，并提出其结构式[34]。维生素 A，又称视黄醇，能促进生长发育，抗炎，抗氧化，预防多种皮肤、眼部疾病，在机体生命活动中扮演着不可或缺的角色。但研究表明，游离的维生素 A 在光照、高温条件下易分解，也极易被氧化[35]。并且除了视黄醇酯，其他类维生素 A 会对皮肤产生刺激性，不溶于水，且并不稳定。因此，市场常见的维生素 A 产品一般都是采用化学或生物法催化生成的维生素 A 酯类衍生物，如维生素 A 乙酸酯、丙酸酯、棕榈酸酯、琥珀酸酯等，结构式如图 11.7 所示（R₁ 为烷基）。

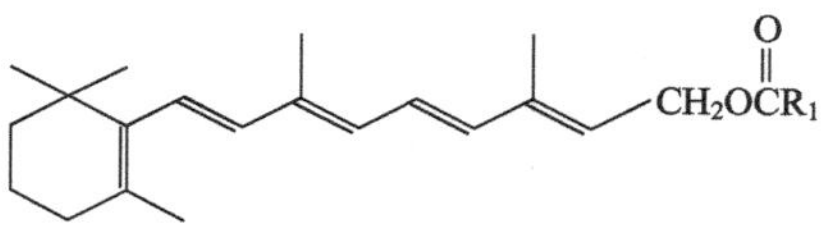

图 11.7 维生素 A 酯的结构

1) 维生素 A 衍生物的化学合成法

在多种化学合成方法中，Wittig-Horner 反应是一种经典的合成维生素 A 酯的方法。该反应以烷基磷酸酯和五碳醛为底物，在碱催化剂下完成维生素 A 衍生物的制备。沈润博等[36]对 Wittig-Horner 反应作了改进，省去烷基磷酸酯的重排过程，直接以 3-甲基-5-(2,6,6-三甲基-1-环己烯-1-基)-1,4-戊二烯膦酸二烷基酯、3-甲基-5-(2,6,6-三甲基-1-环己烯-1-基)-1,3-戊二烯膦酸二烷基酯或它们的混合物为反应底物，在碱催化下与五碳醛反应，结果表明，产物总收率明显提高。此方法合成过程简捷方便、成本较低，为以多双键磷酸酯基化合物为底物的 Wittig-Horner 反应提出理论指导。尽管目前化学合成法比较成熟、应用广泛，但其仍存在合成条件苛刻、反应设备要求高、能源消耗严重等系列问题，且会产生对人体有毒有害物质及反应副产物等，因此需要进一步地改良和优化。

2) 维生素 A 衍生物的生物合成法

近年来，生物酶催化合成维生素 A 衍生物得到越来越广泛的关注与应用。Rejasse 等[37]利用酶工艺制备出了非离子水溶性视黄醇酯。反应主要分为两步：第一步，用固定在有机介质上的酶 Novozym435 催化视黄醇与双官能团的酰化剂(如琥珀酸)反应，通过反相水解、醇解、酸解和酯交换作用将其酰化生成视黄醇酸酯；第二步，将活化的视黄醇酸酯与亲核物质如糖、多元醇反应生成非离子水溶性视黄醇衍生物。结果表明，以叔戊醇为溶剂，7.5 mmol/L 的视黄醇琥珀酸酯与 30 mmol/L 的山梨醇，在 Novozym435 酶催化下反应，可得 80% 的非离子水溶性视黄醇衍生物。Maugard 等[38]同样利用脂肪酶 Novozym435 催化维生素 A 的羟基与乳酸酯化，通过在视黄醇和 L-乳酸甲酯间转移酯基，合成视黄醇 L-乳酸酯，其产量高达 90%。有研究发现，在利用脂肪酶催化合成维生素 A 乳酸酯时，产物的生产受脂肪酶的种类、反应介质、温度、时间等条件的影响。实验结果表明，最佳催化酶种为 Novozym435，最佳反应介质为叔丁醇和正己烷以 3:2 的比例混合的体系[39]，此结果与 Rejasse 等的研究发现相吻合。此外，刘涛等[40]以维生素 A 乙酸酯和棕榈酸为底物，研究了在有机溶剂中利用固定化脂肪酶催化合成维生素 A 棕榈酸酯，并对反应条件进行了优化：以正己烷为反应介质，Novozym435 酶为催化酶，且固定化酶量为维生素 A 乙酸酯的 10%，温度 30 ℃，转速 190 r/min，反应 6 h，产物得出率达 75%，固定化酶连续使用六批以上仍具活力。李宏亮等[41]发现，采用棕榈酸作为酰基供体，在产品分离阶段，过量的棕榈酸需用加碱、过滤的方法除去，此过程对最终的产品收率有很大的影响。为了简化分离步骤，提高产品收率，采用更易溶于有机溶剂的棕榈酸乙酯代替棕榈酸与维生素 A 乙酸酯反应。结果发现，在 10 mL 石油醚中，温度为 30 ℃，转速为 190 r/min，棕榈酸乙酯与维生素 A 乙酸酯在 1.1 g 脂肪酶的作用下反应 12h，转化率达 83%，明显高于棕榈酸与维生素 A 乙酸酯的反应转化率，说明酯类酰基供体更有利于产物的合成和分离。

维生素 A 酯类化合物不仅能在体外催化合成，在动物肝脏内也能酯化合成维生素 A。Futterman 等[42]发现，猫肝脏微粒体能酯化维生素 A，在 pH 4.5 和 8.2 时产量最高；且在 pH4.5 时，维生素 A 油酸酯产量加倍，棕榈酸酯和硬脂酸酯含量下降。因此，可通过改变条件 pH 调节合成所需的维生素 A 酯类衍生物。

2. 维生素 C 的改性

维生素 C 又称抗坏血酸，易溶于水，是一种酸性多羟基化合物，具有抗氧化功能，可应用于食品、化妆品和药品中，但维生素 C 极易被氧化且其亲水特性减弱了稳定油脂的效力，从而限制了其应用。另外在水相存在的情况下，维生素 C 的加入会产生一定弊端[43]。为解决上述问题，研究者将其制备成相应的衍生物。目前研究较多的是维生素 C 脂肪酸酯、维生素 C 磷酸酯盐等，以下将具体介绍这两种衍生物的制备方法。

1) 维生素 C 脂肪酸酯的合成

目前，国内外对维生素 C 脂肪酸酯的研究较多，主要集中于 L-抗坏血酸棕榈酸酯、维生素 C 油酸酯和月桂酸酯等。维生素 C 棕榈酸酯是一种新型抗氧化剂，在食品、化妆品等行业备受青睐，其合成方法一般分为直接酯化法和酯交换法。王渝红等[44]采用硫酸法以 L-抗坏血酸、棕榈酸为原料直接酯化合成新型抗氧化剂 L-抗坏血酸棕榈酸酯。实验采用冰水与乙酸乙酯按 1∶0.3 的体积比混合液作产品析出剂，初次提纯以甲苯为溶剂，将温度降至 6 ℃进行重结晶；二次提纯利用正己烷与无水乙醇按体积比 1∶0.5 混合，温度调至 18 ℃，最终产品纯度高达 96%以上。但是化学合成过程中，常用浓硫酸、氟化氢等作为催化剂，分离产物时多用氯仿、甲苯等有毒溶剂提取，若是纯化不完全将对人体产生毒害作用。

后来有研究人员发现，利用脂肪酶也可催化维生素 C 与脂肪酸或脂肪酸酯发生酯化反应，且生成的脂肪酸酯具有抗氧化活性。Humeau 等[45]以维生素 C 和棕榈酸甲酯为底物，以叔戊醇为溶剂，以 Novozym435 酶为催化剂，合成抗坏血酸棕榈酸酯。当保持溶剂疏水性不变，棕榈酸甲酯被部分取代时，酯化反应转化率急剧降低，说明影响催化酶蛋白结构转变的决定性因素是底物的特定位点。孙燕等[46]采用黑曲霉脂肪酶催化合成棕榈酸维生素 C 酯,虽然在反应中维生素 C 酯的转化率只有 23%,明显低于 Novo435 酶的催化活性。但反应过程能耗低,温度控制在 36 ℃左右反应即可进行;产物中有害杂质少便于产品分离,若作为食品添加剂则无需进一步分离,且黑曲霉脂肪酶价格低廉,节约了大规模工业化的生产成本。

此外,维生素 C 油酸酯的亲油性高于棕榈酸酯,其稳定油脂性能更好,在食品、化妆品等行业中用途更广泛,因此研究者对维生素 C 油酸酯的合成工艺研究愈发深入。Song 等[47]将来源于假丝酵母的脂肪酶固定化并催化合成 L-抗坏血酸油酸酯,并研究了反应溶剂、分子筛种类及反应温度对合成反应的影响,结果表明以 t-叔戊醇为溶剂,用 50 g/L 的 4 分子筛,在 55 ℃条件下,脂肪酶的活力较高,反应平衡正向移动。通过研究动力学模型,发现本反应可描述为乒乓机制。Adamczak 等[48]用不同的脂肪酶催化维生素 C 和油酸合成抗坏血酸油酸酯。研究发现,维生素 C 油酸酯的转化率受脂肪酶的类型、固定化载体、水分活度和有机溶剂的影响。经过摸索,最终确立优化条件如下:选择脂肪酶 chirazymeL-2 固定在载体 C2 上,以丙酮为溶剂,油酸甲酯作为酰基供体,水分活度为 0.11,有分子筛存在,此时维生素 C 酯转化率高达 63%。

2)维生素 C 磷酸酯盐的合成

维生素 C 磷酸酯盐是性质最稳定的维生素 C 衍生物之一,主要有维生素 C 磷酸酯镁盐、钠盐和锌盐三种形式。当维生素 C 磷酸酯盐进入生物体后,机体中广泛存在的磷酸酶可将其水解释放出游离维生素 C,从而被人体利用。研究发现,维生素 C 磷酸酯盐具有美白、促进胶原蛋白合成的作用[49]。在化妆品中加入 2%左右的维生素 C 磷酸酯盐能明显减轻色斑而起到美白皮肤的作用,且对皮肤无任何刺激性[50]。因此,维生素 C 磷酸酯盐在化妆品行业备受青睐,其主要有维生素 C 磷酸酯镁盐、钠盐和锌盐三种形式。

目前常用的维生素 C 磷酸酯的制备方法有直接酯化、基团保护和酶合成法。然而直接利用维生素 C 与磷酰化试剂反应,有较多副产物,有效物纯度较低。董瑞娟等[51]采用基团保护法合成维生素 C 磷酸酯(AMP)。首先,在催化剂 POCL$_3$ 的作用下,用丙酮保护维生素 C 的 5—OH 和 6—OH,形成 5,6-O-异丙基-维生素 C(IAA),然后用磷酸化剂 POCL3 与维生素 C 的 2—OH 反应,最终得到 AMP。研究发现,与传统合成路线直接酰化法相比,基团保护法可明显减少副产物含量,提高转化率。Shibayama 等报道了基团保护法合成 2-[2(1,3,3-三甲基丁酯)-5,7,7-甲基-辛基]-L-抗坏血酸磷酸酯。反应分为两步,首先以抗坏血酸、丙酮、28%的发烟硫酸为原料合成 5,6-O-异-L-抗坏血酸;其次以 POCL$_3$、2-(1,3,3-三甲基丁酯)-5,7,7-甲基-辛醇和三乙胺为原料合成 2-(1,3,3-三甲基正丁基)-5,7,7-甲基-辛基二氯。最后利用以上两种合成物质反应生成终产物,且产物收率为 66.6%。采用化学法合成的维生素 C 磷酸酯盐含有较多副产物，这些副产物很难被除去，此为化学合成法的一大弊端。近年来，生物酶法正逐渐兴起。Fujio 等[52]采用生物合成法制得 AMP，他们将培养的黄质菌菌种和维生素 C、ATP、$MgSO_4$、KH_2PO_4 混合反应，调节 PH 至 6.5，30℃下搅拌 24 h，反应结束后用离子交换柱分离纯化得到 AMP。研究表明微生物代谢产生的酶催化维生素 C 与 ATP 的水溶液发生酯化反应，在经过处理后即得到维生素 C 磷酸酯钠，此方法副产物少、绿色环保污染少，弥补了化学合成法的缺点。

3. 维生素 E 的改性

维生素 E 又称生育酚，是淡黄色无臭无味油状液，不溶于水，但几乎完全溶于脂溶性溶剂。维生素 E 具有显著的抗氧化、消除体内游离基、预防癌症、提高机体免疫力等功能，是人类生命活动中不可缺少的维生素之一。然而生育酚极易被氧化、表面活性差及不溶于水的特性限制了其应用，维生素 E 酯类产品则弥补了这些方面的不足，拓展了它的应用领域。维生素 E 琥珀酸酯(TOS)是维生素 E 衍生物中研究最深入、应用最广泛的一种。以下将主要介绍维生素 E 琥珀酸酯的制备方法。

1) 化学合成维生素 E 琥珀酸酯

维生素 E 琥珀酸酯化学稳定性高、抗癌能力强，是维生素 E 衍生物中研究最成熟的领域。早在 20 世纪 50 年代，Cawley 等[53]就以生育酚与琥珀酸酐为底物直接反应，经沉淀分离纯化后得到尖状结晶生育酚琥珀酸单酯。Hattori 等[54]优化了工艺条件，选择叔胺类有机碱作催化剂，将反应温度控制在低于 40 ℃的条件下经过较短时间反应，从而克服反应产物在酯化温度较高条件下变黑的问题。此外，国内学者对维生素 E 的化学修饰也有一定的研究。Yang 等[55]在高压反应釜设备中以天然 α-生育酚和琥珀酸酐为原料，在三乙醇胺的催化下合成了维生素 E 琥珀酸酯。冀亚飞等[56]利用环己烷作反应溶剂，以 4-二甲胺基吡啶催化酯化合成维生素 E 琥珀酸酯，该反应可消除乳化现象，收率达 90%以上。此后郑燕升[57]对合成工艺进行了改良，以天然维生素 E 和琥珀酸酐为原料，石油醚为反应介质。控制温度在 40~80 ℃范围内，将原料按一定比例溶解于石油醚中，在化学剂催化作用下反应约 4 h。反应后调节 pH 至中性，分层后去掉下层，将温度降至 6 ℃左右进行重结晶。经抽滤、干燥得天然维生素 E 琥珀酸单酯。该合成方法便于操作，对反应设备、能耗要求低，耗时短，分离纯化过程简单，容易实现大规模工业化生产。

2) 生物合成维生素 E 琥珀酸酯

维生素 E 化学结构较为复杂，其羟基位于苯环上，且邻位有甲基阻挡，此结构特性加大了维生素 E 酰基化难度。Torres 等[58]利用乙酸乙烯酯和维生素 E 作为原料,在南极假丝酵母脂肪酶 B 的催化剂下合成了维生素 E 乙酸酯。这是首例利用酶法催化维生素 E 酚羟基乙酰化,成功制得维生素 E 乙酸酯,但是此次反应耗时长,产物得率低,投入和产出比较大,不适合应用于工业化生产。在国内,尹春华等[59]以维生素 E 和琥珀酸酐为底物在假丝酵母脂肪酶(Candida sp.)的催化下合成了维生素 E 琥珀酸酯,并通过响应面因子分析法对底物摩尔比等其他反应条件进行了优化,最终使维生素 E 琥珀酸酯产率高达 90%以上。

11.2.2　维生素改性产品的应用

维生素衍生物比游离的维生素性能稳定,且具有多种功效,目前已广泛应用于食品、化妆品和医药保健品等行业。例如,维生素 A 类衍生物调节皮肤代谢,保护牙齿和毛发;维生素 E 酯类衍生物具有保湿、防晒、延缓衰老的特性;维生素 C 衍生物化学性质稳定,具有良好的美白、抗氧化、抗衰老、防晒等效果,已用于多种知名品牌化妆品中并得到大众的认可。近年来,利用维生素衍生物治疗或辅助治疗仍未攻克的人类疾病已成为一种新型有效的方法。

据文献报道,淀粉样蛋白 β 肽(Aβ)能启动老年人阿尔茨海默病患者的细胞死亡并且使 DNA 双链断裂。全反式视黄酸(RA)是维生素 A 衍生物之一,可对抗淀粉样蛋白级联反应,降低了 Aβ 多肽的产生和聚合。Gruz-Gibelli 等研究了 RA 在修复 Aβ 引起的 DNA 断裂中的作用,结果表明,RA 修复了小鼠中 SH-SY5Y 细胞、星形细胞和鼠皮层组织的 DNA 断裂,且非同源末端连接途径和共济失调毛细血管扩张症突变的激酶参与了修复 SH-SY5Y 细胞的 DNA 断裂。另外,研究还发现,RA 除了增加小鼠皮层的细胞活力,也可能引起对细胞或突触比较重要的基因的 DNA 修复。

大量研究表明维生素 E 琥珀酸酯具有抗氧化、抗癌作用。1982 年,发现与其他维生素 E 衍生物如 α-生育酚、α 生育酚乙酸酯和 α 生育酚烟酸酯相比,α-生育酚琥珀酸酯(α-TS)是诱导癌细胞分化、抑制癌细胞增殖和凋亡最有效的形式,且抑制程度取决于它的浓度。在过去的二十年中,一些在啮齿动物和人类癌症细胞的体外、体内实验研究已经证实了这一点。令人兴奋的是,α-TS 作用癌细胞时不影响大多数正常细胞的增殖,且 α-TS 处理增强了电离辐射、热疗,以及一些化学治疗剂和生物反应调节剂对肿瘤细胞生长抑制的效果,同时保护正常细胞抵抗一些不利影响。研究表明单独使用或与膳食微量营养素组合使用 α-TS 可通过增加肿瘤反应,降低对正常细胞的毒性,从而可辅助治疗癌症[60]。

D-α-生育酚聚乙二醇 1000 琥珀酸酯(TPGS)是天然维生素 E 与聚乙二醇(PEG)的维生素 E 琥珀酸酯反应形成的一种水溶性衍生物,具有双亲性,可作为食品添加剂在饮料、果冻和其他食品中使用。聚(乳酸交酯) 维生素 E TPGS 纳米颗粒(PLA-TPGS NPS)是 TPGS 的一种,其具有纳米材料特有的乳化效果好、药

物包封率高及细胞黏附和吸附高等优势。体外肿瘤细胞活力实验表明，PLA-TPGS
NPS/MMT 纳米颗粒配方作用于细胞 24h、48h、72h 之后，细胞活力分别为 2.89、
3.98 和 2.12，其抑制细胞活力的效果是多西紫杉醇的 2.12 倍。以上研究数据表明
维生素类衍生物不仅在食品、化妆品和保健品中有良好的作用效果，对一些疾病
的治疗和辅助治疗也具有重要意义。

　　为解决游离维生素自然条件下稳定性差、溶解性专一、利用率低等的劣势，
开发反应已发生、生物活性强、毒副作用小、生物利用率高的维生素改性产物至
关重要。但是目前研究主要集中在对维生素 A、维生素 C、维生素 D、维生素 E
及少数维生素 B 的改性，尤其是维生素 A、维生素 C 及维生素 E 衍生物的制备和
应用报道较多，对于其他类别的维生素衍生物合成和发展仍需进一步探索和研究。
此外，虽大量研究验证了维生素衍生物的抗氧化、抗癌、抗衰老等功效，但多数
处于研究阶段，尚未投入大规模生产，因此，维生素衍生物产品工业化问题亟待
解决。

参 考 文 献

[1] Sporn M B, Roberts A B. 5–biological methods for analysis and assay of retinoids— relationships between structure and activity[J]. Retinoids, 1984: 235-279.

[2] Isler O, Huber W, Ronco A, et al. Synthese des vitamin A[J]. Helvetica Chimica Acta, 1911, 30(6): 1911-1927.

[3] Babler J H, Schlidt S A. An expedient route to a versatile intermediate for the stereoselective synthesis of all-trans-retinoic acid and beta-carotene[J]. Cheminform, 1992, 33(50): 7697-7700.

[4] Harris S A, Folkers K. Synthesis of vitamin B_6[J]. Tetrahedron, 1983, 39(13): 2241-2245.

[5] 陈天豪, 李仁宝, 杨成. 维生素 B_6 的合成工艺改进[J]. 中国医药工业杂志, 2004, 35(1): 1-2.

[6] 林云钊, 沈家声, 崔均南. 维生素 B_6 的合成[J]. 中国医药工业杂志, 1981, 4(10): 6-8.

[7] 周后元. 维生素 B_6 噁唑法合成新工艺[J]. 中国医药工业杂志, 1994, 1994(9): 385-389.

[8] 王璐. 罗氏(上海)公司建成国内首条不用苯作溶剂的维生素 B_6 生产线[J]. 上海医药, 2003, 24(9): 408-408.

[9] 徐勇智. 维生素 B_6 的合成研究进展[J]. 广州化工, 2012, 40(12): 50-51.

[10] Raux E. Vitamin B12: Insights into biosynthesiss mount improbable[J]. Bioorganic Chemistry, 1999, 27(2): 100–118.

[11] Gulati S, Brody L C, Banerjee R. Posttranscriptional regulation of mammalian methionine synthase by B_{12}[J]. Biochemical & Biophysical Research Communications, 1999, 259(2): 436-442.

[12] 张玉明. 维生素 B_{12} 的生物合成研究[J]. 食品与发酵工业, 2005, 31(9): 70-73.

[13] Kiatpapan P, Murooka Y. Review: Genetic manipulation system in propionibacteria[J]. Journal of Bioscience & Bioengineering, 2002, 93(1): 1-8.

[14] 刘秀艳, 叶敏, 徐向阳. 产生 5-氨基乙酰丙酸(ALA)光合细菌生物学研究进展[J]. 中国生物工程杂志, 2005, 2000(5): 67-71.

[15] Debussche L. Assay, purification, and characterization of cobaltochelatase, a unique complex enzyme catalyzing cobalt insertion in hydrogenobyrinic acid a, c-diamide during coenzyme B_{12} biosynthesis in Pseudomonas denitrificans[J]. Journal of Bacteriology, 1992, 174(22): 7445-51.

[16] Jeng K C. Supplementation with vitamins C and E enhances cytokine production by peripheral blood mononuclear cells in healthy adults[J]. American Journal of Clinical Nutrition, 1996, 64(6): 960-965.

[17] 鲍扬. 维生素 C 与营养[J]. 肠外与肠内营养, 1998, 1998(3): 168-172.

[18] 李春艳, 夏海平, 蓝伟光. 维生素 C 生产工艺进展[J]. 中国医药工业杂志, 2001, 32(1): 38-41.

[19] 仪宏. 维生素 C 生产技术[J]. 中国食品添加剂, 2003, 2003(6): 76-81.

[20] 王敬臣, 崔凤霞, 任保增. 维生素 C 合成工艺研究[J]. 安徽农业科学, 2012, 2012(18): 9930-9932.

[21] 齐继成. 维生素 D_2 产销概况[J]. 中国制药信息, 2002, 2002(8): 30-32.

[22] 蔡祖恽. 近年活性维生素 D 类似物的合成进展概况[J]. 有机化学, 2013, 33(10): 2244-2258.

[23] 张焱. 光化学合成维生素 D[J]. 精细与专用化学品, 2005, 13(5): 5-7.

[24] Maria Laura. An update on vitamin E, tocopherol and tocotrienol-perspectives[J]. Molecules, 2010, 15(4): 2103-2113.

[25] 林涛. 分子蒸馏技术浓缩合成维生素 E[J]. 化工进展, 2009, 28(3): 496-498.

[26] Miyazawa T, Nakagawa K, Sookwong P. Health benefits of vitamin E in grains, cereals and green vegetables[J]. Trends in Food Science & Technology, 2011, 22(12): 651-654.

[27] 孙月婷. 维生素 E 的合成与分析研究现状[J]. 广州化工, 2011, 39(6): 34-35.

[28] Wenyu Y. Vitamin E biosynthesis: functional characterization of the monocot homogentisate geranylgeranyl transferase[J]. Plant Journal, 2011, 65(2): 206-17.

[29] 钱东, 姚利民. 磷钼酸催化合成 DL-α-生育酚[J]. 合成化学, 1999, 1999(4): 401-402.

[30] Matsui M. ChemInform Abstract: Synthesis of α-tocopherol: scandium(Ⅲ) trifluorome thanesulfonate as an efficient catalyst in the reaction of hydroquinone with allylic alcohol[J]. Cheminform, 1996, 27(16).

[31] 刘江帆, 尹春华, 王书琪. 酶法维生素改性的研究进展[J]. 食品工业科技. 2009, 2009(08): 336-339.

[32] Williams O T. In Memory of Christian A. Herter 1865-1910: a sketch of the life of one who championed the cause of imagination and idealism in the medical sciences[J]. Biochem J, 1911, 5(8-9): xxi. b1.

[33] Drummond J C. The nomenclature of the so-called accessory food factors (vitamins)[J]. Biochem J, 1920, 14(5): 660.

[34] Karrer P, Morf R, Schöpp K. Zur kenntnis des vitamins-a aus fischtranen[J]. Helvetica Chimica Acta, 1931, 14(5): 1036-1040.

[35] 卢大峰, 杨洵斐. 药品中维生素 A 稳定性研究[J]. 药学研究, 2013, (02): 95-96.

[36] 沈润溥，皮士卿，谢斌，等. 维生素 A 衍生物合成工艺的改进[J]. 应用化学, 2003,（12）: 1211-1213.

[37] Rejasse B, Maugard T, Legoy M D. Enzymatic procedures for the synthesis of water-soluble retinol derivatives in organic media[J]. Enzyme and Microbial Technology, 2003, 32(2): 312-320.

[38] Maugard T, Tudella J, Legoy M D. Study of vitamin ester synthesis by lipase-catalyzed transesterification in organic media[J]. Biotechnology Progress, 2000, 16(3): 358-362.

[39] 高静，姜艳军，马丽，等. 混合溶剂中酶促合成维生素 A 乳酸酯[J]. 分子催化, 2006,（04）: 346-350.

[40] 刘涛，尹春华，谭天伟. 脂肪酶催化合成维生素 A 酯[J]. 现代化工, 2005,（02）: 37-40.

[41] 李宏亮，胡晶，谭天伟. 固定化脂肪酶合成维生素 A 棕榈酸酯[J]. 生物工程学报, 2008, 24(5): 817-820.

[42] Futterman S, Andrews J S. The composition of liver vitamin a esiter and the synthesis of vitamin a ester by liver microsomes[J]. J Biol Chem, 1964, 239(239): 4077-4080.

[43] 陈功，王莉. 山野菜保鲜贮藏与加工[J]. 四川食品与发酵, 2004,（01）: 51.

[44] 王渝红，徐卡秋. L-抗坏血酸棕榈酸酯的合成提纯工艺研究[J]. 四川化工, 2006,（06）: 1-3.

[45] Humeau C, Girardin M, Rovel B, et al. Enzymatic synthesis of fatty acid ascorbyl esters[J]. Journal of Molecular Catalysis B: Enzymatic, 1998, 5(1-4): 19-23.

[46] 孙燕，夏木西卡玛尔，吾满江，等. 酶促反应合成棕榈酸 VC 酯[J]. 生物技术, 2006,（02）: 63-65.

[47] Song Q, Wei D. Study of vitamin C ester synthesis by immobilized lipase from candida sp. [J]. Journal of Molecular Catalysis B: Enzymatic, 2002, 18(4-6): 261-266.

[48] Adamczak M, Bornscheuer U T, Bednarski W. Synthesis of ascorbyloleate by immobilized Candida antarctica lipases[J]. Process Biochemistry, 2005, 40(10): 3177-3180.

[49] 谷雪贤. 维生素C衍生物的制备及其在化妆品中的应用[J]. 化学试剂, 2011,（04）: 325-328.

[50] 杜亚威，杨文玲，刘红梅. 维生素 C 磷酸酯衍生物的制备及其在化妆品中的应用[J]. 香料香精化妆品, 2007,（01）: 26-29.

[51] 董瑞娟. 抗氧化维生素衍生物的制备[D]. 北京: 北京化工大学, 2015.

[52] Fujio T, Maruyama A, Koizumi S. Process for the preparation of ascorbic acid-2-phosphate: US5212079[P]. 1993.

[53] Cawley J D, Stern M H. Water-soluble tocopherol derivatives: US, US 2680749 A[P]. 1954.

[54] Hattori S, Komatsu A, Kurihara H, et al. Process for producing alpha-tocopherol and its esters: US, US 3459773 A[P]. 1969.

[55] Yang Y, Wen G, Wu C, et al. Preparation of natural α-tocopherol from non-α-tocopherols[J]. Journal of Zhejiang University SCIENCE, 2004, 5(12): 1524-1527.

[56] 冀亚飞，王玉标，梁启勇. 维生素 E 琥珀酸钙的合成[J]. 中国医药工业杂志, 1996,（02）: 59-60.

[57] 郑燕升. 天然维生素 E 琥珀酸单酯（α-VES）的合成[D]. 桂林: 广西大学, 2007.

[58] Torres P, Reyes-Duarte D, López-Cortés N, et al. Acetylation of vitamin E by Candida antarctica

lipase B immobilized on different carriers[J]. Process Biochemistry, 2008, 43 (2) : 145-153.

[59] 尹春华，刘江帆，高明. 维生素 E 琥珀酸酯的酶促合成及优化[J]. 化工学报, 2010, (04) : 935-941.

[60] Prasad K N, Kumar B, Yan X D, et al. Alpha-tocopheryl succinate, the most effective form of vitamin E for adjuvant cancer treatment: a review[J]. J Am Coll Nutr, 2003, 22 (2) : 108-117.

第三部分　合成化合物生物活性

第 12 章　合成化合物抗肿瘤活性

12.1　吡唑啉酮衍生物生物活性

1-苯基-3-甲基-5-吡唑啉酮(1-phenyl-3-methyl-5-pyrazolone，PMP)是一类具有 β-共轭双键的含氮杂环化合物，对其药理生物活性的研究与应用方兴未艾。吡唑啉酮类化合物能够克服传统抗肿瘤药物(如顺铂)引起的耐药性及毒副作用，可能成为具有潜力的新型抗肿瘤药物[1]。席夫碱是由有机醛酮与有机胺及其衍生物缩合生成的含亚胺官能团的化合物，其配合物同时具有极性和非极性特征，容易穿透组织细胞，具有显著生物活性[2]。可修饰的吡唑啉酮衍生物及其席夫碱金属配合物丰富的结构类型和巨大的药学生物活性开发潜力使其具有成为高效临床药物的可能，其抗肿瘤活性作用机制及构效关系成为研究热点[3]。

1864 年，Schiff 首次成功利用伯胺与活性羰基化合物发生缩合反应，生成具有亚氨基(—CH—N—)或甲亚氨基(—C═N—)官能团的一类化合物——席夫碱(Schiff base)。合成途径如图 12.1 所示。席夫碱特征官能团—C═N—中，N 原子杂化轨道上有一对孤对电子，可与多种金属离子通过配位键形成席夫碱金属配合物[4]。另外，席夫碱类衍生物配体取代基上还存在多个配位活性中心，也可与过渡金属或稀土金属离子配位。配位原子包括羰基氧原子、亚氨基氮原子及衍生物取代基配位原子等，配位方式多样。席夫碱配体的这种特性也赋予其重要的化学与生物学研究意义[5]。

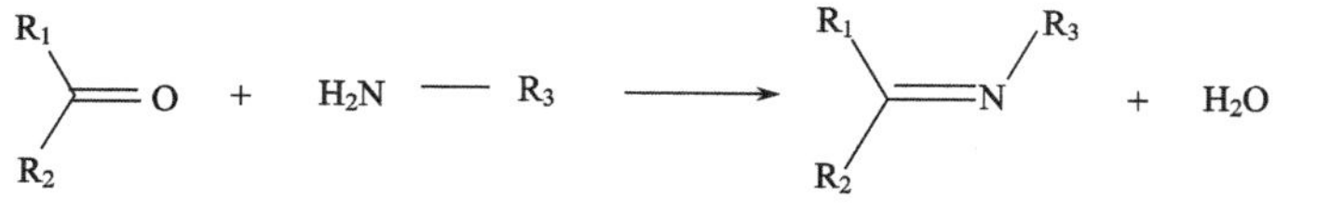

图 12.1　席夫碱合成途径

一个多世纪以来，对席夫碱及其金属配合物结构及功能的研究已有大量报道。席夫碱特征基团结构具有互变异构特性，可进行分子间质子转移，形成烯醇式与酮式结构互变，并赋予其热致变色及光致变色等性能，使其在光开关、光转换、信息存储等新材料开发领域得到广泛应用。可作为手性催化剂的席夫碱金属配合物用于不对称催化反应效果理想，另外席夫碱在仿酶催化领域的研究中也取得较快发展；席夫碱(特别是芳香族席夫碱)结构中的—C═N—双键及苯环取代基(如—OH 等)易与金属离子形成稳定配合物，在金属表面形成一层自组装膜，成为有效的金属缓蚀剂[6]；在分析化学领域，席夫碱可用来协助分离、检验及鉴别某些离子及化合物，速度快，灵敏度高；某些席夫碱金属配合物具有显著抗癌、抗菌、消炎、镇痛及清除自由基等生物学活性，且形成配合物后活性显著高于席夫碱配体，成为一种潜在的具有很高应用价值的新型药物[7]。可见，对席夫碱配体及其金属配合物合成与应用的研究具有重要意义，目前此项工作方兴未艾。

通过羰基化合物与伯胺缩合形成席夫碱，能够灵活选择反应物，可在反应体系中引入某些具有特殊价值或功效活性的官能团，从而定向设计合成功能性化合物。4-酰基吡唑啉酮是一类具有 β-共轭双键的含氮杂环化合物，吡唑啉酮类化合物能够克服传统抗肿瘤药物(如顺铂)引起的耐药性及毒副作用，可能成为具有潜力的新型抗肿瘤药物。含 N 杂环的 β-双酮化合物，4 位羰基与有机胺缩合形成的席夫碱配体，配位基较多，且结构中存在多个芳香环，使体系具有较强共轭性且稳定性较好。由于双酮结构中亚甲基较活泼，易发生酮式和烯醇式互变异构，且结构中所含配位中心较多，因此，4-酰基吡唑啉酮席夫碱配体可以多种配位形式与金属离子配位结合，不仅有单核结构，还有双核结构[8]。研究表明 4-酰基吡唑啉酮席夫碱中，由于吡唑啉酮母环上 N 原子的存在，该类化合物可表现出较强的抗菌及抗肿瘤等生物活性，其结构如图 12.2 所示。吡唑啉酮母环 N^1 位引入苯基后，席夫碱可表现出优良的镇痛、退热、消炎等活性，例如，目前临床已广泛应用的用来治疗炎症、头痛、发热等病症的安替比林类药物均是此结构起作用[9]。

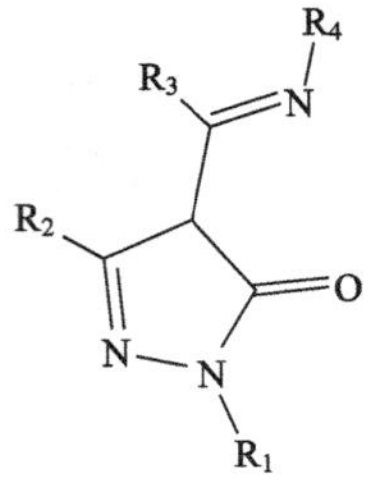

图 12.2 　4-酰基吡唑啉酮席夫碱结构通式

吡唑啉酮类化合物结构多样、性质稳定、应用广泛，引起了国内外学者广泛关注，至今对其结构和活性应用方面的研究方兴未艾。

12.1.1　吡唑啉酮类席夫碱及其金属配合物合成

本节主要介绍吡唑啉酮类席夫碱及其金属配合物的合成反应机理，并简要介绍目前应用比较广泛的四种合成方法。

1. 吡唑啉酮类席夫碱及其金属配合物合成反应机理

席夫碱的合成属于一种缩合反应，涉及加成、分子重排及消去等反应过程。其中，第一步亲核加成决定缩合反应速率。羰基 C 原子的 sp^2 杂化轨道转变为 sp^3 杂化，键角由 120℃转变为 109.5℃[10]。羰基化合物和有机胺中取代基不同，反应条件及反应速率也存在差异。因此，选择分子结构较小的 R_1、R_2、R_3 取代基，将存在较小的空间位阻，有利于亲核反应的发生。此外，如果过渡态结构中含有芳环，其吸电子作用将分散 O^- 的负电荷，形成的共轭结构更有利于形成稳定的过渡态，从而加快缩合反应速率。

4-酰基吡唑啉酮存在酮式和烯醇式互变异构体结构，但无论是酮式还是烯醇式，当 4-酰基吡唑啉酮与胺类缩合形成席夫碱时，都是与吡唑啉酮环外羰基 C 原子连接的 O(1) 发生亲核加成。席夫碱的结构决定其稳定性，—CH＝N—双键与吡唑环的—CH＝O 双键官能团形成大的共轭体系，增强了席夫碱的稳定性[11]。酰基吡唑啉酮席夫碱通常存在以下四种互变异构结构，如图 12.3 所示(R_1=苯基、取代苯基等，R_2=甲基、苯基、取代苯基等，R_3=烷基、苯基、取代苯基、杂环基等，R_4=烷基、芳香基等)，主要以其中的 I 和 IV 两种形式存在。互变异构平衡的移动受溶剂影响较大，在极性溶剂中，席夫碱主要以烯醇式结构存在，结构中含有羟基和亚氨基。而当席夫碱的 N-芳基被烷基取代，或 O 原子被 S 原子等取代时，往往酮式结构更加稳定。当甲亚胺 C 原子上的取代基为烷基或芳香基团时，会更有利于互变异构体烯醇式的形成[12]。

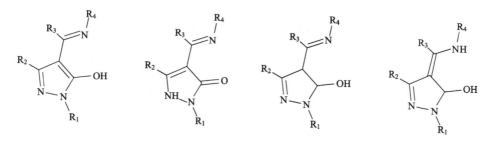

图 12.3　酰基吡唑啉酮席夫碱的互变异构

4-酰基吡唑啉酮席夫碱中的羰基氧原子、环内氮原子、4-取代基上的杂原子等都可以作为配位活性中心与大部分金属离子配位，形成不同种类的金属配合物。研究最多的参与配位的金属离子主要是过渡金属离子(如 Cu、Ni、Fe、Zn 等)和稀土金属离子(镧系和锕系)。4-酰基吡唑啉酮席夫碱配体可与金属离子形成 4 配位、6 配位及 8 配位的配合物，其中以 6 配位为配位形式的配合物居多，还存在极少数 5 配位等情况[13]。通常，4 配位配合物构型为平面正方形，6 配位配合物为正八面体，8 配位配合物空间构型则为正十二面体、四棱柱或四方反棱柱等[14]。

另外，在特定的反应条件下，还可形成一些特殊结构。例如，2004 年 Cingolani 等[15]合成的 4-酰基吡唑啉酮配合物[Rh(CO)₂Cl(L)]，是通过 4-酰基吡唑啉酮环上的 2 位 N 原子与金属配位形成配合物。其构型为平面四边形，2-N、Cl 及 CO 从 Rh 的四边配位形成配合物。4-酰基吡唑啉酮还可与金属离子配位形成双核或多核配合物。1999 年，Johnson 利用均苯三甲酰基吡唑啉酮与 Ga 反应得到 6 核反三棱柱金属簇合物，配位反应时通过均苯三甲酰基吡唑啉酮 3 个方向的 6 个 O 原子与中心 Ga 离子配位。2000 年，该课题组又合成出均苯三甲酰基吡唑啉酮 La 配合物，并经过结构表征得出该配合物为反四棱柱 8 核配合物[16]。4-酰基吡唑啉酮还可与其他配体共同参与配位，形成多元混配配合物。4-酰基吡唑啉酮席夫碱金属配合物独特的结构、多样的配位形式及稳定的物化性质，决定其具有极高的研究价值。

根据配体和金属盐溶解性的差别及对产物性质的要求，4-酰基吡唑啉酮金属配合物可采用不同方法合成，主要包括非水溶剂法、水相合成法、固相合成法及溶剂热合成法等。

2. 非水溶剂法

非水溶剂法是合成席夫碱配体及其金属配合物最常用的方法。此方法要求合成席夫碱配体的原料，以及席夫碱配体和金属盐在有机溶剂中具有较大的溶解度。主要合成方法是，将席夫碱配体与金属盐分别溶解于有机溶剂中，在加热回流条件下，反应足够时间后，静置至逐渐析出配合物固体产物为止。由于合成该类配合物的原料 4-酰基吡唑啉酮及其席夫碱衍生物大多水溶性较差，因此大多数反应依据其溶解度选择不同的有机溶剂。常用的有机溶剂主要有醇类、酯类、酮类、二氧六环、N,N-二甲基甲酰胺(DMF)及二甲基亚砜(DMSO)等，其中甲醇和乙醇是该类配合物合成反应中最常见的反应溶剂。

2003 年，王路等[17]采用非水溶剂法，以无水乙醇作为反应溶剂，合成了含硫席夫碱配体 1-苯基-3-甲基-4-(呋喃甲酰基)-吡唑啉酮-5 缩氨基硫脲及其钒、铁配合物。2013 年，Cheng 等在加热回流条件下，采用非水溶剂法合成了 1-苯基-3-甲基-4-甲酰基-吡唑啉酮-5 缩 8-氨基喹啉席夫碱 Cu(Ⅱ)、Zn(Ⅱ)、Ni(Ⅱ)配合物，并用 X 射线单晶衍射等表征分析方法鉴定出其中的锌配合物为单核六配位配合物，配体与金属离子以 1∶1 形式配位。2011 年，Vyas 等[18]利用三种 4-酰基吡唑啉酮分别与对甲基苯胺和对溴苯胺缩合形成席夫碱配体，反应过程中有黄色微晶沉淀析出，得到了 3 种席夫碱配体。同样在以无水乙醇为反应溶剂的条件下，合成了三种席夫碱配体的 Cu(Ⅱ)配合物。结果表明所有配合物结构相似，均为扭曲八面体结构。

对于醇溶性较差的 4-酰基吡唑啉酮及某些席夫碱配体，可尝试另一种理想的反应溶剂——DMF。2004 年，Jadeja 等[19]以非水溶剂 DMF 为反应介质，将 1-对甲基苯甲基-3-甲基-4-乙酰基-吡唑啉酮-5 与邻甲基苯胺、间甲基苯胺、对甲基苯胺、邻氯苯胺、间氯苯胺、对氯苯胺分别缩合，生成了六种席夫碱配体及其 Cu(Ⅱ) 配合物。2006 年，该课题组，同样用热的 DMF 作为反应溶剂合成了 6 种 4-酰基吡唑啉酮席夫碱 OV(Ⅳ) 配合物。

另外，以 1,4-二氧六环、DMSO，以及两种或多种有机溶剂混合物作为反应溶剂合成各种 4-酰基吡唑啉酮席夫碱及其金属配合物的报道也很普遍。反应溶剂的选择，是配合物合成反应的关键因素之一。原料在溶剂中的溶解度、溶剂的极性及沸点等，都将影响配合物的合成及产物的析出形式。因此，合成反应中选择合适的溶剂至关重要。

3. 水相合成法

水相合成法是指将 4-酰基吡唑啉酮和金属盐分别按一定配比溶于水溶液中，混合后，加热搅拌反应。有时也加入少量乙醇等有机溶剂、酸或碱等促进反应进行。某些在有机溶剂中溶解度较小的席夫碱配体及金属盐，可利用此法合成金属配合物。但由于大多数 4-酰基吡唑啉酮和相应的席夫碱水溶性较差，因此，该方法在 4-酰基吡唑啉酮席夫碱及其金属配合物的合成中较为少见。

2012 年，Jadeja[20]采用水相合成法成功合成了 4-酰基吡唑啉酮席夫碱金属配合物。将 4-对甲基苯基-3-甲基-4-对甲基苯甲酰基吡唑啉酮-5 缩合 1-萘胺席夫碱和金属盐分别溶于热乙醇和水中，二者混合加热反应，形成了含水相的反应溶剂体系。该方法适用于某些有机溶剂难溶盐参与的反应。

4. 固相合成法

固相合成法将 4-酰基吡唑啉酮席夫碱与金属盐以一定比例(1∶1 或 2∶1)混合后，放入玛瑙研钵中用力均匀地研磨足够时间，使配位反应充分，有时也加入几滴有机溶剂(如无水乙醇等)，该法可在室温或加热条件下进行。对于醇溶性较小的金属盐，可选择此法合成相应的席夫碱金属配合物，如某些过渡金属 Mn(Ⅱ)、Co(Ⅱ)、Cu(Ⅱ) 等。

5. 溶剂热合成法

溶剂热合成法将 4-酰基吡唑啉酮席夫碱配体与金属盐按照一定配比放入高压反应釜中，加入适量合适的溶剂，加热反应足够长时间后，缓慢降至室温即可得到相应配合物产物。通常加热的温度要高于溶剂沸点 40~60 ℃，从而使体系中固、液、气三相共存。该法适用于常温常压下各种溶剂溶解度不佳或溶解后易分解、熔融前后易分解的化合物的合成[21]。对于某些非水溶剂法无法完成的反应，可尝试溶剂热合成法。该方法有利于化合物的分子构建，易形成纯度较高的晶体，也有利于合成某些高蒸气压和低熔点的材料。利用这种方法合成的席夫碱及其金属配合物已有较多报道。采用溶剂热合成法可以大幅度抑制产物氧化过程，对于一些反应中产物不稳定、易氧化分解的反应过程非常适用。另外，由于有机溶剂的沸点相对较低，更有利于产物结晶析出，该方法在有机产物合成中具有重要的应用价值。

12.1.2　吡唑啉酮类及其金属配合物生物活性

4-酰基吡唑啉酮席夫碱配体及其金属配合物结构多样，生物活性广泛。其中对其生物活性研究最多的是抗肿瘤活性和抗菌活性等。对该类配合物生物活性作用机制的研究也逐渐深入。

1. 吡唑啉酮衍生物及其金属配合物抗肿瘤生物活性国内外研究现状

癌症被视为人类第二大致命杀手，每年全球约 760 万人死于癌症，预计到 2030 年将达到每年 1300 万人。癌症患者数量与日俱增，死亡率不断攀升，为人类敲响警钟。

人体细胞死亡的两种最基本的方式即为细胞坏死和细胞凋亡。细胞凋亡(程序性细胞死亡)是一种受基因控制的主动性细胞自杀过程，是区别于细胞坏死的有序细胞死亡方式。细胞凋亡涉及一系列基因激活、表达及调控等作用。人们通常希望激发癌变细胞的凋亡作用，从而达到消弭肿瘤的目的。作为细胞死亡的方式之一，细胞凋亡在抗肿瘤药物作用方式中扮演着重要的角色。研究表明，临床上应用的大部分抗肿瘤药物都是通过诱导肿瘤细胞凋亡达到肿瘤治疗目的的。某些 4-酰基吡唑啉酮席夫碱及其金属配合物也具有诱导肿瘤细胞凋亡的活性，有望成为新型抗肿瘤药物，因此具有巨大开发潜力。

1) 吡唑啉酮衍生物及其金属配合物抗肿瘤机制

(1) 与 DNA 相互作用。DNA 参与生物体生长、发育及繁殖的全过程，并与恶性肿瘤的发生密切相关，抗癌药物作用的主要靶标之一即为肿瘤细胞 DNA[22]；DNA 作为生物的遗传物质，其严重损伤还将致死性抑制细胞增殖。金属配合物(如铁、铜、镍、钴等过渡金属元素，镧系和锕系等稀土金属元素)与 DNA 的作用方式以非共价结合为主；非共价结合包括静电结合、沟面结合和插入结合，其中以原位插入方式与 DNA 结合最为普遍。金属配合物与 DNA 相互作用过程是将 DNA 切割成大小不等的片段，使细胞丧失 DNA 修复能力，进而激活凋亡基因导致细胞凋亡[23]。另外，研究报道表明配体或配合物混合 H_2O_2 等氧化剂可增强其对 DNA 的氧化切割活性。吡唑啉酮类配合物与 DNA 相互作用机制的研究为探索肿瘤诱发机理及抗肿瘤药物的应用奠定基础，并提供新思路。2002 年，宁美英等[24]合成了 1,3-二甲基-4-乙酰基-5-吡唑啉酮(HL$_1$)的二烃基锡配合物，并研究了其在生理条件下与单核苷酸及 DNA 的作用机制。结果表明，(L$_1$)$_2$SnEt$_2$ 与 AMP 作用可引起 DNA 增色效应；(L$_1$)$_2$SnMe$_2$ 与 DNA 作用可导致 DNA 减色效应。据此证实，(L$_1$)$_2$SnEt$_2$ 在近生理条件下可选择性地与 AMP 的碱基 N 原子和磷酸根 O 原子螯合，并可能破坏 DNA 的双股螺旋结构；(L$_1$)$_2$SnMe$_2$ 易与单核苷酸的磷酸 O 原子结合，较难与单核苷酸的碱基 N 原子稳定结合，并且只引起 DNA 双股螺旋收缩。该研究首次获得在生理 pH 条件下既可与单核苷酸的磷酸基团结合又可与其碱基氮位点结合的有机锡配合物。

2012 年，Raman 等[25]研究了吡唑啉酮氨基衍生物(4-氨酰安替比林)缩苯甲醛缩 2-氨基-3-甲基丁酸双席夫碱的锌、铜配合物，发现该类配合物具有与 DNA 形成配合物的能力，芳香族发色团与 DNA 碱基对相互作用，可改变 DNA 碱基对堆积，并扭转 DNA 双螺旋结构；采用凝胶电泳实验发现，配合物可通过水解途径切割 DNA，具有化学核酸酶活性。配合物与 DNA 相互作用的特性赋予其抗肿瘤生物活性。

(2)酶活性调节与抑瘤相关因子释放控制。端粒酶是一种大型核糖核蛋白复合物，它参与维持真核细胞内端粒长度。端粒酶的活性受细胞或组织发育与分化的调控，其不正当调控可诱发癌症。2004 年，Kakiuchi 等[26]报道了 4,4-二氯-1-(2,4-二氯苯基)-3-甲基-5-吡唑啉酮(TELIN)可作为一种有效的人体端粒酶抑制剂用于癌症及相关疾病的预防和治疗。TELIN 作为有效的端粒酶抑制剂，其抑制效应呈现剂量依赖模式。采用传统端粒重复扩增法(TRAP)考察 TELIN 对端粒酶活性的抑制作用，如图 12.4 所示，浓度为 10 μmol/L 的 TELIN 即可显示出较强的端粒酶抑制活性。然而，TELIN 对 DNA 依赖的 DNA 聚合酶 α、β、ε 及 DNA 依赖的 RNA 聚合酶 I 和 II 无抑制活性。与传统端粒酶抑制剂的抑制机制不同，TELIN 直接与

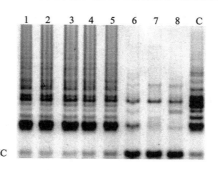

图 12.4　在几个不同浓度的 TELIN 存在下的 TRAP 分析结果

lane1:TELIN 浓度为 0 μmol/L；lane2: 0.001 μmol/L；lane3: 0.01 μmol/L；lane4:0.1 μmol/L；lane5:1 μmol/L；lane6:10 μmol/L；lane7:100 μmol/L；lane8:热变性蛋白；lane C:外部对照；IC:内部对照[26]

端粒酶结合，而非与 DNA 结合。TELIN (IC$_{50}$：0.3 μmol/L) 与已知的端粒酶抑制剂，如 BIBR1532 (IC$_{50}$：0.1 μmol/L)、*D,D*-二色氨酸衍生物 (IC$_{50}$：0.3 μmol/L)、DPNS (IC$_{50}$：0.4 μmol/L)、2,3,7-三氯-5-硝基喹喔啉 (TNQX) (IC$_{50}$：1.4 μmol/L) 和直链脂肪酸 (IC$_{50}$：3.1 μmol/L) 等相比，抑制活性相近，具有成为有效端粒酶催化抑制剂的潜力

Laufersweiler 等[27]研究报道了 (5,5)-二环取代吡唑啉酮可以作为肿瘤坏死因子 (TNF-α) 抑制剂，抑制内毒素 (LPS) 诱导的单核细胞 (THP-1) 中 TNF-α 释放。

2006 年，Conchon[28]报道了 3-(3-吲哚)-吡唑啉酮-5 和 4-(3-吲哚)-吡唑啉酮-5 对保护癌细胞增殖的细胞周期检查点激酶 I (Chk I) 具有抑制活性，但对酪氨酸激酶无显著抑制活性，因此吡唑啉酮类化合物对不同激酶活性的调控具有选择性。

C-Met 是一种由 *c-met* 原癌基因编码的蛋白产物，具有酪氨酸激酶活性，C-Met 受体酪氨酸激酶活性受肝细胞生长因子/分散因子 (HGF/SF) 激活。HGF 暂时激活 C-Met 在胚胎形成和组织修复中至关重要，但其过度表达或激活突变可导致肿瘤发生和转移。研究显示五元杂环吡唑啉酮衍生物是一种高效的 C-Met 体内抑制剂。

(3) 金属离子作用。某些药物作用于靶细胞依赖于能否穿过细胞膜，但与药物作用的相关蛋白往往具有疏水性结合位点，因此，增加药物亲脂性尤为重要。吡唑啉酮配合物中金属离子可对细胞膜产生影响。螯合理论认为螯合作用大大减小了金属离子的极性，金属极化率的降低可增加金属螯合物的亲油特性，有利于穿透细胞膜。因此，配合物中金属离子对增强吡唑啉酮及其席夫碱的抗肿瘤活性具有重要意义。

通过吡唑啉酮配体与金属离子配位形成配合物可显著增强配体活性。马树芝等[29]研究报道了稀土离子对可维持细胞正常活动的 Ca^{2+} 具有拮抗作用，干扰细胞正常生命活动，引起细胞死亡。稀土离子或配合物进入细胞后可与胞内 DNA、酶及蛋白质等生物大分子相互作用，阻碍基因转录和表达，抑制细胞增殖与代谢。稀土离子及吡唑啉酮还可与对 DNA 和 RNA 有强亲和力的配体如邻菲咯啉等发生协同作用，增强配合物的生物活性。大量研究表明，稀土配合物相比于许多合成类药物或过渡金属类药物，其毒性较低，并且口服和外用均未发现体内蓄积现象，是一类极具开发前景的金属配合物。

(4) 诱导细胞凋亡。随着对吡唑啉酮类配合物抗肿瘤活性的深入研究，其诱导细胞凋亡机制引起研究者极大兴趣。王晓红等[30]研究报道了 *N*-(1-苯基-3-甲基-4-丙酰基)-水杨酰腙席夫碱 Cu 配合物 (Lgf-YL-9) 对人肝癌 HepG2 细胞、人卵巢癌 OVCAR3 细胞、人口腔上皮癌 KB 细胞及其耐药细胞株 KBv200 细胞的体内、体外抑制活性及抗肿瘤机制。体外 MTT 法 (3-[4,5-二甲基噻唑-2]-2,5-二苯基四氮唑溴盐) 抑瘤实验发现，Lgf-YL-9 对 HepG2 细胞、OVCAR3 细胞、KB 细胞及 KBv200 细胞抑制效果显著；体内对 KB 及 KBv200 细胞移植瘤的抑瘤实验也得到较好结

果。本研究采用多种检测方法证明 Lgf-YL-9 对细胞凋亡具有诱导作用，包括采用
DNA 琼脂糖凝胶电泳实验验证该配合物能诱导 KB 及 KBv200 细胞的 DNA 出现
凋亡相关的 DNA ladder，并呈现时间和浓度依赖性递增；Annexin V-PI 双染测定
凋亡率实验发现 Lgf-YL-9 可诱导 KB 和 KBv200 细胞凋亡且凋亡作用相近；采用
Western Blot 方法检测死亡受体途径启动的标志酶 Caspase-8（天冬氨酸特异性半
胱氨酸蛋白酶），发现两细胞中均未出现 Caspase-8 激活裂解带，表明 Lgf-YL-9
可能不是通过死亡受体途径诱导细胞凋亡；Western Blot 进一步检测胞内
Cyto-c（细胞色素 C）含量、Caspase-9、Caspase-3、Caspase-7 及多聚 ADP 核糖聚
合酶，结果显示不同浓度 Lgf-YL-9 作用于 KB 和 KBv200 细胞 24h 后，胞浆 Cyto-c
呈浓度依赖性聚集并促使上述凋亡相关蛋白激活；DCFH-DA 荧光染料检测胞内
活性氧（ROS），结果显示用药 24h 后，两种细胞内 ROS 较对照组显著下降；Western
Blot 检测配合物对 Bcl-2（B 淋巴细胞瘤-2 基因）家族及 P-gp（糖蛋白）表达的影响、
AKT 及 ERK-MAPK 细胞生长信号转导通路的作用，表明 Lgf-YL-9 可调节 Bcl-2
家族主要蛋白的表达，但不影响 P-gp 的表达，且对 AKT 及 ERK-MAPK 信号转
导通路无作用。以上实验表明该配合物对 KB 和 KBv200 细胞的抑瘤机制并非与
DNA 发生嵌合反应，也不是通过死亡受体途径，而是通过非依赖 ROS 升高的线
粒体途径诱导细胞凋亡。

除上述抗肿瘤作用机制外，吡唑啉酮类配合物在干扰肿瘤细胞代谢、促进自
噬、类凋亡等作用机制方面的研究鲜有报道。另外，此类化合物现有机制研究不
够深入，有待探索研究证实。

2）吡唑啉酮衍生物及其金属配合物抗肿瘤活性举例

（1）吡唑啉酮衍生物抗肿瘤活性。ChkⅠ是细胞周期调节 DNA 合成的必需蛋
白激酶。ChkⅠ可使肿瘤细胞对许多抗癌药物产生耐药性，从而保护癌细胞的增
殖。对于不易发生凋亡的肿瘤细胞，ChkⅠ形态突变或缺陷可增强其不稳定性，
因此 ChkⅠ可作为潜在的抗肿瘤治疗靶点[31]。利用 ChkⅠ抑制药物可推动细胞进
入细胞周期进程，在肿瘤细胞启动 DNA 损伤修复前将其杀死。2006 年，Conchon
等[28]设计合成了 3-(3-吲哚)-吡唑啉酮-5(L1)、4-(3-吲哚)-吡唑啉酮-5(L2)，并检
测了它们对 ChkⅠ的抑制调控活性及对肿瘤细胞小鼠白血病 L1210 细胞、人结肠
癌 HT29 细胞和 HCT116 细胞的体外抑制活性。结果表明，L1 和 L2 可与 ChkⅠ
的 ATP 结合位点中的 Glu 和 Cys 形成双键从而抑制 ChkⅠ的活性（IC$_{50}$ 均为
5 µmol/L）。L1 对肿瘤细胞 L1210、HT29 和 HCT116 的 IC$_{50}$ 分别为 49.1 µmol/L、
40.4 µmol/L、61.4 µmol/L，L2 的 IC$_{50}$ 分别为 8.2 µmol/L、2.2 µmol/L、18.4 µmol/L。
通过与 4-(3-吲哚)哒嗪-3,6-二酮抑制 ChkⅠ活性的比较得出结论，五元杂环是 Chk
Ⅰ高抑制活性的结构基础。

研究人员还通过探索吡唑啉酮化合物抗微管蛋白作用来深入研究其抗肿瘤活

性。2010 年，Burja 等[32]报道了 3,4-二芳香取代吡唑啉酮-5 系列结构化合物，其中 3-(3-羟基-4-甲氧基苯基)-4-(3,4,5-三甲氧基苯基)-吡唑啉酮-5(L1)、3-(3-氟-4-甲氧基苯基)-4-(3,4,5-三甲氧基苯基)-吡唑啉酮-5(L2)、3-(4-甲氧基苯基)-4-(3,4,5-三甲氧基苯基)-吡唑啉酮-5(L3)三种吡唑啉酮衍生物对包括顺铂耐药性细胞在内的各种肿瘤细胞系(宫颈癌细胞、喉癌细胞、顺铂耐药性喉癌细胞、膀胱癌细胞、胰腺癌细胞、结肠癌细胞)具有较强抑制活性。以宫颈癌细胞和顺铂耐药性喉癌细胞为例，L1、L2、L3 对宫颈癌细胞的 IC_{50} 分别为 0.176 μmol/L、0.158 μmol/L、0.152 μmol/L；三种衍生物对顺铂耐药性喉癌细胞的 IC_{50} 分别为 0.709 μmol/L、0.684 μmol/L、0.615 μmol/L。同时研究还表明，此类吡唑啉酮衍生物是有效的微管蛋白聚合抑制剂。

为探索 C-Met 介导肿瘤的有效治疗药物，2012 年，Liu 等[33]根据不同分子构型的抑制剂与 C-Met 蛋白的结合方式差别，设计出多种五元环甲酰胺类 C-Met 激酶抑制剂。其中 N-[4-(6,7-二甲氧基喹啉)-3-氟苯基]-1,5-二甲基-3-氧-2-苯基-4-甲酰胺-吡唑啉酮(L)具有最强 C-Met 体内抑制活性。另外，L 克服了传统 C-Met 抑制剂选择性较差的缺陷，对 VEGFR-2(血管内皮生长因子受体)和 IGF-IR(酪氨酸激酶)两种激酶的抑制常数 K_i(酶与抑制剂相结合的复合物 EI 的解离常数，数值越高证明结合越易解离，抑制效果越弱)分别为 2430 和 2150，显著高于 C-Met(K_i=1.0)，即抑制剂 C-Met 具有极高择选性。因此，吡唑啉酮衍生物 L 可用于癌症潜伏期的安全治疗。

2012 年，Gouda 等[34]合成报道了 3-取代-2-氨基-4,5,6,7-四氢苯并噻吩重氮盐与 3-甲基吡唑啉酮-5、1-苯基-3-甲基吡唑啉酮-5、3-氨基吡唑啉酮-5 经重氮偶合反应得到的配合物具有显著体外抗肿瘤活性，其中 2-氨基-3-甲酸乙酯-4,5,6,7-四氢苯并噻吩重氮盐与 3-氨基吡唑啉酮-5 偶合产物浓度为 100μg/mL 时对艾氏腹水瘤(EAC)的抑制率可达 100%。同年，该课题组[35]又研究报道了具有抗肿瘤活性的 1-苯基-2,3-二甲基-4-取代吡唑啉酮-5 衍生物，结果表明，该类配合物对 EAC 细胞具有较强体外抑瘤效应。其中 N′-(1,5-二甲基-2-苯基-3-氧-吡唑啉酮)-2-氨基氰化物和 2-{2-{4-[(1,5-二甲基-2-苯基-3-氧-吡唑啉酮)二氮烯基]-5-甲基-吡唑-3}-亚肼基甲基}环己烷-1,3-二酮对人肝癌 HepG2 细胞、人胚肺二倍体成纤维 WI38 细胞、非洲绿猴肾 VERO 细胞和乳腺癌 MCF-7 细胞具有体外抗肿瘤活性，IC_{50} 分别为 8.3 μg/mL、13.8 μg/mL、10.0 μg/mL、15.1 μg/mL 和 16.2 μg/mL、19.8 μg/mL、24.8 μg/mL、29.9 μg/mL。

(2)吡唑啉酮金属配合物抗肿瘤活性。近年吡唑啉酮衍生物及其金属配合物抗肿瘤活性已引起极大关注，国内外合成并考察其对不同类型肿瘤细胞抑制作用的比较研究已有报道。2000 年，Caruso 等[36]报道将 1-苯基-3-甲基-4-苯甲酰基吡唑啉酮-5 氧钛(IV)配合物包埋于二棕榈酰磷脂酰胆碱脂质体中，研究其对小鼠乳腺癌 TA-3 细胞、人上皮喉癌 HEP-2 细胞及非洲绿猴肾 VERO 细胞的体外肿瘤抑制活性。结果表明，该配合物对 TA-3 细胞的抑制活性高于 HEP-2 细胞，Ti 配合物浓度为 500 μmol/L 时可完全抑制 TA-3 细胞生长（IC_{50} 为 90 μmol/L），但对 VERO 细胞无抑制活性。体内实验采用 CF-1 和 AJ 雌鼠接种 TA-3 细胞，研究表明，该配合物可显著延长 CF-1 和 AJ 肿瘤移植小鼠的寿命，并观察到 CF-1 小鼠体内肿瘤体积减小。以浓度为 1.5×10^{-2} mol/L 的复合物-脂质体注射治疗肿瘤小鼠，注射剂量为 0.4 mL 时，AJ 小鼠的平均寿命由 6 d 延长至 17.6 d，CF-1 小鼠的寿命由 13 d 延长至 26.0 d。2006 年，该课题组合成了 1-苯基-3-甲基-4-(2,2-二苯乙酰基)-吡唑啉酮-5、1-苯基-3-甲基-4-(2-苯乙酰基)-吡唑啉酮-5 和 1-吡啶-3-甲基-4-(2,2,2-三氟乙酰基)-吡唑啉酮-5 的 Sn(Ⅳ) 系列金属配合物，研究其对五种黑色素瘤细胞系（JR8、SK-MEL-5、MEL501、2/21 和 2/60）的体外增殖抑制活性。结果表明，细胞体外增殖抑制活性与配合物呈现浓度效应关系，并且增殖抑制活性强弱与吡唑啉酮 1 位取代基存在构效关系，即吡啶基＞苯基≥甲基。1-吡啶-3-甲基-4-(2,2,2-三氟乙酰基)-吡唑啉酮-5 锡配合物对人黑色素瘤 SK-MEL-5 细胞体外抑制活性最强（IC_{50}：50 μmol/L）。

2007 年，Budzisz 等[37]发现 1-吡啶-3-甲基-4-(2-羟基苯甲酰基)-吡唑啉酮-5(L) 的 $Pt^{Ⅱ}$ 和 $Pd^{Ⅱ}$ 金属配合物对人早幼粒白血病 HL-60 细胞和淋巴白血病 NALM-6 细胞具有较强的肿瘤细胞抑制活性，$[PtCl_2(HL)]$ 和 $[PdCl_2(HL)]$ 对人 HL-60 的 IC_{50} 分别为 4.7 μmol/L 和 7.0 μmol/L，对 NALM-6 细胞的 IC_{50} 分别为 3.9 μmol/L 和 8.3 μmol/L。

吡唑啉酮衍生物金属配合物研究中稀土酰基吡唑啉酮邻菲咯啉三元配合物的抗肿瘤活性研究罕有报道。2008 年，马树芝等报道合成了 1-苯基-3-甲基-4-苯甲酰基-5-吡唑啉酮、邻菲咯啉与稀土金属形成的三元混配配合物，并采用倒置显微镜和荧光显微镜形态学观察、MTT 法细胞毒性分析和流式细胞分析技术研究配合物抗癌作用。结果表明，该三元配合物对人白血病 K562 细胞具有明显的体外增殖抑制作用（IC_{50}：7.5μg/mL），抑制率与配合物浓度呈现明显正相关，当配合物作用时间为 72 h 时，最高抑制率为 63.59 %。

有机金属配合物独特的理化特性，即化学稳定性、结构多样性及光化学、电化学特性使其在药物化学中发挥重要作用。2012 年，Pettinari 等[38]报道的 β-酮胺钌(Ru) 芳烃配合物对卵巢癌细胞系 A2780 及卵巢癌顺铂耐药性细胞株 A2780R 具有抗肿瘤活性。其中的芳烃包括对甲基异丙基苯(p-cymene)、苯(benzene)和六甲基苯(hexamethylbenzene)，β-酮胺配体包括 1-苯基-3-甲基-4-苯甲酰基-5-吡唑啉酮缩苯胺($HL^{ph,ph}$)、1-苯基-3-甲基-4-(2-萘甲酰基)-5-吡唑啉酮缩苯胺($HL^{naph,ph}$)和 1-苯基-3-甲基-4-丙酰基-5-吡唑啉酮缩苯胺($HL^{et,ph}$)，形成的有机钌配合物分别与 $AgPF_6$ 和 PTA(1,3,5-三氮杂-7-磷代金刚烷)反应形成三元配合物。MTT 法检测体外抗肿瘤活性结果显示，配合物具有较强抗卵巢癌细胞活性，其中配合物 Ru(p-cymene)(L^{naph,ph})(PTA)Cl 对顺铂耐药性细胞 A2780R 抑制作用最显著（对 A2780 的 IC$_{50}$ 为 6.0 μmol/L±0.5 μmol/L，对 A2780R 的 IC$_{50}$ 为 6.1 μmol/L±0.5 μmol/L），优于顺铂药物（对 A2780R 的 IC$_{50}$ 为 25.0 μmol/L±0.2 μmol/L）。

(3) 吡唑啉酮席夫碱抗肿瘤活性。合成低毒安全抗肿瘤药物一直是科技工作者不懈探索的目标。2011 年 Markovic 等[39]利用 3-苯基-4-甲酰基吡唑啉酮-5(A1) 和 1,3-二苯基-4-甲酰基吡唑啉酮-5(A2)与 5 种 3-氨基吡唑衍生物、7 种氨基酸缩合形成 25 种席夫碱吡唑啉酮衍生物。细胞毒性试验 MTT 结果表明这一系列吡唑啉酮席夫碱衍生物对雌性激素依赖乳腺癌细胞(MDA-MB-361)和非雌性激素依赖乳腺癌细胞(MDA-MB-453)均具有抑制活性，并证明增加芳香环取代基可显著增强抗肿瘤活性。例如，A2 与较其少一个苯环的 A1 相比形成的席夫碱抗肿瘤活性更强（A1 缩甲硫氨酸席夫碱和 A1 缩 S-甲基半胱氨酸席夫碱对 MDA-MB-361 的 IC$_{50}$ 分别为 105.11 μmol/L 和 97.36 μmol/L，对 MDA-MB-453 的 IC$_{50}$ 分别为 42.15 μmol/L 和 105.23 μmol/L；A$_2$ 缩甲硫氨酸席夫碱和 A$_2$ 缩 S-甲基半胱氨酸席夫碱对 MDA-MB-361 的 IC$_{50}$ 分别为 12.47 μmol/L 和 14.22 μmol/L，对 MDA-MB-453 的 IC$_{50}$ 分别为 9.43 μmol/L 和 9.46 μmol/L）。流式细胞分析结果显示，用该类吡唑啉酮衍生物处理后两种类型肿瘤细胞亚 G1 期细胞百分比急剧增长，表明化合物引起了细胞凋亡，且凋亡呈现细胞周期依赖形式。3 μmol/L 的上述部分化合物包括 1,3-二苯基-4-甲酰基吡唑啉酮-5 缩 3-氨基吡唑席夫碱，其具有抗血管生成活性。抗癌药物的毒副作用可干扰正常细胞代谢，本实验研究证实吡唑啉酮骨架引入非毒性生物分子(多种氨基酸) 较引入已知抗肿瘤活性基团(3-氨基吡唑)具有更好的抑瘤效果，可实现保持较高药物活性的同时降低毒副作用。

(4) 吡唑啉酮席夫碱金属配合物抗肿瘤活性。大量研究表明吡唑啉酮席夫碱与金属配位后会显著增强其抗肿瘤活性。2000 年，杨正银等[40]采用 MTT 法研究了 1-苯基-3-甲基-4-苯甲酰基-5-吡唑啉酮(PMBP)缩异烟肼席夫碱配体及其稀土金属离子镧和铈配合物的体外抗肿瘤活性。结果表明，浓度为 10 μg/mL 的镧和铈配合物对人白血病 L$_{1210}$ 细胞的抑制率分别为 87.1%和 78.5%，而其母体席夫碱配体和 LaCl$_3$ 对肿瘤细胞均无抑制活性。

2010 年，张艳慧等合成了 N-(1-苯基-3-甲基-4-丙基-5-吡唑啉酮)-水杨酰腙席夫碱及 Cu(II)配合物，MTT 法研究该配合物的肿瘤抑制活性。结果表明，配合物对卵巢癌 OVCAR3 细胞和肝癌 Hep-G2 细胞体外抑制活性(IC$_{50}$ 分别为 17.6 μg/mL 和 5.0 μg/mL)优于配体(IC$_{50}$ 分别 46.8 μg/mL 和 35.1 μg/mL)，配位原子 N、O 等活性位点接近生理环境可能与其较强的肿瘤抑制活性相关。

长期接触顺铂类药物易产生抗药性，2011 年，Leovac 等[41]报道了药物抗性优于顺铂化合物的聚合铜配合物[Cu(L)(μ-Cl)]Cl(其中 L1=1-苯基-3-甲基-4-甲酰基-5-吡唑啉酮缩氨基硫脲席夫碱，L2=3-苯基-4-甲酰基-5-吡唑啉酮缩氨基硫脲席夫碱）的抗肿瘤活性。配合物对人早幼粒细胞性白血病 HL60 细胞、人类急性淋巴肿瘤 REH 细胞、小鼠神经胶质瘤 C6 细胞、小鼠纤维肉瘤 L929 细胞和小鼠黑色素瘤 B16 细胞均具有体外抑制活性。其中 L1 的铜配合物的抗肿瘤活性最强，对上述五种肿瘤细胞的 IC_{50} 依次分别为 6.20 µmol/L、2.21 µmol/L、11.91 µmol/L、8.52 µmol/L、6.59 µmol/L，L_2 的 IC_{50} 分别为 16.25 µmol/L、11.88 µmol/L、29.07 µmol/L、69.49 µmol/L、43.80 µmol/L。顺铂化合物处理 HL60 和 B16 细胞24 h 后产生抗性，但用该聚合 Cu 配合物处理的细胞未见产生明显抗性。

　　将吡唑啉酮席夫碱与金属形成多齿配位配合物可增强其氧化态稳定性。2012年，Raman 等报道了 4-氨酰安替比林缩苯甲醛缩 2-氨基-3-甲基丁酸双席夫碱铜、锌配合物的抗肿瘤活性，配体以三齿配位形式与金属形成配合物。席夫碱双核铜配合物对艾氏腹水癌 EAC 细胞体外抑制作用显著，GI_{50}（用药 3h 细胞生长半数抑制浓度）为 111.31µg/mL，与标准样品 5-氟尿嘧啶相近（GI_{50} 为 110.12 µg/mL）。

　　铂类化合物等抗肿瘤药物依赖其与 DNA 相互作用的紧密度与强度发挥作用，但长时间使用顺铂类药物易产生抗性肿瘤细胞及其他副作用，进而限制其应用。2013 年，程晓英等[42]制备并表征了 1-苯基-3-甲基-4-甲酰基-5-吡唑啉酮缩 8-氨基喹啉席夫碱 Cu、Zn、Ni 配合物并证明了该类过渡金属配合物具有显著抗肿瘤活性且毒性较低。实验证明配体和配合物均通过插入方式与 DNA 结合，且配合物与 DNA 结合强度优于席夫碱配体。另外该配合物体外清除羟自由基活性较强，是一种有效的抗氧化剂。细胞毒性实验表明，Cu、Zn 和 Ni 配合物对肺癌细胞（A549）的 IC_{50} 分别为 3.67 µmol/L、7.74 µmol/L 和 166.80 µmol/L，优于席夫碱配体（$IC_{50}>300$ µmol/L），而铂化合物的 IC_{50} 为 25.0 µmol/L。

　　将低毒天然产物如氨基酸及黄酮含氮衍生物引入吡唑啉酮席夫碱，从而降低抗肿瘤药物毒性、提高药物人体吸收率及避免药物耐性细胞的产生可能成为今后吡唑啉酮席夫碱金属配合物的研究方向。

　　尽管吡唑啉酮衍生物及其金属配合物结构丰富、配位方式多样，并且抗肿瘤活性研究正逐步深入，但尚未见不同取代基团、取代位点及分子构型等与吡唑啉酮衍生物及其金属配合物抗肿瘤活性构效关系的系统比较研究。因此，该研究内容可作为本领域探索方向，建立构效关系文库，为定向合成药效强、毒副作用低的吡唑啉酮抗肿瘤药物提供理论依据。

2. 吡唑啉酮席夫碱及其配合物抗菌生物活性

　　在某些疾病的药物治疗中，一般都会使用抗菌剂，如手术、发炎、烧伤等，主要用于治疗和预防细菌性感染。目前，在抗菌药物的使用方面，频率较高的要属头孢菌素类和青霉素等药物。但长期使用或不科学的联合用药等可能导致细菌耐药性增强，增加药物对人体的毒副作用。因此，研制新型抗菌药物成为当务之急。

将抗菌剂按来源划分，可分为合成抗菌剂和天然抗菌剂；按结构划分，可分为无机抗菌剂和有机抗菌剂。其中无机抗菌剂耐性好、毒性较低，且抗菌周期长。因此，在抗菌剂研究中无机抗菌剂备受关注。

目前，通过化学合成手段制备的抗肿瘤及抗菌药物，主要针对已知有效结构进行改造，从而衍生出一些高效、低毒、广谱的理想活性药物。吡唑啉酮席夫碱金属配合物较传统抑菌剂具有低毒、广谱等优势特性。药物体外抗菌活性研究主要有两种方法：一是连续稀释法，分为固体培养基连续稀释法(包括斜面法和平板法)和液体培养基连续稀释法(试管法)，可以用来测定药物的最小抑菌浓度(MIC)；二是琼脂扩散法，包括滤纸片法和牛津杯法(或打孔法)等，通过形成抑菌圈的直径评价药物抗菌效果。研究表明大部分 4-酰基吡唑啉酮席夫碱配体及其金属配合物具有显著抗菌活性，且广谱性较高，通常来说，与席夫碱配体相比，金属配合物具有更强抗菌活性[43]。

李锦州课题组[44]先后对合成的吡唑啉酮席夫碱及其金属配合物的抗菌生物活性进行筛选研究。结果表明，N,N'-双[(1-苯基-3-甲基-5-氧-4-吡唑啉基)-α-呋喃次甲基]乙二亚胺席夫碱及其 5 种过渡金属配合物，N,N'-双[(1-苯基-3-甲基-5-氧-4-吡唑啉基)-α-呋喃次甲基]邻苯二亚胺席夫碱及其 5 种过渡金属配合物，1-苯基-3-甲基-4-(α-呋喃甲酰基)吡唑啉酮-5 缩氨基硫脲席夫碱及其 10 种稀土金属配合物，1-苯基-3-甲基-4-(α-呋喃甲酰基)吡唑啉酮-5 缩 β-丙氨酸席夫碱及其 4 种金属配合物等对金黄色葡萄球菌、枯草杆菌、大肠杆菌、白菜软腐菌、菜豆荤疫菌具有不同程度的抗菌活性，并且形成金属配合物后抗菌活性较配体显著提高。

俞志刚课题组[45]近年不断合成具有抗菌活性的酰基吡唑啉酮席夫碱及其金属配合物，如 1-对氯苯基-3-苯基-4-苯甲酰基吡唑啉酮-5 缩对氯苯胺席夫碱及其铜配合物、1-对氯苯基-3-甲基-4-呋喃甲酰基吡唑啉酮-5 缩糠胺席夫碱及其铜配合物、1-苯基-3-甲基-4-苯甲酰基吡唑啉酮-5 缩 2-氨基苯并噻唑席夫碱及其铜配合物等。抑菌研究结果表明，配合物对各异菌株抗菌活性强弱存在差异。

张欣课题组[46]先后利用 1-苯基-3-甲基-4-苯甲酰基吡唑啉酮-5(PMP)与 1,3-丙二胺、1,2-丙二胺、乙二胺、甘氨酸甲酯、D（L）-苯丙氨酸乙酯、色氨酸乙酯、蛋氨酸乙酯、缬氨酸乙酯、邻氨基酚、间氨基酚、对氨基酚、对氟苄胺缩合生成席夫碱及金属配合物，并验证了配合物的抗菌活性，结果表明，配合物对大肠杆菌和金黄色葡萄球菌具有不同程度的抑制作用。

2003 年，张姝明[47]等合成并采用单片纸碟法研究了 1-苯基-3-甲基-4-三氟乙酰基-5-吡唑啉酮(PMTFP)缩水杨酰肼席夫碱的抗菌活性，结果表明，其对革兰氏阳性菌(金黄色葡萄球菌)和革兰氏阴性菌(大肠杆菌)均具有较强的抑制作用，对大肠杆菌的抗菌效果明显优于金黄色葡萄球菌。研究还发现席夫碱的抗菌能力强于 β-双酮，用药浓度为 10 g/L 的 PMTFP 对大肠杆菌和金黄色葡萄球菌的抑菌环直径平均值分别为 9.5 mm 和 8.0 mm，相同浓度席夫碱的抑菌圈直径平均值分别为 9.7 mm 和 8.8 mm。

2004 年，李爱秀等[48]研究考察了 1-苯基-3-甲基-4-苯甲酰基-5-吡唑啉酮 (PMBP) 缩间氯苯胺及其铜、钴、镍配合物对大肠杆菌和金黄色葡萄球菌的抗菌活性，发现钴配合物的抗菌活性最强，作用浓度为 10 g/L 的钴配合物对金黄色葡萄球菌和大肠杆菌的抑菌圈直径分别为 14.8 mm 和 10.5 mm。

刘新文等[49]合成并研究证实了 4-苯甲酰基吡唑啉酮 (PMBP) 缩 α-丙氨酸席夫碱 Ni(II) 配合物具有较好的抑菌能力，对大肠杆菌和金黄色葡萄球菌的最佳抑菌作用浓度分别为 3.5 mg/mL 和 3.0 mg/mL，抑菌圈直径分别为 11.5 mm 和 18.3 mm。体内急性毒性、骨髓微核和精子畸变等毒理学实验结果均为阴性，配合物抑制剂对小鼠无致畸、致突变等毒性作用，证实该配合物作为新型抑菌剂安全可靠。同年，该课题组又合成了 1-苯基-3-甲基-4-苯甲酰基-吡唑啉酮-5 及其 4 种过渡金属配合物，并研究了配合物对 2 种细菌和 4 种真菌的抑菌活性，结果表明，配合物对细菌和真菌均具有一定的抑菌性，特别是对米曲霉菌和白地霉菌两种真菌的抑制效果最为显著。

2010 年，Jayarajan 等[50]考察了 1-苯基-3-甲基-4-乙酰基吡唑啉酮-5(L) 缩 1,2-苯二胺 (或 2-氨苯基酚) 席夫碱 ONN-型 (和 ONO-型) 三齿配体及其过渡金属 VO(II)、Cu(II)、Fe(III)、Co(II) 配合物对金黄色葡萄球菌、绿脓假单胞菌、伤寒杆菌、假丝酵母菌、根霉菌和曲霉菌的抑制活性，结果表明，Fe(III) 和 Co(II) 配合物较其他金属配合物及配体抗菌活性强，L 缩 1,2-苯二胺 Fe(III) 配合物对金黄色葡萄球菌的 MIC 为 12.5 μg/mL，L 缩 2-氨基苯酚 Co(II) 配合物对曲霉菌的 MIC 为 12.5 μg/mL (两性霉素 B 对曲霉菌的 MIC 为 50 μg/mL)。

2010 年，Rosu[51]研究报道了 1-苯基-2,3-二甲基-4-氨基吡唑啉酮-5 与 3-甲酰基-6-甲基色酮缩合成的席夫碱及其 Cu(II)、VO(II)、Ni(II)、Mn(II) 配合物对金黄色葡萄球菌、肺炎杆菌、大肠杆菌、绿脓假单胞菌均具有抑制活性，配合物抗菌活性高于配体。该研究将天然产物如黄酮类化合物修饰后引入席夫碱，并进行配合物抗菌活性研究。

2010 年，Raman[36]研究报道了 1-苯基-2,3-二甲基-4-氨基吡唑啉酮-5 与 3,4-二甲氧基苯甲醛 (或 3-羟基-4-硝基苯甲醛) 和氨基硫脲 (或氨基脲) 缩合成的数种双席夫碱的铜、锌配合物，配合物对金黄色葡萄球菌、枯草杆菌、大肠杆菌、恶臭假单胞菌等病原菌及黑曲霉、匍枝根霉、白色念球菌、水稻纹枯病等真菌具有抑制活性。结果表明，配合物浓度较低时，即具有较强的抑菌活性，如铜配合物对大肠杆菌的 MIC 为 5.42 μg/mL，对水稻纹枯病的 MIC 为 3.26 μg/mL。2012 年，该课题组又报道了吡唑啉酮氨基衍生物(4-氨酰安替比林)缩苯甲醛缩2-氨基-3-甲基-丁酸席夫碱(L)的锌和铜配合物。对金黄色葡萄球菌、枯草杆菌、大肠杆菌、肺炎链球菌、黑曲霉、腐皮镰刀菌、新月弯孢菌、水稻纹枯病均具有明显的抑菌效果。L 的双核铜配合物对金黄色葡萄球菌的 MIC 为 1.1×10^4 μmol/L，L 与金属比例为 1∶1 时形成的金属配合物对新月弯孢菌的 MIC 为 1.0×10^4 μmol/L。对革兰氏阳性菌的抑菌活性优于革兰氏阴性菌可能与细菌胞壁结构相关。

2010 年，邹敏等[52]依据生物活性叠加原理，将吡唑啉酮、邻羟苯基和苯腙基团进行合理组合叠加，合成出 1-(2-羟基苯甲酰基)-3-甲基-4-取代苯腙基-吡唑啉酮 6 种吡唑啉酮衍生物。抗菌实验结果表明，该类化合物对白色念球菌、大肠杆菌均具有显著抗菌活性，抑菌率均接近甚至达到 100%。对金黄色葡萄球菌也具有良好的抑制活性，抑菌率可达 78% 以上。与合成的另一类化合物 2-取代苯腙基-3-(2-羟基苯甲酰腙基)-丁酸乙酯相比，形成吡唑啉酮环后化合物的抗菌活性显著提高。

2011 年，Surati 等[53]合成了 1-苯基-3-甲基-4-甲酰基-5-吡唑啉酮(HPMFP)和 2,2′-联吡啶的单核 Mn 三元金属配体配合物[Mn(bipy)(HPMFP)(OAc)]ClO₄，以及其与乙二胺、乙醇胺、甘氨酸缩合生成的席夫碱金属配合物。研究发现，[Mn(bipy)(HPMFP)(OAc)]ClO₄ 和配体 HPMFP 均较链霉素抗菌活性低，但引入席夫基团后，配合物抗细菌和真菌活性显著提高，且较链霉素抗菌活性强，如 [Mn(PMFP-Gly)(bipy)(OAc)]ClO₄ 对枯草芽孢杆菌、金黄色葡萄球菌、大肠杆菌、克雷白氏肺炎杆菌、白色念球菌的 MIC 分别为 2.5 μg/mL、2.5 μg/mL、10 μg/mL、5.0 μg/mL、5.0 μg/mL，链霉素对其 MIC 分别为 10 μg/mL、15 μg/mL、20 μg/mL、15 μg/mL、10 μg/mL；研究还发现，此类席夫碱同时具有极性和非极性特征，有利于渗透到细胞和组织中。

2013 年，El-Sonbati 等[54]合成了 4-氨酰安替比林缩 4-取代苯甲醛席夫碱、1,10-邻菲咯啉和铜(或钯)形成的三元配合物，席夫碱配体分别为对甲氧基苯甲醛缩 4-氨酰安替比林席夫碱(L_1)，苯甲醛缩 4-氨酰安替比林席夫碱(L_2)，对氯苯甲醛缩 4-氨酰安替比林席夫碱(L_3)，对硝基苯甲醛缩 4-氨酰安替比林席夫碱(L_4)。研究其抗菌活性结果表明，L_1，L_2 和 L_4 配合物对革兰氏阳性菌具有抑菌活性，例如，L_4 浓度为 50 μg/mL，100 μg/mL 和 150 μg/mL 时对蜡样芽孢杆菌抑菌圈直径分别为 7 mm，11 mm 和 11 mm；L_2 和 L_3 配合物对革兰氏阴性菌具有抑制作用，例如，L_2 浓度为 50 μg/mL 和 150 μg/mL 时对肺炎杆菌抑菌圈直径分别为 2 mm 和 7 mm。但上述配体对大肠杆菌均无抑制活性，配合物抑菌能力可能与苯甲醛对位取代基性质相关，一般遵循 p-($OCH_3 < H < Cl < NO_2$) 的顺序。

将低毒天然产物如氨基酸及黄酮含氮衍生物引入吡唑啉酮席夫碱，从而降低抗肿瘤药物毒性、提高药物人体吸收率及避免药物耐性细胞的产生可能成为今后吡唑啉酮席夫碱金属配合物的研究方向。

3. 吡唑啉酮席夫碱及其配合物其他生物活性

人体内的自由基与许多疾病如炎症、衰老、肿瘤等都有一定的关系。一般采用超氧化物歧化酶作为自由基清除剂，研究表明吡唑啉酮衍生物及其席夫碱金属配合物均具有良好的自由基清除活性。

2011 年，Parmar[55]合成报道了具有较强抗氧化活性的 9 种 4-酰基吡唑啉酮缩芳香二胺席夫碱。采用三价铁还原试验(FRAP)结果发现，该类化合物具有不同程度的抗氧化能力，其中 1-苯基-3-甲基-4-苯甲酰基-5-吡唑啉酮缩对苯二胺席夫碱和 1-苯基-3-甲基-4-丁酰基-5-吡唑啉酮双缩间苯二胺席夫碱抗氧化能力最强，FRAP 值分别为 95.0 mmol/100g 和 75.4 mmol/100g。

2004 年，Makhija[56]报道合成了新型吡唑啉酮类 HIV-1 抑制剂 1-取代苯基-2-(呋喃-2-甲酰基)-3-甲基吡唑啉酮-5、1-苯基-2-(呋喃-2-丙稀酰基)-3-甲基-吡唑啉酮-5 和 N-(1-苯基-2,3-二甲基-5-吡唑啉酮-4)-呋喃-2-甲酰胺，检测了它们对 HIV-1 整合酶 3′-加工和 3′-链转换过程的体外抑制活性。结果表明，1-苯基-2-(呋喃-2-甲酰基)-3-甲基-吡唑啉酮-5 和 1-苯基-2-(呋喃-2-丙稀酰基)-3-甲基-吡唑啉酮-5 对 HIV-1 整合酶具有有效的抑制活性，对 3′-加工和 3′-链转换程的 IC_{50} 分别为 0.45 mmol/L、0.45 mmol/L 和 0.52 mmol/L、0.65 mmol/L。

Remya[57]发现 1-苯基-3-甲基-4-对甲基苯甲酰基-吡唑啉酮-5(Hpmtp)在 pH 为 1～7 时可通过转移一个电子将 V(V)还原为 V(IV)，迅速形成 VO(pmtp)$_2$。在生理条件下，此反应可以用于含钒配合物的还原，从而对糖尿病等疾病的治疗有很高的研究前景。

综上，吡唑啉酮席夫碱衍生物及其金属配合物具有显著抗癌、抗菌、消炎、镇痛及清除自由基等生物学活性，可做为一种潜在的具有很高应用价值的新型药物。

12.2　多金属氧酸盐生物活性

多金属氧酸盐(polyoxometalates)或金属-氧簇(metal-oxygen clustes)是由前过渡金属离子(如 V、Nb、Ta、Mo、W 等)通过氧连接而形成的一类多金属氧簇化合物。多金属氧酸盐丰富的结构类型和巨大的抗癌潜力使其具有成为高效化疗药物的可能。

冯长根课题组[58]先后对钨系和钼系多金属氧酸盐的抗癌生物活性进行了总结，并对有机和有机金属取代的多金属氧酸盐衍生物的抗癌生物活性及可能作用机制进行了分析,但未从抗癌生物学角度对多金属氧酸盐抗癌生物活性进行讨论。因此，本节从多金属氧酸盐抗癌作用依据、体外抗癌研究、体内抗癌研究及抗癌作用机制研究四个方面对多金属氧酸盐抗癌生物活性的研究进展进行了综述。

12.2.1　多金属氧酸盐配合物合成

1. 多酸及其研究简况

多酸(即多金属氧酸盐,polyoxometalates,POMs 或金属-氧簇, metal-oxygen clustes)是无机含氧酸(如硫酸、磷酸、钨酸、钼酸等)经缩合而形成的缩合酸类化合物,它是一类多核配合物,已成为无机化学中飞速发展的一个重要研究领域。根据组成不同,多酸化学分为同多和杂多两大类。同多酸是由同种含氧酸根离子缩合而成,杂多酸是由不同种类含氧酸根离子缩合而成。以是否含有杂原子为其分类标准,含杂原子的称为杂多酸,不含杂原子的称为同多酸。杂多酸中, 构成多酸的前过渡金属离子通常处于 d0 电子构型,典型的有钼(VI)、钨(VI)、钒(V)、铌(V)及钽(V)。其中钼和钨是构成多酸的主要元素, 主要结构单元是 {Mo6} 八面体和 {Mo4} 四面体,多面体之间通过共边、共角或共面相连,构成结构多样的多阴离子。此外,周期表中七十余种元素可以作为杂原子以不同价态存在于杂多阴离子中。同时, 多酸阴离子是一类富氧阴离子,表面氧原子易于参与配位及多阴离子的电荷可调变,这是其他化合物很难具有的。因此,多酸种类繁多、结构新奇、性能多样,并且确定的多酸结构具有较好的热稳定性、氧化还原性、溶解性及酸碱特性。同时, 伴随现代 X 射线、磁共振、电化学等结构及性质精细分析测试手段的实践与应用,多酸微观结构及其相应性质特色得以充分地展示并被认知。

1826 年, 以 J. Berzerius 成功制备 12-钼磷酸铵 $(NH_4)_3PMo_{12}O_{40} \cdot nH_2O$, 第一个杂多酸为起点,其为多酸化学迄今的迅速发展已基奠近 200 年。1934 年, 英国 J.F.Keggin 提出在多酸历史上具有划时代意义的 Keggin 结构模型[图 12.5(a)]; 1937 年, J.A. Anderson 推测出 I(VII):Mo=1:6 的 Anderson 结构模型[图 12.5(b)]; 1953 年, Dawson 测定了 Wells 提出的 2:18 系列杂多化合物,确定 Wells-Dawson 结构模型 [图 12.5(c)]。以上三种结构模型连同 Waugh[7]结构模型 [图 12.5(d)]和 Silverton 结构模型[图 12.5(e)], 以及同多酸的 Lindqvist[图 12.5(f)] 结构模型一起被称为多酸的六种基本结构。

在此基础上, 具有新颖结构和功能性质的多酸化合物层出不穷。较为常见的杂多阴离子如 Standberg 结构多阴离子$[P_2M_5O_{23}]_n$-(M = Mo, W) 和 $[P_4Mo_6O_{31}]^n$-簇; 同多阴离子如同多钼酸盐 $[Mo_7O_{24}]^{6-}$ 和 $[Mo_8O_{26}]^{4-}$, 同多钨酸盐 $[W_7O_{24}]^{6-}$、$[W_{10}O_{23}]^{4-}[W_{12}O_{42}H_2]^{10-}$, 同多钒酸盐 $[V_{10}O_{26}]^{4-}$、$[V_{10}O_{28}]^{6-}$、$[V_{15}O_{36}Cl]^{6-}$ 和 $[V_{18}O_{42}X]^{4-}$(X = H_2O, Br^-, Cl^-, I^-, NO_2^-, SH^-)。第二次世界大战期间多酸研究几乎停滞, 20 世纪 60 年代后伴随多酸催化性能的发现及分析手段的介入, 多酸化学

得以重获新生。其后杂多酸化合物作为新型高效催化剂之一应用于工业生产，多酸化学研究进入快速发展时期。

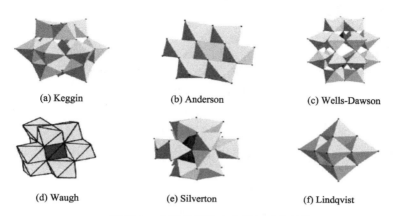

(a) Keggin　　(b) Anderson　　(c) Wells-Dawson

(d) Waugh　　(e) Silverton　　(f) Lindqvist

图 12.5　六种典型的多金属氧酸盐结构

2. 多酸研究前沿与热点

自组装是多酸合成化学的传统观念，是控制合成石多酸化学学者不懈的追求。多酸包括孤立的簇、无限的一维链、二维层和三维骨架结构乃至超分子化合物，但构筑稳定、坚固、可塑的新型功能有机-无机多酸化合物杂化材料是控多酸化学的挑战之一。多酸合成的随意性向建筑块为策略的有序、理性合成发展。采用建筑块策略为定向合成开拓了广阔的道路，是近代多酸化学的前沿与热点。利用多酸上氧原子的亲核性与亲电的有机分子或金属离子发生反应是合成功能材料的一个有效策略。多酸单分子磁体在发展高密度信息存储材料领域意义重大。多酸的网络拓扑方法，可以将复杂的晶体结构转化为分子拓扑结构，为设计特定类型的晶体结构提供了一个直观有效的手段，对新材料开发有重要意义。多酸的多维、多孔及以缠结结构网络化为主的类分子筛制备及其储氢和捕获二氧化碳等与能源和温室效应相关的研究与开发成为多酸化学备受瞩目的研究热点。具有手性、螺旋与仿生化多酸的合成是极具挑战性的课题。高核多酸化合物的研究是近年多酸化学领域研究热点之一，它是多酸化学通向"合成生物学"的桥梁。多酸化学的量子化学计算方面的研究工作近年有长足发展，对提示结构与性能关系，对新结构的预见具有重要意义。多酸是纳米材料研究的绝好理论模型且在催化和药物两个领域的应用研究也有重要进展。

另外，多酸合成方法向离子交换、水热(溶剂热)、非水溶剂、控制电位、电泳电解、光还原至离子液体合成制备多元化发展。从对稳定氧化态物种的合成、研究，进入亚稳态和变价化合物及超分子化合物的研究。

多酸化学与多学科交叉、融合，新的生长点不断涌现，尤其在材料、能源、生物医药等领域所具有的潜在应用前景，引起专家学者极大的兴趣与关注。

3．夹心多酸研究进展

通过金属离子连接缺位多酸阴离子而形成的三明治类似结构化合物称为夹心多酸化合物，即过渡金属取代化合物（TMSPs）。依据缺位多酸阴离子结构和取代金属数目将过渡金属取代夹心化合物划分为 Krebs，Weakley，Knoth 和 Hervé 型。Keggin 结构三缺位的 β-B-SbW$_9$O$_{33}$[图 12.6（a）]是 Krebs 型夹心结构基本构建单元。Krebs 首次合成了多金属氧酸盐（[M$_2$(H$_2$O)$_6$(WO$_2$)$_2$(β-B-SbW$_9$O$_{33}$)$_2$]$^{n-}$）（M= Fe、Co、Mn、Ni）[图 12.6（b）]。

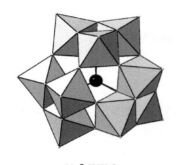 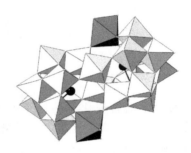

(a) β-SbW$_9$O$_{33}$　　　　　　(b) [M$_2$(H$_2$O)$_6$(WO$_2$)$_2$(β-SbW$_9$O$_{33}$)$_2$]$^{n-}$

图 12.6　β-SbW$_9$O$_{33}$ 八面体结构单元和[M$_2$(H$_2$O)$_6$(WO$_2$)$_2$(β-SbW$_9$O$_{33}$)$_2$]$^{n-}$ 的八面体

Krebs 型结构由两个 WO$_2$ 基团和两个过渡金属离子连接两个 β-B-XW$_9$O$_{33}$ 单元。过渡金属离子与 β-B-XW$_9$O$_{33}$ 的氧原子连接形成二聚结构。krebs 又以溶液法先后合成[X$_2$W$_{20}$M$_2$O$_{70}$(H$_2$O)$_6$]$^{(14-2n)-}$（X = Sb^{3+}、Bi^{3+}；M^{n+}= Fe^{3+}、Co^{2+}、Zn^{2+}）多种 krebs 型的结构；Kortz 等合成了多种 [Fe$_4$(H$_2$O)$_{10}$(β-B-XW$_9$O$_{33}$)$_2$]$^{n-}$（n= 6，X =As^{III}，Sb^{III}；n= 4，X= Se^{IV}，Te^{IV}）类似 krebs 型结构衍生物，并报道了 Te 为杂原子，V^{IV}、Co^{II}、Ni^{II}等为中心原子的 krebs 夹心多酸晶体结构。

12.2.2　多金属氧酸盐抗癌生物活性研究

1．多金属氧酸盐抗癌作用依据

1）癌产生根源

细胞异常增生致使肿瘤发生，其具有独立增殖、生命活动自主及遗传特性，习惯上划分为良性与恶性肿瘤。肿瘤的发生与遗传及环境等多因素作用相关。恶性肿瘤的发生历经三个阶段：启动阶段、促进阶段和发展阶段。癌的启动是内、外源性致癌因素作用于一个或一群细胞，导致 DNA 损伤，引起基因突变或染色体结构和数目发生变化，继而致细胞发生无法逆转的遗传性改变。启动发生后，在肿瘤促进因素诱导下，经过基因表达和克隆扩增，形成可见细胞群，此阶段称为促进阶段。细胞 DNA 损伤若未得到及时有效的修复，肿瘤增殖将快速发展，形成恶性肿瘤，即为肿瘤发展阶段。其分子机制概括为机体调节机制失衡、DNA 损伤未得到有效修复、基因突变、抑癌基因失活、细胞生长因子过度表达、细胞正常凋亡受到抑制而形成肿瘤。肿瘤治疗基础就是根据肿瘤阶段特性进行综合治疗。

2) 多金属氧酸盐的抗癌活性位

多金属氧酸盐特殊的结构特征是其抗癌的作用依据。多金属氧酸盐的极性、氧化还原电势、表面电荷分布、形状及酸度等一系列理化性质是其具有药学活性的基础(多金属氧酸盐的抗癌活性与其不同结构种类及结构特征相关,如电负性大小与抗癌活性正相关)，有利于对生物大分子(连接生物基团)靶向性识别；同时，多金属氧酸盐可以用 d 区或 p 区元素的离子代替 d^0 过渡金属阳离子，或者可以在多金属氧酸盐上共价连接与人体生理环境相匹配的有机基团。生物基团和有机基团与多金属氧酸盐结构的连接(生成多金属氧酸盐有机小分子衍生物)可以调控多金属氧酸盐分子的生物学性能，增强识别能力；另外，金属离子(钨、钼、钒、铋、锰、钴、镍、锌等)及配体(5-氟尿嘧啶、咪唑等)本身所固有的药物生物活性等都成为诱导细胞凋亡进而合成新药的依据。

近年，多金属氧酸盐最重要的热门前沿研究课题之一是其抗癌生物活性在新药的开发及应用，并且该课题已取得重要进展。

2. 多金属氧酸盐体外抗癌研究

多金属氧酸盐体外抗癌作用研究可划分为同多酸盐和杂多酸盐两大类。杂多酸盐体外抗癌作用研究又可以按结构划分为 Anderson 结构、Keggin 结构、Dawson 结构及非经典结构。

1) 同多酸盐体外抗癌作用

同多酸抗癌作用的研究主要为钼系同多酸盐。1980 年，Jozsef 首次将同多钼酸盐 $(NH_4)_6[Mo_7O_{24}]\cdot6H_2O$ 用于抗癌专利药方，其后对 $(NH_3Pr^i)_6[Mo_7O_{24}]\cdot3H_2O$(PM-8) 及其衍生物 $[Me_3NH]_6[H_2Mo_{12}O_{28}(OH)_{12}(MoO_3)_4]\cdot2H_2O$ (PM-17)等进行了抗癌研究。另外，钒系同多酸盐抗癌作用也有研究报道。

2005 年，Ogata 等[59]报道了同多钼酸盐 PM-8 对人胰腺癌 AsPC-1 细胞的抗癌作用。MTS 法研究了 PM-8 对 AsPC-1 细胞的抑制作用，结果表明，PM-8 作用 24h 和 48h 后，其 IC_{50} 分别为 1.65mg/mL 和 500μg/mL，并且作用于密度较低的细胞对象时，细胞增殖抑制作用较强(细胞密度 5×10^2 个/池的抑制作用强于细胞密度 5×10^4 个/池)；Hoechst33342 荧光染色法观察到 PM-8 引起细胞 DNA 出现凋亡小体的形态学改变，TUNEL 染色法也同样观察到 DNA 的损伤；通过 DNA 琼脂糖凝胶电泳检测发现 PM-8 诱导人胰腺癌 AsPC-1 细胞出现 DNA LADDER 梯形条带。2006 年，Mitsui 等[60]报道了 PM-8 抗人胃癌 MKN45 细胞的抗癌活性，采用 MTS 法检测了 PM-8 对人胃癌 MKN45 的抑制作用。PM-8 作用 24h 和 48h 后，其 IC_{50} 分别为 900μg/mL 和 500μg/mL，同样证实作用于密度较低的细胞时，细胞增殖抑制作用较强，细胞密度分别为 5×10^2 个/池、2×10^3 个/池、5×10^3 个/池、2×10^4 个/池、5×10^4 个/池(细胞密度单位同上)，抑制率分别为 34.3%，37.51%，46.91%，57.3%和 80.45%。Hoechst 33342 荧光染色和 DNA Ladder 检测到 PM-8 对 MKN45 细胞 DNA 存在诱凋亡损伤作用。PM-8 对不同癌细胞的研究结果对比表明，PM-8 在 24h 后对人胃癌 MKN45 细胞抑制作用强于人胰腺癌 AsPC-1 细胞，48h 后对两种细胞抑制作用相同，即 PM-8 作用 48h 后，对 MKN45 和 AsPC-1 细胞的 IC_{50} 均为 500μg/mL，可能是由于人胃癌 MKN45 细胞对 PM-8 的敏感性高于人 AsPC-1 细胞。PM-8 对人胰腺癌 AsPC-1 和人胃癌 MKN45 细胞 DNA 的损伤如图 12.7 所示[61]。2008 年，Ogata 等报道了 PM-8 的还原产物 PM-17 对人胰腺癌 AsPC-1 细胞和人胃癌 MKN45 细胞的抗癌活性。PM-17 作用人胰腺癌 AsPC-1 细胞和人胃癌 MKN45 细胞 24h 后，其 IC_{50} 分别为 175μg/mL 和 40μg/mL，说明 PM-17 对人胰腺癌 AsPC-1 细胞和人胃癌 MKN45 细胞抑制作用明显高于 PM-8。可以认为 PM-8 和 PM-17 对癌抑制作用效果的明显差异来自于结构的不同，PM-8 为低

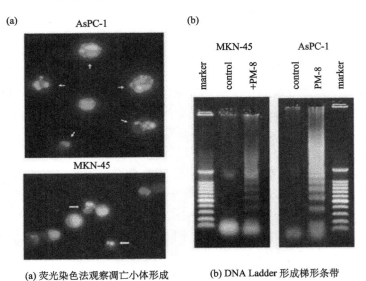

(a) 荧光染色法观察凋亡小体形成　　(b) DNA Ladder 形成梯形条带

图 12.7　PM-8 诱导 AsPC-1 和 MKN45 细胞 DNA 损伤

钼同多酸，PM-17 是多钼同多酸，其结构、表面所带电荷均存在较大差异，因而氧化还原电位的不同使其具有不同的抗癌活性。通过 Hoechst 染色、Annexin V-FITC 染色流式检测和透射电镜超微研究表明，PM-17 诱导 AsPC-1 和 MKN45 两种细胞的形态发生了凋亡改变，通过 western blotting 和荧光定位分析研究表明，细胞发生了凋亡及自吞噬死亡。

2005 年，王恩波课题组[62,63]探索了 LPVO（[NH$_3$(CH$_2$)$_2$NH(CH$_2$)$_2$NH$_3$][V$_6$O$_{14}$]）有机胺修饰的同多钒氧酸盐的抑癌作用。MTT 实验研究表明，浓度为 10^{-4}mol/L 的 LPVO 作用于 MCF-7 人乳腺癌细胞 24h 后的抑制率为 48.31%，作用于 A375 人黑色素瘤 24 h 后的抑制率为 68.67%，LPVO 抑癌效果高于 5-Fu，增殖抑制作用呈现浓度-效应关系，并且对人正常细胞具有较低的毒性作用。

2007 年，Thomadaki[64]合成了 2,5-二羟基苯甲酸酯钼酸盐 (PPh$_4$)$_2$[Mo$_3$O$_6$(μ-O)$_2$-(2,5- DHBA)$_2$]，通过 MTT 法、台盼蓝染色 (trypan blue assay) 法研究其对人白血病细胞 HL-60 和 K562 细胞增殖和细胞形态的影响，结果表明该化合物对人白血病细胞具有抑制活性，并且毒性较低。

2008 年，薛思佳等合成了系列甲基取代的硝基苯有机小分子修饰的同多钼酸盐 (Bu$_4$N)$_2$[Mo$_6$O$_{18}$(≡Nar)] (Ar=3-NO$_2$-C$_6$H$_4$, 2-CH$_3$-4-NO$_2$-C$_6$H$_3$, 2-CH$_3$-5-NO$_2$-C$_6$H$_3$)，并对其进行抗人白血病细胞 K562 的活性研究，结果表明该化合物抑制人白血病细胞 K562 作用较好，三种同多钼酸盐的抑制率分别为 48.4%、49.3% 和 44.4%。

2) 杂多酸盐体外抗癌作用

(1) Anderson 结构杂多酸盐。1996 年，刘术侠等[65]报道了 (NH$_4$)$_{4.5}$H$_{3.5}$[PtMo$_6$O$_{24}$]·nH$_2$O 和 (NH$_4$)$_3$H$_6$[RMo$_6$O$_{24}$]·nH$_2$O（R=Rh,Fe,Co）1:6 型 Anderson 结构钼系杂多酸对人鼻咽癌 KB 细胞的抑制作用。研究表明，Anderson 结构钼系杂多酸盐空间体积较小，活性较高 (IC$_{50}$<4 mg/L)。

(2) Keggin 结构杂多酸盐。1971 年，Raynaud 等[66]最早研究发现 Keggin 结构杂多酸盐[SiW$_{12}$O$_{40}$]$^{4-}$能够抑制莫罗尼氏鼠科肉瘤病毒 (MoMSV) 在胚胎鼠纤维原细胞中的转移。

1978 年，Klemperer[67]以环戊二烯钛 (CpTi)$^{3+}$ (Cp=η^5-C$_5$H$_5$) 为原料，首次合成了 α-[(CpTi)H$_3$PW$_{11}$O$_{39}$]$^{4-}$。2003 年，刘景福课题组王晓红等研究报道了系列有机金属 Keggin 结构杂多钨酸盐抗癌活性，研究表明，环戊二烯钛取代的杂多酸盐 (CpTi)CoW$_{11}$(Cp=η^5-C$_5$H$_5$) 表现出较好的抗人肝癌 SSMC-7721 细胞活性 (IC$_{50}$: 3.2 μmol/L) 和抗人宫颈癌 Hela 细胞活性 (IC$_{50}$:11.5 μmol/L)。同年该课题组报道了 MTT 法测定不同粒径纳米尺寸粒子 α-K$_8$H$_6$[Si$_2$W$_{18}$Ti$_6$O$_{77}$](α-Si$_2$W$_{18}$Ti$_6$) 的抗人宫颈癌 Hela 细胞和人白血病细胞 HL-60 肿瘤细胞抑制活性，发现其脂质体纳米粒子的稳定性和抗癌活性均提高；同时考察了脂质体包囊的多金属氧酸盐 K$_6$SiW$_{11}$TiO$_{40}${(SiW$_{11}$Ti) LEP}s 抗人鼻咽癌 KB 细胞 (IC$_{50}$:17.2 μg/mL) 及人宫颈

癌 Hela 细胞(IC_{50}:16.4 µg/mL)作用。用 MTT 法研究 $CoW_{11}Ti$/淀粉纳米复合物对 Hela 和 HL-60 细胞的抗癌活性，研究表明 $CoW_{11}Ti$/淀粉纳米复合物对 Hela 和 HL-60 细胞的 IC_{50} 分别为 28.9%和 46.7%，而非淀粉复合物 $CoW_{11}Ti$ 对 Hela 和 HL-60 细胞的 IC_{50} 分别 19.8%和 20.9%。还通过对 $K_4H_3[$（$CH_3CO_2CH_2CH_2Sn$）$_3$(A-GeW_9O_{37}）]·$10H_2O$ 的研究提出肿瘤抑制作用强弱与聚阴离子的氧化能力相关。并报道了钨系$[(CpZr)XW_{11}O_{39}]$(X=Si、Ge、Ga、B)和钼系$(CpZr)PMo_{11}O_{39}$,$(CpZr)SiMo_{11}O_{39}$抗 Hela 活性，结果表明，钼系$[$如$(CpZr)SiMo_{11}O_{39}$ 的 IC_{50}:38.6%$]$活性大于钨系$[(CpZr)SiW_{11}O_{39}$ 的 IC_{50}:50.2%$]$；另外还报道了有机钛取代的杂多酸盐 $K_6H[MW_{11}O_{39}(CpTi)]·nH_2O$（$M$=Co、Zn)及有机锡取代钨硅酸、钨钼酸的抗肿瘤活性。2008 年，李建新等报道了浓度为 52.20 µg/mL 的 $[Me_4N]_4$$H_5[(HOOCCH_2CH_2Ge)_3(SbW_9O_{33})_2]$对小鼠腹水瘤 S180 和 HeLa 肿瘤细胞的抑制率分别为 99.30%和 98.81%。2012 年，谭荣欣等报道了 $Na_5K_7[\{\beta$-$SiCo_2W_{10}O_{36}(OH)_2$$(H_2O)\}_2]$·$39.5H_2O$ 对人肝癌 SMMC-7721(IC_{50}:104.88µg/mL)和人卵巢癌 SK-OV-3(IC_{50}:76.35 µg/mL)细胞抑制活性。

1996 年，刘术侠等[68]合成了 13-钒镍(锰)杂多酸镨盐 $Pr_2H[NiV_{13}O_{38}]·nH_2O$,并研究其抗人结肠癌 HCT、人肝癌 Bel、人黑色素瘤 B16、人乳腺癌 BCAP、人食道癌 ESCL 及人鼻咽癌 KB 细胞的抑制活性。研究表明该化合物对以上肿瘤细胞抑制作用均存在浓度-效应关系，其中对人结肠癌 HCT 细胞抑制作用最强(IC_{50}:0.21 µmol/L)，对人乳腺癌 BCAP 细胞抑制活性最弱(IC_{50}:0.45 µmol/L)。另外，该课题组还以人鼻咽癌 KB 细胞为对象，对 Keggin 结构钼系杂多酸盐 $Na_3RMo_{12}O_{40}·nH_2O$(R=P,Si,Ge, As)进行抗癌活性比较，指出 Keggin 结构杂多酸盐空间体积相对较小，活性较高(IC_{50} 低于 4mg/L)。通过考察上述钼系杂多酸的还原产物杂多蓝 $K_2H_4RMo_{12}O_{10}·nH_2O$(2e)($R$=Si,Ge)和 $K_2H_3RMo_{12}O_{10}·nH_2O$(2e)($R$=P、As)，发现杂多蓝的 IC_{50} 明显较其母体杂多酸盐低，因此，推测肿瘤抑制活性增加可能是阴离子骨架发生畸变的结果。研究发现以钨取代 $Na_3PMo_{12}O_{40}·nH_2O$(IC_{50}:3.0 mg/L)中的 Mo 为 $Na_3PMo_9W_3O_{40}·nH_2O$(IC_{50}:10.3 mg/L)和 $Na_3PMo_3W_9O_{40}·nH_2O$(IC_{50}:25.6 mg/L)，随钨取代钼原子数量的增加，抗癌活性递减，而以钒取代的 $Na_4PMo_{11}VO_{40}·nH_2O$($IC_{50}$:2.1 mg/L)肿瘤抑制活性增加。同时提出该系列化合物反荷离子为碱金属离子时，对抗癌活性无显著影响，反荷离子为过渡金属离子时，抗癌活性降低，反荷离子为稀土金属离子时，抗癌活性增强，还对钼系杂多阴离子结构、取代原子、还原态及反荷离子等结构因素对肿瘤抑制活性的影响进行了讨论。

2002 年，韩正波等[69]采用 MTT 法研究表明，$(C_3H_5N_2)_4·PMo^VMo^{VI}_{11}$$O_{40}·4DMF·2H_2O$ 对前列腺癌 PC-3m 细胞抑制活性较高(抑制率 88%)；甘氨酸磷钼酸盐（$HGly$）$_4[PMo_{12}O_{40}]_2·22H_2O$($Gly$=甘氨酸)对人宫颈癌 Hela 细胞的 IC_{50}

为 11.4 μg/mL 及丙氨酸磷钼酸盐（HAla）$_8$（H$_3$O）$_{10}$[PMo$_{12}$O$_{40}$]$_6$·22H$_2$O（Ala=丙氨酸）具有抗 PC-3m 和 Hela 细胞抑制活性[36]。以上结果均表明小分子有机配体增强了多酸的抗肿瘤活性。

2003 年，张学军等[70]采用 MTT 法研究（GlyH）$_4$[PMo$_{12}$O$_{40}$]·5H$_2$O 对人宫颈癌 Hela、人前列腺癌 PC-3m、小鼠腹水瘤 S180 和原代肺癌细胞等肿瘤细胞生长抑制作用，结果表明，（GlyH）$_4$[PMo$_{12}$O$_{40}$]·5H$_2$O 对以上细胞均存在明显的抑制作用，其中对 PC-3m 细胞抑制作用最明显，25 mg/L 药物浓度抑制率为 92.03%。同年该课题组还采用 MTT 法研究表明[La（NMP）$_4$（H$_2$O）$_4$][HGeMo$_{12}$O$_{40}$]·2NMP·3H$_2$O（NMP=N-甲基-2-吡咯烷酮）也具有 PC-3m 和 Hela 细胞抑制活性。

2004 年，王恩波课题组[71,72]报道了硼钨酸嘧啶盐（PBT）（氟脲嘧啶-Keggin 结构杂多钨酸盐）的抗癌活性。MTT 法研究发现 PBT 对人胃癌 SGC-7901、人肝癌 SMMC-7721 和人宫颈癌 Hela 细胞的 IC$_{50}$ 分别为 209 μg/mL、57 mg/mL 和 193 μg/mL，结果表明人肝癌 SMMC-7721 细胞对 PBT 最敏感；PBT（1600 μg/mL）对人羊膜 FL 细胞抑制率为 32.29%，表明其对正常细胞毒性较低。PBT 还会引起 SMMC-7721 细胞的 DNA 损伤，细胞周期发生阻滞（G0/G1 期），最终引起细胞凋亡。2005 年，该课题组报道了一种超 Keggin 结构 PVPO（[NH$_3$（CH$_2$）$_2$NH$_2$（CH$_2$）$_2$·NH$_3$]$_4$ [V$^V_6$V$^{IV}_{12}$O$_{42}$（PO$_4$）]·（PO$_4$）.2H$_2$O）的抗癌活性研究。25 μg/mL 的 PVPO 作用于人前列腺癌 PC-3m、人宫颈癌 Hela 和人肝癌 H-7402 细胞的抑制率分别为 93.13%、92.03%和 65.80%；100 μg/mL 的 PVPO 对人胃癌 MGC-803 细胞的抑制率为 61.9%；200 μg/mL 的 PVPO 对 S-180 的抑制率为 98.59%。以上抗癌抑制作用均呈现浓度-效应关系。PVPO 对人羊膜 FL 细胞、小鼠成纤维 L929 母细胞未呈现明显的毒作用。

2004 年，张澜萃等[73]报道了两种 Keggin 结构有机膦多金属氧酸盐 [Bu$_4$N]$_4$H[PhP（S）$_2$Ga W$_{11}$O$_{39}$ 和[Bu$_4$N]$_3$H[PhP（S）$_2$SiW$_{11}$O$_{39}$ 抗黑色素瘤细胞 B16 细胞和人白血病细胞 HL-60 细胞作用。结果表明，同一浓度下，前者的抑制活性高于后者；并且人白血病 HL-60 细胞对[Bu$_4$N]$_4$H[PhP（S）$_2$GaW$_{11}$O$_{39}$ 的敏感性大于黑色素瘤细胞 B16，而对[Bu$_4$N]$_3$H[PhP（S）$_2$SiW$_{11}$O$_{39}$ 的敏感性，黑色素瘤细胞 B16 大于人白血病细胞 HL-60。

2004 年，李娟等[74]采用 MTT 法对 12-钨硼酸 5-氟尿嘧啶盐 C$_{20}$H$_{19}$F$_5$N$_{10}$ [BW$_{12}$O$_{52}$]（WBF）进行抗肝癌 SSMC-7721 细胞研究，结果表明 1×10^{-6}mol/L 的 WBF 对 SSMC-7721 细胞抑制率为 47.71%，高于 5-Fu 抑制率（7.10%）。该课题组 2005 年研究（C$_5$H$_{13}$N$_2$O$_2$）$_2$（H$_3$O）[PMo$_{12}$O$_{40}$]·8H$_2$O、（C$_5$H$_{14}$N$_2$O$_2$）$_2$-[SiMo$_{12}$O$_{40}$]·12H$_2$O 和（C$_5$H$_{14}$N$_2$O$_2$）$_2$[GeMo$_{12}$O$_{40}$]·12H$_2$O 肿瘤抑制活性，结果表明，抗 Hela 肿瘤的 IC$_{50}$ 分别为 17.81 mol/L、41.88 mol/L、12.51 mol/L，抗 Pc-3m 的 IC$_{50}$ 分别为 20.58 mol/L、79.87 mol/L、12.67 mol/L，可见（C$_5$H$_{14}$N$_2$O$_2$）$_2$[GeMo$_{12}$-O$_{40}$]·12H$_2$O 对两种癌细胞系

抑制效果最显著。相似的研究还有 $C_{12}H_{16}N_6F_3SiW_{12}O_{49}$ 及 $C_4H_4FN_2O_2H_2PW_{12}O_{40}\cdot 8H_2O$。

2010 年，刘霞等[75]报道了 $K_{10}C_4H_4FN_2O_2Pr(PW_{11}O_{39})_2\cdot 24H_2O$ 体外抑制人宫颈癌 Hela 细胞(IC_{50}: 2.78×10^{-5}mol/L)，且细胞毒性较小（对人肾胚细胞的 TC_{50} 为 6.56×10^{-5}）。

(3) Dawson 结构杂多酸盐。1996 年，刘术侠等研究表明 $Na_6[X_2Mo_{18}O_{62}]\cdot nH_2O$ （X=P,As）两种 Dawson 结构钼系杂多酸盐对人鼻咽癌 KB 细胞的抑制作用较低。

2004 年，张澜萃等报道了用 ^{3}H-TdR 法研究有机膦多金属氧酸盐 $[Bu_4N]_5$ $K[PhP(S)]_2 P_2W_{17}O_{61}$ 抗黑色素瘤细胞 B16 细胞和人白血病细胞 HL-60 细胞的作用，发现该化合物对人白血病细胞 HL-60 的抑制作用大于黑色素瘤细胞 B16，呈现浓度-效应关系。

2006 年，刘霞等研究报道了含有磺胺的多金属氧酸盐 $(C_6H_9N_2O_2S)_5$ $HP_2Mo_{18}O_{62}\cdot 15H_2O$ （SPOM-1）和 $(C_6H_9N_2O_2S)H_8P_2Mo_{15}V_3O_{62}\cdot 8H_2O$ （SPOM-2）抗人前列腺癌 PC-3M 细胞活性（IC_{50}:38 g/mL 和 11 g/mL），发现钒取代钼的杂多酸盐 SPOM-2 的肿瘤抑制活性大于 SPOM-1，两种化合物对人胚胎成纤维细胞无明显毒性作用。

2008 年，Prudent[76]首次报道了在许多肿瘤中，多金属氧酸盐 $[P_2Mo_{18}O_{62}]^{6-}$ 是多功能蛋白激酶 CK2 的抑制剂，并且展现了显著的高效性（$IC_{50}\leqslant 10$ nmol/L）、特异性和选择性抑制作用。

(4) 其他结构杂多酸盐。1996 年，刘术侠等研究了 $K_{10}H_3[Pr(SiMo_{11}O_{39})_2]\cdot 18H_2O$、 $K_{11}[Pr(PMo_{11}O_{39})_2]\cdot 31H_2O$、$K_{11}H_2[Pr(GeMo_{11}O_{39})_2]\cdot 32H_2O$ 三个 1:11 双系列和 $K_{17}[Pr(As_2Mo_{17}O_{61})_2]\cdot nH_2O$, $K_{17}[Pr(P_2Mo_{17}O_{61})_2]\cdot nH_2O$ 两个 2:17 双系列抗人鼻咽癌 KB 细胞活性。

2000 年，刘景福等[77]研究了 $K_{21}H_4[TbAs_4W_{40}O_{140}]\cdot 42H_2O$ 和 $(NH_4)_{16}$ $[PrSb_9W_{21}-O_{86}]\cdot 39H_2O$ 抗鼠肝癌细胞 H22、小鼠黑色素瘤细胞 B16 和人白血病细胞 HL-60 作用。100 μg/mL 的 $TbAs_4W_{40}$ 对 H22 和 B16 肿瘤抑制率分别为 71.4% 和 67.5%。100 μg/mL 的 $PrSb_9W_{21}$ 对 H22 和 B16 肿瘤抑制率分别为 68.6% 和 58.3%，结果表明 $TbAs_4W_{40}$ 肿瘤抑制率较 $PrSb_9W_{21}$ 强。

2002 年，孙振刚等[78]对 $R_2[XW_{11}O_{39}]^{n-}$、$R_2[P_2W_{17}O_{61}]^{6-}$ 和 $R_2[PW_9O_{34}]^{5-}$ （X=P,Si,Ge,B,Ga, R= PhP(S)，$C_6H_{11}P(S)$）等研究表明，该类化合物具有一定的抗乳腺等肿瘤活性。

2010 年，Compain[79]报道了 $(NH_4)_6[(Mo^V_2O_4)(Mo^{VI}_2O_6)(O_3PC(C_3H_6NH_3)$ $OPO_3)_2]\cdot 12H_2O$、$[(C_2H_5)_2NH_2]_4[Mo^V_4O_8(O_3PC(C_3H_6NH_3)OPO_3)_2]\cdot 6H_2O$、$Li_8[(Mo^V_2$ $O_4(H_2O))_4(O_3P(C_3H_6NH_3)OPO_3)_4]\cdot 26H_2O$、$[(C_2H_5)_2NH_2]_6[Mo^V_4O_8(O_3PC(C_{10}H_{14}$ $NO)-OPO_3)_2]\cdot 18H_2O$ 和 $Na_2Rb_6[(Mo^{VI}_3O_8)_4-(O_3PC(C_3H_6NH_3)OPO_3)_4]\cdot 26H_2O$ 含钼系

列多金属氧酸盐对人肺癌 NCI-H460 细胞、人乳腺癌 MCF-7 细胞和人中枢神精瘤 SF-268 细胞的抑制活性（MTT 法），其中抑制活性较强的 $Na_2Rb_6[(Mo^{VI}_3O_8)_4(O_3PC(C_3H_6NH_3)OPO_3)_4] \cdot 26H_2O$ 化合物的 IC_{50} 为 10μmol/L。

2011 年，Menon[80]首次报道了壳聚糖 $EuWAs/[CsEu_6As_6W_{63}O_{218}(H_2O)_{14}(OH)_4]^{25-}$复合纳米（≤200 nm）多酸配合物对人乳腺癌 MCF-7 细胞（IC_{50}:46 μg/mL）、人鼻咽癌细胞 KB（IC_{50}:79 μg/mL）、人前列腺癌细胞 PC-3（IC_{50}:67μg/mL）及人肺癌细胞 A549（IC_{50}:50 μg/mL）的抗癌作用。研究发现，多金属氧酸盐纳米包囊结构对肿瘤抑制作用增强，这与纳米包囊缓慢持续的释放作用相关。

最近作者课题组以咪唑修饰的铋钨多金属氧酸[$\{W(OH)_2\}_2\{M(H_2O)_3\}_2\{Na_4(H_2O)_{14}\}(BiW_9O_{33})_2](Him)_2$ （M=Mn、Co、Ni、Zn）四种化合物对人胃腺癌 SGC-7901、人肝癌 HepG-2、人结肠癌 HT-29 等肿瘤细胞进行了抗肿瘤活性筛选研究，并根据筛选结果实验探索其诱导细胞凋亡及其可能作用机制，结果表明该系列多金属氧酸盐具有很好的抗癌活性和促凋亡作用[81-83]。

3. 多金属氧酸盐体内抗癌研究

1）同多酸盐体内抗癌作用

1988 年，Yamase[84]开始对 PM-8 进行抗癌研究。结果发现，甲基胆蒽诱导的 Meth-A 鼠肉瘤、鼠腺癌 MM-46、人体移植瘤肺癌 OAT、乳腺癌 MX-1、结肠癌 CO-4 荷瘤小鼠抑制实验表现了明显的抑制作用，且抑制效果优于临床常用抗癌药物阿霉素（ACNU）、5-氟脲嘧啶（5-Fu）等。该研究揭开了多金属氧酸盐抗肿瘤研究序幕；另外通过 PM-8 的还原产物 PM-17 对 Meth-A 鼠肉瘤和人乳腺癌 MX-1 鼠移植瘤的实验，发现 PM-17 的毒性大于 PM-8，阐明了 PM-8 结构具有明显癌抑制活性。

2006 年，Mitsui 等将 $1×10^6$ MKN45 人胃癌细胞注射于裸鼠背部，七天后腹腔内每天注射 200 mg/kg PM-8，连续给药 14 天，对照组为注射 RPMI-1640 培养液。结果表明，70 天后 PM-8 给药组对人胃癌 MKN45 荷瘤小鼠肿瘤生长抑制率高于对照组两倍，而且对荷瘤小鼠体重无显著影响。

2008 年，Ogata 等报道了 PM-17 的抗癌活性。将 $2×10^6$ AsPC-1 人胰腺癌细胞注射于裸鼠背部，十天后腹腔内每天注射 PM-17，给药 10 天（给药 6 天间歇 2 天），对照组为注射盐水。研究 PM-17 对人胰腺癌 AsPC-1 细胞荷瘤小鼠模型的瘤体积和小鼠体重的影响，结果表明，PM-17 在 125 mg/d·bw 和 500 mg/d·bw 两个剂量组 41 天后体内肿瘤增长抑制率分别为 33.5%和 68.3%，呈现抑瘤剂量-效应关系，并且对小鼠体重无显著影响。

2005 年，王恩波课题组报道了 LPVO 抗癌活性，急性毒性实验的半致死量（LD_{50}）较低（1584.89～2630.27 mg/kg.）；建立了肝癌 Hep-A-22 荷瘤小鼠模型，剂量浓度为 8 mg/mL、20 mg/mL、80 mg/mL 的 LPVO 对肿瘤抑制率分别为 36.01%、42.30%和 51.70%。研究表明，LPVO 使小鼠脾指数降低并对淋巴细胞的增殖有促进作用，且小于 5-Fu 的毒性作用；LPVO 可以提高 NK 细胞活性。

2) 杂多酸盐体内抗癌作用

Anderson、Keggin 结构及其他结构杂多酸盐的体内抗癌活性均有报道，但 Dawson 结构杂多酸盐体内抗癌活性少有报道。

(1) Anderson 结构杂多酸盐。1992 年，$Na[IMo_6O_{24}]$ 在日本用于临床抗结肠癌药物。但临床试验研究发现由于毒性较大，其治疗效果受到制约、应用受到影响。

(2) Keggin 结构杂多酸盐。2001 年，王晓红等[67]研究报道了环戊二烯钛取代的杂多酸盐 $(CpTi)CoW_{11}$ 的体内研究。急性毒性实验结果表明 $(CpTi)CoW_{11}$ 的 LD_{50} 为 2898 mg/kg（2797～3004 mg/kg），其毒性明显低于环磷酰胺和 5-Fu；CoW_{11} 能够显著降低荷瘤小鼠的肿瘤增长，15 mg/kg $(CpTi)CoW_{11}$ 对人肝癌 SSMC-7721 肿瘤体内抑制率为 41.9%，50 mg/kg $(CpTi)CoW_{11}$ 对人白血病 HL-60 肿瘤体内抑制率为 30.6%，50 mg/kg $(CpTi)CoW_{11}$ 对人结肠癌 HLC 肿瘤体内抑制率为 29.8%。2005 年，该课题组报道了脂质体包囊的纳米多金属氧酸盐化合物 $K_6SiW_{11}TiO_{40}$ $\{(SiW_{11}Ti)\ LEP\}$ 抗人白血病细胞 HL-60 的 LD_{50} 为 2003 mg/kg（1856～2374 mg/kg），200 mg/kg 的 $K_6SiW_{11}TiO_{40}$ $\{(SiW_{11}Ti)\ LEP\}$ 的肿瘤抑制率为 41.97%。此外该课题组研究了九钨三钛硅酸盐对肝癌 H22 细胞荷瘤小鼠瘤重的抑制作用及胸脾指数和致畸作用。

2004 年，王恩波课题组报道了 PBT 的体内抗癌活性。研究了 PBT 对荷瘤小鼠 H22 肿瘤生长的影响，25 mg/kg、50 mg/kg、100 mg/kg 的 PBT 的肿瘤抑制率分别为 20.32%、33.15%和 52.94%；PBT 对小鼠急性毒性作用的 LD_{50} 为 1117.38 mg/kg，对小鼠白细胞数、胸腺指数和脾指数有升高的影响。2005 年，该课题组报道了 PVPO 体内抗癌活性。PVPO 的急性毒性 LD_{50} 为 1931.97～3872.58 mg/kg；建立了 MGC-803 胃癌小鼠实体瘤模型，剂量为 100 mg/kg 和 200 mg/kg 的 PVPO 对肿瘤抑制率分别为 64.6%和 82.4%。研究表明，PVPO 对小鼠脾指数没有明显影响，对淋巴细胞的增殖有促进作用，且毒性小于 CYT（环磷酰胺），并可以提高 NK 细胞活性。

2004 年，李娟等采用 MTT 法对 12-钨硼酸 5-Fu（WBF）进行体内急性毒性实验研究，研究表明，其 $LD_{50}= 1117.38$ mg/kg（911.59～1369.6 mg/kg），降低了 5-Fu 的毒性（LD_{50} 为 220 mg/kg）。2003 年，张学军等研究了 $(GlyH)_4[PMo_{12}O_{40}]\cdot 5H_2O$ 对小鼠腹水瘤 S180 抑制作用的影响，研究表明，其抑瘤率可达到 37.38%。急性毒性实验结果表明 $LD_{50} =2735.27$ mg/kg（1931.97～3872.58 mg/kg）。2008 年，李建新等报道了 25 μg/mL $[Me_4N]_4H_5[(HOOCCH_2CH_2Ge)_3(Sb\ W_9O_{33})_2]$在体内使大

鼠 S180 肿瘤重量减小了 51.9%。

(3)其他结构杂多酸盐。1974 年，Jasmin[85]发现[NH$_4$]$_{17}$Na[NaSb$_9$W$_{21}$O$_{86}$]·14H$_2$O (HPA-23)可抑制病毒诱发的小鼠肿瘤。早期尚缺乏系统性研究，化合物研究对象较为局限，如白血病肉瘤病毒 FLVT、鼠伤寒逆转录病毒和鼠英尼氏肉瘤病毒 MoMSV 等抑瘤作用影响。但 1985 年由于其对肝脏、肾脏及血液较高的毒性而停止了临床使用。

1996 年，刘景福等[86]发现 Am[XW$_{10}$O$_{36}$](A=碱金属、H$^+$、NH4$^+$;X=稀土元素)对鼠肉瘤 Meth-A 及人乳腺癌 MX-1 小鼠移植瘤具有较强的肿瘤抑制作用。Na$_9$[HoW$_{10}$O$_{38}$](100 mg/kg)作用于鼠肉瘤 Meth-A 十四天后，瘤重由对照组的(2676.0±284.1)μg 减轻至(1045.4±172.8)μg；作用于人乳腺癌 MX-1 小鼠移植瘤第十天后，瘤重由对照组的(1818.2±121.7)μg 减轻至(1005.3±171.3)μg，体重无显著改变。

2000 年，刘景福等研究了 K$_{21}$H$_4$[TbAs$_4$W$_{40}$O$_{140}$]·42H$_2$O 和 (NH$_4$)$_{16}$[PrSb$_9$W$_{21}$-O$_{86}$]·39H$_2$O 体内抗鼠 S180 腹水瘤和鼠 H$_{22}$ 肝脏肿瘤作用。采用小鼠前肢腋下接种 S180 腹水瘤和鼠 H$_{22}$ 肝脏肿瘤细胞，分别连续腹腔注射给药 13 天。TbAs$_4$W$_{40}$ 作用于 S180，使瘤重减少至 0.1967 g(对照组为 0.3130 g)，作用于 H22，使瘤重减少至 0.2036 g(对照组为 0.3357 g)；PrSb$_9$W$_{21}$ 作用于 S180，使瘤重减少至 0.1535 g(对照组为 0.3130 g)。结果表明，PrSb$_9$W$_{21}$ 对 S180 肿瘤抑制率高于 TbAs$_4$W$_{40}$，TbAs$_4$W$_{40}$ 对 S180 腹水瘤和鼠 H$_{22}$ 肿瘤抑制率相近。

2008 年，Zhai 等[87]报道了使用淀粉纳米颗粒负载多金属氧酸盐 α-K$_8$H$_6$[Si$_2$W$_{18}$Ti$_6$O$_{77}$](Si$_2$W$_{18}$Ti$_6$)在体内可增加 H22 移植肿瘤小鼠存活时间。

4. 多金属氧酸盐的抗癌作用机制研究

1)氧化还原机制

日本学者 H. Yanagiea 等[88]最先提出 PM-8 具有抗癌作用的氧化还原假设，指出 PM-8 的抗癌作用与多聚阴离子[Mo$_7$O$_{24}$]$^{6-}$的氧化性密切相关。依据是还原态[Mo$_7$O$_{23}$(OH)]$^{6-}$的抗肿瘤活性作用明显，而 [Mo$_7$O$_{24}$]$^{6-}$氧化态未见明显的抗肿瘤活性作用。假设多金属氧酸盐抗癌机制为同多钼酸单电子氧化-还原循环机制，即[Mo$_7$O$_{24}$]$^{6-}$在癌细胞内发生氧化还原反应，被黄素单核苷酸(还原态)转变还原为钼(V)多酸盐[Mo$_7$O$_{23}$(OH)]$^{6-}$抑制肿瘤细胞；随后[Mo$_7$O$_{23}$(OH)]$^{6-}$在正常细胞中又被氧化为[Mo$_7$O$_{24}$]$^{6-}$，在此过程中肿瘤细胞发生还原反应。PM-8 与细胞线粒体中单电子载体单核苷黄素(FMN)配位成 1:1 配合物，FMN 的细胞功能是从 NADH 转移电子到辅酶 Q，产生 ATP。PM-8 与 FMN 的配位阻碍了呼吸链中电子传递，抑制 ATP 产生，导致肿瘤细胞凋亡。多酸再次氧化及癌细胞还原过程诱导了癌细胞凋亡。另外，氧化还原机制与其他多金属氧酸盐的抗肿瘤活性也存在相关性。

$$[Mo_7O_{24}]^{6-}+e^-+H^+ \rightleftharpoons [Mo_7O_{23}(OH)]^{6-}$$

2001 年王晓红等研究报道了有机金属-Keggin 结构杂多钨酸盐抗癌活性。实验结果表明，有机基团的引入提高了其抗癌活性，这可能与有机基团的引入促进了化合物向肿瘤细胞的渗透相关。并且比较具有不同极谱半波电位的多酸抗癌活性，得出多酸抗癌活性与氧化能力密切相关，氧化能力越强，抗癌活性越高的结论。

2) 细胞死亡诱导机制

细胞死亡是指细胞受严重损伤至胞核时，细胞代谢停止、结构破坏及功能丧失等不可逆性的变化。细胞死亡包括自主性死亡和被动性死亡。自主性细胞死亡包括细胞凋亡和细胞自体吞噬死亡等，涉及基因转录和表达。

(1) 细胞凋亡。凋亡是细胞程序性死亡的一种方式，是细胞暴露于外界环境因子的生理反应，是受多种因素调节的复杂过程。细胞凋亡诱导是肿瘤化疗药物治疗的重要途径之一。实验研究表明多金属氧酸盐可以诱导肿瘤细胞发生凋亡。

2005 年，Ogata 等报道了 PM-8 对 AsPC-1 胰腺癌体外诱导细胞凋亡的作用机制。Hoechst 33342 荧光染色检测到 PM-8 诱导 AsPC-1 细胞 DNA 凋亡小体的出现，同时 TUNEL 染色也观察到 AsPC-1 细胞 DNA 的损伤并检测到时 DNA LADDER 发生损伤的梯形条带。2006 年，Mitsui 等采用相似的方法报道了 PM-8 对人胃癌 MKN45 细胞体外诱导细胞凋亡的作用机制，并检测到 PM-8 对 MKN45 细胞 DNA 的凋亡诱导作用。2006 年，Yanagie 等研究推测 PM-8 胞内通过与单核苷黄素 (FMN) 配位阻断线粒体，继而激活凋亡蛋白 Casepase-3。2008 年，Ogata 等报道了 PM-17 对 AsPC-1 和 MKN45 细胞的体外抗癌细胞凋亡诱导机制。除上述方法外，Annexin V-FITC 染色流式检测和透射电镜研究也表明，PM-17 体外诱导 AsPC-1 和 MKN45 两种细胞的细胞形态发生了凋亡改变，并通过 western blotting 表明凋亡相关蛋白 Casepase-3 参与了细胞凋亡，但没有发现具体的凋亡信号途径。

2004 年，王恩波课题组报道了 PBT 对人肝癌 SMMC-7721 细胞 DNA 合成呈现抑制作用，且该作用是通过 PBT 诱导细胞周期 G_0/G_1 期阻滞而发生细胞凋亡来实现的。也有多金属氧酸盐诱导肿瘤细胞凋亡阻滞发生在 G_1/S 期或 S 期的报道，但多金属氧酸盐的结构与细胞周期阻滞的具体关系未见报道。

(2) 自体吞噬细胞死亡。自体吞噬细胞死亡也是程序性死亡的一种方式，它利用溶酶体对细胞自体部分细胞质蛋白及细胞器进行系列降解并包被入囊泡而实现细胞自主性死亡，其在部分组织癌变中也扮演重要角色。

2008 年，Ogata 等报道了 PM-17 对人胰腺癌 AsPC-1 细胞抗癌活性与其引起细胞自吞噬作用相关，并用超微结构观察到了囊泡和自噬体，用 western blotting 等方法进行了对自吞噬调节因子 LC3 和 LC3-Ⅱ表达变化的研究。研究表明细胞

LC3 和 LC3-Ⅱ表达上调，发生自吞噬死亡，但没有发现具体自吞噬的路线。

（3）酶调节机制。2008 年，Prudent 报道在多种肿瘤信号转导途径中，$[P_2Mo_{18}O_{62}]^{6-}$ 具有抑制易发生失调，在细胞生长、分化、凋亡和肿瘤发生、发展过程中起关键作用的酪蛋白激酶 CK2，使 CK2 发生下调的作用。$[P_2Mo_{18}O_{62}]^{6-}$ 靶向定位于 ATP 和 CK2 肽底物结合位点外并形成复合物，该种键合方式提供了开发高效药物的新机制。

另外，研究表明多金属氧酸盐的抗癌作用与其和肿瘤细胞 DNA 碱基交联作用、DNA 磷酸二酯键的降解活性作用等相关，还可以通过增加小鼠淋巴细胞转化功能，提高 NK 细胞活性等免疫增加机制来增加抗癌能力。

5 多金属氧酸盐抗癌研究展望

综上所述，国内外多金属氧酸盐的抗癌生物活性研究主要集中于体外细胞实验研究，而体内动物实验研究相对较少。作为体外研究受试物的多金属氧酸盐种类繁多、结构多样，并且以多种受试细胞为研究对象。同多酸盐的体外研究主要集中于同多钼酸盐，研究对象主要是胰腺癌、胃癌和白血病细胞，同多钒酸盐研究也有报道。杂多酸盐体外抗癌作用以 Keggin 结构最多，Anderson 结构和 Dawson 结构及非经典结构的研究较少，Keggin 结构对多种癌细胞有较好的抑制作用，毒性较低。体外研究文献主要采用 MTT（或 MTS）法对多金属氧酸盐的不同癌细胞进行抑制活性进行筛选。体内研究主要集中于 Keggin 结构及非经典结构杂多酸盐，主要是对鼠急性毒性、实体肿瘤抑制率（瘤重）、体重、存活时间及小鼠胸腺指数和脾指数等指标进行研究；多金属氧酸盐抗癌生物活性机制研究主要包括氧化还原机制和细胞凋亡诱导机制。同时，国内外多金属氧酸盐抗癌生物活性研究尚存在诸多问题，包括化合物合成成本较高、毒副作用较大、产量较低、作用机制不够明确、多为推理性研究、缺乏实际证据等。从研究结果来看，基本符合高电荷具有较高的抗癌活性这一结论。

因此，多金属氧酸盐在抗癌新药开发领域具有重要应用研究价值，今后主要针对如下问题开展研究：①在体外抗癌研究中，深入研究多金属氧酸盐诱导癌细胞凋亡的作用途径和机制；②在体内抗癌研究中，探讨多金属氧酸盐的安全毒理学评价，改进结构，寻求抗癌活性强、毒性低的新颖多酸结构；③深入研究多金属氧酸盐抗癌活性的构效关系；④设计合成在生理环境下溶解性好、稳定性强、毒性小、耐药性弱的多金属氧酸盐新结构；⑤设计合成多金属氧酸盐与具有生物活性的有机小分子混合配位，可以增强其抗癌生物活性，这些小分子可以设计为5-氟尿嘧啶、咪唑、氨基酸、金刚烷胺等；⑥采用适当方法增强多金属氧酸盐对肿瘤细胞靶向性，以降低对正常细胞的毒性；⑦将多金属氧酸盐化学向生物学、分子生物学、细胞生物学、药物代谢组学、肿瘤内科学方向延展。这些问题的解决更多地依赖于化学与生物学学科的交叉与融合，以实现多金属氧酸盐在抗肿瘤研究领域的飞跃式发展。

12.3　合成化合物体外抗肿瘤活性研究

合成化合物体外抗肿瘤活性研究主要进行细胞实验，首先利用四甲基偶氮唑盐(MTT)法等对化合物对肿瘤细胞生长抑制作用进行初步筛选，再由形态学观察及分子生物学方法分析合成化合物的肿瘤细胞凋亡诱导作用、增殖抑制作用、侵袭转移能力及综合分子生物学与病理学手段分析可能的抗肿瘤作用机制等。

12.3.1　细胞生长抑制研究

在化合物体外抗肿瘤活性的初步筛选实验中，通常利用 MTT 法等进行化合物半数抑制浓度测定，并利用集落形成实验和细胞分裂指数实验等对细胞增殖能力进行研究。

1. 四甲基偶氮唑盐法

MTT 法简便易行，并且灵敏度高、经济性高，因此是目前国际上研究药物抗肿瘤活性最常用的方法。MTT 法原理为活细胞中线粒体脱氢酶(如琥珀酸脱氢酶和心肌黄酶)将黄色的 MTT 还原成蓝紫色不溶于水的甲瓒(formazan)晶体，并沉积于细胞中，因此甲瓒的结晶量与活细胞数目成剂量依赖关系。细胞中生成的甲瓒能够溶解于 DMSO，并且在 490 nm 处有紫外吸收，根据吸收值计算 IR（相对抑制率）及 IC_{50}。IC_{50} 为诱导 50%肿瘤细胞发生凋亡时化合物浓度，即凋亡细胞与全部细胞数之比等于 50%时化合物所对应的浓度。IC_{50} 值能够衡量化合物诱导细胞凋亡的能力，IC_{50} 值数值越低表明其诱导肿瘤细胞凋亡能力越强[89]。

IR=(对照组 OD 值−给药组 OD 值)/对照组 OD 值×100%

在 $[Cu(L)_2(CH_3OH)]\cdot CH_3OH$ 抗肿瘤活性初期研究时，Ye 等[90]发现 $[Cu(L)_2(CH_3OH)]\cdot CH_3OH$ 对 HepG2 的 IC_{50} 为 2.0 μmol/L。Xu 等[91]研究得出化合物 6d[N-(4-hydroxy-3-mercaptonaphthalen-1-yl)amides]对 A549 胃癌、K562 白血病、PC-3 前列腺癌、HCT116 结肠癌、MDA-MB-231 与 MCF-7 乳腺癌细胞的 IC_{50} 值分别为 5.34 μmol/L、40.53 μmol/L、10.81 μmol/L、52.52 μmol/L、10.19 μmol/L、21.37 μmol/L 与 2.81 μmol/L。Palanimuthu 等[92]发现 Cu(GTSC) 系列化合物对 HCT116、MDA-MB-231、角质生成细胞 HaCaT 等的 IC_{50} 值均低于 2.05 μmol/L。Liang[93]等进行 2，3-二氢吲哚二酮双席夫碱衍生物 3,3′-肼基-双(5-甲基二氢吲哚-2-酮)(3b)体外抗肿瘤活性研究，发现对于 HepG2 肝癌、SGC-7901 胃癌、A549 胃

癌的 IC_{50} 值分别为 4.23 μmol/L、12.66 μmol/L、12.78 μmol/L。Sun 等[94]发现 $[(C{\wedge}N{\wedge}C)_2 Au_2 (\mu\text{-}dppp)](CF_3SO_3)_2 (Au3)$ 对肺纤维细胞 CCD-19Lu 的 IC_{50} 值为 (1.6 ± 0.1) μmol/L，对肝癌 PLC 的 IC_{50} 值为 (0.17 ± 0.07) μmol/L，对肝癌 HepG2 的 IC_{50} 值为 (0.21 ± 0.09) μmol/L，对宫颈癌 HeLa 的 IC_{50} 值为 (0.043 ± 0.006) μmol/L。

除 MTT 法外，MTS（甲胺四氮唑盐）法也是一种较常见的测定活细胞数量及细胞增殖能力的方法。MTS 法与 MTT 法原理相似，区别在于 MTS 法中细胞内线粒体脱氢酶将 MTS 转化为水溶性有色物质，即反应后可直接进行比色，根据吸光度大小确定活细胞数量，因此与 MTT 法相比具有操作简单的优点[95]。

2. 集落形成实验

细胞增殖与肿瘤形成发展息息相关，因此检测单个肿瘤细胞的增殖能力是十分必要的，为达到此目的常进行细胞集落形成实验。细胞集落为单个细胞在体外增殖六代以上时形成的细胞群体。具体实验方法为半干软琼脂培养基培养肿瘤细胞，待细胞在培养基中形成集落，计数集落形成数并计算集落形成率，综合分析从而对单个细胞增殖潜力做定量分析[95]。

研究人员为研究金诺芬诱导生殖细胞迟发性死亡活性，进行肿瘤细胞集落形成实验，结果表明金诺芬在极低浓度时即能够显著抑制肿瘤细胞克隆的形成，并且肿瘤细胞克隆形成数与金诺芬剂量呈现显著剂量依赖关系[96]。

3. 分裂指数实验

分裂指数实验用于测定细胞增殖能力强弱。具体实验步骤为将细胞置于装有盖玻片的培养皿内培养，3 d 后取出盖玻片并将其用固定液固定，制备得到的细胞铺片利用 HE 染色法染色，显微镜观察，选择 1000 个细胞对其中的细胞分裂像计数并计算分裂指数。其中

$$分裂指数 = 细胞分裂相数/1000 细胞 \times 100\%$$

4. ^{3}H-TdR 掺入实验

细胞在合成、分裂、增殖时需要摄取各种嘧啶核苷，因此氚标记脱氧嘧啶核苷酸（^{3}**H-TdR**）作为 DNA 合成前体能够特异性掺入细胞 DNA 中，而氚能够放出低能 β 射线用于追踪观察，因此 ^{3}**H-TdR** 掺入实验是一种简单易行的观察肿瘤细胞增殖的方法。

12.3.2　细胞凋亡形态学研究

凋亡细胞通常呈现一系列形态学变化，如细胞皱缩、细胞膜内陷、细胞内染

色质凝集、形成凋亡小体等。针对这些凋亡细胞的特点，常采用染色法及超微电子显微镜观察来检测上述改变[97]。

1. 染色形态学研究

1）Hoechst 33342 及 Hoechst 33258 染色

Hoechst 33342（$C_{27}H_{28}N_6O\cdot3HCl\cdot3H_2O$）是一种水溶性、能够穿透细胞膜的蓝色荧光染料，并且对细胞毒性较低，多用于细胞凋亡检测及细胞核染色。凋亡细胞的细胞膜通透性增强，因此凋亡细胞中进入大量 Hoechst 33342，导致其荧光强度强于正常细胞。此外，凋亡细胞染色体 DNA 结构改变使 Hoechst 33342 能够与 DNA 发生更有效的结合，并且 p-糖蛋白泵功能受到损伤，凋亡细胞无法将染料有效排出到细胞外，而使细胞内染料量积累增加。以上均导致凋亡细胞的蓝色荧光与正常细胞相比得到增强。染色之后，细胞可用激光共聚焦扫描显微镜观察[98]。图 12.8 为 PF-PTX（紫杉醇-普郎尼克 P123/F127 混合胶束）诱导 A549 胃癌肿瘤细胞凋亡情况。对照组中细胞内蓝色均匀分布，细胞核完整，而 PF-PTX 组中细胞发生凋亡，细胞核中核质凝聚成块并进一步形成凋亡小体，导致细胞内蓝色分布不均匀，并且可观察到凋亡小体[99]。

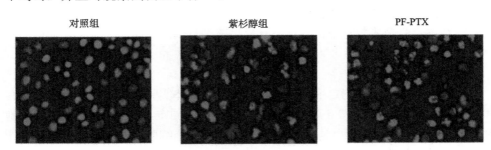

图 12.8　Hoechst 33342 染色法观察对照组、紫杉醇组、PF-PTX 组 A549 细胞[100]

Hoechst 33258（$C_{25}H_{24}N_6O\cdot3HCl$）染色法原理与 Hoechst33342 法相同，均利用染色剂与活细胞 DNA 中 AT 序列富集区域的小沟处与 DNA 结合，从而使细胞核着色并经荧光激发后观察染色情况，从而判断细胞凋亡等现象的发生。

2）DAPI 染色

DAPI（4',6-二脒基-2-苯基吲哚）是一种能够通过细胞膜，进入细胞中与双链 DNA 结合的荧光染料。DAPI 与 DNA 结合后产生比自身强几十倍的荧光，再经荧光显微镜或流式细胞仪观察细胞核的形态变化，从而确定细胞凋亡。

研究人员发现铂配合物硝基-2，2′-联吡啶叔丁基甘氨酸合铂（Ⅱ）可体外抑制血癌细胞 K562，并且用 DAPI 荧光染色发现肿瘤细胞的细胞核中出现凋亡形态变化[100]。

3）AO/EB 染色

AO（吖啶橙）能够透过完整细胞的细胞膜，并与细胞核 DNA 结合发出绿色荧光。而 EB（溴乙锭）仅能够通过细胞膜受损的细胞并与细胞核 DNA 结合发出橘红色荧光。荧光显微镜下能够观察到四种形态的细胞：①核染色质呈绿色并且结构正常的细胞为活细胞；②核染色质固缩并呈绿色的细胞为早期凋亡细胞；③核染色质呈橘红色且结构正常的细胞为非凋亡细胞；④核染色质橘红色并且呈固缩形态的细胞为晚期凋亡细胞[101]。研究人员发现羧甲基壳聚糖（CM-CTS）浓度为 100 μg/mL、 50 μg/mL 时，两组细胞大多为绿色，而浓度为 500μg/mL、300μg/mL 时，出现大量橙色细胞，证明 CM-CTS 可明显抑制细胞的凋亡[102]。

2. 超微电子显微镜

1）扫描电子显微镜

在肿瘤细胞的体外培养试验中， 扫描电子显微镜（SEM）能够帮助研究人员清楚观察到肿瘤的体外生长情况及生长特性，同时在抗肿瘤药物筛选研究中，SEM 能够直接通过体外培养的肿瘤细胞给药后细胞表面超微结构的变化作为细胞毒性定性标准[103]。

研究人员在研究三氧化二砷的抗肿瘤作用时利用扫描电镜观察发现，三氧化二砷组人肝癌 QGY-770I 和 QGY-7703 细胞均出现体积皱缩、外观呈不规则型、表面有塌陷破损及微绒毛消失现象，而对照组细胞则表面完整呈球形并且有丰富的微绒毛[104]。

2）透射电子显微镜

透射电子显微镜（TEM）能够观察到蛋白质、核酸等生物大分子的形态结构。凋亡细胞中可以观察到细胞核核仁逐渐消失、染色质边集于核膜内，呈半月状或团块状等现象。因此通过透射电镜技术能够更加直观观察并区分凋亡细胞与坏死细胞。组织或细胞样品按照程序固定处理，经枸橼酸铅、乙酸铀染色后在透射电镜下观察凋亡细胞的超微结构特征[105]。研究人员发现 MKN45 胃癌细胞和 AsPCA-1 胰腺癌细胞经$[Me_3NH]_6[H_2 Mo^V_{12}O_{28}(OH)_{12}(Mo^{VI}O_3)_4]\cdot 2H_2O$（PM-17）处理后，凋亡细胞内线粒体内膜结构被破坏，细胞内形成大量空泡及自噬结构[106]。

3. 单细胞凝胶电泳

正常细胞中，DNA 超螺旋结构附着在核基质中，当细胞膜及核膜等被裂解，核 DNA 仍保持缠绕的环区附着在剩余的核骨架上留在原位。正常细胞经裂解后进行电泳时，核 DNA 分子量较大，因此核 DNA 停留在核基质中，经荧光染色后核 DNA 呈现圆形的荧光团并且无脱尾现象。但当细胞受到损伤后，在中性电泳液（pH=8）中，核 DNA 少数单链断裂时仍保持双螺旋结构，当 DNA 双链断裂时，断片进入凝胶中并且电泳时向阳极迁移，形成形似彗星的荧光拖尾现象。在碱性电泳液(pH>13)中，DNA 双链则首先解螺旋为单链，进行电泳时 DNA 单链中的小分子断链或碎片离开核 DNA 向阳性迁移，也能够形成拖尾。细胞 DNA 受损越严重，拖尾长度越长且荧光强度越强。因此测定 DNA 迁移部分的光密度或迁移长度等信息即能够定量地分析测定细胞 DNA 受到损伤的程度。研究人员发现，肝癌细胞（HepG2）、食管癌细胞（EC-9706）和乳腺癌细胞（MCF-7）三种肿瘤细胞经 0～8Gy γ 射线外照射后，在电场的作用下，DNA 断片在电泳液中均离开核区域向阳极迁移并形成彗星状拖尾，这表明辐射对三种肿瘤细胞均造成 DNA 损伤[107]。

12.3.3　分子生物学分析细胞凋亡

除形态学观察细胞凋亡外，还可以采用分子生物学手段进行细胞凋亡的分析，主要包括 DNA ladder、TUNEL 等。

1. DNA ladder

细胞凋亡时细胞核内的 DNA 发生断裂是其特征标志，机理为细胞发生凋亡时激活细胞核内核酸内切酶，细胞核染色质中的 DNA 被核酸内切酶选择性降解成 DNA 片段。因此凋亡细胞的细胞核中 DNA 发生断裂并形成大量 180～200 kb 片段，且凋亡细胞的胞质内出现 DNA 小分子量片断增加，高分子量 DNA 减少的现象，而坏死细胞的 DNA 断裂点为无特征的杂乱片断。将断裂的 DNA 片段从细胞中提取，进行琼脂糖凝胶电泳后溴化乙啶染色，则 DNA 片段呈现为典型的梯状条带（DNA Ladder），据此能够判断发生了大量细胞凋亡，即出现典型 DNA Ladder 则说明大量细胞凋亡发生[108]。研究人员研究[NH$_3$Pri]$_6$[Mo$_7$O$_{24}$]•3H$_2$O (PM-8)[109] 与 PM-17 对 MKN45 及 AsPC-1 的增殖抑制活性时发现，将经 PM-17 处理的 MKN45 及 AsPC-1 中提取的 DNA 进行琼脂糖凝胶电泳，如图 12.9 所示，PM-17 组均呈现典型 DNA ladder 条带，证实 PM-17 诱导 AsPC-1 细胞发生凋亡[106]。

2. TUNEL

末端脱氧核苷酸转移酶介导的 dUTP 缺口末端标记(TUNEL)法能够检测细胞凋亡，其原理为细胞发生凋亡时，内源性核酸水解酶作用于 DNA 使双链或单链发生断裂，因此产生大量的粘性 3'-OH 末端。脱氧核糖核苷酸末端转移酶(TdT)作用于 3'-OH 黏性末端，使其能够与荧光素标记的 dUTP 结合，从而可以用荧光显微镜等进行检测。在正常细胞中几乎不存在 DNA 断裂的情况，即存在极少量的 3'-OH，因此正常细胞较少被染色，即可以检测凋亡细胞。

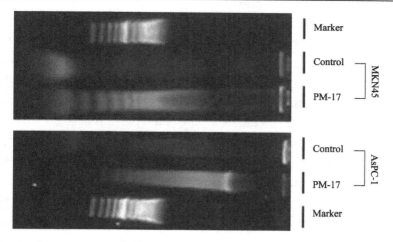

图 12.9 经 PM-17 处理的 MKN45 和 AsPCA-1 肿瘤细胞 DNA 的凝胶电泳图[107]

杨玲等[110]对吲哚乙酸(indole-3-acetic acid IAA)和辣根过氧化物酶(horseradish peroxidase HRP)协同对 K562 白血病细胞抗肿瘤活性研究,发现 TUNEL 结果显示 IAA／HRP 作用 72h 后 K562 细胞发生明显凋亡,其诱导凋亡的作用与 IAA 浓度呈显著剂量依赖关系。

12.3.4 化合物抗肿瘤作用机制

在利用上述方法证实化合物具有抗肿瘤活性之后,需要对化合物发挥抗肿瘤的可能作用机制进行进一步研究探索,为寻找开发新型抗肿瘤药物提供作用靶点及抗肿瘤作用依据。目前主要通过流式细胞术分析细胞周期、蛋白组学研究分析蛋白基因的表达水平等方法寻找可能的抗肿瘤作用机制。

1. 流式细胞术(FCM)

1)细胞周期

细胞核中 DNA 是细胞分裂增殖的关键,其含量随细胞周期时相不同而发生变化。细胞分裂可以分为以下五个阶段:①G0 期,该期细胞为静止期细胞不参与细胞增殖,其细胞 DNA 含量为二倍体(diploid);②G1 期,该期细胞主要积累 DNA 复制所需能量及原料,为 DNA 复制做准备,此时 DNA 含量仍为二倍体;③S 期,当细胞进入 S 期,DNA 开始复制,其含量从二倍体增加至四倍体,直到细胞 DNA 倍增结束进入 G2 期;④G2 期, 该期合成大量蛋白质为之后的细胞分裂做准备,DNA 复制完成,为恒定的四倍体;⑤M 期,即有丝分裂期,在细胞有丝分裂成为两个子细胞前,细胞中 DNA 含量均为四倍体。利用 FCM 分析细胞周期与 DNA 倍体时需先对 DNA 进行染色[111]。

正常细胞中的磷脂酰丝氨酸(phosphatidylserine，PS)只分布于细胞膜脂质双层的内侧，细胞凋亡早期，PS 在细胞膜上的分布发生改变，其位置由脂膜内侧翻向外侧。Annexin V 是分子质量为 35~36 kDa 的 Ca^{2+} 依赖性磷脂结合蛋白，与 PS 有高度亲和力，因此 Annexin V 能够与凋亡早期细胞的细胞膜外侧暴露的 PS 结合。将 Annexin V 用荧光素 FITC 进行标记，以荧光标记的 Annexin V 作为探针，利用激光共聚焦显微镜和流式细胞仪即能够检测到细胞凋亡的发生。碘化丙啶(Propidium iodide，PI)是一种核酸染料，它无法透过完整的细胞膜，凋亡中晚期的细胞和死细胞的细胞膜都已经破裂，因此 PI 能够透过凋亡中晚期的细胞及死细胞的细胞膜，从而使细胞核被染红。因此，将 Annexin V 与 PI 匹配使用时能够将处于不同凋亡时期的细胞进行区分，研究细胞发生凋亡过程中细胞周期各期细胞百分比的改变。由于 DNA 荧光染料 PI 与细胞 DNA 含量的结合成一定比例，因此经由流式细胞仪等观察得到的荧光强度能够反映细胞内的 DNA 含量。

研究人员发现，乙二醛缩双(4-甲基-4-苯基-氨基硫脲)配体(GTSCH₂)铜配合物 Cu(GTSC) 和 Cu(GTSCHCl) 处理的结肠癌细胞中细胞周期未发生明显变化，表明配合物未造成细胞周期阻滞作用，而阿霉素阳性对照组中细胞被阻滞于 G2/M 期。同时 Cu(GTSC) 和 Cu(GTSCHCl) 组均出现凋亡 G₁ 小峰，即配合物通过诱导肿瘤细胞凋亡发挥抗肿瘤作用[35]。如图 12.10 所示，对照组细胞 G0/G1、S 与 G2/M 期细胞比例分别为 63.85%、25.96%及 10.46%，3b 处理 24 h 后，G0/G1 期降低至 46.36%，G2/M 期升高至 27.32%，而 S 期未发生明显变化，该结果表明配合物能够通过将细胞阻滞于 G2/M 期从而诱导细胞凋亡[95]。

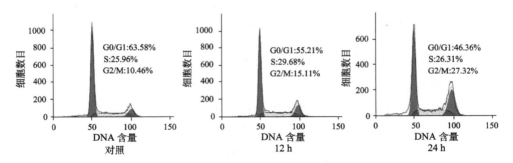

图 12.10　3b 诱导 HepG2 细胞阻滞于细胞周期中 G2/M 期[96]

2)线粒体跨膜电位

凋亡细胞的线粒体跨膜电位依然保存。罗丹明 123(Rhodamine-123，Rho-123)是一种对细胞无任何毒性、亲脂性并带正电荷及呈黄绿色荧光的荧光染料，即 Rho-123 能够透过细胞膜选择性对活细胞的线粒体进行染色。细胞负载的

Rho-123 主要分布在细胞内带负电荷的线粒体膜区，用流式细胞仪检测荧光信号的强弱来指示线粒体膜电位($\Delta \Psi_m$)的变化。Rho-123 能够快速通过细胞膜并且很快被细胞内具有活性的线粒体俘获，常用于细胞线粒体膜电位的检测[112]。

张兰等[113]研究发现叠氮钠对 SH-SY5Y 人神经母细胞瘤细胞线粒体跨膜电位下降，尤以细胞突起内降低最为显著，门控内正常细胞散减少。结论是叠氮钠与培养的 SH-SY5Y 共孵育导致细胞损伤，其机制是使细胞线粒体跨膜电位下降，能量合成受到障碍，最终导致细胞死亡。

同时 FCM 能够测定细胞中 DNA 含量，癌基因与抑癌基因蛋白产物等与肿瘤发生、发展、转移具有密切关系的参数。由于流式细胞术具有客观反映细胞 DNA 含量及倍体情况、确定细胞周期等能力，因此在细胞凋亡尤其是抗肿瘤作用研究中具有广泛应用。

2. 肿瘤细胞侵袭能力

1）Transwell（膜滤器小室实验）

恶性肿瘤的一个重要生物学特征是能浸润和转移到其他组织并增殖形成新的侵袭转移瘤，因此研究如何抑制肿瘤的侵袭迁移能力是抗肿瘤活性研究的重要部分。Transwell 试验的具体操作如下：①将 Transwell 小室放入培养板中，小室上下一分为二，其中小室上半部分称上室，培养板内称下室；②加入培养液，将上室内盛装上层培养液，下室内盛装加入某些特定趋化因子的下层培养液，上下层培养液中用有通透性的聚碳酸酯膜相隔；③肿瘤细胞培养，将肿瘤细胞种于上室，下层培养液中的成分可以通过有通透性的聚碳酸酯膜影响到上室内的细胞；④染色计数，由于肿瘤细胞增值能力较强，小室中会发生上室的肿瘤细胞向营养成分高的下室迁移或侵袭的作用，染色计数进入下室的细胞数量可反映肿瘤细胞的迁移能力。

如图 12.11 所示，研究人员发现与对照组相比，mel-flufen（盐酸美法仑）组多发性骨髓瘤细胞中 VEGF（血管内皮生长因子）水平降低，并且前期研究已经证实 VEGF 能够触发肿瘤细胞生长，转移及促进肿瘤组织内血管生成。因此证实 mel-flufen 能够影响 VEGF 对 MM.1S 细胞转移的显著促进作用，同时证实 mel-flufen 能够抑制肿瘤血管的生成及多发性骨髓瘤的迁移[114]。

2）血管形成实验

新血管细胞生成是肿瘤血管生成的重要步骤，血管生成是内皮细胞与周围组织相互作用的过程，因此内皮细胞是血管生成的基础，其增殖、迁移等生物学行为始终贯穿于整个血管生成的过程中。而 HUVECs（人脐静脉内皮细胞）是血管形成实验中最为常见的模型，因此常选择 HUVEs 实验模拟药物体外对肿瘤血管生成的抑制作用。

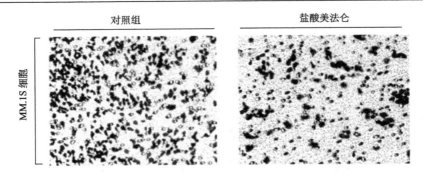

图 12.11　Mel-flufen 对 MM.1S 细胞作用 12 h Transwell 实验[115]

研究人员发现 N,N,N-三甲基鞘氨醇-碘化物(TMP)和 TMP 脂质小体在 HUVECs 形成中均发挥作用。TMP 浓度为 10 μmol/L 时，HUVECs 实验中毛细血管形成受到轻微抑制，而 HUVECs 培养于 25 μmol/L 的 TMP 溶液中，检测不到毛细血管的形成[115]。

3. 蛋白检测技术

1) 免疫共沉淀法

免疫共沉淀(Co-Immunoprecipitation)是用于研究蛋白质相互作用的经典方法，该技术利用抗体和抗原间的专一性作用，确定两种蛋白质在完整细胞内生理性相互作用。免疫共沉淀技术的基本原理是加入细胞裂解液中抗体与抗原形成特异免疫复合物，经过洗脱然后收集免疫复合物，再进行 SDS-PAGE 及 Western blotting 分析。

袁顺宗等[116]验证未知蛋白 HT036(hypothetical protein，HT036)和 P311 间的相互作用关系时，构建了重组载体 pCMV-Myc-p311 和 pCMV-HA-HT036，将两种重组载体共转染 HEK293 细胞 48 h 后，提取蛋白沉淀 P311 及相互作用的蛋白复合物，并进行 Western blot 检测。发现经 Myc 抗体沉淀下来的 Myc-P311 相互作用蛋白复合物中可检测到 HA-HT036 表达，证实 P311 与 HT036 具有相互作用。

2) 蛋白免疫印迹杂交

蛋白免疫印迹杂交(western blotting, WB)技术原理是根据蛋白分子量不同，利用聚丙烯酰胺凝胶电泳将其进行分离的方法。实验的主要步骤包括：①蛋白样本提取制备；②蛋白定量；③聚丙烯酰胺凝胶电泳；④转膜；⑤显色；⑥扫描或拍照，用凝胶图像处理系统分析目标蛋白的分子量和净光密度值。经过 PAGE 分离的蛋白质样品转移到固相载体，其中固相载体和蛋白质以非共价键形式结合，载体上的蛋白质生物学活性保持不变。将固相载体上的蛋白质或多肽作为抗原与对应的抗体发生免疫反应，所得抗体抗原复合物再与酶或同位素标记的二抗反应，最后经底物显色或放射自显影技术检测电泳分离的特异性目的基因表达的蛋白成分。此方法也被广泛应用于检测目标蛋白的表达水平。

研究发现 HepG2 细胞中由 Au3 引起的细胞凋亡与内质网通路相关，其中包括蛋白 CHOP、GRP78、磷酸化 eIF2α，Au3 能够专一诱导 DR5 表达、下调抗凋亡蛋白 Mcl-1、激活 PARP 及级联反应。HepG2 细胞经 Au3 处理后，细胞中与内质网应激水平相关的 *Chop* 与 *DR5* 水平上调。为研究 *Chop* 与 *DR5* 的联系，通过 siRNA 静默 *Chop* 表达，发现 Au3 组 *Chop* 表达受到有效抑制，同时 *DR5* 表达水平显著降低，表明 *Chop* 对 Au3 组细胞中 *DR5* 介导的细胞毒性表达具有重要影响。H2AX 是组蛋白的一个种类，普遍存在于整个基因组中，研究发现 DNA 双链断裂后能够诱导位于丝氨酸-139 位 C-端保守区域内的 H2AX 磷酸化形成 γ-H2AX。研究人员对[$PdCl_2$(L)]处理的胰腺癌细胞进行 Western blotting，发现[$PdCl_2$(L)]处理的胰腺癌细胞中 γ-H2AX 蛋白表达水平均有上调，即[$PdCl_2$(L)]能够通过引起 DNA 双链断裂导致细胞凋亡。在 3b 抗肿瘤机制研究中发现 3b 能够阻滞细胞于细胞周期中的 G2/M 期，而细胞 G2 到 M 期过程受 Cdk/cyclin 家族系列蛋白调控。研究证实，如图 12.12 所示，3b 能够下调 HepG2 细胞中 cyclin B1 和 cdc2 的表达，同时呈现剂量依赖关系[96]。

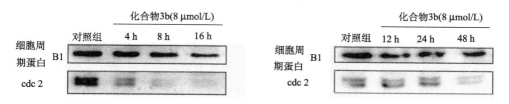

图 12.12　Western blotting 分析 3b 处理组细胞中 cyclin B1 和 cdc2 的表达

3）双向电泳与质谱分析

蛋白组分析首先要将细胞及动植物中提取的混合蛋白进行分离，蛋白分离的主要方法是蛋白双向电泳技术。蛋白双向电泳技术是分析复杂蛋白混合物高效且广泛应用的手段，其原理为首先根据蛋白质等电点进行分离，然后再根据不同蛋白质的相对分子质量大小不同进行分离。二维电泳具有很高的分辨率，能够直接从细胞提取液中检测某个蛋白，即双向电泳具有分辨率高、稳定性好的优点。已经双向电泳分离的蛋白质再进行质谱分析，质谱分析有以下两种方式：①基质辅助激光解吸电离/飞行时间质谱测量法，此法是根据多肽质量/电荷比查找数据库比对从而鉴定分析蛋白，也常称作多肽质量指纹分析；②电子喷雾电离质谱测量法则是由离子谱推得多肽的氨基酸序列，再依据氨基酸序列进行蛋白鉴定[117]。

研究人员发现卵巢癌细胞 SKOV3 经顺铂处理后，在蛋白质水平引起原肌球蛋白、肌动蛋白、磷酸丙糖异构酶、烯醇酶等的表达变化。其表达水平的改变可能通过干扰细胞内能量代谢、细胞骨架结构及形态、细胞转化凋亡等影响肿瘤细胞的生长[118]。研究人员通过双向电泳发现 4 种人类黑素瘤 Mewo 细胞系中与长春地辛等药物诱导的耐药株耐药性有关的蛋白质及它们的高表达干扰 chaperone 系统，其可影响转录机制[119]。研究 Burkitt 淋巴瘤细胞给药前后蛋白表达谱，发现给药组细胞中 14 种与细胞骨架结构、细胞能量代谢、细胞活力和蛋白质合成有关的蛋白质表达水平上调，包括转二羟丙酮基酶、caspase 等，并且给药组细胞增殖能力减弱[120]。

在化合物抗肿瘤活性研究中，蛋白质组学技术能够定性、定量分析经化疗药物作用前后细胞内各蛋白水平的变化，对抗肿瘤药物发挥抗肿瘤作用机制及寻找药物作用新靶点的蛋白水平研究具有重要意义。

4. 免疫组织化学技术

免疫组织化学技术是一种具有高度特异性和敏感性的检测技术，其利用抗原与抗体特异性结合的特点对标本中对应的抗体或抗原进行检测。主要步骤包括洗载玻片、石蜡包埋组织、组织切片、脱蜡、抗原修复、血清封闭、加一抗、加二抗、加显色剂、苏木精复染、脱水、封片观察。

在肿瘤学研究中免疫组化技术有多种应用：①肿瘤分期，如肿瘤早期浸润和隐匿性微转移；②肿瘤细胞增殖标志物检测，如细胞周期蛋白 D1 和增殖细胞核抗原（PCNA）；③检测肿瘤相关抗原，如甲胎蛋白（AFP）；④检测肿瘤基因产物和抑肿瘤基因表达，例如，NF-κB 信号转导途径活化可启动 *C-myc*、*Bcl*-2 和 *P53* 等抗凋亡和促凋亡基因的转录，因此抑制 NF-κB 信号通路的活化在肿瘤治疗中具有重要作用。综上所述，免疫组化技术在肿瘤治疗及抗肿瘤药物的机制研究等方面均具有重要价值[121]。

研究人员对 NF-κB 亚基 p65 进行免疫细胞化学实验发现空白对照组细胞中胞浆呈阳性染色。即 p65 主要存在于细胞胞浆中，而细胞核染色浅淡。而 5-Fu 组中 p65 亚基阳性染色存在细胞核中，即 5-Fu 能够诱导其转入细胞核。同时，SMMC-7721 细胞核染色随 5-Fu 剂量增加而逐渐增强。即肿瘤细胞具有一定的 NF-κB 活性，5-Fu 作用于 SMMC-7721 细胞可以明显诱导 NF-κB 的活化[122]。研究人员发现经 2 mg/L 三氧化二砷处理 QGY-770l 和 QGY-7703 细胞 48 h 后，细胞中 bcl-2 基因表达均明显下降，与此相符的是 bax 及 Fas 基因表达均显著增强。三氧化二砷对 QGY-7703 细胞 Bcl-2、bax 和 Fas 的表达差异均有显著意义[107]。

5. Real Time PCR 与 RT-PCR

Real Time PCR 即荧光实时定量 PCR 技术，指对加入 PCR 的反应体系中荧光基团在 PCR 进程中荧光信号累积进行实时监测，并且通过标准曲线对其进行定量分析的 PCR 技术。Real Time PCR 技术利用荧光信号积累进而检测 PCR 产物提高了灵敏度且能够收集每次 PCR 循环数据、建立实时扩增曲线、准确地确定域值循环数(CT 值)、计算起始 DNA 拷贝数,做到 PCR 定量分析。RT- PCR 即逆转录 PCR 技术,其过程为首先经反转录酶的作用,以 RNA 为模板合成 cDNA,其次以 cDNA 为模板扩增合成目的片段。RT-PCR 技术能够检测细胞中基因表达水平、确定细胞中 RNA 含量及直接克隆特定基因的 cDNA 序列,该技术具有技术灵敏、用途广泛的特点。

研究人员进行 α-茄碱抗肿瘤机制研究时,进行 RT-PCR 转录出目标 mRNA 的 cDNA,再利用 Real Time PCR 技术研究,发现其能够抑制 MMP-2、MMP-9、ENOS、EMMPRIN 和 CD44 相关 mRNA 表达,并呈剂量依赖关系。即 α-茄碱能够通过影响蛋白酶解激活作用及粘附能力降低肿瘤的转移性[123]。C-myc 是一种原致癌基因,同时是一种转录因子,是正常细胞生长和增殖所必需的,且影响 DNA 复制。在细菌磁小体阿霉素复合物(DBMs)抗肿瘤活性研究中发现阿霉素(DOX)抑制 DNA 复制尤其是 DNA 转录,从而发挥抗肿瘤活性。研究人员提取 DBMs 处理的 H22 细胞的 RNA,进行 RT-PCR,证实 DBMs 能够下调 C-myc 含量水平,即抑制肿瘤细胞 DNA 复制,从而发挥抗肿瘤活性[124]。

6. 酶联免疫吸附测定法

酶联免疫吸附测定(enzyme linked immunosorbent assay,ELISA),其基本原理为将保持免疫活性的抗原或抗体结合到某种固相载体表面或者将抗原或抗体与某种酶连接成酶标抗原或抗体,同时保留其免疫活性和酶活性。测定时,把受检标本(测定其中的抗体或抗原)和酶标抗原或抗体按不同步骤与固相载体表面抗原或抗体反应。然后通过洗涤将固相载体上抗原抗体复合物与其他物质进行分离。最终与固相载体结合的酶与标本中首检物质的量直接相关。加入反应底物后,酶开始催化底物生成有色产物,产物量与待检物质的量成一定比例,因此根据反应颜色深浅进行定量或定性分析。并且酶具有高效催化的特点,因此反应效果得到放大,使检测具有极高敏感度。ELISA 可用以检测 DNA 片段、抗体和蛋白质等,如肿瘤标志物甲胎蛋白,以及发挥免疫活性的细胞因子如 IL-4、INF-α 等,应用非常广泛。

凋亡细胞中 DNA 发生降解,因此 DNA 片段中组蛋白释放到细胞质中引起组蛋白含量的升高,Etaiw 等[125]利用 ELISA 细胞凋亡检测试剂盒检测细胞中组蛋白含量,从而证实细胞凋亡。发现配合物 SCP 1 浓度为 1.7 μM 时,能够使 T-47D 乳腺癌细胞发生高水平细胞凋亡。研究人员利用 ELISA 细胞凋亡试剂盒测定口腔癌 C13 中核 DNA 碎片,发现 z-VAD-fmk 组出现大量核 DNA 片段,证实细胞发生大量凋亡[96]。又利用 ELISA 法发现地西他滨可诱导促进 JurkatT 淋巴细胞分泌

IL-4、IL-10 及 INF-α 等细胞因子。低浓度组地西他滨可使 Th1/Th2 比值下降，增强免疫耐受功能，中高浓度组地西他滨可使 Th1/Th2 比值升高，增强抗肿瘤功能[126]。

7. DCFH-DA 法检测活性氧

机体形成过量自由基而诱导细胞发生凋亡是肿瘤细胞发生凋亡的机制之一，一些抗肿瘤药物抗肿瘤作用机制为诱导自由基生成，从而引起细胞凋亡，发挥抗肿瘤活性。自由基有许多种类，主要包括活性氧(reactive oxygen species，ROS)、超氧阴离子等，过量的 ROS 在许多凋亡信号通路上扮演着重要的角色。目前可以利用荧光探针 2′,7′-二氯荧光素乙二酯(2′,7′-Dichlorofluorein diacetate, DCFH-DA)检测细胞内的活性氧，其原理为自身不发出荧光并且能够自由穿过细胞膜的 DCFH-DA 在进入细胞内后被细胞内的酯酶水解成无法透过细胞膜的 DCFH，由此荧光探针被装载到细胞内。细胞内的活性氧将无荧光的 DCFH 氧化成为发出荧光的 2′,7′- 二氯荧光素(Dichlorofluorescein, DCF)。最终检测 DCF 的荧光强度即可知细胞内活性氧水平，且二者具有正相关性[127]。

在 IAA 和 HRP 共同作用诱导 K562 细胞凋亡实验中，DCFH-DA 探针检测结果表明细胞内自由基水平的荧光强度随 IAA 浓度的增加而呈明显上升趋势，综合分析可知 IAA 结合 HRP 抑制 K562 细胞增殖并诱导凋亡，其可能机制与 IAA／HRP 作用下 K562 细胞内自由基的产生增加有关[111]。

12.4　合成化合物体内抗肿瘤活性研究

12.4.1　合成化合物抗肿瘤模型建立方法

合成化合物体内抗肿瘤活性研究首先应建立合适的动物肿瘤模型。目前，抗肿瘤研究中最常使用的动物模型是小鼠，而可供肿瘤研究的小鼠品系和亚系已有 200 多个，除此之外大鼠也较常应用[128]。常用实验动物的动物肿瘤模型分为：①自发肿瘤模型，即未经人为处理，自然发生的肿瘤模型，如自发性乳腺癌模型、自发性白血病模型；②诱导肿瘤模型，即在实验条件下，使用致癌物(carcinogens) 诱发动物发生肿瘤，如 1-甲基-1-亚硝基脲诱导乳腺癌模型[129]、DEN(二乙基亚硝胺)诱导 HCC(肝癌)模型[130]、MNNG(甲基硝基亚硝基胍)诱导胃癌模型等[131]；③转基因肿瘤模型，即通过基因工程手段将特定的外源基因导入动物细胞的基因组内，使其发生整合并遗传的过程，并能通过生殖细胞将外源基因传递给后代的动物模型，如 K-ras 基因突变的非小细胞肺癌和结肠癌模型[132]；④移植肿瘤模型，即将动物或人体肿瘤移植到同种或异种动物体内连续传代而形成的肿瘤，如肝癌 Hep3B 小鼠模型[133]，由于此种模型比自发性、诱发性动物肿瘤更易实施，且在同一时间内获得大量(数十至百余只动物)生长均匀的肿瘤，因此，合成化合物体内抗肿瘤实验研究主要采用移植肿瘤模型。

移植肿瘤中排斥反应是实验失败的主要原因，因此实验研究中除采用昆明（KM）、ICR、BALB / c、Swiss 小鼠、SD 大鼠、Wistar 大鼠之外，还选择 BALB/c 裸小鼠、SCID 小鼠等免疫缺陷品种建立肿瘤模型[128,134]。常用细胞系或瘤株有 H_{22} 肝癌细胞系、McA-RH7777 肝癌细胞系、Hep 肝癌细胞系、肉瘤 S180 瘤株[135]、艾氏癌腹水瘤（腹水型 EAC 或实体型 ESC）、Lewis 肺癌、L1210 和 P388 白血病、B16 黑色素瘤、MDA-MB-231 乳腺癌等[136]。

常用接种方法有肿瘤组织块接种法、肿瘤细胞悬液接种法、肿瘤细胞培养液接种法等。移植部位主要有皮下移植、肌肉移植、腹腔移植、静脉移植等。依照瘤株或肿瘤细胞来源与接种模型种属异同可分为异种移植模型与同种移植模型，依照接种部位与原发性肿瘤部位不同可分为原位移植瘤模型与异位移植瘤模型。

1. 原位移植肿瘤模型

原位移植肿瘤模型即为将肿瘤细胞或瘤组织原位移植至实验动物组织内而得到的动物肿瘤模型。表 12.1 中列举了合成化合物抗肿瘤研究中常采用的部分动物原位移植肿瘤模型。

表 12.1　原位移植肿瘤模型

肿瘤类型	来源	模型动物品系	接种部位
McA-RH7777 肝癌	大鼠	Buffalo 大鼠	肝脏
EAC 艾氏腹水瘤	小鼠	Swiss 小鼠	腹腔
道尔顿腹水瘤	小鼠	Swiss 小鼠	腹腔
4T1-12B 乳腺癌	小鼠	BALB/c 小鼠	乳腺脂肪垫
横纹肌肉瘤	小鼠	C57BL/6 小鼠	左后肢肌肉
KM12C 结肠癌	人	F344/N-nu 裸大鼠	结肠
MIAPaCa-2 胰腺癌	人	Nu/nu 裸小鼠	胰腺
NCI-H460 肺癌	人	BALB/c 裸小鼠	左胸腔
OVCAR-3 卵巢癌	人	BALB/c 裸小鼠	腹腔
CAL33 头颈癌	人	NMRI 裸小鼠	口腔底部肌肉
IGROV1 卵巢癌	人	BALB/c 裸小鼠	腹腔

2. 异位移植肿瘤模型

在异位移植肿瘤模型中，主要接种部位有皮下与腹腔两种，细胞密度多为 $10^6 \sim 10^7$/mL，接种量为 0.1 ～ 0.2 mL，如 ESC 实体瘤模型等[137]。

1) 皮下移植肿瘤模型的建立

皮下移植肿瘤模型接种部位多为动物背部皮下或右前肢腋下与后肢腋下，可直观观察肿瘤生长变化。常见动物皮下移植肿瘤模型见表 12.2。

表 12.2　常见动物皮下移植肿瘤模型

肿瘤类型	来源	动物品系	接种部位
VM-1 黑色素瘤	小鼠	Balb/c 小鼠	皮下
C38 结肠癌	小鼠	B6D2F1 小鼠	皮下
Lewis 肺癌	小鼠	B6D2F1 小鼠	皮下
ESC 艾氏腹水瘤	小鼠	ICR 小鼠	右前肢腋下
HepS 肝癌	小鼠	ICR 小鼠	皮下
P388 白血病	小鼠	BDF1 小鼠	皮下
B16-F10 黑色素瘤	小鼠	BDF1 小鼠	皮下
H_{22} 肝癌	小鼠	KM 小鼠 ICR 小鼠	皮下 右腋皮下
S180 肉瘤	小鼠	ICR 小鼠	皮下
C6 胶质瘤	大鼠	Wistar 大鼠	背部皮下
PC-3 前列腺癌	人	NOD-SCID 小鼠	皮下
MKN45 胃癌	人	BALB/c 裸小鼠	皮下
MDA-MB-231 乳腺癌	人	裸小鼠	皮下
MCF7-neo/Her2 乳腺癌	人	裸小鼠	皮下
MM.1S 多发性骨髓瘤	人	CB-17SCID 小鼠	皮下
Hep3B 肝癌	人	BALB/c SCID 小鼠	右前肢腋下
HCC 肝癌	人	裸小鼠	皮下
SSMC-7721 肝癌	人	C57 小鼠	皮下
HL-60 白血病	人	C57 小鼠	皮下
HLC 结肠癌	人	C57 小鼠	皮下
HCT116 直肠癌	人	Nu/nu 裸小鼠	右后背部
HT29 直肠癌	人	Swiss 裸小鼠	皮下
Hop62 肺癌	人	裸小鼠	皮下
AsPCA-1 胰腺癌	人	Balb/c 裸小鼠	背部皮下
PANC-1 胰腺癌	人	裸小鼠	皮下
OSCC 口腔鳞状细胞癌	人	BALB/c 裸小鼠	背部右后侧

2) 腹水移植肿瘤模型的建立

建立腹水移植肿瘤模型时，通常抽取接种后第 5~7d 的腹水，染色计数活细胞后，用 PBS 或生理盐水将细胞数稀释至 $1 \times 10^6 \sim 1 \times 10^7$ 个/mL，注入动物腹腔。

　　张学军等[138]在测定 $(GlyH)_4PMo_{12}O_{40} \cdot 5H_2O$, GP 的抗肿瘤活性时，分别建立了 S180 腹水瘤模型和实体瘤模型。葛蓓蕾等[139]在探讨八核铜配合物乳剂 (nanoporous octanuclear Cu(Ⅱ), N-Cu) 抗肿瘤作用时，建立了 H_{22} 小鼠腹水瘤模型。研究人员为测定配体 HAc4Npypipe 及 $ZnCl_2$(Ac4Npypipe)配合物、(E)-N'-(吡啶-2-亚甲基)氮杂环庚烷-1-硫代碳酰肼(HL^1)、N'-[1-(吡啶-2-基)亚乙基]氮杂环庚烷-1-硫代碳酰肼(HL^2)及$[Pt(L^1)Cl]$和$[Pt(L^2)Cl]$配合物的抗肿瘤活性，建立了 P388 荷瘤小鼠模型[140,141]。

　　除以上所列出的肿瘤模型外，在 Yoshimatsu 等[142]的综述中报道了大量药物临床前动物肿瘤模型中的小鼠模型，以及针对不同研究需求时小鼠肿瘤模型的选择。Nie 等[143]总结了肿瘤免疫学的发展历史及小鼠肿瘤模型分类和在肿瘤免疫学中的应用等。Kumar 等[144]对目前用于临床前抗肿瘤研究中的肿瘤动物模型(啮齿类)进行了比较全面的总结。

12.4.2　合成化合物体内抑瘤实验研究

　　合成化合物体内抑瘤实验研究的主要步骤：①毒性评价；②抑瘤率、延命率等基本指标的初步评价；③给药后的组织病理结果、相关细胞因子及酶活力的评价；④诱导细胞凋亡能力及抗肿瘤可能作用机制的评价等。

1. 合成化合物毒性评价

1）急性毒性试验研究

　　急性毒性试验采用啮齿类或非啮齿类两种动物，通过注射法或投入法在一次或 24h 内多次给予受试物后，一定时间内所产生的毒性反应。其评价指标包括绝对致死量(LD_{100})、半数致死量(LD_{50})、最小致死量(MLD)及最大耐受剂量(MTD)等，其中 LD_{50} 为最常见测定指标。

　　研究人员通常选取小鼠或大鼠经口腔投入或腹腔注射给药，测定化合物的急性毒性[138]，例如，测定 HAc4Npypipe 及其 $ZnCl_2$(Ac4Npypipe)配合物，获得 LD_{50} 分别为 34 mg/kg 与 46 mg/kg[140,141]；发现$[CoW_{11}O_{39}(CpTi)]^{7-}$在急性毒性试验中的 LD_{50} 为 $2797 \sim 3004$ mg/kg，且外周淋巴细胞和骨髓细胞的细胞毒性分别为 442 μmol/L 和 730 μmol/L[145]；选取裸鼠和比格犬进行 Au3 的急性毒理试验，获得裸鼠的 LD_{50} 为 $12.7 \sim 14.8$ mg/kg，比格犬的 MLD 为 $9.0 \sim 13.5$ mg/kg。急性毒性试验研究可以获得化合物对正常细胞毒性强弱的结论[146]。

2）亚慢性毒性试验研究

　　亚慢性毒性是指实验动物连续多日接触较大剂量的外来化合物所出现的中毒效应，通过该试验可以确定亚慢性毒性的阈剂量或阈浓度，也可以为慢性毒性试验寻找接触剂量和观察指标。在化合物 Au3 对比格犬进行亚慢性毒理实验中，研究者分别选取 2.0 mg/kg 和 4.0 mg/kg 剂量的 Au3 每周给药两次，连续四周，在三次注射给药后即可观察到比格犬有黏液状排泄物、ST 段压低、食欲下降等症状，但以上症状随时间延长逐渐消失[146]。

3）遗传毒性试验研究

嗜多染红细胞微核率是遗传毒性的一个标志。在 Au3 化合物致畸实验中，顺铂组小鼠骨髓嗜多染红细胞微核率大于 12%，而 Au3 组中微核率小于 1.3%，说明 Au3 并不会引起明显的遗传毒性。在 $Si_2W_{18}Ti_6$ 淀粉纳米颗粒复合物大鼠致畸实验中，从雌鼠怀孕第一天开始计算，第七天和第十六天时分别经口给不同剂量 $Si_2W_{18}Ti_6$ 淀粉纳米颗粒复合物，实验结束时均无畸变发生[147]。

4）合成化合物对造血系统及免疫系统毒性

抗肿瘤药物通常能够引起宿主免疫抑制及毒性症状，分析最后一次给药 24 h 后的血液参数值，可以大概推测出可能由药物引起的毒性症状[148]。例如，外周血白细胞数及巨噬细胞下降可作为药物对骨髓造血系统毒性的指标；免疫系统中脾脏、胸腺等免疫器官，淋巴细胞等免疫细胞或免疫因子可作为免疫系统的相关指标[149]。

研究人员发现 9-硝基喜树碱合成转化为 9-硝基喜树碱羟丙基-β-环糊精的化合物后，小鼠血液中白细胞数及血小板数明显提高，此研究获得合成化合物可以降低抗肿瘤药物对血液毒性的影响[150]。另外，研究还表明合成化合物能够增加红细胞数、白细胞数和巨噬细胞数，由此产生较多的 TNF、白细胞介素等来发挥抗肿瘤活性，如香草醛缩氨基脲[151]。{2-[1–(3-甲氧羰基-1H-吲哚-2-基)-1-甲基-乙基]-1H-吲哚-3-基}-乙酸甲酯（MIAM）对 S180 荷瘤小鼠模型抗肿瘤活性实验中，MIAM 组脾脏指数明显高于阳性对照阿霉素组，即 MIAM 未对小鼠免疫功能造成损害[152]。小鼠艾氏腹水实体瘤模型中与阳性对照 5-Fu 相比较，3b 治疗组小鼠的胸腺指数和脾脏指数均较大，表明在荷瘤小鼠模型中 2,3-二氢吲哚二酮双席夫碱衍生物 3,3′-肼基-双（5-甲基二氢吲哚-2-酮）(3b) 与 5-Fu 相比较具有更低的毒性[137]。王宏芳[153]测定硼钨酸嘧啶盐对荷瘤小鼠胸腺细胞凋亡率，发现与阳性对照 5-Fu 比较，给药组能不同程度抑制胸腺细胞的凋亡，即可调节其免疫功能。3b 对 HepS 异种移植小鼠胸腺指数（D）脾脏指数（E）的影响，如图 12.13 所示。

5）合成化合物对其他脏器的影响

化疗药物对机体可诱发器官萎缩等可见的毒性作用，因此荷瘤动物体重及脏器指数可作为药物安全性的重要指标。脏器指数的计算方法为：脏器指数=脏器重量/体重[154-156]。例如，在 3S-N-叔丁氧羰基-1,2,3,4-四氢-β-咔啉-3-羧基-L-氨基酸苄酯抗肿瘤实验中，测定各组小鼠的肝脏、肾脏、脑、脾脏、心脏质量，发现化合物治疗组脏器重量均大于阳性对照阿霉素组，并且与对照组无显著差异，表明该化合物未对机体产生明显的副作用[154]。

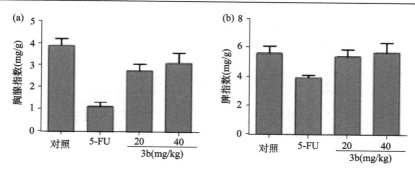

图 12.13　3b 对 HepS 异种移植小鼠胸腺指数(D)脾脏指数(E)的影响

部分组织器官中含有标志性酶类,如肝脏中 AST(天冬氨酸转氨酶)、ALT(谷丙转氨酶),AST 和 ALT 浓度可用于监测急性肝脏疾病[155]。血清中 BUN(尿素氮)和 CRE(肌酸酐)浓度显著上升是肾损伤及肾毒性的标志性现象[156]。在 9-硝基喜树碱羟丙基-β-环糊精配合物对 S180 实体瘤抗肿瘤活性实验中,测定 AST、ALT、BUN 和 CRE 的浓度表明,该配合物可显著降低环糊精及 9-硝基喜树碱的肾毒性。$[Me_3NH]_6[H_2Mo^V{}_{12}O_{28}(OH)_{12}(Mo^{VI}O_3)_4]\cdot 2H_2O$(PM-17)给药组与对照组血清中 BUN、CRE、TBIL(总胆红素)、总蛋白、AST、ALT 对比,发现无显著差异,即 PM-17 未对肾脏和肝脏及血细胞造成显著损害[150]。

由于顺铂类药物对机体的毒性与其在器官中的积累量呈正相关,研究人员通过测定 N-[($2S$,$3R$,$4R$,$5R$)-2,3,4,5,6-五羟基己-1-基]-L-羟脯氨酸二氯铂在治疗组小鼠的脏器及血液中铂的含量来检测药物对机体的毒性,该化合物毒性明显低于阳性对照药物奥沙利铂[157]。研究还发现,淀粉纳米颗粒 $Si_2W_{18}Ti_6$ 复合物能够稳定存在,并减缓该化合物在体内分解为有毒小分子,从而降低其毒性[147]。

2. 瘤基本观察指标测定

1)抑瘤率及瘤体积的计算

抑瘤率的计算方法为:抑瘤率=(对照组平均瘤重－治疗组平均瘤重)/对照组平均瘤重×100%;传统的瘤体积的测定采用卡尺来测量肿瘤的尺寸来观察疗效,计算方法为肿瘤体积=(长×宽^2)/2。通过对比给药组与对照组抑瘤率及肿瘤体积大小即可初步判断合成化合物的抗肿瘤效果[158]。此方法研究的肿瘤对象可分为动物源肿瘤和人源肿瘤。

张学军等[164]研究 $(GlyH)_4PMo_{12}O_{40}\cdot 5H_2O$(GP)对荷 S180 小鼠模型的抗肿瘤活性,GP 对荷 S180 瘤小鼠给药 6～9 d 时抑瘤效果显著,给药 13 d 后抑瘤率逐渐下降。荷 Hop62(肺癌)小鼠体内实验可知,S 型和 R 型对映异构物 2-氨基-2-苯乙醇与二甲基二氯化锡配合物[Sn(Me)$_2$Cl(L)]比 2-氨基-2-苯基乙醇缩乙酰丙酮与二甲基二氯化锡配合物 [Sn(Me)₂Cl(L′)]表现出更明显的抗肿瘤活性。其他研究在实验结束后药物的抑瘤率及肿瘤体积抑制率见表 12.3。

表 12.3 GP 对荷 S180 小鼠模型的抗肿瘤活性

药物名称	肿瘤模型	抑瘤率/%	抑瘤体积/%
二甲双胍	CAL27 鳞状细胞癌	69.3	57.14
PdCl₂(L)	MKN45 胃癌	—	64.07
PtCl2(L)	NKN45 胃癌	—	46.11
[(C^N^C)₂Au₂(μ-dppp)](CF₃SO₃)₂ （简称 Au3）	HCC 肝癌	77	—
	H22 肝癌	38.6	—
	S180 肉瘤	48.9	—
Cu(GTSC)	HCT-116 结肠癌	—	95 ± 3.9
查尔酮衍生物 DJ52	MDA-MB 231 乳腺癌		50
[Au(MANUH₋₁)PPh₃]	C6 神经胶质瘤		81.79
KP1339+索拉菲尼	Hep3B 肝癌		78
米尔法兰(mel-flufen)前体	MM.1S 骨髓瘤		61.9
{[SnMe₃(bpe)][Ag(CN)2]·2H₂O}ₙ	乳腺癌		44.8
[Bi(H₂L)(NO₃)₂]NO₃	H22 肝癌	61.6	—
IST-FS 35 锡(IV)盐酸盐衍生物	P388 白血病		96
	B16-F10 黑色素瘤		96
PM-17	AsPCA-1 胰腺癌	68.3	—
香草醛缩氨基脲	ESC 艾氏腹水瘤	67.06	—

2) 活体生物发光成像技术

活体生物发光成像技术即用荧光素酶基因标记细胞或 DNA，活细胞中荧光素与荧光素酶基因表达所产生荧光素酶蛋白在氧、Mg^{2+}存在的条件下消耗 ATP 并发生氧化反应，将部分化学能转变为可见光能释放。该技术主要用于监控活体动物体内肿瘤的生长、转移等[159]，也可以用于药物在动物体内的研究[160]。

研究人员在建立 HCC 肝癌原位移植瘤模型时（图 12.14），接种 $2×10^6$ 个荧光素表达酶转染的 McA-RH7777 肝癌细胞于雄性 Buffalo 大鼠肝脏左叶。化合物 Au3治疗 14d 后与对照组比较，经生物活体成像系统观察发现治疗组体积与对照组相比较显著减小，且与解剖后获得的结果一致[146]。

3) 生命延长率测定

生命延长率可体现受试药物对肿瘤模型，尤其腹水型肿瘤的抗肿瘤效果，具有观察直观的特点。其计算方法为：生命延长率=(受试药物组平均存活天数–对照组平均存活天数)/对照组平均存活天数×100%。

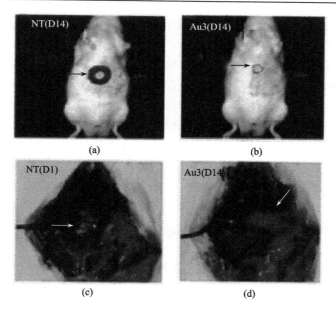

图 12.14　大鼠对照组 (a)、(c) 和 Au3 (0.5 mg/kg) 治疗组 (b)、(d) 异种成像系统 (上) 和解剖 (下)
肿瘤结节大小

Raman 等[151]发现 3-(3 -苯基-丙烯基)-戊烷-2,4 -二酮类席夫碱与 1,2-苯二硫
醇和金属构成的混配配合物均对 EAC 具有良好抑制作用，Cu(Ⅱ) 和 Zn(Ⅱ) 配合
物组小鼠生命延长率分别为 120.69% 和 121.86%。张学军等[138]测定了 GP 对 S180
腹水瘤模型的抑制作用，取 CYT (环磷酰胺) 为阳性对照组，给药组生命延长率显
著高于 CYT 阳性对照组 ($P<0.05$)。对于 H_{22} 腹水瘤模型，$Si_2W_{18}Ti_6$ 及其淀粉复
合物生命延长率分别达到了 21.5% 和 33.33%，高于环磷酰胺阳性对照组，其生命
延长率为 25.5%，表明化合物具有优良的抗肿瘤活性[147]。对于 P388 荷瘤小鼠模
型，配体 HAc4Npypipe 组延命率为 113%，其配合物[$ZnCl_2$(Ac4Npypipe)] 生命
延长率为 285%，说明配合物有较好抗肿瘤效果及较低的毒性。HL^1、HL^2 的
[$Pt(L^1)Cl$] 和 [$Pt(L^2)Cl$] 配合物生命延长率分别为 147%、118%、298%、
417%[140,141]。

研究人员还发现化合物 Au3 可将 HCC (肝癌细胞株) 大鼠肝癌原位移植模型
中受试大鼠寿命从 30d 延长至 43d[146]。KP1339 在 Hep3B 肝癌小鼠移植模型中，
生命延长率为 240%，索拉菲尼生命延长率为 190%，但二者联合治疗延命率则达
到 390%，表明联合治疗具有优良的抗肿瘤活性[134]。

综上所述，对国内外合成化合物体内抗肿瘤动物实验研究得出以下结论：
①主要集中于合成化合物抗肿瘤活性体内验证，但体内抗肿瘤机制尚不明确，缺
乏机制的多样性与特异性；②体内动物实验研究多侧重于建立异位异种移植动物

模型，存在不能较好重现出肿瘤特性的弊病，肿瘤模型在揭示药物作用机制和调节肿瘤的发生和发展方面也存在不足，限制了合成化合物的药物临床研究；③研究层面已经从传统的细胞毒性，如急性毒性、亚慢性毒性、遗传毒性和组织毒性的研究深入到肿瘤细胞内异常信号系统靶点的特异性研究；④基本测定与观察指标的疗效评价研究主要集中于传统的抑瘤率、瘤体积及生命延长率的研究，而基于荧光素酶基因标记细胞或 DNA 的活细胞中荧光素氧化发光的活体生物发光成像技术刚刚起步，很大程度上影响了原位移植瘤模型的建立和应用；⑤对血清免疫和抗氧化等生化指标只是进行了初步研究，研究指标仍比较局限；⑥组织病理学评价主要是采用 HE 等染色进行形态学研究，而未采用或较少采用 TUNEL 方法、透射电镜和琼脂糖凝胶电泳等技术检测细胞凋亡；⑦免疫组化技术在体内研究中也较少运用；⑧部分体内实验中暴露出肿瘤细胞对合成化合物产生耐药性的新问题。

　　合成化合物体内抗肿瘤实验研究今后主要针对如下问题进一步开展研究：①建立更多原位移植瘤模型，更好地重现肿瘤特性；②开发利用探针、报告基因、对比剂、示踪剂等现代影像技术进行"分子显像"，并在分子层面观察基因、蛋白和载体在活体细胞中的相互作用，并且通过影像技术实现无创及原位的肿瘤动物模型；③对药物逆转肿瘤细胞多药耐药性进行进一步研究；④进一步深入研究合成化合物体内抗肿瘤促凋亡途径及相关机制，确定多样结构特征合成化合物作用靶点及构效关系；⑤进一步开展活体生物发光成像技术在合成化合物体内抗肿瘤实验中的应用；⑥在研究化合物抗肿瘤活性的筛选、作用机制方面更广泛地应用基因工程等方法建立各种肿瘤模型；⑦尝试合成化合物包埋于纳米管等，避免药物或药物前体到达靶标处前对非肿瘤组织的损伤等。

参 考 文 献

[1] Vyas K M, Jadeja R N, Gupta V K, et al. Synthesis, characterization and crystal structure of some bidentate heterocyclic Schiff base ligands of 4-toluoyl pyrazolones and its mononuclear Cu(Ⅱ) complexes[J]. Journal of Molecular Structure, 2011, 990(1–3): 110-120.

[2] 王路, 李锦州, 沙靖全, 等. 酰基吡唑啉酮缩氨基硫脲 V(Ⅳ)Fe(Ⅲ)配合物的合成与表征 [M]. 哈尔滨工业大学学报, 2003.

[3] Liang J, Chen Q, Liu L, et al. An organocatalytic asymmetric double Michael cascade reaction of unsaturated ketones and unsaturated pyrazolones: highly efficient synthesis of spiropyrazolone derivatives[J]. Organic & biomolecular chemistry, 2013, 11(9): 1441-1445.

[4] Marchetti F, Pettinari C, Pettinari R. Acylpyrazolone ligands: Synthesis, structures, metal coordination chemistry and applications[J]. Coordination Chemistry Reviews, 2005, 249(24): 2909-2945.

[5] Da Silva C M, Da Silva D L, Modolo L V, et al. Schiff bases: A short review of their

antimicrobial activities[J]. Journal of Advanced Research, 2011, 2（01）: 1-8.

[6] 陈瑶, 陈嫚丽, 张玲, 等. 两种席夫碱缓蚀剂对碳钢材料的缓蚀性能探究[J]. 化学研究与应用, 2012, 24（09）: 1348-1353.

[7] Wang X H, Wang X K, Liang Y J, et al. A cell-based screen for anticancer activity of 13 pyrazolone derivatives[J]. Cancer, 2010, 29（12）: 980-987.

[8] Pettinari C, Marchetti F, Drozdov A, et al. Interaction of Rh（I）with a new polydentate, N-donor pyrazolone able to form mononuclear, dinuclear and heterobimetallic compounds [J]. Inorganic Chemistry Communications, 2001, 4（06）: 290-293.

[9] 王瑾玲, 张姝明, 张欣, 等. PMBP 缩氨基酚的合成、晶体结构及抑菌活性[J]. 化学学报, 2003, 61（07）: 1071-1076.

[10] 肖静怡. 冰浴法合成席夫碱类化合物及其结构性能研究[D]. 长沙: 中南大学, 2008.

[11] Casas J S, García-Tasende M S, Sánchez A, et al. Coordination modes of 5-pyrazolones: A solid-state overview[J]. Coordination Chemistry Reviews, 2007, 251（11）: 1561-1589.

[12] 张慧慧. 4-酰基吡唑啉酮类配合物的研究[D]. 兰州: 兰州大学, 2009.

[13] 李红新, 李锦州. 4-酰基吡唑啉酮配合物的合成方法与结构[J]. 化学工程师, 2006, （07）: 25-27.

[14] Jarvinen G, Zozulin A, Larson E, et al. Structure of bis（4-benzoyl-2, 4-dihydro-5-methyl-2-phenyl-3H-pyrazol-3-onato-O, O'）dinitratobis（triphenylphosphine oxide-O）thorium（IV）[J]. Acta Crystallographica Section C: Crystal Structure Communications, 1991, 47（02）: 262-264.

[15] Cingolani A, Marchetti F, Pettinari C, ed al. A 4-acyl-5-pyrazolone ligand（HQ）in N-unidentate coordination mode in a Rh（CO）Cl（HQ）-type complex[J]. Inorganic Chemistry Communications, 2004, 7（02）: 235-237.

[16] Johnson D W, Xu J, Saalfrank R W, et al. Selbstaufbau eines dreidimensionalen [Ga6（L2）6]Zylinders[J]. Angewandte Chemie, 1999, 111（19）: 3058-3061.

[17] 王路, 李锦州, 沙靖全, 等. 酰基吡唑啉酮缩氨基硫脲 V（IV）Fe（III）配合物的合成与表征[J]. 哈尔滨工业大学学报, 2003, 35（03）: 298-300.

[18] Vyas K M, Jadeja R N, Gupta V K, et al. Synthesis, characterization and crystal structure of some bidentate heterocyclic schiff base ligands of 4-toluoyl pyrazolones and its mononuclear Cu（II）complexes[J]. Journal of Molecular Structure, 2011, 990（3）: 110-120.

[19] Jadeja R N, Shah J R, Suresh E, et al. Synthesis and structural characterization of some Schiff bases derived from 4-[{（aryl）imino}ethyl]-3-methyl-1-（4'-methylphenyl）-2- pyrazolin-5-one and spectroscopic studies of their Cu（II）complexes[J]. Polyhedron, 2004, 23（16）: 2465-2474.

[20] Jadeja R N, Parihar S, Vyas K, et al. Synthesis and crystal structure of a series of pyrazolone based Schiff base ligands and DNA binding studies of their copper complexes[J]. Journal of Molecular Structure, 2012, （1013）: 86-94.

[21] 刘小华, 孙荣林. 水热与溶剂热合成技术在无机合成中的应用[J]. 盐湖研究, 2008, 16（02）: 60-65.

[22] Yang Z Y, Wang B D, Li Y H. Study on DNA-binding properties and cytotoxicity in L1210 of La（III）complex with PMBP-isonicotinoyl hydrazone[J]. Journal of Organometallic Chemistry,

2006, 691 (20): 4159-4166.

[23] Raman N, Selvan A, Manisankar P. Spectral, magnetic, biocidal screening, DNA binding and photocleavage studies of mononuclear Cu (Ⅱ) and Zn (Ⅱ) metal complexes of tricoordinate heterocyclic Schiff base ligands of pyrazolone and semicarbazide/ thiosemicarbazide based derivatives[J]. Spectrochimica Acta Part A: Molecular and Biomolecular Spectroscopy, 2010, 76 (2): 161-173.

[24] 宁美英, 李庭芳, 李青山. 1, 3-二甲基-4-酰基-5-吡唑酮二烃基锡抗癌配合物与单核苷酸作用的研究[J]. 药学学报, 2002, 37 (6): 433-436.

[25] Raman N, Jeyamurugan R, Sudharsan S, et al. Metal based pharmacologically active agents: Synthesis, structural elucidation, DNA interaction, in vitro antimicrobial and in vitro cytotoxic screening of copper (Ⅱ) and zinc (Ⅱ) complexes derived from amino acid based pyrazolone derivatives[J]. Arabian Journal of Chemistry, 2012, 6 (2): 1-13.

[26] Kakiuchi Y, Sasaki N, Satoh-Masuoka M, et al. A novel pyrazolone, 4, 4-dichloro-1 - (2, 4-dichlorophenyl) -3-methyl-5-pyrazolone, as a potent catalytic inhibitor of human telomerase[J]. Biochemical and Biophysical Research Communications, 2004, 320 (4): 1351-1358.

[27] Laufersweiler M J, Brugel T A, Clark M P, et al. The development of novel inhibitors of tumor necrosis factor-α (TNF-α) production based on substituted [5, 5]-bicyclic pyrazolones[J]. Bioorganic & medicinal chemistry letters, 2004, 14 (16): 4267-4272.

[28] Conchon E, Aboab B, Golsteyn R M, et al. Synthesis, in vitro antiproliferative activities, and Chk1 inhibitory properties of indolylpyrazolones and indolylpyridazinedione[J]. European Journal of Medicinal Chemistry, 2006, 41 (12): 1470-1477.

[29] 马树芝. 稀土杂环类配合物的合成、表征及其生物活性研究[D]. 上海: 上海师范大学, 2008.

[30] 王晓红. 新型吡唑啉酮衍生物抗肿瘤作用及机制研究[D]. 广州: 中山大学, 2007.

[31] Bartek J, Lukas J. Chk1 and Chk2 kinases in checkpoint control and cancer[J]. Cancer Cell, 2003, 3 (5): 421-429.

[32] Burja B, Čimbora-Zovko T, Tomić S, et al. Pyrazolone-fused combretastatins and their precursors: synthesis, cytotoxicity, antitubulin activity and molecular modeling studies[J]. Bioorganic & Medicinal Chemistry, 2010, 18 (7): 2375-2387.

[33] Liu L, Norman M H, Lee M, et al. Structure-Based Design of Novel Class Ⅱ c-Met Inhibitors: 2. SAR and Kinase Selectivity Profiles of the Pyrazolone Series[J]. Journal of medicinal chemistry, 2012, 55 (5): 1868-1897.

[34] Gouda M A, Eldien H F, Girges M M, et al. Synthesis and antitumor evaluation of thiophene based azo dyes incorporating pyrazolone moiety[J]. Journal of Saudi Chemical Society, 2016, 20 (2): 151-157.

[35] Metwally M A, Gouda M A, Harmal A N, et al. Synthesis, antitumor, cytotoxic and antioxidant evaluation of some new pyrazolotriazines attached to antipyrine moiety[J]. European Journal of Medicinal Chemistry, 2012, (56): 254-262.

[36] Caruso F, Rossi M, Tanski J, et al. Synthesis, structure, and antitumor activity of a novel

tetranuclear titanium complex[J]. Journal of medicinal chemistry, 2000, 43(20): 3665-3670.

[37] Budzisz E, Malecka M, Keppler BK, et al. Synthesis, Structure, Protolytic Properties, Alkylating and Cytotoxic Activity of Novel Platinum(Ⅱ) and Palladium(Ⅱ) Complexes with Pyrazole-Derived Ligands[J]. European Journal of Inorganic Chemistry, 2007, (23): 3728-3735.

[38] Pettinari R, Pettinari C, Marchetti F, et al. Cytotoxicity of ruthenium–arene complexes containing β-ketoamine ligands[J]. Organometallics, 2012, 32(1): 309-316.

[39] Markovic V, Eric S, Stanojkovic T, et al. Antiproliferative activity and QSAR studies of a series of new 4-aminomethylidene derivatives of some pyrazol-5-ones[J]. Bioorganic & medicinal chemistry letters, 2011, 21(15): 4416-4421.

[40] Yang Z Y, Yang R D, Li F S, et al. Crystal structure and antitumor activity of some rare earth metal complexes with Schiff base[J]. Polyhedron, 2000, 19(26–27): 2599-2604.

[41] Leovac V M, Bogdanović G A, Jovanović L S, et al. Synthesis, characterization and antitumor activity of polymeric copper(Ⅱ) complexes with thiosemicarbazones of 3-methyl-5-oxo-1-phenyl-3-pyrazolin-4-carboxaldehyde and 5-oxo-3-phenyl-3-pyrazolin-4-carboxaldehyde[J]. Journal of Inorganic Biochemistry, 2011, 105(11): 1413-1421.

[42] Cheng X Y, Wang M F, Yang Z Y, et al. Synthesis, characterization, crystal structure, and biological activities of transition metal complexes with 1-Phenyl-3-methyl -5-hydroxypyrazole-4-methylene-8-quinolineimine[J]. Zeitschrift Fur Anorganische Und Allgemeine Chemie, 2013, 639(5): 832-841.

[43] 程宁宁. 稀土 β-二酮类杂环三元配合物的合成、表征及其生物活性的研究[D]. 上海: 上海师范大学, 2012.

[44] 李锦州, 于文锦, 蒋礼. 酰基吡唑啉酮缩邻苯二胺希土配合物的合成、表征及生物活性[J]. 无机化学学报, 2001, 17(06): 888-892.

[45] 俞志刚, 丁为民, 纪红蕊, 等. 1-对氯苯基-3-苯基-4-苯甲酰基–吡唑啉酮-5 缩胺类席夫碱铜配合物的合成与抑菌活性[J]. 有机化学, 2010, 30(09): 1358-1365.

[46] 朱华玲, 张欣, 董梅, 等. PMBP 缩氨基酸酯席夫碱及其金属配合物的合成、表征和抑菌活性[J]. 天津师范大学学报(自然科学版), 2005, 25(03): 5-7.

[47] 张姝明, 贾永金, 王瑾玲, 等. 1-苯基-3-甲基-4-三氟乙酰基-5-吡唑啉酮缩水杨酰肼席夫碱的合成、表征及抑菌活性[J]. 天津师范大学学报 (自然科学版), 2003, 23(02): 4-6.

[48] 李爱秀, 杨云, 王瑾玲. PMBP 缩间氯苯胺合钴 (Ⅱ) 的合成、结构和抑菌活性[J]. 应用化学, 2004, 21(01): 49-53.

[49] 刘新文, 张彦翠, 董文魁, 等. 新型苯甲酰吡唑啉酮缩 α-丙氨酸席夫碱 Ni(Ⅱ)配合物的合成及抑菌性能研究[J]. 食品科学, 2011, 32(23): 116-120.

[50] Jayarajan R, Vasuki G, Rao P S. Synthesis and antimicrobial studies of tridentate Schiff base ligands with pyrazolone moiety and their metal complexes[J]. Organic Chemistry International, 2010, (01): 1-7.

[51] Rosu T, Pahontu E, Maxim C, et al. Synthesis, characterization and antibacterial activity of some new complexes of Cu(Ⅱ), Ni(Ⅱ), VO(Ⅱ), Mn(Ⅱ) with Schiff base derived from 4-amino-2, 3-dimethyl-1-phenyl-3-pyrazolin-5-one[J]. Polyhedron, 2010, 29(02): 757-766.

[52] 邹敏, 卢俊瑞, 辛春伟, 等. 1-(2-羟基苯甲酰基)-3-甲基-4-取代苯腙基-吡唑啉酮及其中间体的合成, 表征及抑菌活性[J]. 有机化学, 2010, 30(08): 1201-1206.

[53] Surati K R. Synthesis, spectroscopy and biological investigations of manganese(III) Schiff base complexes derived from heterocyclic β-diketone with various primary amine and 2, 2'-bipyridyl[J]. Spectrochimica Acta Part A: Molecular and Biomolecular Spectroscopy, 2011, 79(01): 272-277.

[54] El-Sonbati A Z, Diab M A, El-Bindary A A, et al. Supramolecular coordination and antimicrobial activities of constructed mixed ligand complexes[J]. Spectrochimica Acta Part A: Molecular and Biomolecular Spectroscopy, 2013, 104: 213-221.

[55] Parmar N, Teraiya S, Patel R, et al. Synthesis, antimicrobial and antioxidant activity of some 5-pyrazolone based Schiff bases[J]. Journal of Saudi Chemical Society, 2011, (12): 1-6.

[56] Makhija M T, Kasliwal R T, Kulkarni V M, et al. De novo design and synthesis of HIV-1 integrase inhibitors[J]. Bioorganic & Medicinal Chemistry, 2004, 12(09): 2317-2333.

[57] Remya P N, Suresh C H, Reddy M L P. Rapid reduction and complexation of vanadium by 1-phenyl-3-methyl-4-toluoyl-5-pyrazolone: Spectroscopic characterization and structure modelling[J]. Polyhedron, 2007, 26(17): 5016-5022.

[58] 谢杨林, 刘霞, 冯长根. 多金属氧酸盐抗肿瘤活性研究进展[J]. 肿瘤防治研究, 2007, 34(3): 225-228.

[59] Ogata A, Mitsui S, Yanagie H, et al. A novel anti-tumor agent, polyoxomolybdate induces apoptotic cell death in AsPC-1 human pancreatic cancer cells[J]. Biomed Pharmacother, 2005, 59(5): 240-244.

[60] Mitsui S, Ogata A, Yanagie H, et al. Antitumor activity of polyoxomolybdate, $[NH_3Pri]_6$ $[Mo_7O_{24}] \cdot 3H_2O$, against, human gastric cancer model[J]. Biomed Pharmacother, 2006, 60(7): 353-358.

[61] Ogata A, Yanagie H, Ishikawa E, et al. Antitumour effect of polyoxomolybdates: induction of apoptotic cell death and autophagy in in vitro and in vivo models[J]. British Journal of Cancer, 2008, 98(2): 399-409.

[62] 王恩波, 付平平, 王新龙, 等. 杂多钒酸盐抗肿瘤药物及其合成方法: CN1786005 A[P]. 2006.

[63] 王恩波, 付平平, 康振辉, 等. 杂多磷钒酸盐抗肿瘤药物及其合成方法: CN1786005A[P]. 2006.

[64] Thomadaki H, Karaliota A, Litos C, et al. Enhanced antileukemic activity of the novel complex 2, 5-dihydroxybenzoate molybdenum(VI) against 2, 5-dihydroxybenzoate, polyox ometalate of Mo(VI), and tetraphenylphosphonium in the human HL-60 and K562 leukemic cell lines[J]. Journal of Medicinal Chemistry, 2007, 50(6): 1316-1321.

[65] 刘术侠, 刘彦勇, 刘杰, 等. 钼系杂多、同多配合物抗肿瘤活性(II)[J]. 应用化学, 1996, 13(2): 104-106.

[66] Raynaud M, Chermann J C, Plata F, et al. Viral inhibitors of murine leukemia-sarcoma group Tungstosilicate[J]. CRAcadSci, SerD, 1971, 272(2): 347-348.

[67] Ho R K C, Klemperer W G. Polyoxoanion supported organometallics: Synthesis and characterization of α-[(η^5-C$_5$H$_5$) Ti (PW$_{11}$O$_{39}$)]^4[J]. Journal of the American Chemical Society, 1978, 100(21): 6772-6774.

[68] 刘术侠, 刘彦勇, 王恩波. 13-钒镍(锰)杂多酸稀土盐的合成及其锗盐抗肿瘤活性的研究 I [J]. 化学学报, 1996, 54(7): 673-678.

[69] 韩正波, 常雅萍, 栾国有, 等. 新型有机–无机杂化材料 (C$_3$H$_5$N$_2$)4·PMo V Mo$_{11}$ VI O$_{40}$·4DMF·2H$_2$O 的合成、结构及抗前列腺癌活性研究[J]. 高等学校化学学报, 2002, 23(9): 1660-1663.

[70] 张学军, 常雅萍, 韩正波, 等. 甘氨酸–钼磷酸盐体内外抗肿瘤作用的研究[J]. 吉林大学学报 (医学版), 2003, 29(1): 58-61.

[71] 王恩波, 李娟, 李静, 等. 杂多酸 5-氟尿嘧啶盐类抗肿瘤药物及其合成方法: CN1523018. A[P]. 2004.

[72] 王宏芳. 硼钨酸嘧啶盐抗肿瘤实验研究[D]. 长春: 吉林大学, 2004.

[73] 张澜萃, 于鑫慧, 谷源鹏, 等. 有机膦多酸化合物的生物活性研究[J]. 辽宁师范大学学报 (自然科学版), 2004, 27(4): 444-445.

[74] 李娟, 李静, 齐燕飞, 等. 12-钨硼酸 5-氟尿嘧啶盐的合成及抗癌活性研究[J]. 高等学校化学学报, 2004, 25(6): 1010-1012.

[75] 王帅帅, 刘霞, 冯长根. 含有 5-氟尿嘧啶的多金属氧酸盐的合成及光谱研究[J]. 北京理工大学学报, 2009, 29(2): 160-163.

[76] Prudent R, Moucadel V, Laudet B, et al. Identification of polyoxometalates as nanomolar noncompetitive inhibitors of protein kinase CK2[J]. Chemistry & Biology, 2008, 15(7): 683-692.

[77] 刘景福, 陈亚光, 马建方, 等. 穴状稀土杂多化合物的生物活性研究[J]. 中国稀土学报, 2000, 18(3): 282-285.

[78] Sun Z, Liu J, Ma J. Synthesis and biological activity of organothiophosphoryl polyoxotungstates[J]. Met Based Drugs, 2002, 8(5): 257-262.

[79] Compain J D, Mialane P, Marrot J, et al. Tetra- to Dodecanuclear oxomolybdate complexes with functionalized bisphosphonate ligands: Activity in killing tumor cells[J]. Chemistry – A European Journal, 2010, 16(46): 13741-13748.

[80] Menon D, Thomas R T, Narayanan S, et al. A novel chitosan/polyoxometalate nano-complex for anti-cancer applications[J]. Carbohydrate Polymers, 2011, 84(3): 887-893.

[81] 周百斌, 王璐, 王春晓, 等. 一种抗癌化合物 Na$_4$Bi$_2$Mn$_2$W$_{20}$C$_6$H$_{84}$N$_4$O$_{105}$ 的合成方法: CN102351911A[P]. 2012.

[82] 王路, 周百斌, 于凯, 等. 含钴夹心杂多酸及其合成方法和应用: CN102503892A[P]. 2012.

[83] 于凯, 周百斌, 王路, 等. 含镍夹心多金属氧酸盐抗癌药物及其合成方法: CN102603642A[P]. 2012.

[84] Yamase T, Fujita H, Fukushima K. Medical chemistry of polyoxometalates. part 1 potent antitumor activity of polyoxomolybdates on animal transplantable tumors and human cancer xenograft. [J]. Inorg Chim Acta, 1988, 151(1): 15-18.

[85] Jasmin C, Chermann J C, Herve G. In vivo inhibition of murine leukemia and sarcoma viruses by the hetero-polyanion 5-tungust-2-antimoniate[J]. J Natl Cancer, 1974, 53(2): 469-474.

[86] 刘景福, 陈亚光. 同多和杂多化合物作为抗肿瘤和抗 HIV－1 药物研究的进展[J]. 化学通报, 1996, (6): 6-12.

[87] Zhai F, Li D, Zhang C, et al. Synthesis and characterization of polyoxometalates loaded starch nanocomplex and its antitumoral activity[J]. European Journal of Medical Chemistry, 2008, 43(9): 1911-1917.

[88] Yanagie H, Ogata A, Mitsui S, et al. Anticancer activity of polyoxomolybdate[J]. Biomed Pharmacother, 2006, 60(7): 349-352.

[89] Sylvester P W. Optimization of the tetrazolium dye (MTT) colorimetric assay for cellular growth and viability[M]. Drug Design and Discovery. Humana Press, 2011: 157.

[90] Ye X P, Zhu T F, Wu W N, et al. Syntheses, characterizations and biological activities of two Cu(II) complexes with acylhydrazone ligand bearing pyrrole unit[J]. Inorganic Chemistry Communications, 2014, 47(12): 60-62.

[91] Xu F, Jia Y, Wen Q, et al. Synthesis and biological evaluation of N-(4-hydroxy-3-mercaptonaphthalen-1-yl)amides as inhibitors of angiogenesis and tumor growth[J]. Eur J Med Chem, 2013, 64(6): 377-388.

[92] Palanimuthu D, Shinde S V, Somasundaram K, et al. In vitro and in vivo anticancer activity of copper bis(thiosemicarbazone) complexes[J]. J Med Chem, 2013, 56(3): 722-734.

[93] Liang C, Xia J, Lei D, et al. Synthesis, in vitro and in vivo antitumor activity of symmetrical bis-Schiff base derivatives of isatin[J]. Eur J Med Chem, 2013, 74(3): 742-750.

[94] Sun R W Y, Lok C N, Fong T T H, et al. A dinuclear cyclometalated gold(III)-phosphine complex targeting thioredoxin reductase inhibits hepatocellular carcinoma in vivo[J]. Chemical Science, 2013, 4(5): 1979-1988.

[95] 孙健, 梅晶, 赵晓红, 等. 植物活性成分对细胞存活率的影响及其测定方法的比较研究[J]. 食品科学, 2012, 33(19): 119-123.

[96] Marzano C, Gandin V, Folda A, et al. Inhibition of thioredoxin reductase by auranofin induces apoptosis in cisplatin-resistant human ovarian cancer cells[J]. Free Radic Biol Med, 2007, 42(6): 872-881.

[97] Santos F M, Rosa J N, André V, et al. N-Heterocyclic carbene catalyzed addition of aldehydes to diazo compounds: stereoselective synthesis of N-Acylhydrazones[J]. Organic letters, 2013, 15(7): 1760-1763.

[98] Koch S, van Meeteren L A, Morin E, et al. NRP1 presented in trans to the endothelium arrests VEGFR2 endocytosis, preventing angiogenic signaling and tumor initiation[J]. Developmental cell, 2014, 28(6): 633-646.

[99] Zhang W, Shi Y, Chen Y, et al. Enhanced antitumor efficacy by paclitaxel-loaded pluronic P123/F127 mixed micelles against non-small cell lung cancer based on passive tumor targeting and modulation of drug resistance[J]. European Journal of Pharmaceutics and Biopharmaceutics, 2010, 75(3): 341-353.

[100] Mansouri‐Torshizi H, Saeidifar M, Rezaei‐Behbehani G, et al. DNA Binding Studies and Cytotoxicity of Ethylenediamine 8‐Hydroxyquinolinato Palladium（Ⅱ）Chloride[J]. Journal of the Chinese Chemical Society, 2010, 57（6）: 1299-1308.

[101] 陈丽娟, 盛瑞兰, 汪承亚, 等. AO/EB 荧光染色法测定阿糖胞苷诱导 HL-60 细胞凋亡[J]. 中华血液学杂志, 1998, 19（1）: 41-42.

[102] 徐文华. 甲壳素衍生物的免疫调节及抑瘤作用的研究 [D]. 青岛: 中国海洋大学, 2012.

[103] 唐素恩, 李玉芩, 王书合, 等. 扫描电镜对卵巢上皮性肿瘤的诊断价值[J]. 北京医科大学学报, 1992, 24（2）: 85-88.

[104] 刘琳, 王锦鸿. 三氧化二砷选择性诱导人肝癌细胞凋亡及相关基因的实验研究[J]. 中华肝脏病杂志, 2000, 8（6）: 367-369.

[105] 吴伟全, 王思捷, 李元歌, 等. 激光扫描共聚焦显微镜及透射电镜观察肺癌 A549 细胞亚细胞结构溶酶体的对比分析[J]. 临床医学工程, 2013, 20（6）: 666-668.

[106] Ogata A, Yanagie H, Ishikawa E, et al. Antitumour effect of polyoxomolybdates: induction of apoptotic cell death and autophagy in in vitro and in vivo models[J]. British Journal of Cancer, 2008, 98（2）: 399-409.

[107] 张宜培, 曹嘉, 王彦, 等. 单细胞凝胶电泳方法评价肿瘤细胞辐射敏感性研究[J]. 中国辐射卫生, 2011, 20（3）: 259-262.

[108] Lawen A. Apoptosis-an introduction[J]. Bioessays, 2003, 25（9）: 888-896.

[109] Mitsui S, Ogata A, Yanagie H, et al. Antitumor activity of polyoxomolybdate, [NH$_3$Pri]$_6$[Mo$_7$O$_{24}$] • 3H$_2$O, against, human gastric cancer model[J]. Biomed Pharmacother, 2006, 60（7）: 353-358.

[110] 杨玲, 宋土生, 黄辰, 等. 吲哚乙酸结合辣根过氧化物酶诱导 K562 细胞凋亡机制的探讨[J]. 中国实验血液学杂志, 2005, 13（5）: 769-773.

[111] 魏熙胤, 牛瑞芳. 流式细胞仪的发展历史及其原理和应用进展[J]. 现代仪器, 2006, 12（4）: 8-11.

[112] 涂瑶瑶, 徐含章, 雷虎, 等. 阿的平联合硫利达嗪对慢性粒细胞白血病细胞的诱导凋亡作用[J]. 上海交通大学学报（医学版）, 2014, 34（7）: 1016.

[113] 张兰, 李林. 叠氮钠对 SH—SY5Y 人神经母细胞瘤细胞线粒体跨膜电位[J]. 中国医学科学院学报, 2000, 22（5）: 436-439.

[114] Chauhan D, Ray A, Viktorsson K, et al. In vitro and In vivo antitumor activity of a novel alkylating agent, melphalan-flufenamide, against multiple myeloma cells[J]. Clinical Cancer Research, 2013, 19（11）: 3019-3031.

[115] Song C K, Lee J H, Jahn A, et al. In vitro and in vivo evaluation of N, N, N-trimethylphytosphingosine-iodide（TMP）in liposomes for the treatment of angiogenesis and metastasis[J]. International Journal of Pharmaceutics, 2012, 434（1-2）: 191-198.

[116] 袁顺宗, 彭旭, 马兵, 等. 利用免疫共沉淀验证 HT036 与 P311 间的相互作用[J]. 第三军医大学学报, 2007, 28（24）: 2400-2402.

[117] 许克新, 王云川. 双向电泳及质谱分析与蛋白组研究[J]. 第四军医大学学报, 2002, 23（22）: 2017-2022.

[118] 李征宇, 赵霞, 杨金亮, 等. 顺铂作用卵巢癌细胞株的蛋白质组学研究[J]. 中国科学: C 辑, 2005, 35(3): 254-261.

[119] Sinha P, Kohl S, Fischer J, et al. Identification of novel proteins associated with the development of chemoresistance in malignant melanoma using two - dimensional electrophoresis[J]. Electrophoresis, 2000, 21(14): 3048-3057.

[120] Poirier F, Pontet M, Labas V, et al. Two - dimensional database of a Burkitt lymphoma cell line (DG 75) proteins: Protein pattern changes following treatment with 5′ - azycytidine[J]. Electrophoresis, 2001, 22(9): 1867-1878.

[121] 庚寅. 组织病理学技术[M]. 北京大学医学出版社, 2006.

[122] 曹晓伟. 他克莫司对肝癌细胞增殖、凋亡及其 5-FU 敏感性的影响[D]. 北京: 第二军医大学, 2005.

[123] Lv C, Kong H, Dong G, et al. Antitumor Efficacy of α-Solanine against Pancreatic Cancer In Vitro and In Vivo[J]. PloS one, 2014, 9(2): e87868.

[124] Sun J B, Duan J H, Dai S L, et al. In vitro and in vivo antitumor effects of doxorubicin loaded with bacterial magnetosomes (DBMs) on H22 cells: the magnetic bio-nanoparticles as drug carriers[J]. Cancer Lett, 2007, 258(1): 109-117.

[125] Etaiw Sel D, Sultan A S, Badr El-Din A S. A novel hydrogen bonded bimetallic supramolecular coordination polymer {[SnMe₃(bpe)][Ag(CN)₂]·2H₂O} as anticancer drug[J]. Eur J Med Chem, 2011, 46(11): 5370-5378.

[126] 薛卫霞. 地西他滨对多发性骨髓瘤细胞株 U266, 淋巴瘤细胞株 Jurkat 增殖凋亡影响的实验研究[D]. 石家庄: 河北医科大学, 2013.

[127] Aranda A, Sequedo L, Tolosa L, et al. Dichloro-dihydro-fluorescein diacetate (DCFH-DA) assay: A quantitative method for oxidative stress assessment of nanoparticle-treated cells[J]. Toxicology in Vitro, 2013, 27(2): 954-963.

[128] 杨斐, 胡樱. 实验动物学基础与技术[M]. 上海: 复旦大学出版社, 2010.

[129] Etaiw S D, Sultan A S, Badr E A S. A novel hydrogen bonded bimetallic supramolecular coordination polymer {[SnMe₃(bpe)][Ag(CN)₂]·2H₂O} as anticancer drug[J]. European Journal of Medicinal Chemistry, 2011, 46(11): 5370-5378.

[130] Vucur M, Roderburg C, Bettermann K, et al. Mouse models of hepatocarcinogenesis: what can we learn for the prevention of human hepatocellular carcinoma[J]. Oncotarget, 2010, 1(5): 373-378.

[131] Tsukamoto T, Mizoshita T, Tatematsu M. Animal models of stomach carcinogenesis[J]. Toxicol. Pathol, 2007, 35(5): 636-648.

[132] Singh M, Lima A, Molina R, et al. Assessing therapeutic responsesin Kras mutant cancers using genetically engineerred mouse models[J]. Nat Biotechnol, 2010, 28(6): 585-593.

[133] Heffeter P, Atil B, Kryeziu K, et al. The ruthenium compound KP1339 potentiates the anticancer activity of sorafenib in vitro and in vivo Eur. J[J]. Cancer, 2013, 49(15): 3366-3375.

[134] Liu W, Gust R. Metal N-heterocyclic carbene complexes as potential antitumor metallodrugs[J].

Chem Soc Rev, 2013, 42 (2) : 755-773.

[135] Kamal A, Dastagiri D, Ramaiah M J, et al. Synthesis, anticancer activity and mitochondrial mediated apoptosis inducing ability of 2, 5-diaryloxadiazole-pyrrolobenzodiazepine conjugates[J]. Bioorg Med Chem, 2010, 18 (18) : 6666-6677.

[136] Brunelle J K, Zhang B. Apoptosis assays for quantifying the bioactivity of anticancer drug products[J]. Drug Resist Updat, 2010, 13 (6) : 172-179.

[137] Liang C, Xia J, Lei D, et al. Synthesis, in vitro and in vivo antitumor activity of symmetrical bis-Schiff base derivatives of isatin[J]. European Journal of Medicinal Chemistry, 2013, 74 (3) : 742-750.

[138] 张学军, 韩正波. 甘氨酸—钼磷酸盐体内外抗肿瘤作用的研究[J]. 吉林大学学报: 医学版, 2003, 29 (1) : 58-61.

[139] 葛蓓蕾, 陈小让, 徐霞, 等. 新型八核铜配合物乳剂对小鼠 H22 腹水瘤的抑制作用[J]. 中国生化药物杂志, 2010, 31 (6) : 388-391.

[140] Kovala-Demertzi D, Alexandratos A, Papageorgiou A, et al. Synthesis, characterization, crystal structures, in vitro and in vivo antitumor activity of palladium (II) and zinc (II) complexes with 2-formyl and 2-acetyl pyridine N (4)-1-(2-pyridyl)-piperazinyl thiosemicarbazone[J]. Polyhedron, 2008, 27 (13) : 2731-2738.

[141] Kovala-Demertzi D, Papageorgiou A, Papathanasis L, et al. In vitro and in vivo antitumor activity of platinum (II) complexes with thiosemicarbazones derived from 2-formyl and 2-acetyl pyridine and containing ring incorporated at N (4)-position: synthesis, spectroscopic study and crystal structure of platinum (II) complexes with thiose micarbazones, potential anticancer agents[J]. European Journal of Medicinal Chemistry, 2009, 44 (3) : 1296-1302.

[142] Yoshimatsu K, Kuhara K, Itagaki H, et al. Changes of immunological parameters reflect quality of life-related toxicity during chemotherapy in patients with advanced colorectal cancer[J]. Anticancer research, 2008, 28 (1B) : 373-378.

[143] Nie Z, Perretta C, Erickson P, et al. Structure-based design and synthesis of novel macrocyclic pyrazolo[1, 5-a] [1, 3, 5]triazine compounds as potent inhibitors of protein kinase CK2 and their anticancer activities[J]. Bioorg Med Chem Lett, 2008, 18 (2) : 619-623.

[144] Kumar A, Ahmad I, Chhikara B S, et al. Synthesis of 3-phenylpyrazolopyrimidine-1,2, 3-triazole conjugates and evaluation of their Src kinase inhibitory and anticancer activities[J]. Bioorg Med Chem Lett, 2011, 21 (5) : 1342-1346.

[145] Folkman J. Angiogenesis in cancer, vascular, rheumatoid and other disease[J]. Nat Med, 1995, 1 (1) : 27-30.

[146] Sun R W Y, Lok C N, Fong T T H, et al. A dinuclear cyclometalated gold (III)-phosphine complex targeting thioredoxin reductase inhibits hepatocellular carcinoma in vivo[J]. Chemical Science, 2013, 4 (5) : 1979-1988.

[147] Mahalingam V, Chitrapriya N, Fronczek FR, et al. New Ru (II)–dmso complexes with heterocyclic hydrazone ligands towards cancer chemotherapy[J]. Polyhedron, 2008, 27 (7) : 1917-1924.

[148] Tanaka M, Kataoka H, Yano S, et al. Anti-cancer effects of newly developed chemotherapeutic agent, glycoconjugated palladium（Ⅱ）complex, against cisplatin-resistant gastric cancer cells[J]. BMC Cancer, 2013, 13(1): 237.

[149] Ellis S, Kalinowski D S, Leotta L, et al. Potent Antimycobacterial Activity of the Pyridoxal Isonicotinoyl Hydrazone Analog 2-Pyridylcarboxaldehyde Isonicotinoyl Hydrazone: A Lipophilic Transport Vehicle for Isonicotinic Acid Hydrazide[J]. Molecular Pharmacology, 2014, 85(2): 269-278.

[150] Thilagavathi N, Manimaran A, Padma Priya N, et al. Synthesis, characterization, electrochemical, catalytic and antimicrobial activity studies of hydrazone Schiff base ruthenium （Ⅱ） complexes[J]. Applied Organometallic Chemistry, 2010, 24(4): 301-307.

[151] Raman N, Jeyamurugan R, Senthilkumar R, et al. In vivo and in vitro evaluation of highly specific thiolate carrier group copper（Ⅱ） and zinc（Ⅱ） complexes on Ehrlich ascites carcinoma tumor model[J]. European Journal of Medicinal Chemistry, 2010, 45(11): 5438-5451.

[152] Evers R, Kool M, Smith A, et al. Inhibitory effect of the reversal agents V-104, GF120918 and Pluronic L61 on MDR1 Pgp-, MRP1-and MRP2-mediated transport[J]. Br J Cancer, 2000, 83(3): 366.

[153] 王宏芳. 硼钨酸嘧啶盐抗肿瘤实验研究[D]. 长春: 吉林大学, 2004.

[154] Liu J, Zhao M, Qian K, et al. Benzyl 1, 2, 3, 5, 11, 11a-hexahydro-3, 3-dimethyl-1-oxo-6H - imidazo[3', 4': 1, 2]pyridin[3, 4-b]in dole-2-substituted acetates: One-pot-preparation, anti-tumor activity, docking toward DNA and 3D QSAR analysis[J]. Bioorganic & Medicinal Chemistry, 2010, 18(5): 1910-1917.

[155] Tsukamoto T, Mizoshita T, Tatematsu M. Animal models of stomach carcinogenesis[J]. Toxicologic pathology, 2007, 35(5): 636-648.

[156] Singh M, Lima A, Molina R, et al. Assessing therapeutic responses in Kras mutant cancers using genetically engineered mouse models[J]. Nat Biotechnol, 2010, 28(6): 585-593.

[157] Li G, Wang M, Sun F, et al. Study of matrine's use on the reversion of obtained multi-drug resistance of mice S80 tumour cell[J]. Journal of Chinese medicinal materials, 2006, 29(1): 40-42.

[158] Han R. Research and Development of Anticancer Drugs and Experimental Techniques[M]. Beijing: Beijing Medical University and Peking Union Medical College United Press, 1997.

[159] Frezza M, Dou Q P, Xiao Y, et al. In vitro and in vivo antitumor activities and DNA binding mode of five coordinated cyclometalated organoplatinum（Ⅱ） complexes containing biphosphine ligands[J]. J Med Chem, 2011, 54(18): 6166-6176.

[160] Alama A, Viale M, Cilli M, et al. In vitro cytotoxic activity of tri-n-butyltin（Ⅳ）lupinylsulfide hydrogen fumarate（IST-FS 35）and preliminary antitumor activity in vivo[J]. Invest New Drugs, 2009, 27(2): 124-130.

第13章　合成化合物抗氧化

具有不饱和双键、羰基、末端羟基等活性官能团化学结构的材料，在日光、氧气、臭氧、热等外界环境条件下易发生氧化反应，引起产品或材料变质，进而发生老化[1]。例如，油脂等脂类物质在空气中易发生自动氧化而导致食品腐败变质，电离辐射、大气污染、药物也会引起机体内产生外源性自由基，同时，体内细胞器及细胞正常生理活动会产生内源性自由基。人体内自由基可攻击和氧化细胞及组织，引发机体衰老，增加心血管、中风和癌症等疾病发病的可能性。

抗氧化剂是一类在食品、化工、医药与塑料等产品体系中少量存在就可以延缓和抑制氧化，阻止产品老化变质，延长产品使用寿命的化学合成物或天然产物；抗氧化剂具有显著抑制氧化修饰和自由基攻击的作用，可清除体内过量自由基，并使机体维持正常生理水平与功能，因此，对化学合成物、天然产物及改性修饰物的抗氧化活性的研究受到广泛关注。本章主要介绍国内外酚、胺类等化学合成抗氧剂和多酚、黄酮、多糖、蛋白质及衍生物等天然抗氧化剂的合成方法与活性研究。

13.1　化学合成抗氧化剂

人工合成抗氧化剂按功能可划分为食品抗氧化剂和工业助剂抗氧化剂两大类。

13.1.1　食品抗氧化剂

化学合成食品抗氧化剂主要是指脂溶性抗氧化剂，它可防止或延缓食品氧化、提高食品稳定性，并延长食品储存期。化学合成食品抗氧化剂应用最多的是酚类抗氧化剂，结构为苯环上羟基基团旁单侧或双侧存在取代基的化合物。食品常用的四种脂溶性抗氧化剂分别为丁基羟基茴香醚(BHA)、二丁基羟基甲苯(BHT)、没食子酸丙酯(PG)和叔丁基对苯二酚(TBHQ)。

1. 丁基羟基茴香醚

1) 丁基羟基茴香醚理化性质

丁基羟基茴香醚(butyl hydroxyanisole, BHA)，又称叔丁基-4-羟基茴香醚、丁基大茴香醚等，分子式为 $C_{11}H_{16}O_2$，相对分子质量为 180.25，结构式如图 13.1 所示。

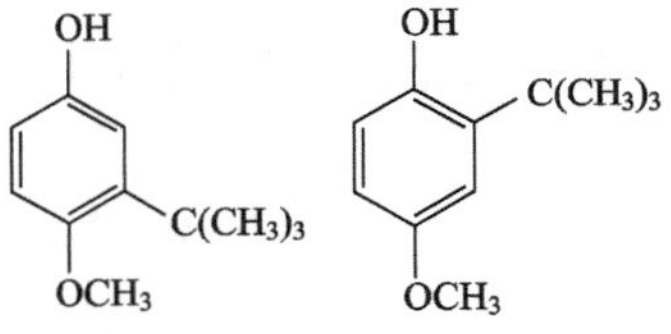

图 13.1　BHA 的结构式

BHA 为白色或微黄色结晶状粉末，带有特异酚类的臭气和刺激性气味，且通常为 3-BHA 和 2-BHA 的混合物（一般 3-BHA 含量为 90%）。其难溶于水，在几种溶剂和油脂中的溶解度（100 mL，25 ℃）为：丙二醇 50%、丙酮 60%、乙醇 25%、花生油 40%、棉籽油 42%、玉米油 30%、猪油 50%；对热较稳定，在弱碱条件下不易被破坏，遇到金属离子不着色，但光照条件下色泽会变深。

2）丁基羟基茴香醚化学合成

夏英姿[2]等用对苯二酚在树脂催化作用下与甲醇反应生成对羟基苯甲醚，产物不经分离即与甲基叔丁基醚反应得到 BHA，如图 13.2 所示。

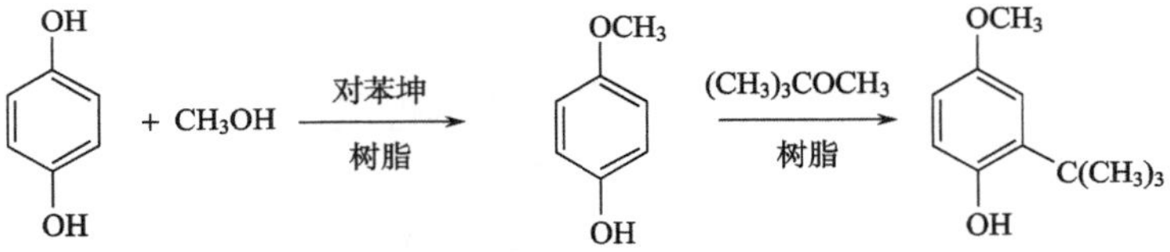

图 13.2　BHA 的合成路线[2]

3）丁基羟基茴香醚抗氧化活性

BHA 苯环上含有一个活性羟基，它的抗氧化作用通过放出羟基的氢原子阻断油脂自动氧化实现。研究发现，BHA 对动物性脂肪的抗氧化效果好于不饱和植物油。BHA 单独使用时，可将猪油的氧化稳定性从 4 h 提高到 16 h，0.01%的 BHA 可稳定牛肉色泽，抑制脂质物质氧化。

4）丁基羟基茴香醚应用

BHA 作为抗氧化剂已广泛应用于食品行业和石油产品加工及橡胶等领域。根据我国《食品添加剂使用卫生标准》（GB 2760—2011）中规定：BHA 可用于食用油脂、油炸食品、干鱼制品、饼干、油炸面制品、速煮米、果仁罐头、腌腊肉制品（如咸肉、腊肉、板鸭、中式火腿、腊肠等）、早餐谷类食品，其最大使用量为 0.2 g/kg。BHA 可延长喷雾干燥的全脂奶粉的货架期、提高奶酪保质期。BHA 还能够稳定辣椒和辣椒粉的颜色，防止核桃、花生等食物氧化。将 BHA 加入焙烤用油和盐中，可以保持焙烤食品和咸味花生的香味，延长焙烤食品货架期。BHA也可与其他脂溶性抗氧化剂混合使用，其效果更好。

2. 二丁基羟基甲苯

1）二丁基羟基甲苯理化性质

二丁基羟基甲苯（butylated hydroxytoluene，BHT），又称 2,6-二叔丁基对甲酚，其分子式为 $C_{15}H_{24}O$，相对分子质量为 220.36。结构式如图 13.3 所示。

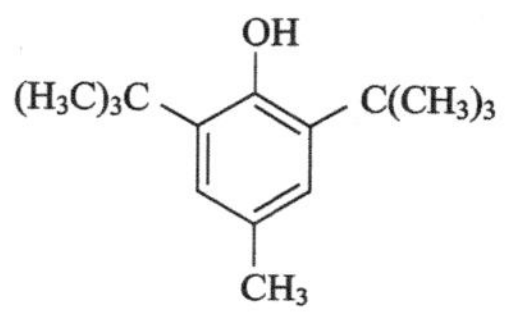

图 13.3 BHT 的结构式

BHT 为白色结晶或结晶性粉末，无臭，无味，熔点 69.5～71.5 ℃，沸点 265 ℃，对热较稳定，不易溶于水、甘油和丙二醇，能溶于许多溶剂中，溶解度为:乙醇25%、豆油 30%、棉籽油 20%、猪油 40%。

2）二丁基羟基甲苯化学合成

以对甲苯酚和异丁醇为原料，以浓硫酸为催化剂，氧化铝为脱水剂合成 BHT。其合成路线如图 13.4 所示。

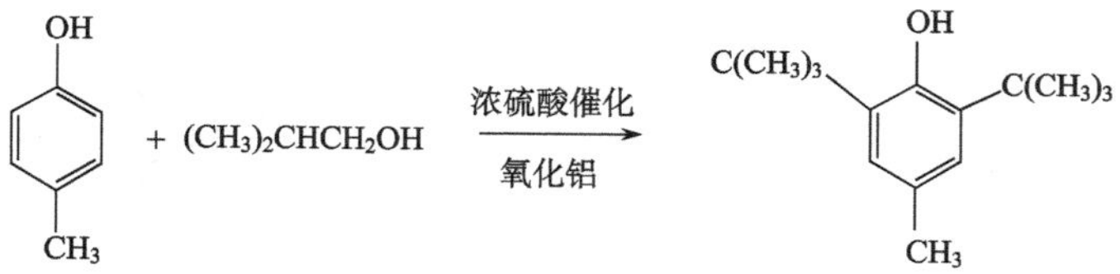

图 13.4 BHT 的合成路线

3）二丁基羟基甲苯抗氧化活性

BHT 分子中含有一个活性羟基，通过提供一个氢原子与氧自由结合，从而抑制油脂氧化。在饼干中添加 0.1 g/kg 的 BHT 可有效地防止饼干中油脂的氧化酸败。

4）二丁基羟基甲苯应用

BHT 广泛用于食品加工、油脂防腐、燃料油放胶及接触食品、医疗用品的包装材料，尤其在聚烯烃、合成橡胶、塑料等高分子材料中作为抗氧化剂使用。我国《食品添加剂使用卫生标准》（GB 2760—1996）中规定：BHT 可用于食用油脂、油炸食品、干鱼制品、饼干、方便面、速煮米、果仁罐头、腌腊肉制品、早餐谷类食品，其最大使用量为 0.2 g/kg。

3. 没食子酸丙酯

1）没食子酸丙酯理化性质

没食子酸丙酯（propyl gallate，PG）又称棓酸丙酯，分子式 $C_{10}H_{12}O_5$，相对分子质量为 212.21，结构式如图 13.5 所示。

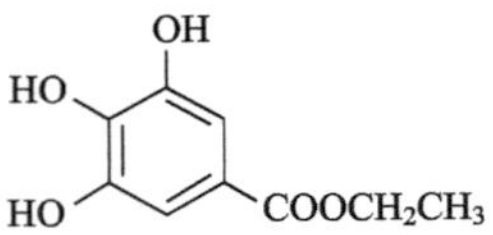

图 13.5　PG 的结构式

PG 为白色至淡黄褐色结晶性粉末或乳白色针状结晶。无臭，稍具苦味，水溶液无味，有吸湿性，光照可促进其分解，难溶于水，易溶于热水、乙醇、乙醚、丙二醇、甘油、棉籽油、花生油、猪油。熔点 146～150℃，对热较敏感，在熔点时即分解，应用于食品中时稳定性较差，不耐高温，不宜用于焙烤。

2）没食子酸丙酯化学合成

钱运华[3]等以没食子酸和正丙醇为原料，在硫酸氢钠催化剂作用下酯化，经碳酸钠中和、去溶剂、活性炭脱色及重结晶得到 PG。其反应式如图 13.6 所示。

图 13.6　PG 的合成路线[3]

3）没食子酸丙酯抗氧化活性

PG 含有三个活性羟基，但每一个活性羟基的供氢能力不同，PG 可通过放出活性羟基中的氢原子来阻断自动氧化过程。

4）没食子酸丙酯应用

PG 主要用于油脂或油基食品抗氧化、水果及蔬菜保鲜，也可作为生物柴油及某些材料的抗氧化稳定剂或抗老化剂[4]。按我国食品添加剂使用卫生标准，PG 及其制剂适用于油脂、油炸食品、干鱼制品、饼干、速食面、速煮粥、干制食品、果仁罐头、腌腊肉制品等，最大使用量为 0.1 g/kg。

4. 叔丁基对苯二酚

1) 叔丁基对苯二酚理化性质

叔丁基对苯二酚(tert-Butylhydroquinone ,TBHQ)又称特丁基对苯二酚、叔丁基氢醌，分子式为 $C_{10}H_{14}O_2$，相对分子质量为 166.22，其分子结构式如图 13.7 所示。

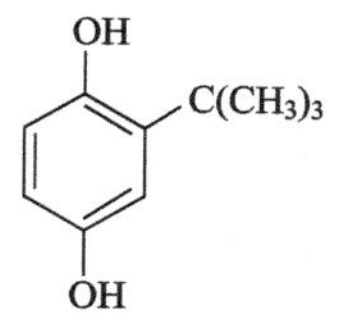

图 13.7　TBHQ 的结构式

TBHQ 为白色粉状晶体，有特殊气味，熔点 126.5～128.5℃，沸点 300℃。易溶于乙醇和乙醚，可溶于油脂，不溶于水。对热稳定，遇铁、铜离子不形成有色物质，但在见光或碱性条件下可呈粉红色。

2) 叔丁基对苯二酚的化学合成

以对苯二酚和烷基化试剂异丁烯为原料，磷酸作为催化剂反应制得 TBHQ，反应式如图 13.8 所示。

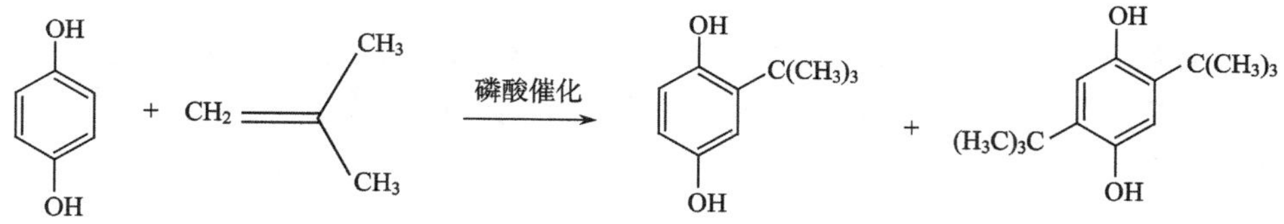

图 13.8　TBHQ 的合成路线

3) 叔丁基对苯二酚抗氧化活性

TBHQ 在其苯环结构上有两个活性羟基，它们可提供氢原子阻断油脂的自动氧化过程，在提供两个氢后，可形成稳定的醌。

4) 叔丁基对苯二酚应用

TBHQ 作为抗氧化剂既可以用作橡胶、塑料、化妆品生产的添加剂，也可用作感光剂，但其重要用途是作为食用油脂抗氧剂[5]。我国《食品添加剂使用卫生标准》(GB 2760—1996)中规定：叔丁基对苯二酚可用于食用油脂、油炸食品、干鱼制品、饼干、方便面、速煮米、干果罐头、腌肉制品，其最大使用量为 0.2 g/kg。

5. 其他

1）硫代二丙酸二月桂酯

硫代二丙酸二月桂酯（dilauryl thiodipropionate，DLTP），作为一种过氧化物分解剂，能有效地分解油脂自动氧化链反应中的氢过氧化物（ROOH），达到中断链反应的目的，从而延长油脂及富脂食品保存期，是唯一一种食品可用的硫醚类抗氧化剂，其由硫代二丙酸与月桂醇酯化而制得。

2）乙氧基喹啉

乙氧基喹啉（ethoxyquin）是性能优良的饲料抗氧化剂之一，适用于预混料、鱼粉及添加脂肪的产品，可防止其中的维生素 A、D、E 等及脂肪氧化变质，天然色素氧化变色，并有一定防霉和保鲜作用；另可作为食品抗氧化剂、水果保鲜剂和橡胶防老剂，其结构式如图 13.9 所示。

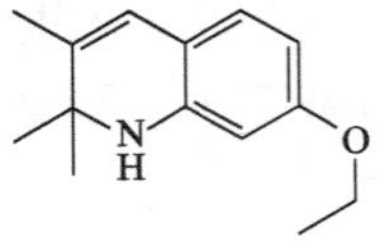

图 13.9　乙氧基喹啉的结构式

13.1.2　工业助剂抗氧化剂

工业助剂类抗氧化剂主要是为延长材料使用寿命，抑制或延缓材料老化现象的发生而研制。工业助剂类抗氧化剂可划分为受阻酚类抗氧化剂、胺类抗氧化剂、二价硫化物及亚磷酸酯类抗氧化剂，其中以受阻酚类抗氧剂应用最广。

1. 受阻酚类抗氧化剂

受阻酚是最有效的抗氧化剂之一，其结构中含有羟基官能团，比较容易给出氢原子，即通过质子给予作用，破坏自由基自动氧化链反应。受阻酚类抗氧化剂按化学结构大体可分为三种：单酚、双酚和多酚。受阻酚类抗氧化剂基本结构如图 13.10 所示。

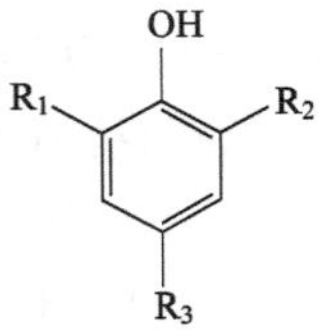

图 13.10　受阻酚类抗氧化剂基本结构

1) 单酚型受阻酚抗氧化剂

单酚型受阻酚抗氧化剂的分子中只有一个受阻酚单元，具有很好的不变色、不污染性，但没有抗臭氧效能，并且相对分子质量小、挥发性和抽出损失比较大，因此抗老化性能弱[6]。目前市场上常用单酚型受阻酚抗氧化剂产品有 1222、1076、1135、54、730、BHA、SP 和 BHT 等。

Gao[7]等将 3-(3,5-二叔丁基-4-羟基苯基)丙烯酸(AO)固定在纳米级的二氧化硅聚合物上，制得一种高相对分子质量和高抗氧化性能的抗氧剂 AO-AEAPS-silica，其分子结构式如图 13.11 所示。

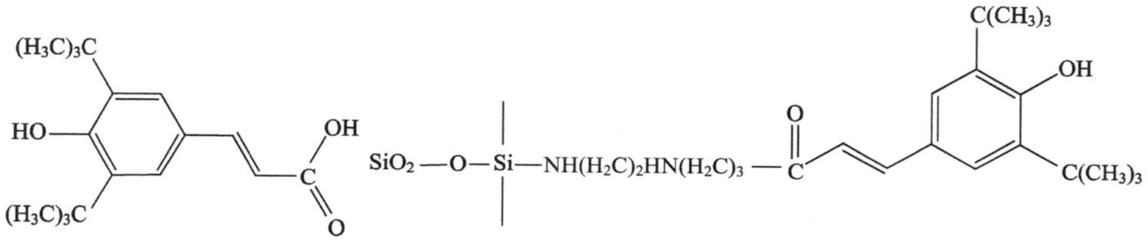

AO　　AO-AEAPS-silica

图 13.11　AO 和 AO-AEAPS-silica 的结构式[7]

2) 双酚型受阻酚抗氧化剂

双酚型受阻酚类抗氧化剂是指用亚烷基或硫键直接连接两个受阻酚单元的酚类抗氧化剂。与单酚型相比，双酚型的挥发和抽出损失比较小，热稳定性高，因而防老化效果较好，许多品种的防老化效果相当或者略高于二芳基仲胺类抗氧剂，比较典型的产品是 AO-80[6]，其结构式如图 13.12 所示。

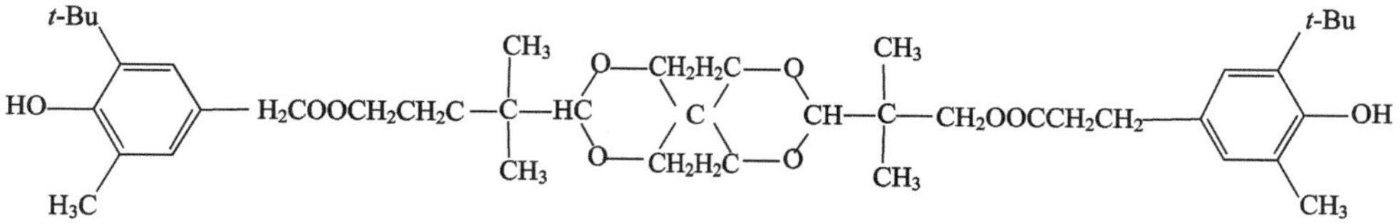

图 13.12　AO-80 的结构式[6]

双酚类受阻酚抗氧化剂主要有 Irganox 2246，Irganox 259，Irganox 245，Irganox 1081，Irganox 1035，Irganox MD-1024，Irganox 1019。

3) 多酚型受阻酚抗氧化剂

多元酚是指分子结构中含有两个以上受阻酚单元的酚类抗氧化剂，图 13.13 所示的 AO-60[6] 就是典型的多元受阻酚抗氧化剂，它也是一种典型的高相对分子质量抗氧化剂，主要特点是功能性基团多，抗氧化效率高；但是由于相对分子质量高，挥发性小，抽出损失少，此类受阻酚缺陷与聚合物的相容性和分散性欠佳。

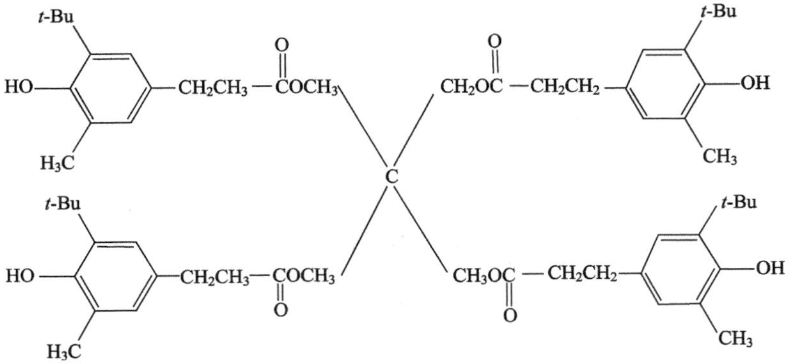

图 13.13　AO-60 的结构式[6]

多酚类受阻酚抗氧剂主要包括 Irganox 1010，Irganox1330，Irganox 3114，Cyanox 1790 等，其中 Irganox 1010 的用量最大。

2. 胺类抗氧化剂

胺类抗氧化剂又称防老剂，对氧和臭氧防护作用很好，具有较强变色性，无污染，主要用于橡胶制品、电线、电缆机械零件及润滑油等领域[7]。按其结构分为二芳基仲胺类、对苯二胺类、醛胺类及酮胺类。

1）胺类抗氧化剂分类

（1）二芳基仲胺类

以萘胺为原料，用取代基取代萘胺氨基上的氢，其合成路线如图 13.14 所示。

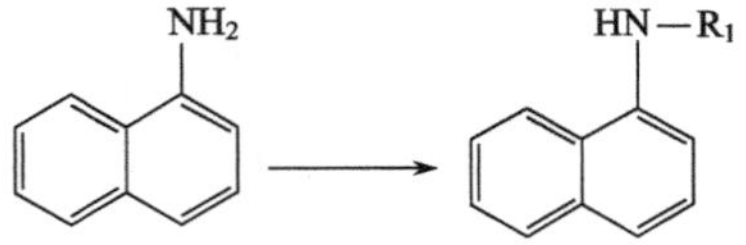

图 13.14　二芳基仲胺类合成路线

二芳基仲胺类抗氧化剂主要有防老剂 A 和防老剂 D，其结构式分别如图 13.15 和图 13.16 所示。

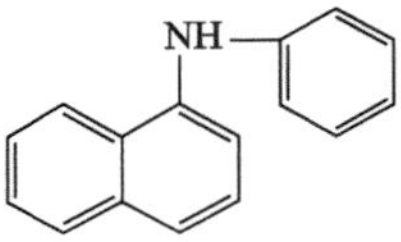

图 13.15　防老剂 A 结构式 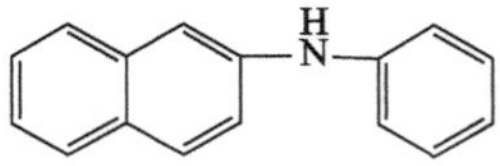　　　　　　图 13.16　防老剂 D 结构式

（2）对苯二胺类

以对苯二胺和对氨基二苯胺为基础原料合成的防老剂即业界所说的对苯二胺类衍生物防老剂，也称为芳烷基型对苯二胺类防老剂，其化学结构通式如图 13.17 所示。

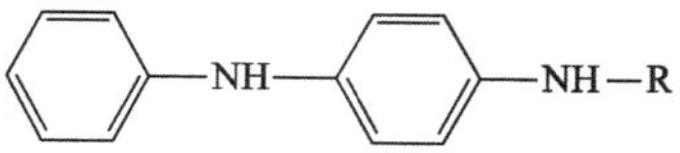

图 13.17　对苯二胺类化学结构通式

对苯二胺类防老剂主要为 4010，其结构式如图 13.18 所示。

图 13.18　防老剂 4010 结构式

（3）醛胺类

醛胺类抗氧化剂是脂肪醛与伯芳胺的反应产物。陈建[8]用 3-羟基丁醛与甲萘胺在甲酸和溶剂存在条件下合成了 AH，其合成过程如图 13.19 所示。醛胺类防老剂主要为 AP，其结构式如图 13.20 所示。

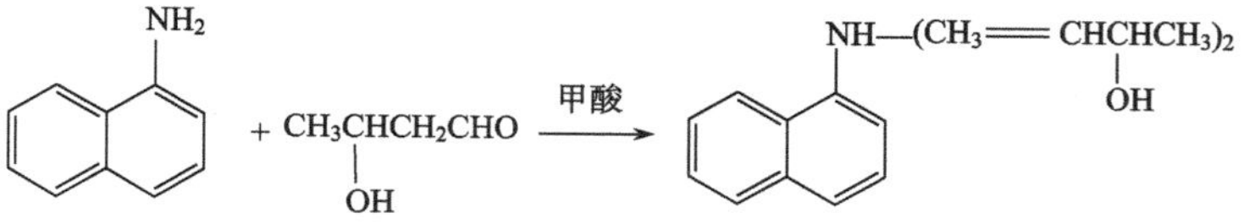

图 13.19　防老剂 AH 的合成路线[8]

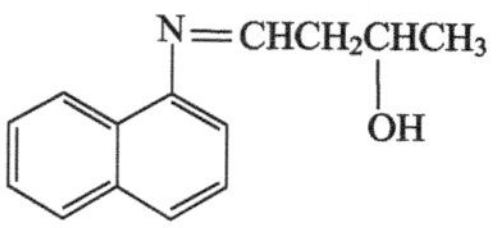

图 13.20　防老剂 AP 的结构式

（4）酮胺类

以对位取代苯胺和苯胺为基础原料合成的防老剂归类为酮胺类防老剂，是酮和胺发生缩合反应的产物。酮胺类防老剂主要合成路线就是胺与酮发生缩合，取代基取代氨基邻位苯环上的氢或取代氨基上的氢[9]。酮胺类防老剂合成路线如图 13.21 所示。

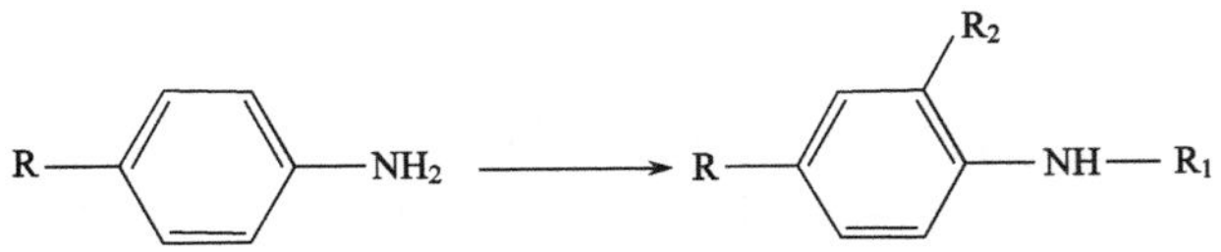

图 13.21 酮胺类防老剂合成路线[9]

酮胺类防老剂 AW，其结构式如图 13.22 所示。

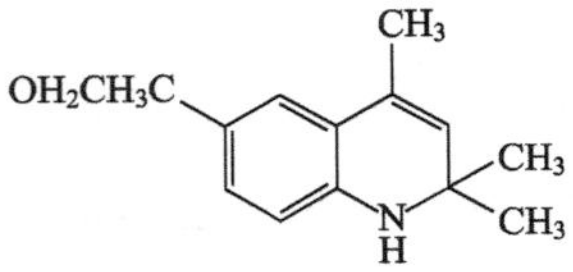

图 13.22 防老剂 AW 的结构式

2）胺类抗氧化剂原理

受阻胺是典型的链破坏型防老剂，它和烷自由基及过氧化自由基反应，破坏增长周期，从而减慢老化速度。受阻胺中的仲胺防老剂抗氧化机理是提供氢原子与过氧自由基或者氧化自由基反应生成稳定产物，其功能氢在氨基上。叔胺防老剂的抗氧化机理是提供电子型，故尽管叔胺防老剂氨基上的两个氢全部被取代，但氮原子本身有一对孤对电子，当遇到过氧化自由基时，电子转移使得活性自由基终止反应。

3. 二价硫化物及亚磷酸酯类抗氧化剂

1）种类

二价硫化物及亚磷酸酯类抗氧化剂主要有硫代二丙酸双十八醇酯、硫代二丙酸二月桂酯、亚磷酸辛基二苯基酯和三壬基苯基亚磷酸酯。三壬基苯基亚磷酸酯的结构式如图 13.23 所示。

图 13.23 三壬基苯基亚磷酸酯的结构式

2) 抗氧化机理

二价硫化物及亚磷酸酯类抗氧化剂是主要的氢过氧化物分解剂，此类抗氧化剂通过将氢过氧化物分解成不活泼的醇，抑制其自动氧化作用，也常被称作辅助抗氧。

3) 抗氧化剂应用

亚磷酸酯类抗氧化剂由于水解作用稳定、显著提高制品的光稳定以及优异的协同作用，多用于接触食品的塑料制品中；有机硫化物类由于良好的协同作用、长期的防止氧化效果以及很好的性价比，主要用于聚烯烃、聚苯乙烯、ABS 树脂和橡胶制品中[10,11]。

13.2 天然产物及其衍生物抗氧化活性

13.2.1 多酚及其衍生物抗氧化活性

1. 茶多酚简介

茶多酚是茶叶中多酚类物质及其衍生物的总称，主要由儿茶素、黄酮类、花青素、花白素和酚酸等物质组成。儿茶素为茶叶中多酚的主体成分，占茶多酚总量的 70%～80%，主要包括表儿茶素(EC)、表没食子儿茶素(EGC)、表儿茶素没食子酸酯(ECG)和表没食子儿茶素没食子酸酯(EGCG) 4 种物质，其中以 EGCG 含量最高，活性作用最显著[12]。EGCG 的结构式如图 13.24 所示。研究表明，茶叶中对身体健康最有益的物质是具有很强抗氧化能力的茶多酚。它可以有效清除氧自由基和脂类自由基，预防脂质过氧化，而且具有抑制肿瘤发生、延缓衰老等功能[13]。

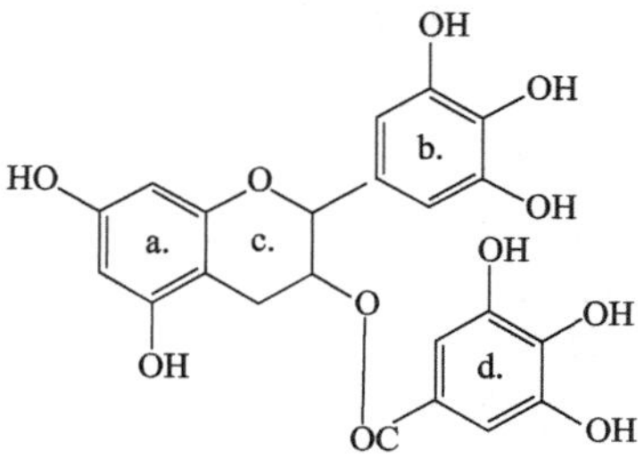

图 13.24 EGCG 的结构式

2. 茶多酚抗氧化机理

目前研究表明，茶多酚的抗氧化及清除自由基的机理如下。

（1）茶多酚中的儿茶酚（邻苯二酚）结构具有很强的金属离子螯合能力，从而降低了金属离子对氧化反应的催化作用[14]。

（2）茶多酚能够清除超氧阴离子自由基和羟自由基[15]，从而减少对细胞 DNA 和其他分子的氧化损伤[13]。

（3）抑制氧化酶，减少自由基生成；通过猝灭自由基，增强抗氧化酶活性。

（4）茶多酚能与过氧自由基发生反应，从而终止脂质过氧化链反应[16]。

3. 茶多酚改性产物及其抗氧化活性研究

茶多酚抗氧化能力强，无毒副作用，是应用最广泛的天然抗氧化剂，其抗氧化能力为 EGCG>EGC>ECG>EC>BHA，而 EGCG 作为天然抗氧化剂被应用于食品和生物领域，但 EGCG 属于水溶性抗氧化剂，脂溶性较差，限制了其应用范围。因此，研究人员采用不同的方法对茶多酚特别是 EGCG 进行改性，从而优化其脂溶性。对茶多酚进行改性的方法主要包括化学法和酶法。

茶多酚及 EGCG 作为无毒的天然抗氧化剂被用于植物油的抗氧化保护。有研究人员将茶多酚先溶于一些溶剂，如短碳链脂肪醇[17]、乙醇及乳化剂[18]中，组成茶多酚脂溶性溶液，此法虽能有效提高茶多酚在油脂中的脂溶性及抗氧化能力，但加入茶多酚脂溶性液体会导致植物油浑浊、沉淀和悬浊。为保持植物油原有的色泽，又要充分利用茶多酚的抗氧化活性，研究人员通过酶修饰法或化学修饰法对茶多酚进行改性，从而提高其在植物油中的抗氧化活性。

1）茶多酚化学修饰

大多数茶多酚需修饰以提高其脂溶性，即利用生物或化学方法进行酰基化修饰改性，将茶多酚及 EGCG 分子结构某些部位的羟基酰化或酯化，使新构成分子由水溶性变为脂溶性（图 13.25），通常茶多酚与高级脂肪酸、脂肪酸酐或脂肪酸酰卤酯化来增强茶多酚的脂溶性。EGCG 乙酰化路线如图 13.25 所示。

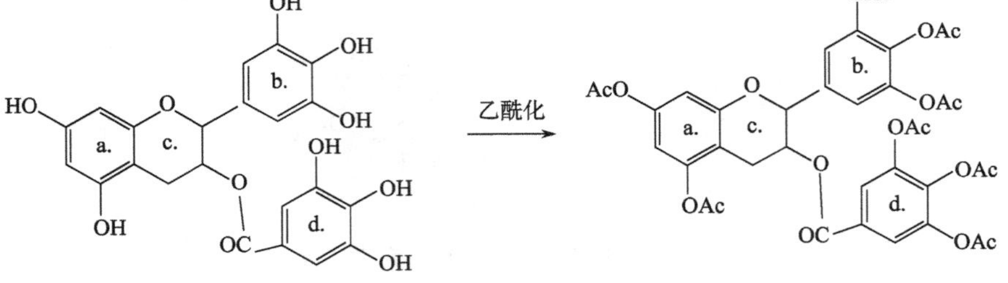

图 13.25　EGCG 乙酰化路线

王洪新等[19]用普通茶多酚（含量 87.86%）与棕榈酸酰氯反应，得到油溶性茶多酚棕榈酸酯，添加 200×10^{-6} g 时，完全溶于食用色拉油中，不影响油脂的透明度，具有较强的抗氧化性能。刘建等[20]将茶多酚用于新鲜大豆食用油脂的抗氧化试验，结果表明，在大豆油中茶多酚具有明显的抗氧化作用，特别是改性后的油溶性茶多酚的抗氧化作用更强，并克服了水溶性茶多酚对油脂的色泽及透明度的影响。张健希等[21]用癸酰氯对茶多酚进行改性，实验结果表明，脂溶性茶多酚的抗氧化活性优于未改性茶多酚和丁基羟基茴香醚。

2) 茶多酚酶法修饰

化学修饰法虽然成本较低，方法相对简单，但化学反应法立体选择性低，副产物较多，故逐渐被摒弃。酶法具有较高立体选择性、高效性及环境友好等优点而受到更多的关注[22, 23]。

李哲等[24]利用脂肪酶在非水相反应体系中催化茶多酚中 EGCG 的乙酰化反应，研究了乙酰化产物在大豆油中的抗氧化性，实验表明在相同添加量的情况下，乙酰化 EGCG 的抗氧化性要高于未改性 EGCG。造成改性 EGCG 抗氧化性高于未改性 EGCG 的原因可能是改性 EGCG 分子上的羟基部分被乙酰基所取代，虽然其可引起具有抗氧化作用的羟基有部分损失，但同时也使 EGCG 在大豆油中的溶解性增大。与未改性的 EGCG 相比，乙酰化 EGCG 能更均匀地分散在油中，保证了活性酚羟基与大豆油作用的相界面，从而使其抗氧化作用得以充分体现[19, 25, 26]。

赵峰等[27]用 Novozym 435 脂肪酶在非水介质中催化儿茶素单体 EGCG 与丁酸乙烯酯的酶促酰化反应，增加了 EGCG 的脂溶性，且研究表明酶修饰 EGCG 活性略低于未改性 EGCG，但是清除 DPPH 自由基、超氧自由基能力总体高于 TBHQ、维生素 C，清除羟基自由基能力低于 TBHQ，高于维生素 C，其反应路线如图 13.26 所示。

$$EGCG + R_2COOCH = CH_2 \xrightarrow{\text{Novozym 435、叔戊醇}} R_2COOR_1 + CH_4 = CH—OH \longrightarrow CH_3CHO$$

图 13.26 酶法修饰的乙酰化 EGCG 的合成路线[27]

13.2.2 黄酮及其衍生物抗氧化活性

1. 黄酮简介

黄酮类化合物是以 2-苯基色黄酮为母核而衍生的一类物质，包括黄酮的同分异构体及其氢化的还原产物，即以 C_6—C_3—C_6 为基本碳架的一系列化合物。天然黄酮类化合物含有羟基、甲氧基等取代基。根据 C_3 结构氧化程度和 B 环连接位置等特点，黄酮类化合物可分为如下几类：黄酮和黄酮醇，黄烷酮和黄烷酮醇，异黄酮，异黄烷酮，查耳酮，黄烷和黄烷醇。黄酮类基本结构式如图 13.27 所示。

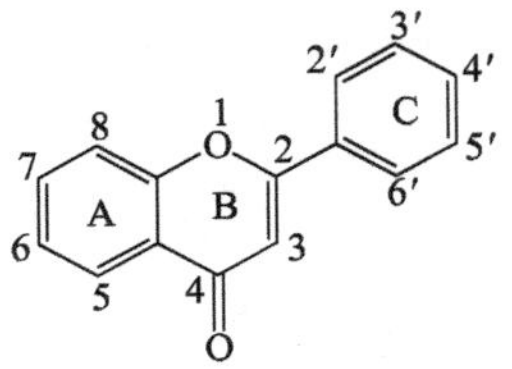

图 13.27　黄酮类基本结构式

2. 黄酮抗氧化机理

黄酮类化合物的抗氧化活性与其清除自由基作用密切相关。事实上不同黄酮单体物质具有不同的抗氧化活性，这表明黄酮类化合物清除自由基的能力取决于其结构特性[28, 29]。黄酮通过抽氢反应清除自由基的能力取决于新形成的自由基的稳定性。刘杰等[30]认为，抽氢反应活性位点的增多，并不代表抗氧化活性的增强，即抗氧化活性强弱与羟基多少并无直接关系，而取决于羟基在黄酮母核上的相对位置。

黄酮类抗氧化活性主要体现在两方面：清除自由基及螯合金属离子。

1) 清除自由基能力

黄酮通过抽氢反应清除自由基的能力取决于生成的酚氧自由基的稳定性[30]。

(1) 酚羟基位置

抗氧化活性顺序依次为联苯三酚羟基>邻苯二酚>间苯二酚羟基[31]。杨梅素、桑色素及槲皮素三者结构的 A 环和 C 环完全相同，区别在于 B 环上酚羟基的位置及数目的不同。自由基清除实验已经表明，三者的抗氧化活性依次为：杨梅素>槲皮素>桑色素。造成此结果的原因是邻苯二酚其中一酚羟基失电子变成酚氧自由基，氧原子与其邻位的酚羟基形成分子内氢键，保持了自由基结构的稳定性。邻苯三酚活性更强的原因是酚氧自由基旁有两个相邻的酚羟基可以形成两个分子内氢键，形成的酚氧自由基更加稳定。

(2) 2,3 碳位的双键

C 环中 3,4 碳位双键的存在可以将 A 环和 B 环的共轭体系延长，使得电子分配更均匀，苯氧自由基更加稳定。当此双键氢化后，延长的共轭体系被打断，抗氧化活性将存在不同程度的下降。

(3) C 环性质的影响

C 环含有羰基和双键，此两种不饱和键使得 C 环具有吸电子性质，它使 A 环和 B 环的清除自由基能力下降，但 C 环的吸电子性质使得与其共轭程度更高的 A 环受到更大影响。加之 A 环上的酚羟基多为间位或者是单羟基，而多数天然黄酮类物质的 B 环主要为邻二酚羟基，故 B 环比 A 环抗氧化活性更强。

2）螯合金属离子

金属离子是自由基反应的催化剂，甚至常常参与自由基反应而生成毒性更大的物质。黄酮类化合物 3-羟基-4-羰基和 4-羰基-5-羟基处具有很强的螯合金属离子的能力[30]。

3. 黄酮衍生物及其抗氧化活性

黄酮具有良好的生物学活性，广泛存在于多种食品和中草药中，是天然抗氧化剂，但因其水溶性或脂溶性不佳而，限制了其应用范围。许多研究学者通过对天然类黄酮类化合物改性修饰来改善其水溶性和脂溶性，从而得到应用范围更广泛的高效抗氧化剂。参阅文献资料可知，酰基化、酯化、糖苷化是黄酮类物质进行结构修饰以改变母体理化性质，提高生物活性的主要方法。

1）葛根素

葛根素是从药物葛根中分离出来的一种生物活性物质，具有抗氧化、抗炎症、抗癌等一系列药理作用[32]。研究人员[33-35]通过酰化、烷基化等有机合成反应定向将葛根素的活性部位进行修饰，得到了一系列水溶性和脂溶性能力提升的衍生物；通过消去反应的衍生物合成[36]，确定了 A 环 7 位的酚羟基比 B 环 4 位的酚羟基更先脱去质子，阐明了其衍生物合成机理、抗氧化作用可能活性位点和构效关系。葛根素结构式如图 13.28 所示。

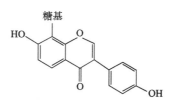

图 13.28　葛根素的结构式

2）杨梅素

杨梅素含有丰富的活性羟基，具有良好的抗氧化效果，但其水溶性较差，限制了其在医药领域的应用。杨梅素结构式如图 13.29 所示。

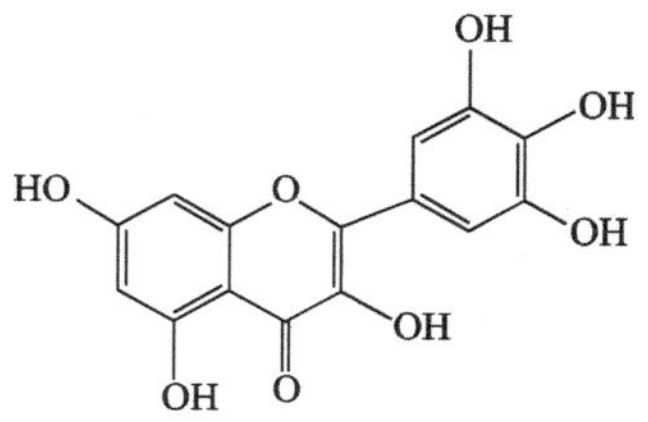

图 13.29　杨梅素的结构式

柴栋等[37]以杨梅素(MYR)为基体，在未改变其活性羟基的前提下，与多聚甲醛和二甲胺反应，在其 8 位空位引入曼尼西碱，合成了杨梅素曼尼西碱类化合物 8-二甲胺环甲基杨梅素(8-MYR)。通过芬顿实验，验证 MYR 及 8-MYR 的清除羟基自由基的能力，结果表明二者皆对羟基自由基具有良好的清除作用，但在相同浓度时 8-MYR 的清除率高于 MYR。MYR 及 8-MYR 都含有六个羟基，其抗氧化能力的差异可能是因为 8-MYR 中 8 位取代基的空间位阻及改变了 MYR 电子的分布情况的取代基电子，它们使得自由基更容易夺取电子，从而形成更稳定的酚氧自由基；细胞 MTT 实验表明：8-MYR 对正常细胞的生长繁殖影响较小，而对肿瘤细胞的抑制作用强于 MYR。8-MYR 合成路线如图 13.30 所示。

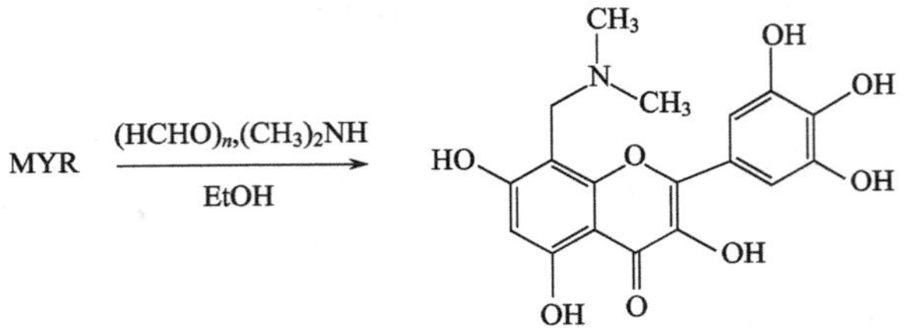

$$MYR \xrightarrow[\text{EtOH}]{(HCHO)_m(CH_3)_2NH}$$

图 13.30　8-MYR 的合成路线[37]

二氢杨梅素(DMY)是葡萄科蛇葡萄属植物显齿蛇葡萄的主要成分，其具有良好的抗氧化、抗炎症、抗肿瘤、抗衰老作用，但因其脂溶性和水溶性都不理想，严重影响了其作用的发挥。研究表明天然产物乙酰化可以在不改变其活性和基本结构的基础上增强物质的稳定性和脂溶性。蔡祯艳等[38]以 DMY 为原料，合成了系列不同取代程度的乙酰化产物，通过测定其羟基自由基和超氧自由基的清除率，来判断二氢杨梅素乙酰化衍生物的抗氧化活性。研究表明不同位置、不同数目的羟基被乙酰化的衍生物具有不同的抗氧化活性，随着其浓度的升高，抗氧化活性也升高，但仍低于 DMY。造成此结果的原因可能是活性羟基数目减少，乙酰化造成 DMY 空间位阻增大，阻碍了其与自由基的结合，导致清除自由基能力下降。DMY 乙酰化衍生物的合成路线如图 13.31 所示。

3) 水飞蓟宾

水飞蓟宾是从水飞蓟的果实种皮中分离出来的一种黄酮木质素类化合物。现代药理学研究表明，水飞蓟宾具有保肝抗癌及抗氧化等生物活性[39]，但由于水飞蓟宾水溶性较差，使其临床应用受到一定限制。鉴于水飞蓟宾的生物活性与其结构密切相关，研究人员通过对其进行化学修饰来改善其水溶性，并研究了修饰后产物与母体抗氧化活性的差异。水飞蓟宾结构式如图 13.32 所示。

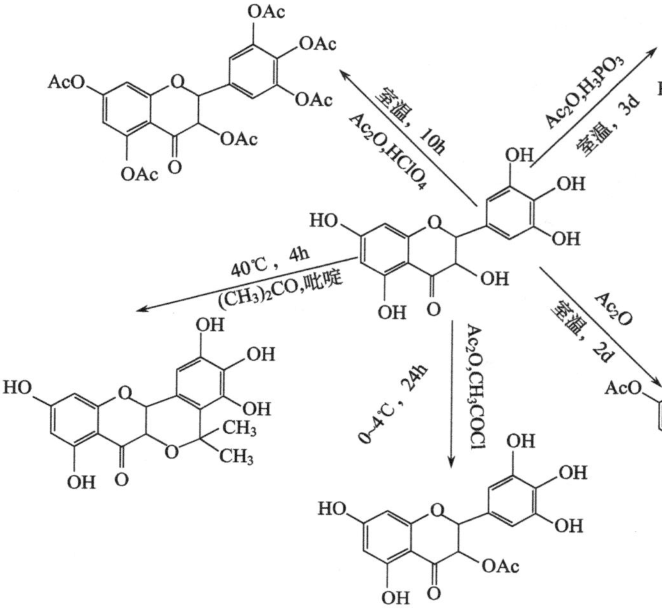

图 13.31　DMY 乙酰化衍生物的合成路线[38]

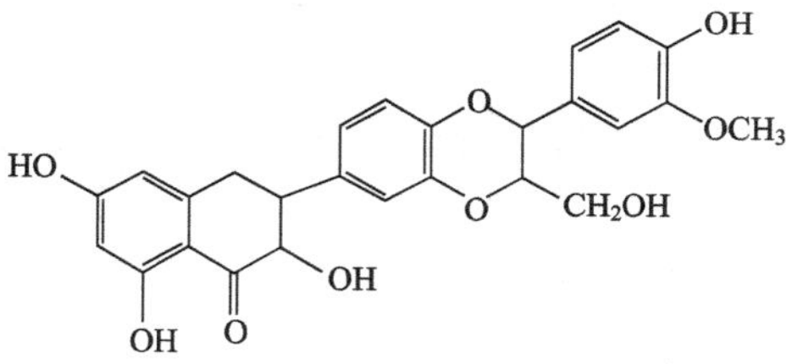

图 13.32　水飞蓟宾的结构式

（1）酯化

刘伟[40]对水飞蓟宾进行酯化处理，并对其酯化修饰产物进行了水溶性测定，针对其清除 DPPH 活性、还原能力、总抗氧化能力等多种化学模型及肝微粒体生物学模型考察了水飞蓟宾及其酯化衍生物的抗氧化活性。结果表明，通过酯化修饰后产物的水溶性有一定程度的改善，且修饰产物的抗氧化活性均有提高。水飞蓟宾酯化衍生物的结构式如图 13.33 所示。

（2）糖苷化

汪艳丽[41]合成了水飞蓟宾乳糖苷，并测定了其还原能力，清除 DPPH 自由基、ABTS+自由基能力及抑制脂质过氧化能力，结果表明水飞蓟宾乳糖苷的抗氧化活性优于水飞蓟宾，其清除 DPPH 自由基能力及还原能力的增强与引入乳糖基提供了更多的羟基而增强了其提供氢原子能力以及供电子能力有关。水飞蓟宾乳糖苷结构式如图 13.34 所示。

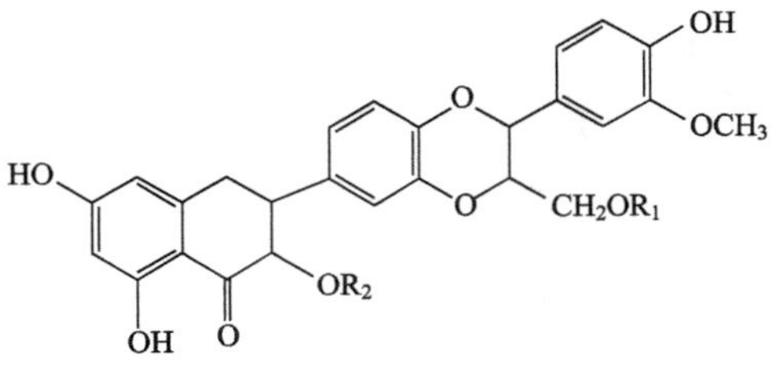

$R_1=H, R_2=PO(OH)_2$

$R_1=PO(OH)_2, R_2=H$

$R_1=R_2=OCCH_2CH_2COOH$

$R_1=H, R_2=OCCH_2CH_2COOH$

图 13.33　水飞蓟宾酯化衍生物的结构式[40]

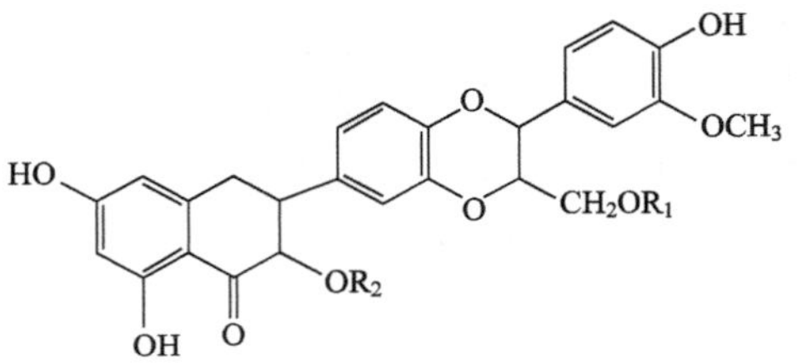

图 13.34　水飞蓟宾乳糖苷结构式[41]

（3）脱氢及氧化

Zarrelli 等[42]用水飞蓟宾为原料合成了抗氧化活性更强的 2,3-脱氢水飞蓟宾，并通过选择性氧化 C-23 位羟甲基部分制得水飞蓟宾及 2,3-脱氢水飞蓟宾的羧酸衍生物，其水溶性和抗氧化能力都提高。

13.2.3　多糖衍生物抗氧化活性

多糖是一类由十个以上单糖通过糖苷键连接而成的天然大分子物质，目前广泛研究的多糖常来源于真菌细菌的细胞壁和植物的细胞膜。多糖具有抗肿瘤、抗氧化、抗病毒、抗辐射、免疫调节等多种生物活性[43, 44]，且多糖活性与其所含的化学基团具有密切联系。

天然多糖的抗氧化活性是其本身具备的一大生物活性，这主要依赖多糖上存在的羟基以及糖蛋白复合物[45]，经分子修饰后其抗氧化活性可能实现不同程度的提高。近年来，对多糖进行化学分子修饰以期获得生物活性更强的多糖衍生物受到人们的广泛关注，抗氧化多糖衍生物修饰主要有硫酸酯化、羧甲基化和乙酰化[46]。

1. 硫酸酯化修饰

1) 硫酸酯化

硫酸酯化多糖也称多糖硫酸酯，是指多糖大分子链上单糖分子中的羟基被硫酸基团取代而形成的一类天然或人工合成的多糖。最近的一些研究表明，多糖经硫酸化修饰后，其对 DPPH 自由基、超氧自由基和羟基自由基的清除率得到提高，然而也有文献表明，硫酸化修饰会降低某些多糖的总还原能力，造成抗氧化能力的下降。

2) 多糖硫酸酯化抗氧化活性

Zhang[47]将氯磺酸（HClSO$_3$）与二甲基甲酰胺（DMF）在冰水浴中混合得到硫酸化试剂 SO$_3$-DMF。用 SO$_3$-DMF 处理溶解在甲酰胺中的紫菜多糖，反应 3h 后用 75%乙醇沉淀，沉淀物中和过滤，最终浓缩干燥得到硫酸酯化的紫菜多糖。通过测定超氧自由基清除能力、DPPH 自由基清除能力，以及总还原能力研究表明，经磷酸化修饰的紫菜多糖比未修饰的抗氧化活性高。在吡咯中添加吸电子基团可加强对超氧自由基的清除力度，增强抗氧化活性[48]。因此，磷酸酯化也可能增强清除超氧自由基的能力，但由于磷酸酯化后使得其供氢能力较弱，清除 DPPH 自由基的效果不佳。还原能力也被证明以提供氢原子破坏自由基链起作用[49]，磷酸酯化后的紫菜多糖羟基减少，还原能力略有下降。硫酸根及其取代度对于抗氧化活性强弱有影响。硫酸酯化紫菜多糖的合成路线如图 13.35 所示。

Zhu 等[50]研究了发酵冬虫夏草多糖经硫酸酯化后的生物活性，发现其抗氧化能力降低。

Ma 等[51]通过铁还原能力及脂质过氧化能力的测定研究了白桦茸多糖硫酸酯衍生物的抗氧化活性，发现其还原能力较未改性多糖没有显著变化，但有研究[52]报道过硫酸酯化后多糖还原能力升高，可能是不同种类多糖的不同理化性质导致的差异，但其脂质过氧化能力较未改性多糖升高。

Chen 等[53]发现硫酸酯化的玉米须多糖清除 DPPH 自由基能力较未改性多糖的能力增强，并且在浓度为 0.5 mg/mL 时，其清除羟自由基的能力高达 83.7%。

2. 羧甲基化

1) 多糖羧甲基化

多糖羧甲基化即在多糖大分子链上引入羧甲基基团，羧甲基对于多糖的生物活性具有重要影响。

2) 多糖羧甲基化抗氧化活性

Chen 等[53]对玉米须多糖进行了乙酰化、磷酸酯化及羧甲基化，结果表明羧甲基化多糖具有更好的水溶性以及较未改性和其他两种改性多糖更高的抗氧化活性。

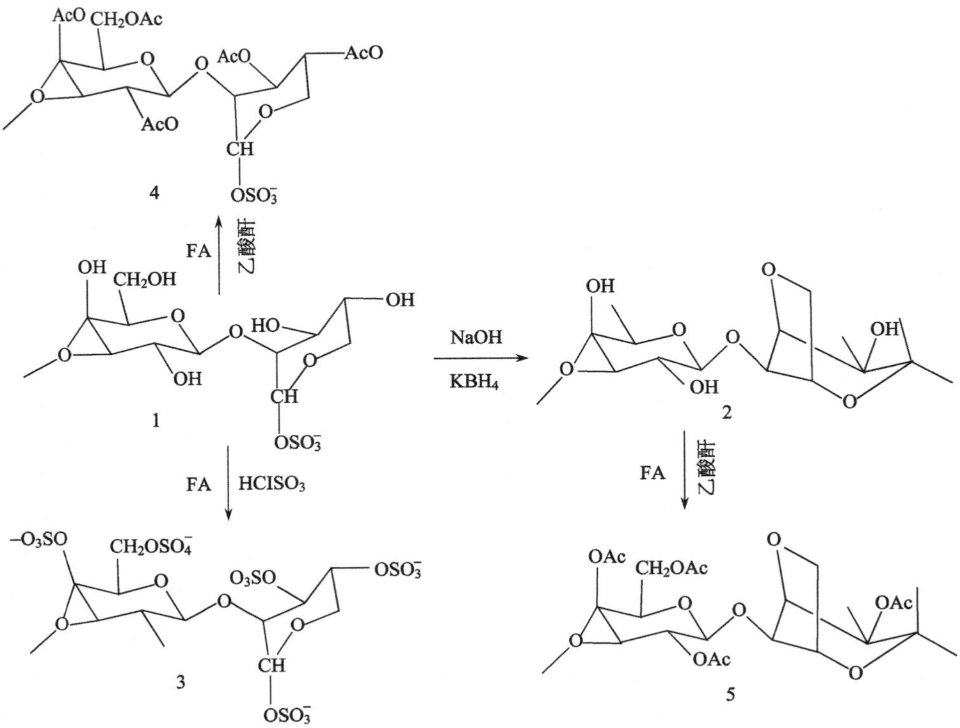

图 13.35 硫酸酯化紫菜多糖的合成路线[47]

Xu 等[54]对灵芝多糖进行羧甲基化改性，发现当浓度为 5 mg/mL 时，其抗羟基自由基能力高达 87%，较未改性之前提高了 30%。

申林卉等[55]发现，羧甲基化的苦豆子多糖清除羟基自由基的能力较未改性之前的增强。

Zhang 等[56]通过测定清除 DPPH 自由基、羟自由基、超氧自由基及铁还原力能力发现灰树花多糖羧甲基化可明显提高其抗氧化活性。一般来说，羧甲基修饰后的多糖对羟基自由基的清除能力提高，这可能是由于羧甲基化使原多糖的分子结构发生改变，从而增强其阻断羟基自由基连锁反应的能力。

3. 乙酰化

1) 多糖乙酰化

乙酰化改性使多糖链伸展，体系内部羟基暴露，改善糖水溶性，也使羟基与自由基更容易结合，但若乙酰化程度过大，羟基数目变少，则又会导致溶解度降低。

2）多糖乙酰化抗氧化活性

Ma 等[51]同时研究了硫酸酯化、羧甲基化及乙酰化蘑菇多糖，三种改性多糖的铁还原能力以乙酰化蘑菇多糖最高，原因可能是增大了多糖的溶解度或给电子能力，抗脂质过氧化能力也是乙酰化蘑菇多糖最强，在浓度为 0.5 mg/mL 时，脂质过氧化抑制率高达 87.81%。

李铭等[57]通过将低聚壳聚糖改性得到了取代度分别为 0.25、0.57、0.70 的 N-琥珀酰低聚壳聚糖，结果表明 N-琥珀酰低聚壳聚糖衍生物的抗氧化活性较低聚壳聚糖活性下降，并且随着取代度的升高，琥珀酰衍生物对羟自由基的清除能力下降；对超氧自由基清除能力分别为取代度 0.57>0.25>0.70，而对 DPPH 的清除能力以及还原能力大小顺序均为取代度 0.25> 0.70＞0.57。因此，改性产物的取代度对抗氧化能力的强弱具有重要影响，且造成不同取代度多糖衍生物对各种自由基清除能力的差异可能是由于清除各种自由基机理不同所致。

13.2.4　蛋白质衍生物及其抗氧化活性

蛋白质进行化学改性的方法主要有酸碱化、酰化、脱酰胺、磷酸化以及糖基化(美拉德反应)，但目前关于改性蛋白的抗氧化活性研究主要集中于蛋白质糖基化衍生物。其他改性修饰方法也会改变蛋白质的部分理化性质，如热稳定性、起泡性和乳化性等，但抗氧化活性研究较少。

1. 蛋白质酰化和磷酸化

研究表明[58, 59]许多植物以及动物蛋白水解产物及肽具有抗氧化活性，且小肽的抗氧化活性一般较高[58, 60]。Zhao[61]通过琥珀酰化及磷酸化蛋白质后用蛋白酶水解，得到了比未改性蛋白更多的小肽，实验证明改性蛋白水解物清除 DPPH 自由基的能力强于未改性产物，且实验研究表明随着小肽含量增加，清除 DPPH 自由基的活性明显增加，实验中酰化改性蛋白质比磷酸化蛋白质水解得到的小肽数目少，但前者清除羟自由基能力却高于后者。经酰化和磷酸化处理后，蛋白质的天然结构修饰后改变了由所选蛋白酶切割的特异性肽键，从而增强了具有抗氧化性质的小肽含量，进而使蛋白水解产物抗氧化活性增强。

2. 蛋白质糖基化

糖基化是用于蛋白质抗氧化活性研究最多的改性方法，蛋白质与不同糖作用发生美拉德反应。产物主要为一些类黑精、还原酮及含 N、S 的杂环化合物。研究表明类黑精还原能力及清除 DPPH 自由基的能力都较强，而还原酮具有还原及螯合金属离子的作用，N、S 杂环化合物具有芳香特性，碳原子上电子过剩，由于碳原子上 π 电子云密度增加有助于自由基亲电加成，从而起到抗氧化的作用。

王文琼等[62]用六种糖类与蛋白质进行湿热糖基化，发现糖基化复合物随浓度的增加，还原能力与 DPPH 自由基清除能力增加，且乳清蛋白与木糖复合物的抗氧化能力最强。

Gu 等[63]研究了以酪蛋白-葡萄糖制备的美拉德产物的抗氧化活性，结果表明不同相对分子质量的美拉德产物具有不同能力的抗氧化活性。

尤娟[64]对鲢鱼鱼肉蛋白肽进行糖基化，结果表明糖基化反应产物具有较好的清除 DPPH 自由基能力和还原力，明显高于未经糖基化的多肽，且多肽与葡萄糖在 60℃、以 2∶1 混合时抗氧化活性很强。

Sun 等[65]将乳清蛋白水解产物与葡萄糖通过美拉德反应糖基化来测定乳清蛋白水解产物的抗氧化活性，表明在葡萄糖浓度为 8 %，温度 92℃，反应 3.2 h 时的抗氧化活性最强，远大于未糖基化的乳清蛋白水解产物。

13.2.5　其他

1. 小檗碱衍生物抗氧化活性

1）小檗碱简介

小檗碱又称黄连素（berberine），是一种重要的生物碱，是我国应用很久的中药，其可从黄连、黄柏、三颗针等植物中提取，具有显著的抑菌作用，结构式如图 13.36 所示。

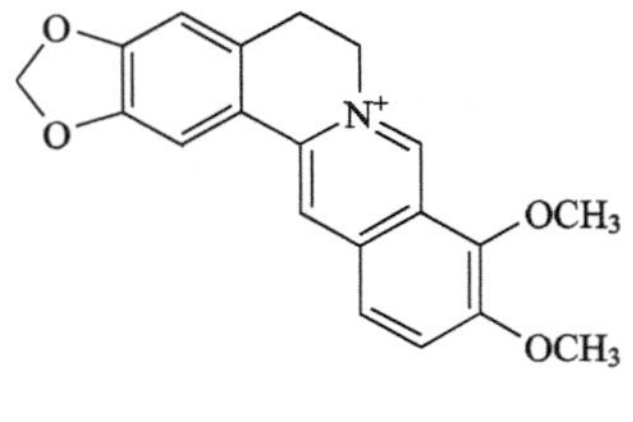

图 13.36　小檗碱结构式

2）小檗碱衍生物及其抗氧化活性

丁阳平[66]采用 N,N-二甲基甲酰胺、间苯三酚/硫酸体系、无水三氯化铝/吡啶及三溴化硼/二氯甲烷，分别生成 9-羟基-小檗碱衍生物、2,3-二羟基-小檗碱衍生物、2,3,9-三羟基-小檗碱衍生物和 2,3,9,10-四羟基-小檗碱衍生物，并首次合成出 8-烷基多酚类小檗碱衍生物，同时研究其抗油脂氧化能力。首次将多酚类小檗碱衍生物用于抗氧化作用研究。通过测定四种物质对 DPPH 自由基和羟自由基的清除效果，发现 2,3,9,10-四羟基-小檗碱衍生物的作用最强。

多酚类小檗碱衍生物合成途径如图 13.37 所示。

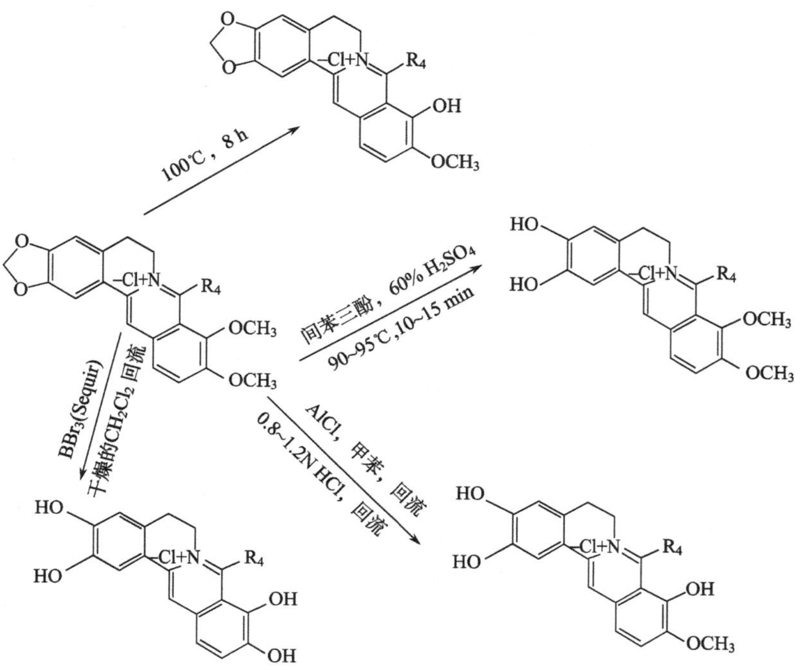

图 13.37　多酚类小檗碱衍生物合成途径[66]

　　本章概括了国内外酚、胺类等化学合成抗氧剂和多酚、黄酮、多糖、蛋白质及衍生物等天然抗氧化剂合成及活性研究，其中化学合成抗氧化剂在应用中需严格限制使用限量，如 BHA、BHT、TBHQ 及 PG 等；天然抗氧化剂合成源于某些植物和药物中抗氧化活性成分的提取及修饰改性，修饰改性后可保持或提高抗氧化能力，并改善其自身稳定性和溶解性等理化性能。未来伴随人类对抗氧化功能需求的不断增强，具有抗氧化活性的化合物的合成与活性研究方兴未艾。

参 考 文 献

[1] 陈荣, 王学亮, 徐环环. 抗氧剂抗氧化活性研究进展[J]. 菏泽学院学报, 2013, 35(5): 44-49.

[2] 夏英姿, 蔡可迎, 冯长君. 丁基羟基茴香醚的合成[J]. 精细石油化工进展, 2001, (08): 28-30.

[3] 钱运华, 金叶玲. 食品抗氧化剂没食子酸丙酯的合成[J]. 江苏化工, 2004, 32(4): 29-30.

[4] 李敢. 没食子酸丙酯的合成研究进展[J]. 现代盐化工, 2016, 2(1): 25-26.

[5] 梁建林, 冯光炷, 周新华, 等. 叔丁基对苯二酚合成研究进展[J]. 广东化工, 2011, 38(02): 84-85, 94.

[6] 张永鹏, 陈俊, 郭绍辉, 等. 受阻酚类抗氧剂的研究进展及发展趋势[M]. 2011.

[7] Gao X, Meng X, Wang H, et al. Antioxidant behaviour of a nanosilica-immobilized antioxidant in polypropylene[J]. Polymer Degradation & Stability, 2008, 93(8): 1467-1471.

[8] 陈健. 防老剂 AH 合成过程中溶剂的研究[J]. 阅江学刊, 2007, (6): 26-27.

[9] 刘凯凯, 李松鹏, 陆宪华, 等. 受阻胺类橡胶防老剂研究进展及发展趋势[J]. 合成材料老化与应用, 2012, 41(05): 35-43.

[10] Kriston I, Pénzes G, Szijjártó G, et al. Study of the high temperature reactions of a hindered aryl phosphite (Hostanox PAR 24) used as a processing stabiliser in polyolefins[J]. Polymer Degradation and Stability, 2010, 95(9): 1883-1893.

[11] 欧阳平, 邢晓晨, 张贤明. 抗氧剂的研究现状及发展趋势[J]. 应用化工, 2015, 44(2): 344-348.

[12] 王洪新, 李朱. 酶法酰化儿茶素 EGCG 及其产物在大豆油中的抗氧化性[M], 2013.

[13] 赵保路. 茶多酚的抗氧化作用[J]. 科学通报, 2002, 47(16): 1206-1210.

[14] 吴佳敏. 茶多酚及其改性衍生物抗氧化性研究[J]. 中国食品添加剂, 2009, (01): 110-113.

[15] 全吉淑, 尹学哲, 金泽武道. 茶多酚自由基清除及抗脂蛋白氧化作用研究[J]. 中药药理与临床, 2007, 23(03): 75-77.

[16] 张俊黎, 王晓平. 茶多酚生物学活性的研究进展[J]. 预防医学论坛, 2007, 13(12): 1113-1116.

[17] 傅冬和, 刘仲华, 黄建安, 等. 儿茶素在食用植物油中的抗氧化应用效果[J]. 茶叶科学, 1999, 19(01): 61-66.

[18] 聂小华. 油溶性茶多酚——茶多酚脂肪酸酯的研制[J]. 化工中间体, 2005, 25(1): 64-64.

[19] 王洪新, 聂小华. 油溶性茶多酚——茶多酚脂肪酸酯的研制[J]. 食品科学, 2004, 25(12): 92-96.

[20] 刘建, 孟春丽, 杨萍. 茶多酚对食用油脂的抗氧化性探讨[J]. 河南工业大学学报(自然科学版), 2007, 28(04): 37-40.

[21] 张健希, 胡静波, 张玉军. 茶多酚改性及其抗氧化性能的研究[J]. 粮食与食品工业, 2008, 15(2): 33-37.

[22] Chebil L, Humeau C, Falcimaigne A, et al. Enzymatic acylation of flavonoids[J]. Process Biochemistry, 2006, 41(11): 2237-2251.

[23] Ishihara K, Katsube Y, Kumazawa N, et al. Enzymatic preparation of arbutin derivatives: Lipase-catalyzed direct acylation without the need of vinyl ester as an acyl donor[J]. Journal of Bioscience and Bioengineering, 2010, 109(6): 554-556.

[24] 李哲, 朱松, 王洪新. 酶法酰化儿茶素 EGCG 及其产物在大豆油中的抗氧化性[J]. 食品科学, 2013, 34(08): 1-5.

[25] 李清禄, 林新华. 增效脂溶性茶多酚溶液的制备及其在食用植物油中的抗氧化性能[J]. 福建农业大学学报, 2001, 30(02): 244-249.

[26] 郑雄敏, 徐旭士. 茶多酚对豆油及菜油抗氧化性的研究[J]. 南昌大学学报(理科版), 1998, 22(02): 8-11.

[27] 赵峰, 阙付有, 梁京. 儿茶素单体 EGCG 酶法修饰研究及其产物抗氧化活性评价[J]. 天然产物研究与开发, 2015, 27(3): 490-495.

[28] Zhang H Y, Chen D Z. Theoretical elucidation on activity differences of ten flavonoid antioxidants[J]. Acta Biochimica et Biophysica Sinica, 2000, 32(4): 317-321.

[29] Zhang H Y, Ge N, Zhang Z Y. Theoretical elucidation of activity differences of five phenolic antioxidants[J]. Acta Pharmacologica Sinica, 1999, 20(4): 363-366.

[30] 刘杰, 王伯初, 彭亮, 等. 黄酮类抗氧化剂的构效关系[J]. 重庆大学学报(自然科学版), 2004, 27(02): 120-124.

[31] 张红雨, 陈德展. 酚类抗氧化剂清除自由基活性的理论表征与应用[J]. 生物物理学报, 2000, 16(01): 1-9.

[32] Zhou Y X, Zhang H, Peng C. Puerarin: A review of pharmacological effects[J]. Phytotherapy Research, 2014, 28(7): 961-975.

[33] 霍丹群, 石开云, 侯长军, 等. 葛根素衍生物及其制备工艺: CN1800196A[P]. 2006.

[34] 屈凌波, 王玲, 陈晓岚, 等. 葛根素及其衍生物与牛血清白蛋白相互作用研究[J]. 化学学报, 2007, 65(21): 2417-2422.

[35] 袁金伟. 葛根素的磷酰化结构改造和性质研究[D]. 郑州: 郑州大学, 2006.

[36] 韩瑞敏, 田玉玺, 王鹏, 等. 葛根素衍生物的合成、表征及衍生化反应机理[J]. 高等学校化学学报, 2006, 27(09): 1716-1720.

[37] 柴栋, 严高剑, 叶振锋, 等. 8-二甲胺环甲基杨梅素的合成及生理活性研究[J]. 精细化工, 2016, 33(11): 1244-1248, 1265.

[38] 蔡祯艳, 刘赫男, 王虹, 等. 二氢杨梅素乙酰化衍生物的合成及其抗氧化活性研究[J]. 中国医药工业杂志, 2016, 47(1): 18-21.

[39] Singh R P, Agarwal R. Flavonoid antioxidant silymarin and skin cancer[J]. Antioxidants and Redox Signaling, 2002, 4(4): 655-663.

[40] 刘伟. 水飞蓟宾酯化修饰物的合成、表征及抗氧化活性研究[D]. 南昌: 南昌大学, 2011.

[41] 汪艳丽, 余燕影, 曹树稳. 水飞蓟宾乳糖苷的合成、表征及抗氧化活性研究[J]. 天然产物研究与开发, 2013, 25(02): 161-165.

[42] Zarrelli A, Sgambato A, Petito V, et al. New C-23 modified of silybin and 2, 3-dehydrosilybin: Synthesis and preliminary evaluation of antioxidant properties[J]. Bioorganic & Medicinal Chemistry Letters, 2011, 21(15): 4389-4392.

[43] Xie J H, Liu X, Shen M Y, et al. Purification, physicochemical characterisation and anticancer activity of a polysaccharide from Cyclocarya paliurus leaves[J]. Food Chemistry, 2013, 136(3-4): 1453-1460.

[44] Lee J B, Takeshita A, Hayashi T, et al. Structures and antiviral activities of polysaccharides from Sargassum trichophyllum[J]. Carbohydrate Polymers, 2011, 86(2): 995-999.

[45] Li J, Fan L, Ding S. Isolation, purification and structure of a new water-soluble polysaccharide from Zizyphus jujuba cv. Jinsixiaozao[J]. Carbohydrate Polymers, 2011, 83(2): 477-482.

[46] Li X, Wang L, Wang Z, et al. Primary characterization and protective effect of polysaccharides from Hohenbuehelia serotina against γ-radiation induced damages in vitro[J]. Industrial Crops & Products, 2014, 61: 265-271.

[47] Zhang Q, Zhang H, Zhang Z, et al. Chemical modification and influence of function groups on the in vitro-antioxidant activities of porphyran from Porphyra haitanensis[J]. Carbohydrate Polymers, 2010, 79(2): 290-295.

[48] Yanagimoto K, Lee K G, Ochi H, et al. Antioxidative activity of heterocyclic compounds found in coffee volatiles produced by Maillard reaction[J]. Journal of Agricultural and Food Chemistry, 2002, 50(19): 5480-5484.

[49] Nishide E, Ohno M, Anzai H, et al. STUDIES ON PORPHYRAN FROM PORPHYRA-YEZOENSIS VEDA F-NARAWAENSIS MIURA . 1. EXTRACTION OF PORPHYRAN FROM PORPHYRA-YEZOENSIS UEDA F-NARAWAENSIS MIURA[J]. NIPPON SUISAN GAKKAISHI, 1988, 54(12): 2189-2194.

[50] Zhu Z Y, Liu Y, Si C L, et al. Sulfated modification of the polysaccharide from Cordyceps-gunnii mycelia and its biological activities[J]. Carbohydrate Polymers, 2013, 92(1): 872-876.

[51] Ma L, Chen H, Zhang Y, et al. Chemical modification and antioxidant activities of polysaccharide from mushroom Inonotus obliquus[J]. Carbohydrate Polymers, 2012, 89(2): 371-378.

[52] Zou C, Du Y, Li Y, et al. Preparation of lacquer polysaccharide sulfates and their antioxidant activity in vitro[J]. Carbohydrate Polymers, 2008, 73(2): 322-331.

[53] Chen S H, Chen H X, Tian J G, et al. Chemical modification, antioxidant and alpha-amylase inhibitory activities of corn silk polysaccharides[J]. Carbohydrate Polymers, 2013, 98(1): 428-437.

[54] Xu J, Liu W, Yao W, et al. Carboxymethylation of a polysaccharide extracted from Ganoderma lucidum enhances its antioxidant activities in vitro[J]. Carbohydrate Polymers, 2009, 78(2): 227-234.

[55] 申林卉, 刘丽侠, 陈冠, 等. 苦豆子多糖羧甲基化修饰及其抗氧化活性的研究[J]. 天津中医药大学学报, 2014, 33(03): 157-160.

[56] Zhang W, Lu Y, Zhang Y, et al. Antioxidant and antitumour activities of exopolysaccharide from liquid‐cultured Grifola frondosa by chemical modification[J]. International Journal of Food Science & Technology, 2016, 51(4): 1055-1061.

[57] 李铭, 熊小英, 谢晶, 等. N-琥珀酰低聚壳聚糖的抗氧化性能研究[J]. 天然产物研究与开发, 2014, 26(10): 1680-1684.

[58] Beermann C, Euler M, Herzberg J, et al. Anti-oxidative capacity of enzymatically released peptides from soybean protein isolate[J]. European Food Research and Technology, 2009, 229(4): 637-644.

[59] Atmaca G. Antioxidant effects of sulfur-containing amino acids[J]. Yonsei Medical Journal, 2004, 45(5): 776-788.

[60] Bounous G, Molson J H. The antioxidant system[J]. Anticancer Research, 2003, 23(23): 1411-1415.

[61] Liu T X, Zhao M. Physical and chemical modification of SPI as a potential means to enhance small peptide contents and antioxidant activity found in hydrolysates[J]. Innovative Food Science and Emerging Technologies, 2010, 11(4): 677-683.

[62] 陈颖, 王包. 改性乳清蛋白体外抗氧化特性[J]. 食品与发酵工业, 2012, 38(3): 62-67.

[63] Gu F, Kim J M, Hayat K, et al. Characteristics and antioxidant activity of ultrafiltrated Maillard reaction products from a casein–glucose model system[J]. Food Chemistry, 2009, 117(1): 48-54.

[64] 尤娟. 鲢鱼鱼肉蛋白抗氧化肽的制备及其糖基化产物功能特性的研究[D]. 北京: 中国农业大学, 2014.

[65] Sun C Y, Li D H, Liu Q, et al. Improvement of antioxidant activity of whey protein hydrolyzate by conjugation with glycosylation[J]. ASIAN JOURNAL OF CHEMISTRY, 2014, 26(16): 5087-5092.

[66] 丁阳平. 小檗碱衍生物设计、合成及生理活性研究[D]. 重庆: 西南大学, 2011.

第14章　合成化合物抗心脑血管疾病

近年心脑血管疾病作为一种严重威胁人类健康的高发生活习惯病具有发病率、致残率、死亡率、复发率高等特点，越来越引起人们的高度重视。大部分心脑血管疾病属于需长期用药的慢性病和多发病，目前已应用于临床的药物主要划分为两大类：一是化学合成类药物；二是具有抗心脑血管疾病的天然活性成分药。本章主要介绍他汀类、二氢吡啶类及噻吩并吡啶类等化学合成药与川芎、丹参、虫草、南海海洋真菌、深海鱼油等天然活性成分改性合成药的合成方法与抗心脑血管功能活性。此外，也简述了部分特殊合成材料在心脑血管疾病治疗中的辅助作用。

14.1　心脑血管疾病及其治疗药物

随着科学技术与社会经济飞速发展，人类正经受各种疾病带来的困扰。心脑血管疾病已成为仅次于癌症的人类第二大杀手。尽管医疗技术已取得迅猛发展，对诸多疾病已有对症良策，但是心脑血管疾病的治疗仍是医学难题。心脑血管疾病包括高血压、冠心病、脑卒中、偏头痛、动脉瘤等，发病率、致死率、致残率均较高[1]。

目前应用于心脑血管疾病治疗的药物主要划分为两大类[2]：化学合成药物和天然活性成分改性合成药物。两类药物相关研究成果较多，部分已于临床获得有效应用。其主要作用机制是：通过促进胆酸或胆固醇的排出而减少胆酸或胆固醇在肠道的吸收；抑制胆固醇体内的合成或促进胆固醇在体内转化；促进细胞膜上低密度脂蛋白受体的表达，进而加速脂蛋白分解代谢；激活脂蛋白代谢酶类的活性，促进甘油三酯的水解；阻止其他脂类物质在体内的合成，促进其他脂质的分解代谢。目前化学合成类药物就是从五种作用机制角度出发设计合成的，其中研究与应用较多的是他汀类、二氢吡啶类以及噻吩吡啶类合成药物。天然活性成分对于心脑血管疾病的治疗与化学合成药物相比具有安全、副作用小等优势，但由于其稳定性差，临床应用较困难。近年越来越多的专家学者致力于研究天然活性药物成分改性合成制备高稳定性抗心脑血管药物。本文主要针对他汀类、二氢吡啶类及噻吩并吡啶类等化学合成药与川芎、丹参、虫草、南海海洋真菌、深海鱼油等天然活性成分改性合成药的合成方法、机制及抗心脑血管功能活性应用进行介绍。

14.2　化学合成类药物

用于心脑血管疾病治疗的化学合成类药物种类较多，此类药物价格低，已被临床患者接受，但长期服用易引起严重的不良反应，这些药物包括他汀类、二氢吡啶类及噻吩并吡啶类。

14.2.1　他汀类药物合成与功能活性

他汀类药物[3]发展已历经三代：第一代为发酵法制取，如辛伐他汀、普伐他汀等；第二代为人工合成消旋体，如辛伐他汀等；第三代为化学全合成对映体，如氟伐他汀、洛伐他汀、阿托伐他汀（立普妥）、西立伐他汀等。他汀类是目前治疗心脑血管疾病的常用药物，其对心脑血管疾病的治疗除降脂作用外，还得益于多种非调脂作用，如抑制平滑肌细胞增生、增加一氧化氮生物合成、改善血管内皮功能、逆转血管重构、抑制血栓形成、抗炎、抗氧化和稳定动脉粥样硬化斑块等，这些作用在动脉粥样硬化防治中占有重要地位。他汀类降脂药的多效性作用越来越受到关注，其抗炎作用也是目前研究热点之一。

1. 阿托伐他汀钙的合成及活性

阿托伐他汀钙的化学式是 $(3R,5R)$-2-（4-氟苯基）-β,γ-二羟基-5-（1-甲基乙基）-3-苯基-4-苯胺基酰基-1-H-吡咯-1-庚酸钙盐三水化合物。阿托伐他汀钙属羟甲戊二酰辅酶（HMG-CoA）还原酶抑制剂，它主要通过抑制肝脏内 HMG-CoA 还原酶来降低血浆中胆固醇和血清脂蛋白的浓度。

1）阿托伐他汀钙合成

阿托伐他汀钙[4]的化学结构可拆分为两部分，其一是取代的吡咯环结构（主环），其二是 3,5-二羟基庚酸结构（侧链）。阿托伐他汀钙的合成方法有两种，一种是线性合成法，即先合成取代的吡咯环，然后在环上引入手性的 3,5-庚酸结构；另一种是汇聚合成法，即先制备手性的 3,5-二羟基庚酸片段，然后与 1,4-二羰基化合物环合而得到目标产物。

（1）主环合成

以苯乙酸为起始原料，经酰氯化、Friedle-Crafts 酰基化、溴化、缩合得到主环 2-[2-（4-氟苯基）-2-氧代-1-苯基乙基]-4-甲基-3-氧代-N-苯基戊酰胺，路线如图 14.1 所示。

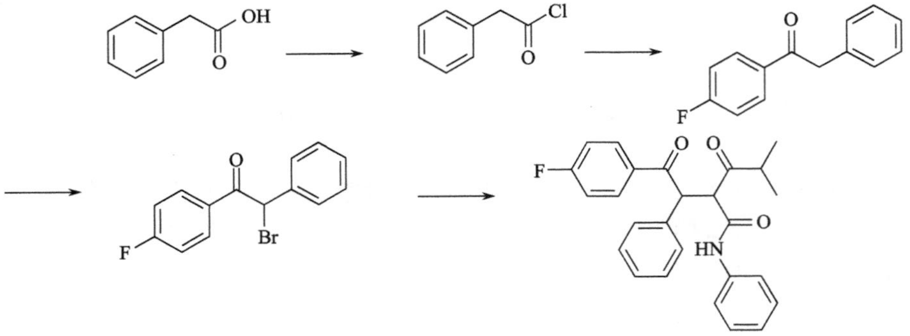

图 14.1　阿托伐他汀钙主环的合成[4]

（2）侧链合成

主环 2-[2-（4-氟苯基）-2-氧代-1-苯基乙基]-4-甲基-3-氧代-N-苯基戊酰胺与侧链 2-（4R, 6R）-6-（2-氨乙基）-2,2-二甲基-1,3-二氧己环-4-基）乙酸叔丁酯（ATS-9）发生 Paal-Knorr 反应成环，经去保护、酯水解成钙盐，可得阿托伐他汀钙，如图 14.2 所示。

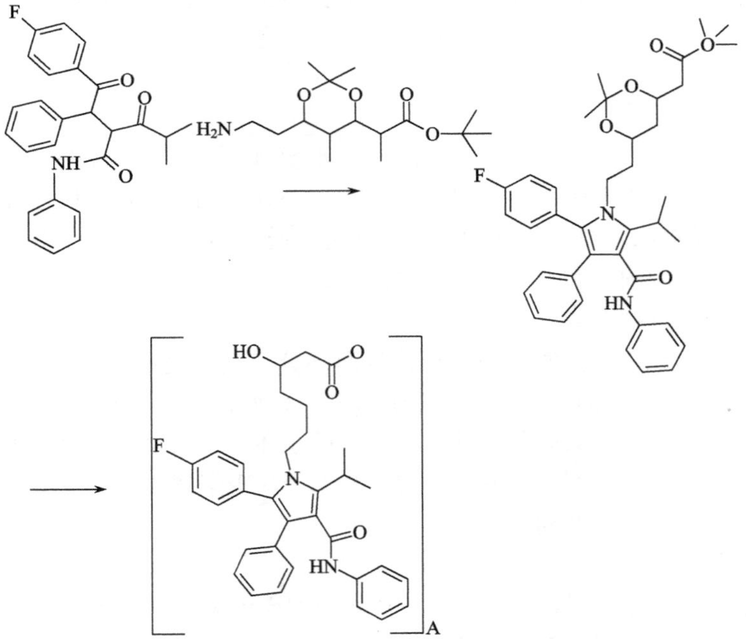

图 14.2　阿托伐他汀钙主侧链的合成[4]

2）阿托伐他汀钙活性

李丹丹[5]随机选择缺血性脑血管病患者 150 人，并将患者统一编号，随机分入 A 组($n=50$)、B 组($n=50$)、C 组($n=50$)。A 组为维持治疗组(阿托伐他汀钙 20 mg/d,连续治疗 12 个月),B 组为中断治疗组(阿托伐他汀钙 20 mg/d 个月),C 组为对照组(未用阿托伐他汀钙治疗)。通过检测脑梗死急性期患者使用阿托伐他汀钙后不同时期的血清白介素-1β、白介素-6 及肿瘤坏死因子-α 蛋白水平的表达变化及神经功能缺损的康复情况,探讨他汀类药物对急性脑梗死炎性损伤机制的干预效果。结果发现阿托伐他汀类药物具有明显的降低心脑血管事件发生率的作用。

2. 瑞舒伐他汀的合成及其活性

1)瑞舒伐他汀钙合成

瑞舒伐他汀钙,化学名为(+)-($3R$, $5S$)-双{7-[4-(4-氟苯基)-6-异丙基-2-(N-甲基-N-甲磺酰基氨基)嘧啶-5-基]-3,5-二羟基-6-(E)-庚烯酸}钙,瑞舒伐他汀钙具有强有力的 HMG-CoA 还原酶抑制活性,且具有降低 LDL-C、升高 HDL-C 的作用。

蔡伟等[6]以 4-(4-氟苯基)-6-异丙基-2-(N-甲基-N-甲磺酰基氨基)嘧啶-5-甲醛为起始原料,然后与(R)-3-[(叔丁基二甲基硅烷基)氧基]-5-氧代-6-三苯基膦己酸甲酯进行缩合反应,再经去保护、顺式还原、水解成钙盐,得最终产品。

2)瑞舒伐他汀钙活性

瑞舒伐他汀钙作为一种新型降脂药物除具有较强大降脂作用外,还在抑制炎症反应、改善血管内皮功能、稳定斑块等方面发挥重要作用。薛峰等[7]利用液氮冻伤联合高脂饮食喂养创建了与人动脉粥样硬化斑块相似的兔颈动脉粥样硬化斑块模型,探讨瑞舒伐他汀钙对兔颈动脉粥样硬化斑块内的 CD147 表达水平、外周血清金属基质蛋白酶-2、金属基质蛋白酶-9 的浓度水平及斑块稳定性的影响。研究表明瑞舒伐他汀钙可以明显抑制斑块局部 CD147 的表达及降低血清中 P-2、MMP-9 浓度水平。

14.2.2　二氢吡啶类药物的合成及活性

二氢吡啶类药物为选择性 Ca^{2+} 通道阻滞剂,可使开放的 Ca^{2+} 通道数目减少,阻滞 Ca^{2+} 进入细胞内,在心脏、肾脏、血管、平滑肌等部位表现钙拮抗效应,从而发挥其抗心脑血管疾病活性。

1. 盐酸乐卡地平的合成及活性

1)盐酸乐卡地平合成

盐酸乐卡地平化学名为 1,4-二氢-2,6-二甲基-4-(3-硝基苯基)-3,5-吡啶-2-[N-(3,3-二苯基丙基)甲胺基]-1,1-二甲基乙基甲酯盐酸盐。盐酸乐卡地平可采用酯化法进行合成，直接以母核为原料，将母核溶解在惰性溶剂二氯甲烷和 *N,N*-二甲基甲酰胺的混合溶剂中，加入二氯亚砜氯化后，再加入侧链醇反应得到乐卡地平无水盐酸盐，产物用无水乙醇重结晶获得，如图 14.3 所示。

图 14.3 盐酸乐卡地平的合成[8]

2) 盐酸乐卡地平活性

程文立等[8]通过动物实验观察盐酸乐卡地平对高血压载脂蛋白 E 基因敲除小鼠主动脉弹力板降解及胶原合成的影响及相关机制，实验结果表明，盐酸乐卡地平能够抑制高血压载脂蛋白 E 基因敲除小鼠弹力板降解及胶原合成，其作用与抑制氧化应激及炎症作用有关。

2. 阿折地平的合成及其活性

1) 阿折地平合成

阿折地平[9]化学名为二苯甲基氮杂环丁烷二苯甲基氮杂环丁基-5-异丙基-2-氨基-1,4-二氢-6-甲基-4-(3-硝基苯基)-3,5-吡啶二羧酸酯。具体步骤为：二苯甲胺和环氧氯丙烷经亲核取代、闭环、酯化、氨解等反应制得 3,3-二氨基丙烯酸-1-二苯甲基-3-氮杂环丁酯乙酸盐。然后，由间硝基苯甲醛和乙酰乙酸异丙酯在浓硫酸催化下反应制得 2-(3-硝基苯亚甲基)乙酰乙酸异丙酯，再经 Michael 加成、闭环制得抗高血压药阿折地平。

2) 阿折地平活性

焦海旭[10]通过对高血压病志愿者进行用药观察，得出阿折地平在用于治疗原发性高血压患者时不仅具有良好的降压效果，还具有减慢心率的作用，能降低血中炎性介质超敏 C 反应蛋白的含量，提高超氧化物歧化酶以及 6-酮前列腺素 F1α 的含量，在一定程度上可降低对高血压靶器官的损伤，对动脉粥样硬化有抑制作用。

3. 西尼地平的合成及活性

1) 西尼地平合成

西尼地平是一种兼具 L 型和 N 型钙通道阻滞作用的第三代长效二氢吡啶类钙离子拮抗剂，它不仅可以有效地降低血压，还可以有效预防反射性交感神经兴奋，预防中风、减少中风死亡率，减少肾、心、血管并发症，对于治疗心脑血管疾病具有广泛的应用。西尼地平的化学名为消旋-2-甲氧基乙基-3-苯基-2-(E)-丙烯基-1, 4-二氢-2, 6-二甲基-4-(3-硝基苯基)-3, 5-吡啶二羧酸酯。顾攀[11]以 3-氨基-2-丁烯酸肉桂酯和 2-[(3-硝基苯)甲烯基]丁酸甲氧乙酯通过环合反应生成了西尼地平。

2）西尼地平活性

张容姬等[12]采用结扎大鼠左冠状动脉的方法制备心肌缺血模型，分析心电图，利用 Westernblot 检测心室中 Cx43 表达量的变化，并利用电镜观察心肌细胞闰盘结构变化。心电图和 Westernblot 的结果显示：西尼地平可提高缺血心肌组织 Cx43 的表达，降低心律失常的发生概率，对缺血心肌具有保护作用。

14.2.3　噻吩并吡啶类物质的合成及活性

噻吩并吡啶类 P2Y12 受体拮抗剂对心脑血管疾病治疗贡献较大，但噻吩并吡啶类具有较大副作用，因此，临床对安全性高、疗效好的新型噻吩并吡啶类药物的需求十分迫切，但国内外对此类药物的构效关系研究不多，对其进行结构修饰改造有望找到疗效和安全性更好的药物。

1. 氯吡格雷的合成及活性

1）氯吡格雷合成

氯吡格雷是一种具有不可逆抑制血小板聚集作用的新型噻吩并吡啶化合物。周林芳[13]以 2-(2-噻吩)乙醇和(+)-邻氯苯甘氨酸为原料，经磺酰化、甲酯化、亲核取代、缩合环合和成盐反应合成氯吡格雷硫酸氢盐。

2）氯吡格雷活性

乔伟等[14]选择急性缺血性脑卒中患者作为试验探究对象，将其分为两组，试验组给予氯吡格雷（75 mg/d）治疗，对照组给予阿司匹林（100 mg/d）治疗。应用胶乳增强免疫散射比浊法测定高敏 C-反应蛋白；采用酶联免疫吸附试验检测白细胞介素-6、P-选择素；对两组患者在治疗前，治疗后第七天、治疗后第十四天时抽取静脉血检测 hs-CRP、IL-6 及 P-选择素的水平。结果表明：氯吡格雷可有效降低急性缺血性脑卒中患者血清炎性标记物的水平，且其治疗急性缺血性脑卒中的疗效明显优于阿司匹林，此外，氯吡格雷还具有明显的抗血小板聚集作用和抗炎作用。这对预防和治疗缺血性脑血管病具有非常重要的临床意义。

2. 盐酸噻氯匹啶的合成及活性探究

1）盐酸噻氯匹啶合成

姚爱平等[15]以噻吩甲醛为原料，经 Darzen 反应、水解、脱羧，与盐酸羟胺反应制得噻吩乙醛肟，然后经 Raney Ni 氢化还原制得噻吩乙胺，再经亚胺化、环合制得主环 4,5,6,7-四氢噻吩并[3,2-c]吡啶，最后与邻氯氯苄缩合后成盐制得盐酸噻氯匹啶。

2) 盐酸噻氯匹啶活性

张馥敏等[16]选择高血压病发病 3 个月以上的心肌梗死稳定性心绞痛及缺血性脑血管病患者为试验研究对象，通过比较其用药前后凝血时间表明盐酸噻氯匹啶具有较好的抗血小板聚集作用。

14.3　天然活性成分改性合成药

目前应用于心脑血管疾病治疗中的天然活性成分主要从中草药中提取获得。中药制剂在我国心脑血管用药市场中占有重要地位，尤其是银杏叶制剂已成为全球服用人数最多的天然植物药。因此，开发与完善中药及天然植物药系统，并将其应用于心脑血管疾病的治疗具有深远意义：①中药成分复杂，具有多效性，更符合整体治疗原则；②心脑血管疾病属于需要长期用药的慢性病，患者往往倾向于选择疗效好且作用较温和的中成药；③中药在我国应用历史悠久，多年临床实践已经证明，中药制剂治疗心脑血管疾病与西药制剂相比毒副作用少、治疗费用低，但也存在成分易分解、不稳定、药效低等问题。中草药药用活性成分结构改性将增强其稳定性、提高药效，该项研究已成为科研工作者的研究热点。此外，人们对具有降血脂作用的深海鱼油也进行了探索性研究，发现其具有显著抗心脑血管疾病活性。本节将重点介绍此领域研究较多的天然植物如川芎、丹参、虫草、南海海洋真菌及深海鱼油等。

14.3.1　川芎嗪衍生物合成及活性

川芎嗪[17]是传统中药川芎中的有效成分，化学结构为四甲基吡嗪。川芎嗪具有改善微循环、扩张冠状动脉、抗凝、抗血小板聚集等多种作用，因此，已应用于临床心脑血管疾病的治疗。然而，川芎嗪在体内活性低、生物利用率低、代谢快、半衰期短，为保持血药浓度需要频繁给药，从而造成累积毒性，反而对人体产生危害。因此，以川芎嗪为基本骨架，对其结构进行改造，对于开发新型、高效、低毒的心脑血管疾病治疗药物具有重要意义。

1. 川芎嗪酯类衍生物合成及活性

2-羟甲基-3,5,6-三甲基吡嗪是一种川芎嗪在体内的代谢产物，具有较好的心脑血管活性。张爽[18]以 2-羟甲基-3,5,6-三甲基吡嗪为先导化合物，引入一些具有心脑血管活性的药效基团，设计合成了新川芎嗪酯类化合物，并对设计合成的川芎嗪酯类衍生物进行活性评价。研究发现此类化合物对过氧化损伤的正常胎儿的静脉血管内皮细胞有保护作用，并且可有效地刺激其增殖，活性为川芎嗪的 1.5～4.5 倍。图 14.4 为活性较好的 5 个化合物。

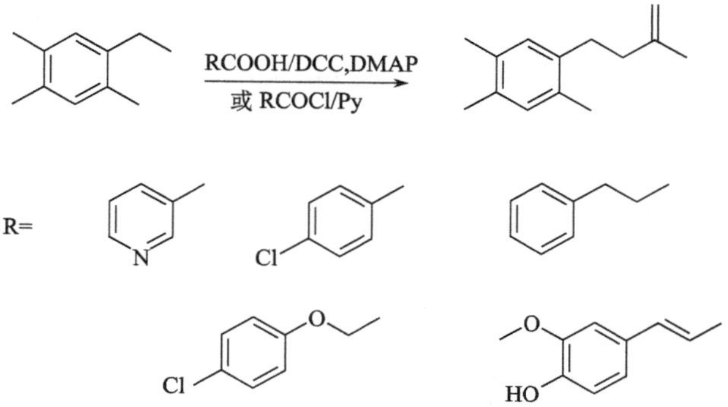

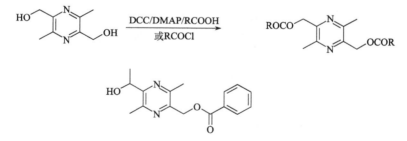

图 14.4　川芎嗪酯类衍生物的合成[18]

对川芎嗪的另一代谢物 2,5-二羟甲基-3,6-二甲基吡嗪进行结构改造，在醇羟基侧链上引入具有心脑血管活性的药效基团，合成了川芎嗪双酯衍生物。实验结果显示大部分此类化合物具有促进心脑血管活性的作用，其中 2-苯甲酰氧甲基-5-羟甲基-3,6-二甲基吡嗪活性最高，其结构式如图 14.5 所示。

图 14.5　苯甲酰氧甲基-5-羟甲基-3，6-二甲基吡嗪[18]

2. 川芎嗪醇类衍生物合成及活性

叶云鹏等[19]以 2-羟甲基-3,5,6-三甲基 B 吡嗪为原料，氧化得到化合物 2-醛基-3,5,6-三甲基吡嗪，此化合物与格氏试剂亲核加成制得 1-(3,5,6-三甲基吡嗪)-1-烷基取代甲醇类化合物，活性验证显示 1-(3,5,6-三甲基吡嗪)-1-丁醇盐酸盐活性优于川芎嗪。川芎嗪醇类衍生物的合成如图 14.6 所示。

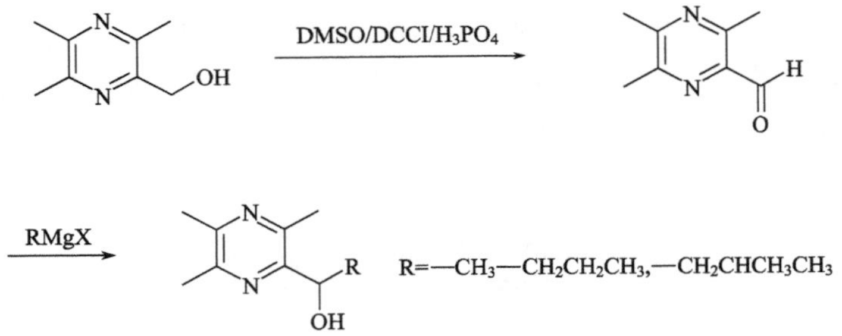

图 14.6　川芎嗪醇类衍生物的合成[19]

3. 川芎嗪酚醚类衍生物合成及活性

川芎嗪可以改性为系列醚类衍生物。张爽[18]发现川芎嗪硫辛酸酯可显示良好的抗氧化损伤活性，能够显著促进过氧化损伤 HUVECs 的增殖，且活性优于川芎嗪。川芎嗪肉桂酸酚醚类物质的合成如图 14.7 所示。

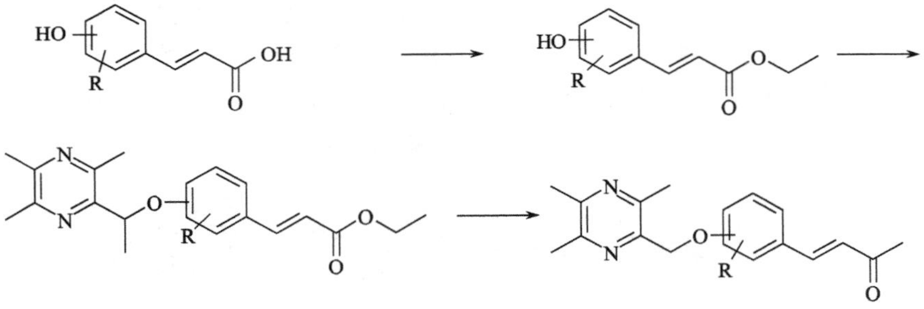

图 14.7　川芎嗪肉桂酸酚醚类物质的合成[18]

4. 川芎嗪哌嗪衍生物合成及活性

有两种途径可以用来合成川芎嗪哌嗪衍生物：①由 2-氯甲基-3,5,6-三甲基吡嗪和 N-烃基哌嗪经过烃化反应而得[20]；②将哌嗪与 2-氯甲基-3,5,6-三甲基吡嗪反应得到中间体，该中间体再与各种卤代烃反应得到产物。对合成的川芎嗪类哌嗪衍生物进行药理活性筛选，发现川芎嗪类哌嗪衍生物抗血小板聚集和保护内皮细胞过氧化损伤作用强于对照药川芎嗪。川芎嗪羟基哌嗪类衍生物的合成如图 14.8 所示。

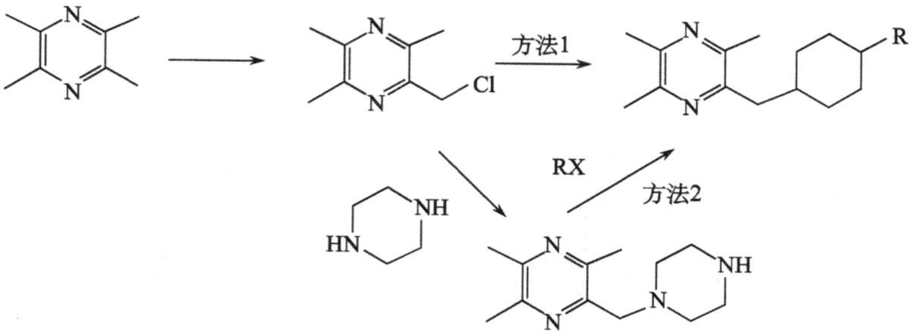

图 14.8　川芎嗪羟基哌嗪类衍生物的合成[20]

5. 川芎嗪烃类衍生物合成及活性

以 2-溴甲基-3,5,6-三甲基吡嗪为原料，与乙酰乙酸乙酯反应得到中间体，该中间体由酮式分解得 4-(3',5',6'-三甲基吡嗪-2'-)丁酮-2，由酸式分解得 3,5,6-三甲基吡嗪丙酸，然后酯化得到 3,5,6-三甲基吡嗪丙酸乙酯。药理活性实验显示 4-(3',5',6'-三甲基吡嗪-2'-)丁酮-2 盐酸盐活性强于川芎嗪[21]。川芎嗪烃类衍生物的合成如图 14.9 所示。

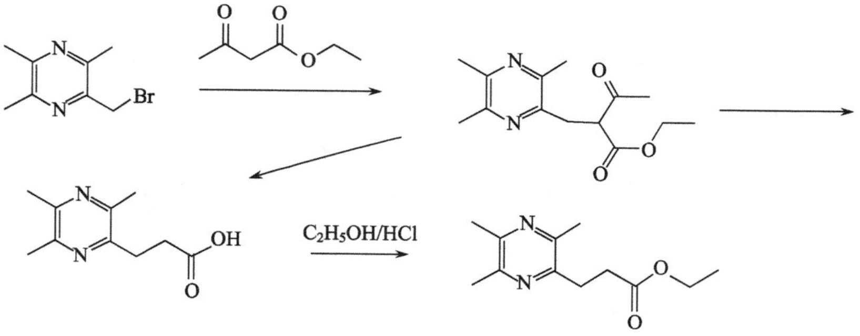

图 14.9　川芎嗪烃类衍生物的合成[21]

6. 川芎嗪芪类衍生物的合成

以 2-氯甲基-3,5,6-三甲基 B 吡嗪为原料，与芳香醛经过 Wittig-Horner 反应得到川芎嗪芪类衍生物；此外，中间体 3,5,6-三甲基吡嗪-2-甲醛与卤代烃反应也可得到川芎嗪芪类衍生物。采用高锰酸钾直接氧化的方法，对川芎嗪甲酸进行了兔的抗动脉粥样硬化试验，初试结果显示，该化合物具有降低血清胆固醇及血 LDL 的作用[22]。川芎嗪芪类化合物的合成如图 14.10 所示。

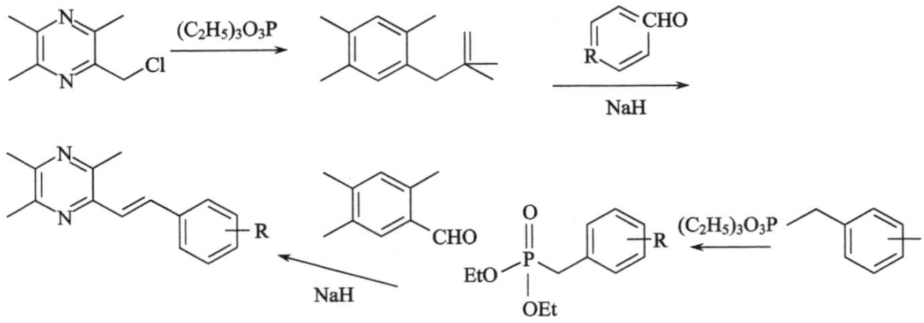

图 14.10　川芎嗪茋类化合物的合成[22]

7. 3,6-二甲基吡嗪-2,5-二甲酸全合成

1) 2,5-二羟甲基-3,6-二甲基吡嗪合成

取川芎嗪（19g，100 mmol），溶于冰醋酸（60 mL），加入 30%过氧化氢（21.25 mL，200 mmol）于 90℃ 回流反应 4h，之后补充加入 30%过氧化氢（21.25mL，200 mmol），继续反应 4 h。TLC 监测至反应完全，冷却至室温，以 20%氧氧化钠溶液调节 pH=10，二氯甲烷萃取，无水硫酸钠干燥，过滤，蒸去溶剂，得到白色川芎嗪双氮氧化合物粗品。将该粗品加入乙酸酐（45.3mL，480 mmol）至完全溶解，缓慢加热至 150℃，回流 2.5 h，TLC 监测至反应完全后，减压蒸除过量的乙酸酐，得到黑色菜状川芎嗪乙酰化物，冷却后加入 20%氧氧化钠溶液（150mL），搅拌水解过夜，二氯甲烷萃取，无水硫酸钠干燥，过滤，减压蒸去溶剂，得到 2,5-二羟甲基-3,6-三甲基吡嗪粗品。快速柱分离（乙酸乙酯：石油酸=1：1），得黄色针状结晶，产率 28.5%。

2) 3,6-二甲基吡嗪-2, 5-二甲酸合成

取 2,5-二羟甲基-3, 6-二甲基吡嗪（1.68 g，10 mmol）溶于少量水中，室温搅拌下缓慢滴入 $KMnO_4$（5.53 g，35 mmol）水溶液反应。TLC 监测反应完全后，向反应液中加入亚硫酸氢钠饱和水溶液至高锰酸钾紫红色完全褪去。过滤混合液，滤渣用 90℃ 热水清洗，合并滤液，用浓盐酸调节 pH=2，乙酸乙酯萃取，无水硫酸钠干燥。减压蒸干溶剂得 3,6-二甲基吡嗪-2,5-二甲酸，产率 58%。3,6-二甲基吡嗪-2,5-二甲酸的合成还可以以乙酰乙酸乙酯为原料，由亚硝酸钠进行亚硝化得到肟，肟经 H2/Pd-C 还原得到 2-氨基乙酰乙酸乙酯，氧化缩合即可得到酯化产物。最后将酯在碱性条件下水解即得产物。

张爽[18]培养了人血管内皮细胞（EA.hy926 细胞株），用 H_2O_2 诱导了 EA.hy926 细胞损伤，以川芎嗪和硫辛酸为阳性对照，通过噻唑蓝（MTT）比色法检测细胞活性，观察川芎嗪及其衍生物对细胞损伤的保护作用。结果表明 3,6-二甲基吡嗪-2,5-

二甲酸具有比川芎嗪更好的保护血管内皮细胞过氧化损伤的活性的作用。

8. 川芎嗪噁二唑类衍生物化学合成

1) 3,6-二甲基-5-(1,3,4-噁二唑-2-)吡嗪-2-甲酸乙酯(B1)的合成

3,6-二甲基-2,5-二甲酸乙酯与水合肼发生肼解反应，得到 5-甲酰肼-3,6-二甲基-2-甲酸乙酯化合物，在原甲酸三乙酯的作用下,环合形成3,6-二甲酸-5-(1,3,4-噁二唑-2-)吡嗪-2-甲酸乙酯。

2) 3,6-二甲基-5-(5-取代苯基-1,3,4-噁二唑-2-)吡嗪-2-甲酸乙酯的合成

3,6-二甲基吡嗪-2,5-二甲酸乙酯肼解得到 5-单酰肼-3,6-二甲基吡嗪-2-甲酸乙酯，后者在干燥的乙腈溶液中与取代的苯甲酰氯作用得到中间体，该中间体进一步与三氯氧磷作用得到终产物，此步骤共得到 19 种川芎嗪噁二唑类衍生物。

通过血小板凝集试验[23]，得出川芎嗪噁二唑类衍生物有显著的抑制血小板凝集的活性。

14.3.2　丹参素衍生物合成及其活性

丹参是常用的活血化瘀中药，具有祛瘀止痛、活血通经、清心除烦之功效。现代药理研究证实，其药理作用广泛，尤其是在心脑血管领域所显示的扩张冠状动脉、改善微循环、抗凝、抑制血小板聚集和黏附、对抗心肌缺血等作用。丹参的主要成分是丹参素，由于其在应用上有不稳定性，所以有关丹参素衍生物的研究很多。

1. 丹参素异丙酯合成及活性

丹参素异丙酯[24](isopropyl3-(3, 4-dihydroxyphenyl)-2-hydroxypropanoate，IDHP)是由丹参素为前导物经过改性得到的衍生物。IDHP 具有舒张血管、抗脑缺血、抗心律失常的作用，且对 D-半乳糖致衰大鼠的大脑、小脑均有保护作用。IDHP 有两个光学异构体，理化性质有一定差异，经手性拆分得到 IDHP1 和 IDHP2。丹参素异丙酯的合成如图 14.11 所示。

1) 制备 2-(乙酰基氨基)-3-[3,4-双(乙酰氧基)-苯基]-(2Z)-2-丙烯酸 500 L 反应器内，在乙酸酐(200.0 kg，1960.8 mol)的溶液中，将乙酸钠(44.0 kg，536.6 mol)、N-乙酰甘氨酸(50.0 kg，427.4 mol)和 3,4-二羟基苯甲醛(50.0 kg，362.3 mol)混合加热至 90～100℃，搅拌 2 h；用 HPLC 分析当 3,4-二羟基苯甲醛剩余量<2%后，将反应混合物冷却，置于冰箱中过夜，得到粗棕黄色化合物。

2) 制备 2-羟基-3-(3, 4-二羟基苯基)丙烯酸

1000 L 反应器内，HCl(36%，质量分数)(100 kg)和上步反应所得棕黄色化合物(92.0 kg，303.6 mol)混合在水溶液中加热至 100℃并搅拌 6 h，然后将混合物冷

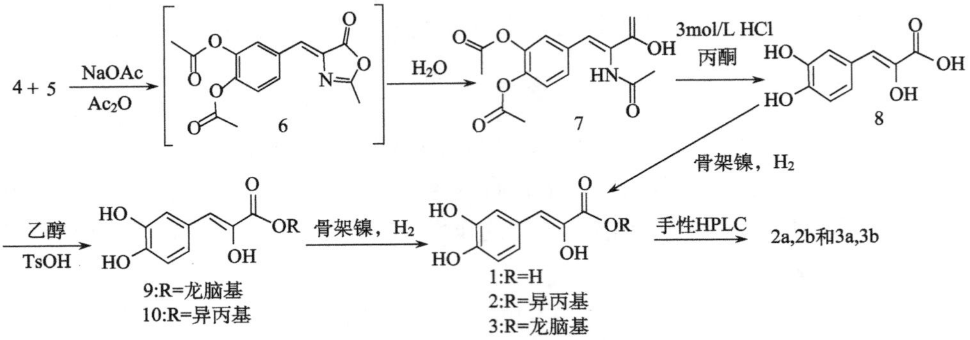

图 14.11　丹参素异丙酯的合成[24]

却至 40℃，加入丙酮(60.0 kg，882.3 mol)。反应混合物加热回流 3 h。用 HPLC 分析当棕黄色化合物剩余量<2％后，将所得混合物真空浓缩数小时后除去水(580 L)。残余物转移至容器中并冷却至室温。将所得沉淀真空过滤，连续用水洗涤，在 50℃下干燥 16 h 得到干燥黄棕色固体，纯度为 92.3％。

3) 制备 2-羟基-3-(3,4-二羟基-苯基)丙烯酸酯

向上步反应中所得黄棕色固体(15.4 kg，78.5 mol)的 THF(30.0 L)溶液中加入对甲苯磺酸(1.35 kg，7.85 mol)，同时加入己烷(6.0 L)助溶剂。然后搅拌混合物并加热至 80℃，27h 后，用 HPLC 分析。当黄棕色固体剩余量≤3％时，将浆液冷却至 50℃并在真空中浓缩。然后将浓缩后的溶液转移至圆筒(100L)中，分几次加入饱和碳酸氢钠水溶液(约 3.5 kg)调节 pH 至 3。搅拌 30 min 后，真空收集沉淀得到浅黄棕色固体。

4) 制备 2-羟基-3-(3,4-二羟基苯基)丙酸

将上步反应所得浅黄棕色固体(6.5 kg，33 mol)和 Raney Ni(1.2 kg，W-6)在乙醇(36.0 L)中的混合物置于 1.0 MPa 氢气下并于 60℃加热。通过 HPLC 监测反应，直到上步反应所得浅黄棕色固体剩余量≤0.3％，13 h 后，停止吸氢，将混合物冷却并通过硅藻土床过滤，用乙醇(5.0 L)洗涤，得到黏性深棕色油状物。

5) 制备 2-羟基-3-(3,4-二羟基-苯基)丙酸乙酯

将上步反应所得黏性深棕色油状物(15.0 kg，63.0 mol)和 Raney Ni(1.2 kg，W-6)的乙醇(50.0 L)溶液置于 1.0 MPa 氢气下并于 60℃加热。通过 HPLC 监测反应，直到上步反应所得黏性深棕色油状物≤0.5％。8 h 后，停止吸氢，将混合物冷却并通过硅藻土床过滤，用乙醇(6.6 L)洗涤，得到浅棕色油。

6) 制备 2-羟基-3-(3,4-二羟基-苯基)丙酸酯

将上步反应所得浅棕色油和 Raney Ni(1.6 kg，W-6)的乙醇(90.0 L)置于 1.0 MPa 氢气下并于 60℃加热。通过 HPLC 方法监测反应，直到上步反应所得浅棕色

油≤0.5%。10 h 后，停止吸氢。将混合物冷却并通过硅藻土床过滤，用乙醇（12 L）洗涤。将滤液在 55 ℃真空浓缩，得到棕色固体油。

7）分离得到 IDHP1 和 IDHP2

采用手性分离得到 2-羟基-3-(3,4-二羟基苯基)丙酸甲酯(IDHP1) 和 2-羟基-3-(3,4-二羟基苯基)丙酸乙酯(IDHP2)，纯度均在 99%以上。鲁海燕等[25]对 IDHP1 和 IDHP2 对心脏纤维化的作用进行了研究。研究表明在整体动物试验中，给药组与生理盐水组相比，心脏出现明显纤维化；IDHP1+ISO(异丙基肾上腺素)组与 ISO 组相比，天狼猩红染色结果和 real time PCR 结果均显示心脏纤维化指标明显改善。IDHP2+ISO 组与 ISO 组相比，心脏纤维化指标并无明显改善。在细胞实验中，IDHP1 呈剂量相关地抑制 ISO 诱导的心脏成纤维细胞殖及 I 型胶原合成、p38 激活、ROS(活性氧簇)激活。使用 ROS 清除剂 N-乙酰半胱胺酸，能抑制 ISO 诱导的 p38 激活，说明 ISO 诱导心脏纤维化的过程中，ROS 介导 p38 的激活。IDHP1 对 ROS 上游信号通路也有影响，其可以抑制 NADPH(烟酰胺腺嘌呤二核苷酸磷酸氧化酶)，主要表现为抑制了 N0X2 的增加。

2. 丹参素冰片酯不对称合成及其活性

以 3,4-二羟基苯甲醛为原料，经苄基保护及 Knoevenagel 缩合反应得到 (E)-3-(3,4-二苄氧基苯基)丙烯酸，经过酰化反应得到酰氯后与天然冰片反应生成 (E)-3-(3,4-二苄氧基苯基)-2,3-二羟基丙酸冰片酯，通过 Sharpless 不对称双羟化反应构建手性中心，得到高光学纯度的 3-(3,4-二苄氧基苯基)-2,3-二羟基丙酸冰片酯衍生物，最后经选择性催化加氢及脱保护得到目标产物[26]。

李静等[27]选取 SD 大鼠 60 只，随机分为空白组(10 只)和实验组(50 只)，实验组建造 AS(动脉粥样硬化)模型，模型成功后随机将实验组分为模型组，辛伐他汀组，丹参素冰片酯高、中、低剂量组。药物干预 4 周，采用自动生化分析仪测定血脂，通过免疫组化技术检测大鼠腹动脉中 TLR4(多克隆抗体)、MyD88(髓样分化因子)及 NF-ℬB(核因子)的表达($P<0.05$ 或 $P<0.01$)，以丹参素冰片酯高剂量组与辛伐他汀组最为明显($P<0.01$)。研究表明，丹参素冰片酯干预能降低血脂、抑制 TLR4 信号通路中 TLR4、MyD88 及 NF-ℬB 的表达，其抗 AS 的作用机制能阻断 TLR4、MyD88 及 NF-ℬB 信号传导通路中相关信号分子的过度激活，抑制炎症细胞在动脉管壁集聚。

14.3.3　虫草素衍生物合成及活性

1. 虫草素衍生物合成

虫草素(3'-去氧腺苷)，也称虫草菌素(cordycepin)，是一种核苷类抗生素，具有抗肿瘤、抗病毒、抗菌、抗真菌等多种生物活性。它在分子水平上对 DNA 及 RNA 合成、hnRNA 和 mRNA 转录修饰、腺苷酸环化酶活化及特异性蛋白质合成等过程均具有抑制作用；在细胞水平上能促进细胞分化、增强某些细胞株的抗肿瘤活性及增强巨噬细胞系的趋化性；在整体水平上具有扩张支气管、显著增强肾上腺素的作用，以及抗真菌、抗衰老等药理作用[28]。

2. 虫草素衍生物活性

高健等[29]研究发现，虫草素可应用于高血脂的病人，如临床治疗脑卒中、冠心病、高血压动脉样化、糖尿病、脂肪肝、眼底出血等。该课题组前期合成了一系列双取代腺苷衍生物，并评价了其降血脂活性，其中化合物 WS070117，化学名为 2',3',5'-3-(9-乙酰基基耳基)腺苷，以 6-氯腺苷为原料，与间位不同取代的苯胺在乙醇中回流反应得到腺苷衍生物。通过实验对取代腺苷衍生物进行降血脂活性研究，结果表明其具有显著的降血脂作用。

14.3.4　Xyloketals 类衍生物合成及其活性

1. Xyloketals 类衍生物合成

Xyloketals 类衍生物是 2001 年林永成研究小组从南海海洋真菌中分离出来的一系列结构珍奇的缩酮类化合物,其分子内含有珍奇的苯并吡喃并呋喃结构片段。初期活性研究表明，Xyloketals 系列化合物显示较强的 L-钙离子通道抑制活性，并有一定的构效关系，而且还表现出了良好的乙酰胆碱酯酶抑制活性。鉴于独特的结构及良好的生物活性，Xyloketals 类衍生物引起了国内外的广泛关注。为了进一步研发选择性更好、毒性更低、水溶性更好,具有广谱性及耐药性的 Xyloketals 类衍生物，该课题以活性突出的 XyloketalB 为先导化合物，一方面对 XyloketalB 的 12 位酚羟基进行改造，重点阐明酚羟基在分子结构中与生物活性之间的关系，将其变成不同长度链饱和脂肪醚或不饱和醚，以考察不同取代基空间体积大小、电性、疏水性和亲水性等性质对活性的影响，从而阐明其构效关系；另一方面通过改变 XyloketalB 13 位的取代基，以考察 13 位上不同取代基空间体积大小、电性、疏水性和亲水性等性质对活性的影响。此外，该课题组还考察了不同的苯并吡喃并呋喃片段对上述活性的影响。

2. Xyloketals 类衍生物活性

为了探讨 Xyloketals 类衍生物与血管舒张的关系，许忠良[30]对其所合成的 21 个衍生物做了功能验证。研究表明 XyloketalsB 浓度依赖性地抑制 KCl 引起的去内皮和内皮完整血管环收缩，可以达到促进血管舒张的作用。除此之外，Xyloketals

类衍生物还具有促人脐静脉内皮细胞 NO 释放的活性。

14.3.5　深海鱼油衍生物合成及活性

1. 深海鱼油衍生物合成

毛治国[31]以高品质天然鱼油和乙醇为原料制备了鱼油乙酯，再通过尿素包络的方法富集了鱼油乙酯中的 DHA/EPA 乙酯，最后通过酯交换反应把高含量的 DHA/EPA 乙酯制备成了稳定性好、品质优良的 DHA/EPA 三甘酯。首先，按一定比例定量称取乙酸三甘酯和鱼油乙酯置于 250 mL 三颈圆底烧瓶内，实验通氮气，降低鱼油氧化几率，将烧瓶固定于恒温油浴锅中，搅拌桨搅拌 20 min 使温度稳定。然后，加入一定量的某种催化剂，温度迅速升至反应所需温度，在全程反应过程中每过一小时用液相色谱分析反应进程。反应终结后，继续通氮气 30 min 冷却至室温。用体积分数 50% 的乙醇热水洗 1～2 次并通氮气保护。加入产品质量 1% 的白土脱色，加入产品质量 1% 的活性炭吸附杂质，水浴旋转蒸发脱水，所得产物经抽滤、烘干得到最终样品。

2. 深海鱼油衍生物活性

临床实践证明，低密度脂蛋白很容易导致动脉粥样化的发生，而人体内血清中的高密度脂蛋白是血管疾病的保护因子。DHA/EPA 可增加血清中高密度脂蛋白的含量，有效降低血脂。人体内的饱和脂肪酸容易以甘油三酯的形式堆积在肝脏中，最终转化成低密度脂蛋白。饱和脂肪酸又可以抑制低浓度脂蛋白接受器活性，从而不利于血液中胆固醇的正常平衡，胆固醇含量增多，最终使血脂升高。不饱和脂肪酸被人体吸收后，并不在肝脏中形成低密度蛋白和甘油三酯，而是与载脂蛋白结合成高密度蛋白，它可以成为胆固醇的受体并与之结合形成其他物质，通过体内血液循环送入肝细胞中，最终胆固醇以胆汁酸的形式排出体外，从而血脂降低，减少动脉粥样硬化的发病概率[32]。

14.4　特殊材料合成及活性

一些特殊材料本身对心脑血管疾病不具有活性，但是这些物质可以通过其他方式在心脑血管疾病治疗中发挥辅助作用，已有学者研究纳米材料和一些低密度脂蛋白吸附剂。

14.4.1　纳米材料合成及活性

纳米材料应用于肿瘤及癌症的治疗研究已有报道，纳米材料本身尽管不具有抗心脑血管疾病活性，但通过靶向运输药物和缓慢释放可以辅助心脑血管疾病的治疗。

1. PAMAM-g-PEG-g-DS-RB@IO 纳米材料合成

胡齐[33]通过以下方法合成了一类具有运载药物至靶点并缓慢释放作用的纳米材料。首先，合成不同分子质量的 PGMA（聚甲基丙烯酸缩水甘油酯），采用过量 EDA（乙二胺）对环氧闭合环进行开环反应得到 PGMA-EDA（侧链多氨基聚合物），利用得到的大量氨基分别将 PEG2000 和靶分子 DS（硫酸葡聚糖钠盐）接入 PGMA-EDA 中形成大分子 PGMA-EDA-g-PEG-g-DS（水溶性氧化铁纳米粒子）。然后，通过配体交换得到含磁性氧化铁的产物 PGMA-EDA-g-PEG-g-DS@IO 和同时含有靶分子 DS 和 T2 核磁造影剂 IONPs 的纳米级成像体系，该体系在水溶液中性质稳定，分散均匀，且保持了明显的超顺磁性。利用化学性质和生物相容性更加优异的树脂状分子 PAMAM 作为载体，合成荧光/核磁双模态成像体系，将荧光分子罗丹明 B 和靶分子 DS 分别键连于 PEG 修饰后的 PAMAM（聚酰胺-胺）上，再与油胺配体的 IONPs 进行配体交换反应得到终产物 PAMAM-g-PEG-g-DS-RB@IO。

2. PAMAM-g-PEG-g-DS-RB@IO 纳米材料活性

胡齐[33]充分研究了动脉粥样硬化病患处理化特点，选择了以紫外光诱导药物释放的手段合成聚合物载药体系，并选用氟伐他汀作为治疗药物，通过邻硝基苄基与 PAMAM 相连，研究了其药物释放能力，结果表明，该药物释放体系可以在紫外光诱导下达到释放药物的目的。

14.4.2　低密度脂蛋白选择性吸附剂合成及活性

心脑血管病是威胁人类身体健康和生命的主要疾病，动脉粥样硬化是导致心脑血管疾病发生发展的重要因素，而医学研究和临床实践已证实血液中低密度脂蛋白的异常升高是导致动脉粥样硬化发生发展和恶化的重要的独立危险因素，且降低血液中低密度脂蛋白的水平可以降低心脑血管疾病发生概率，因此，一些低密度脂蛋白吸附剂可以用于治疗心脑血管疾病。

1. 低密度脂蛋白选择性吸附剂合成

利用低密度脂蛋白分子呈正电性的特点，麻开旺[34]选择呈强负电性的配基肝素，将二者通过静电作用进行特异性亲和结合，独特得将配基肝素以共价键方式借助双官能团连接剂戊二醛，通过固-液非均相反应分两步合成，将其固载到载体表面而制得低密度脂蛋白选择性吸附剂。

以间苯二酚一甲醛为前驱体, 赵欣[35]以纳米级二氧化硅溶胶为模板, 制备出系列具有完整孔隙的球状炭气/干凝胶, 并以聚乙烯醇包膜球状炭气凝胶, 通过连接剂戊二醛将配基牛磺酸固定其上, 制得对低密度脂蛋白有特异性吸附的目标吸附剂。

通过分子自组装法构建富含糖基/磺酸基的模型表面, 李晶[36]系统研究了 LDL 蛋白与模型表面之间的相互作用过程, 重点关注糖基在相互作用过程中发挥的协同效应, 并提出"多重相互作用模型"; 在此基础上, 组合紫外光辐射接枝技术与"点击"化学表面改性方法, 制备了低密度脂蛋白亲和改性聚砜膜, 用于 LDL 高效亲和吸附分离过程。

2. 低密度脂蛋白选择性吸附剂活性

通过考察研制 LDL 吸附剂对 LDL 选择性吸附的效率[34], 证实一份吸附剂与两份人原高脂血浆和两份 PH=7.40 的缓冲稀释液相混合, 能够获得较佳的吸附性能; 在为期 1~4h 的动态灌流循环中, 其对 LDL 吸附率达 40%以上, 最高效率达到 75%, 通常能稳定在 60%左右, 结果表明 LDL 选择性吸附剂有效。赵欣[35]还考察了该吸附剂对 LDL 选择性吸附的效果, 表明吸附剂在人体 PH 环境下, 吸附材料 0.2 g, 加入 LDL 浓度为 1.14 mmol/L 的猪血分离血清, 在 37℃, 150 rpm 的摇床中振荡 3 h, 该吸附材料对 LDL 的清除率为 81%, 而对 HDL 的清除率为 18%。另外, 其对血液中其他成分也具有一定影响, 但负影响较小, 表明该吸附剂在血液净化上具有较好应用前景。

李晶[36]采用酶联免疫吸附测试(ELISA)法系统研究了改性膜表面蛋白吸附与脱吸附行为, 当改性聚砜膜表面糖基与磺酸基的摩尔比为 0.95 时, 其对 LDL 蛋白吸附量出现极大值 0.49 $\mu g/cm^2$, 洗脱剂 NaCl/Urea(1∶1)溶液对糖基/磺酸基混合组成表面脱吸附效率高于单一羧基、磺酸基、糖基组成表面。此种"多重相互作用模型"有望为新型低密度脂蛋白亲和吸附材料的研制开辟新思路。

就化学合成药物, 本章主要对临床应用较多的他汀类、二氢吡啶类及噻吩并吡啶类药物的合成及其对心脑血管疾病功能活性进行了综述。其中他汀类药物合成经历了几个时期, 正朝着得率更高、副作用更小的方向发展, 作用机理是通过降血脂对心脑血管疾病的治疗发挥作用; 二氢吡啶类合成时常形成盐类中间体, 其主要作用于 Ca^{2+} 通道, 阻滞 Ca^{2+} 进入细胞内, 但长期服用钙拮抗剂会对心脑血管疾病病人产生严重不良影响。目前已在临床上应用的合成噻吩并吡啶类合成药物副作用明显, 其主要通过抑制血小板聚集而起到抗血栓的作用。

就天然活性成分改性合成药物, 本章主要对川芎、丹参、虫草、南海海洋真菌及深海鱼油五类物质中活性成分的改性方法及其对心脑血管疾病的功能活性进行总结。其改性目的主要是增强稳定性、降低毒性、提高活性。川芎中活性成分川芎嗪性质不稳定，对其改性主要侧重于提高稳定性，如使其成酯、成醚、成酸等，改性后的衍生物抗心脑血管疾病活性也明显增强；丹参主要功能成分丹参素改性后抗心脑血管疾病活性明显提高，丹参素改性方法主要侧重于取代部分增加具有提高抗心脑血管疾病活性的基团；虫草主要活性成分虫草素的取代基改性后具有明显增强降血脂功能；海洋真菌中的 Xyloketals 类衍生物生物活性较高，改性此类衍生物对血管功能的改善具有重要作用，其改性主要侧重于对酚羟基的改造以实现对血管功能的改善；深海鱼油不饱和脂肪酸成分具有很好的降血脂作用，其改性方向是提高其稳定性。

天然药物毒性低、副作用小，以"自然疗法"为特点的天然药物产业成为了最具发展前景的特色产业。但天然药物具有以下不足：①天然药物成分没有明确的构效关系，不易为人们所接受；②天然药物治疗缓慢，需要较长的服用疗程；③天然药物的基源太多，从中选择无毒的比较困难；④天然药物量效关系不明确。西药有科学合理的数据作为药理依据，且具有疗效好、见效快、成本低等优势，但西药对人体不可避免的伤害作用阻碍了其在临床上的应用。此外，一些西药成分的研发成本越来越高，价格低廉的优势在某些药物的使用上不再那么显著。

目前有关化学合成药物的研究侧重于其得率与纯度的提高，对人体副作用的研究尚未完善。因此可采用绿色化学合成手段，获得对人体毒副作用较小的药物，或从源头母体选择上即选用毒性较小的成分。天然活性成分合成药物具有在人体的循环周期长，作用效果持久及毒副作用小的优势。目前针对天然活性物质改性合成了很多形态多样、分子极性具有差异的化合物，但是这些化合物并没有明确的作用靶点，有关活性成分明确的构效关系研究不足，因此，后续研究可以从此角度出发。材料化学迅速发展对心脑血管疾病治疗也具有重要促进作用，可以进一步探究纳米材料在心脑血管疾病治疗中的应用。目前有学者从表观遗传学出发研究 DNA 甲基化和组蛋白的改性与心血管病变的关系，寻找 DNA 甲基转移酶和组蛋白乙酰转移酶的抑制剂，将其应用于心脑血管疾病，该领域研究有待探索完善。

参 考 文 献

[1] Packard K A, Hilleman D E. Adherence to therapies for secondary prevention of cardiovascular disease: A Focus on Aspirin[J]. Cardiovascular Therapeutics, 2016, 34(6): 415.

[2] 林松. 茶多酚在抗心脑血管疾病上的开发[J]. 广东茶业, 2001, (1): 33-34.

[3] 高红丽. 他汀类药物对心脑血管疾病治疗的影响探析[J]. 大家健康旬刊, 2016, 10(5): 116-117.

[4] 郝二军, 宋歌, 杜美洁, 等. 阿托伐他汀钙合成工艺研究[J]. 河南师范大学学报(自然版), 2012, 40(6): 102-104.

[5] 李丹丹. 阿托伐他汀钙对脑梗死急性期患者血清 IL-1β、IL-6 及 TNF-α 的表达及神经功能

的影响[D]. 大理: 大理学院, 2013.

[6] 蔡伟, 张国英, 赵文镜, 等. 瑞舒伐他汀钙的合成[J]. 药学与临床研究, 2005, 13(4): 9-10.

[7] 薛峰, 杜大勇, 李运田, 等. 瑞舒伐他汀对兔动脉粥样硬化斑块内 CD147 的表达及斑块稳定性的影响[J]. 山西医科大学学报, 2013, 44(4): 258-262.

[8] 程文立, 王勇, 柯元南, 等. 盐酸乐卡地平对高血压伴动脉粥样硬化载脂蛋白 E 基因敲除小鼠主动脉弹力纤维降解、胶原合成的影响[J]. 中华高血压杂志, 2013, 21(2): 141-147.

[9] 米春来, 魏淑冬, 边玢, 等. 阿折地平的合成[J]. 中国医药工业杂志, 2012, 43(11): 950-952.

[10] 焦海旭. 阿折地平降压疗效及抑制动脉粥样硬化的研究[D]. 长春: 吉林大学, 2012.

[11] 顾攀. 西尼地平合成工艺研究及开发[D]. 天津: 天津大学, 2009.

[12] 张容姬, 张勇, 王莹, 等. 西尼地平对缺血心肌的保护作用机制研究[J]. 哈尔滨医科大学学报, 2009, 43(4): 316-319.

[13] 周林芳. 氯吡格雷的合成路线研究[J]. 安徽医药, 2006, 10(8): 614-616.

[14] 乔伟, 王淑贞, 庞珂, 等. 氯吡格雷对急性缺血性脑卒中患者血清炎性标志物的影响[J]. 山东医药, 2012, 52(5): 92-93.

[15] 姚爱平, 刘滔, 胡永洲. 盐酸噻氯匹啶的合成[J]. 浙江大学学报医学版, 2000, 29(3): 137-138.

[16] 张馥敏, 黄元铸, 马根山, 等. 国产盐酸噻氯匹啶片抗血小板聚集的临床验证[J]. 江苏医药, 1997, (10): 696-697.

[17] Feng L, Ke N, Cheng F, et al. The protective mechanism of ligustrazine against renal ischemia/reperfusion injury[J]. Journal of Surgical Research, 2011, 166(2): 298-305.

[18] 张爽. 川芎嗪代谢产物及其衍生物的设计、合成与生物活性研究[D]. 济南: 山东大学, 2012.

[19] 叶云鹏, 王世真, 江骥. 氚标记川芎嗪的合成[J]. 同位素, 1992, 5(4): 209.

[20] Cheng X C, Liu X Y, Xu W F, et al. Design, synthesis, and biological activities of novel Ligustrazine derivatives[J]. Bioorganic & Medicinal Chemistry, 2007, 15(10): 3315-3320.

[21] Cheng X C, Liu X Y, Xu W F, et al. Ligustrazine derivatives. Part 3: Design, synthesis and evaluation of novel acylpiperazinyl derivatives as potential cerebrocardiac vascular agents[J]. Bioorganic & Medicinal Chemistry, 2009, 17(8): 3018-3024.

[22] Cheng X C, Liu X Y, Xu W F. Recent advances in the structural modification of ligustrazine: Cerebro- and cardiovascular activity of ligustrazine derivatives[J]. Drugs of the Future, 2005, 30(10): 1059.

[23] Liu X, Rui Z, Xu W, et al. Synthesis of the novel liqustrazine derivatives and their protective effect on injured vascular endothelial cell damaged by hydrogen peroxide[J]. ChemInform, 2003, 34(42): 2123-2126.

[24] Bai Y, Zhang Q, Jia P, et al. Improved process for pilot-scale synthesis of danshensu ((±)-DSS) and its enantiomer derivatives[J]. Organic Process Research & Development, 2014, 18(12): 1667-1673.

[25] 鲁海燕. 丹参素异丙酯对异丙基肾上腺素诱导大鼠心脏纤维化的作用及机制研究[D]: 西

北大学, 2013.

[26] Tian H L, Zhou X W, Chen M, et al. Asymmetric synthesis of Danshensu borneol ester[J]. Chinese Journal of Medicinal Chemistry, 2012, 22(2): 113-116.

[27] 李静, 周洁, 刘勤社, 等. 丹参素冰片酯干预 TLR4 信号通路抗动脉粥样硬化的机制研究[J]. 陕西中医, 2012, 33(5): 627-628.

[28] Kim H G, Shrestha B, Lim S Y, et al. Cordycepin inhibits lipopolysaccharide-induced inflammation by the suppression of NF-kappaB through Akt and p38 inhibition in RAW 264. 7 macrophage cells[J]. European Journal of Pharmacology, 2006, 545(2-3): 192-199.

[29] 高健, 连泽勤, 朱平, 等. 蛹虫草提取物虫草素(3'-脱氧腺苷)对于高脂血症地鼠和大鼠的降血脂作用研究(英文)[J]. 药学学报, 2011, 46(6): 669-676.

[30] 许忠良. 海洋真菌防治心脑血管病新型化合物 xyloketals 的合成及构效关系[D]. 广州: 中山大学, 2010.

[31] 毛治国. DHA/EPA 改性的研究[D]. 大连: 大连工业大学, 2012.

[32] Sahari M A, Moghimi H R, Hadian Z, et al. Physicochemical properties and antioxidant activity of α-tocopherol loaded nanoliposome's containing DHA and EPA[J]. Food Chemistry, 2017, 215: 157-164.

[33] 胡齐. 针对动脉粥样硬化的多功能诊疗纳米粒子体系的制备[D]. 长春: 吉林大学, 2016.

[34] 麻开旺. 一种低密度脂蛋白选择性吸附剂的制备及其性能研究[D]. 重庆: 重庆大学, 2007.

[35] 赵欣. 炭气凝胶的制备及其对低密度脂蛋白的吸附研究[D]. 上海: 华东理工大学, 2011.

[36] 李晶. 低密度脂蛋白亲和膜表面模型化构建与相互作用研究[D]. 杭州: 浙江大学, 2013.

第15章 合成化合物抗糖尿病

糖尿病是一种病因复杂的慢性疾病，严重威胁着人体健康，其患病率呈逐年上升趋势，治疗糖尿病已成为全球性的重大公共卫生问题。研究者不断开发研制新型、有效、安全的治疗药物，目前研究的抗糖尿病化合物主要分为化学合成类药物包括胰岛素增敏剂、胰岛素促分泌促进剂、肠促胰岛素、钠-葡萄糖共转运蛋白-2 抑制剂、α-葡萄糖苷酶抑制剂、胰岛淀素类似物及天然活性物质改性药物。本章就目前开发的抗糖尿病化合物进行了分类，简述其作用机制与合成方法。

15.1 抗糖尿病化学合成药物

15.1.1 胰岛素增敏剂

1. 双胍类

双胍类药物最早出现在中世纪的欧洲，人们发现山羊豆可用于治疗糖尿病，随后分离纯化出山羊豆中的活性物质胍。在此基础上，一系列双胍化合物被合成出来。双胍类药物包括苯乙双胍、二甲双胍和丁福明等，可作为口服抗高血糖剂用于治疗Ⅱ型糖尿病。

1) 二甲双胍

二甲双胍，又称甲福明，适用于节制饮食和从事运动不能控制血糖的Ⅱ型糖尿病。二甲双胍因其降糖和降糖基化血红蛋白能力较强而作为Ⅱ型糖尿病的一线用药，它既能单独，又能与其他抗高血糖药物联合使用。此外，二甲双胍还可以作为抗肿瘤剂和心脏保护剂，适用性很广。其作用机制可能如下：①二甲双胍能增强肝细胞胰岛素受体的酪氨酸激酶活力，增加脂肪细胞胰岛素受体与胰岛素的结合力。②二甲双胍可以抑制糖异生，促进消化道对糖的利用。③二甲双胍能改善胰岛素抵抗，促进葡萄糖转运蛋白-4 的表达及胰岛素的信号传递，提高胰岛素敏感性[1]。

工业上以氰胺与盐酸二甲胺为原料，在 145～150℃条件下反应 2 h，经冷却、抽滤后得到二甲双胍粗制品，最后用不同比率乙醇进行重结晶，获得白色晶体即为盐酸二甲双胍，产品总收率为 93.1%[2]。

2) 苯乙双胍

苯乙双胍又称降糖灵，可用于治疗Ⅱ型糖尿病及部分Ⅰ型糖尿病。苯乙双胍能促进肌肉细胞摄取葡萄糖并对其进行糖酵解，并能抑制糖异生。它与胰岛素联合使用时能减少胰岛素的用量，起到很好的降血糖作用。

苯乙双胍盐酸盐为苯乙双胍药用形式，有两种合成方法：①利用无水乙醇和金属钠与苯乙腈反应得到 β-苯乙胺，以 β-苯乙胺盐酸盐与双腈胺进行缩合，通过乙醇重结晶后，获得苯乙双胍盐酸盐成品[3]。②将苯甲醛和酸酐缩合并在碱液中常压氢化后，再经酸化即得 β-苯丙酸，β-苯丙酸与尿素反应生成 β-苯丙酰胺，然后与次溴酸钠进行霍夫曼反应获得 β-苯乙胺。β-苯乙胺盐酸盐与双腈胺缩合即可得到苯乙双胍盐酸盐[4]。

2. 噻唑烷二酮类（TZDs）药物

噻唑烷二酮类是一种抗 II 型糖尿病的药物，对改善胰岛素抵抗，纠正糖代谢和脂肪代谢异常十分有效。它还具有治疗其他代谢综合症的能力，可以调节脂质代谢、降血压、抗动脉粥样硬化、抑制炎症反应等。噻唑烷二酮类的主要代表药物为吡格列酮和罗格列酮。

1）吡格列酮

吡格列酮又称安可妥，可改善外周组织及肝脏的胰岛素抵抗，减少肝糖的输出。其合成工艺如下：在 KOH 存在的条件下，先将 5-乙基-2-羟乙基吡啶与对氟苯甲醛反应，得到 4-[2-（5-乙基-2-吡啶基）乙氧基]苯甲醛，再与 2,4-噻唑烷二酮进行缩合，以 Ni-Cu-Fe 为催化剂加氢还原，经盐酸酸化即得盐酸吡格列酮[5]。

2）罗格列酮

罗格列酮是一种新型的噻唑烷二酮类胰岛素增敏剂，其药物形式为马来酸罗格列酮，适用于 II 型糖尿病。马来酸罗格列酮与过氧化物酶体增殖物激活受体特异性结合，减少生成游离脂肪酸，提高机体胰岛素的敏感性[6]。其合成工艺如下：将 2-氯吡啶与 2-（甲氨基）乙醇反应得 2-（甲基-2-吡啶氨基）乙醇，再以氢化钠为催化剂与 4-氟苯甲醛缩合分离得到 4-[2-（甲基-2-吡啶氨基）乙氧基] 苯甲醛，最后在镁和甲醇作用下，与 2,4-噻唑烷二酮缩合制得罗格列酮，产率为 17.7%[7]。

15.1.2　胰岛素分泌促进剂

胰岛素分泌促进剂通过促进胰岛 β 细胞释放胰岛素，从而增加 β 细胞对血糖刺激的敏感性来治疗糖尿病。胰岛素分泌促进剂可分为磺胺类降糖药和非磺胺类降糖药。

1. 磺胺类降糖药物

磺胺类降糖药是在研究磺胺类抗菌药构效关系的过程中发现的，目前已在临床上应用近 40 年。它既是有效治疗 II 型糖尿病的重要药物，也能在 I 型糖尿病的治疗中起作用。磺胺类药物因结构式中都含有 R1-SONHCONH-R2 基本结构而得名[8]。第一代磺酰脲类药物如甲苯磺丁脲，其侧链为苯和脂肪链，第二代磺酰脲类药物的侧链多为酰胺基团和环己烷衍生物，如格列苯脲、格列美脲等[9]。

1）甲苯磺丁脲

甲苯磺丁脲一般用于治疗 II 型糖尿病，它通过刺激胰岛分泌胰岛素，从而起到降血糖的作用。金永君等用甲基苯磺酰胺与氯甲酸乙酯进行 N-甲酰化反应，生成对甲苯磺酰胺甲酸乙酯，然后与正丁胺发生胺解反应制得甲苯磺丁脲。该方法原料来源广泛、操作简便、收率高[10]。其合成工艺见图 15.1。

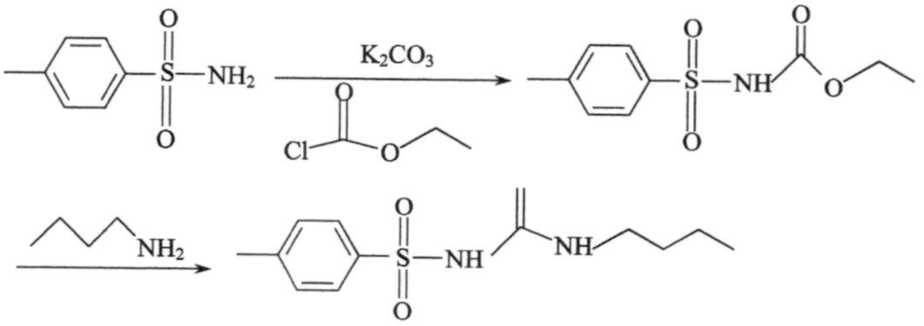

图 15.1　甲苯磺丁脲的合成路线[10]

2）格列美脲

格力美脲又称格列美吡拉、贺普丁，适用于 II 型糖尿病的治疗。格列美脲是目前临床评价较好的磺酰脲类降糖药，其优点主要表现在疗效好、作用时间久、用药量少、副作用小等方面。

格列美脲的合成相对容易。首先从乙酰乙酸乙酯出发，制备关键中间体 3-乙基-4-甲基-3-吡咯啉-2-酮后，再与 β-苯乙基异氰酸酯缩合，最后经过磺化氨解等反应制得格列美脲，产率为 13.39%[10]。

2. 非磺胺类降糖药物

非磺酰脲类的代表药物是格列奈类化合物，其作用机理与磺酰脲类降糖药物相似。格列奈类药物与 β 细胞上的受体特异性结合后，胰岛 β 细胞膜上的 ATP-依赖性钾离子通道被关闭，β 细胞去极化，钙离子通道打开，钙的流入增加，最终诱导 β 细胞分泌胰岛素。非磺胺类降糖药物包括瑞格列奈、那格列奈等。

1）瑞格列奈

瑞格列奈用于饮食控制和体育锻炼不能控制血糖的 II 型糖尿病患者，须餐前服用，能够快速地促进胰岛素分泌。该药为氨甲酰甲基苯甲酸衍生物，有 $S(+)$ 和 $R(-)$ 两种构型。$S(+)$ 构型的活性远远高于 $R(-)$ 构型活性，因此，临床上一般使用 $S(+)$ 异构体[11]。工业上以 4-甲基水杨酸和 2-氯苯腈为原料，采用 LDA/DMPU

催化羧基化和 Ph3P 催化缩合反应合成瑞格列奈[12]。

2) 那格列奈

那格列奈主要用于 II 型糖尿病的治疗。那格列奈为 D-苯丙氨酸衍生物，属于非磺酰脲类药物，能够有效控制餐后血糖水平。其合成工艺为：4-异丙基苯甲酸经催化还原氢化制得反-4-异丙基环己烷甲酸，然后以二环己基碳二亚胺为催化剂与 N-羟基邻苯二甲酰亚胺反应得到活性酯，活性酯与 D-苯丙氨酸乙酯酰化水解后即可获得那格列奈[13]。

15.1.3　肠促胰岛素

肠促胰岛素是一类肽激素，能与胰岛 β 细胞的特异性受体结合，增加胰岛素的分泌而抑制胰高血糖素分泌，使患者产生饱腹感。

1. 胰高血糖素样肽-1 受体激动剂

胰高血糖素样肽-1(GLP-1)是一种由 30 或 31 个氨基酸残基组成的肠促胰岛素，由回肠末端、结肠和直肠中的神经内分泌细胞分泌。其作用机制是促进胰岛素分泌作用，保护胰岛 β 细胞，刺激其增殖和分化，从根本上治疗糖尿病。二肽基肽酶-4(DPP-4)容易降解体内的 GLP-1，使之失去生物活性，为了获得长效的 GLP-1 受体激动剂，一般需要对天然 GLP-1 进行结构修饰[14]。

从大毒蜥唾液中分离得到一种胰高血糖素样肽——Exenatide，它是一种含 39 个氨基酸残基的多肽。人们对 Exenatide 进行改性得到人工合成品 exendin-4[15]，发现它不易被二肽基肽酶-4(DPP-4)降解，并且哺乳动物 GLP-1 具有 53％的同源性，能有效降低血糖，增强外周组织的胰岛素敏感性[16]。此后，Novo Nordisk 公司开发了一种 GLP-1 的长效类似物——利拉鲁肽[17]，它的改性过程如下：将 GLP-l34 位的赖氨酸(Lys)用精氨酸(Arg)取代，再在 26 位的 Lys 上通过谷酰胺基增加一个 16 碳连接到 Lys^{26} 上即获得利拉鲁肽。利拉鲁肽与 GLP-l 一样，通过葡萄糖依赖方式刺激胰岛素分泌用于治疗糖尿病。

2. 二肽基肽酶-4 抑制剂

DPP-4 是一种高特异性丝氨酸蛋白酶，能降解具有胰岛素分泌功能的肠降血糖素 GLP-1 和葡萄糖依赖性的促胰岛素分泌激素 GIP，导致其促胰岛素作用丧失。研究者通过生产 DPP-4 抑制剂以竞争性结合 DPP-4 活化部位，从而避免 DPP-4 降解体内 GLP-1 和 GIP，使其正常行使促进胰岛素分泌的功能[18]。此外，DPP-4 抑制剂还能够稳定调控血糖，改善胰岛 β 细胞功能，具有良好的用药安全性。DPP-4 抑制剂的代表药物为西他列汀、维格列汀、沙格列汀等。

1）西他列汀

西他列汀是最早研发使用的 DPP-4 抑制剂。它的合成工艺见图 15.2。首先在原有化合物库进行筛选，得到活性较好的先导物 a，然后将 β-氨基酰胺替换连接至化合物 a 左侧，合成化合物 b，再在哌嗪环上骈入一个杂环形成双环，将哌嗪环转变为三氮唑并哌嗪环，并用三氟甲基取代，对左侧苯环进行修饰，最终获得 2, 4, 5-三氟取化合物 c 即为西他列汀，其生物活性与安全性均比较高[19]。

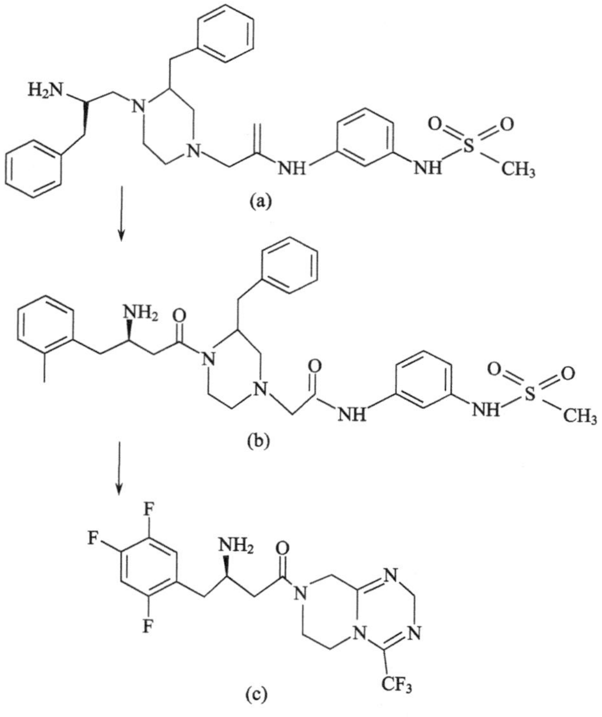

图 15.2　西他列汀的合成[20]

2）维格列汀

维格列汀是一种常见的 DPP-4 抑制剂，其合成主要是优化先导物 NVP-DPP728 的结构。此类化合物的主要特点是具有氰基吡咯烷结构，能占据 DPP-4 的 SI 口袋. 且氰基能与 Ser630 产生共价作用，具有较高的酶抑制活性。维格列汀的合成见图 15.3。

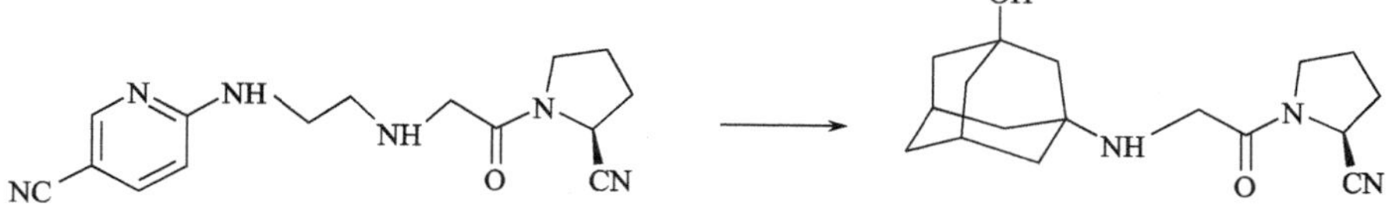

图 15.3　维格列汀的合成

15.1.4　钠-葡萄糖协同转运蛋白-2(SGLT-2)抑制剂

钠-葡萄糖同向转运体(SGLT)是一种分布于肾小管上皮细胞管腔侧,仅在肾小管和肠道基底外侧膜表达的膜蛋白。葡萄糖通过 SGLT 进入细胞后,上皮细胞基底膜外侧的葡萄糖转运蛋白(GLUT)将其转运至周围毛细血管网中,从而完成肾小管对葡萄糖的重吸收,这一过程对维持人体血糖稳定起重要作用[21]。SGLT 有 SGLT-1 和 SGLT-2 两种类型,在葡萄糖的重吸收中起主要的作用。因此,选择性抑制 SGLT-2 的活性,从而特异性地抑制肾脏对葡萄糖的重吸收,对于抗糖尿病至关重要。

从苹果树的根皮中分离出来的根皮苷是人们发现的第一类 SGLT 抑制剂,但是由于其选择性差、易被根皮苷酶水解逐渐被淘汰[22]。研究人员在根皮苷的基础上对其结构修饰合成了可口服的根皮苷衍生物 T-1095,其生物利用度大大提高。此后,药物公司以根皮苷和 T-1095 为先导物,对苷元部分进行结构修饰,又合成了化合物 Remogliflozi 等[22]SGLT 抑制剂,相关结构式如图 15.4 所示。

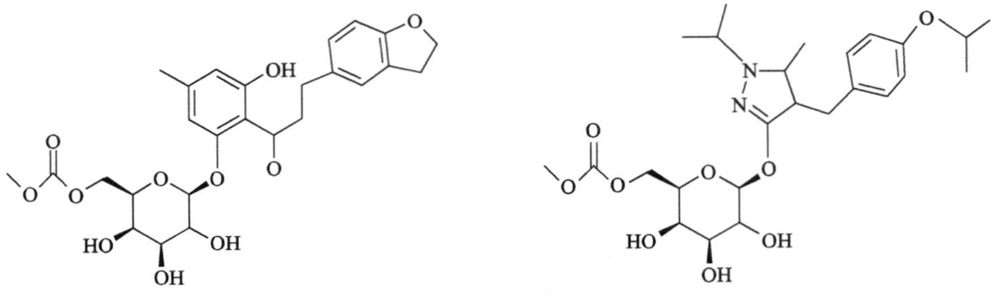

图 15.4　SGLT-2 抑制剂[22]

15.1.5　α-葡萄糖苷酶抑制剂

α-葡萄糖苷酶抑制剂是一类口服降糖药物,应用十分广泛,通过延缓肠道糖类的吸收而达到治疗糖尿病目的。α-葡萄糖苷酶抑制剂可竞争性地抑制小肠内的各种 α-葡萄糖苷酶,使得淀粉等多糖分解为葡萄糖的速率减慢,从而减缓了肠道内葡萄糖的吸收,降低餐后血糖。α-葡萄糖苷酶抑制剂适用于 II 型糖尿病,其代表药物有阿卡波糖、伏格列波糖和米格列醇等。

阿卡波糖直接从游动放线菌 SE50 的次级代谢产物中提取、分离得到,伏格列波糖和米格列醇则是分别对放线菌和芽孢杆菌的次级代谢活性产物进行结构改造而得到[23]。以米格列醇的合成为例,目前国外主要采用生物催化法制备米格列醇，即以某种生物酶作为催化剂生成米格列醇。最近，华东理工大学鲁华生物高新技术研究所研究出了一种生物催化法合成米格列醇，采用"一酶多用"，添加诱导剂让酶"衍生"出相似的酶用于催化其他反应，例如，传统上制备维生素 C 的醇脱氢酶在诱导剂调节作用后，可以催化生成米格列醇等物质。此法与化学合成相比，大大降低了成本[24]。

15.1.6　胰淀素类似物

胰淀素(胰岛淀粉样蛋白多肽)是一种由 37 种氨基酸组成的神经内分泌多肽激素，与胰岛素共同包被在胰腺 β 细胞分泌颗粒中，并一同释放。人工合成的胰淀素类似物可通过调节葡萄糖流入血液的速率来补充胰岛素作用，抑制餐后胰高血糖素分泌，减少肝脏葡萄糖产生和胃排空时间[25]。胰淀素类似物的代表药物是普兰林肽，它是将胰淀素 25 位的丙氨酸、28 位和 29 位的丝氨酸用脯氨酸代替的蛋白多肽，能稳定溶于水，可降低糖尿病患者血糖波动范围，起到控制人体血糖的作用[26]。

普兰林肽的氨基酸序列图谱如图 15.5 所示，其结构改变之后，克服了人类胰岛素不断增殖、不可溶的物理性质，避免了自我复制、淀粉样沉积形成、β 细胞凋亡，同时充分保留了胰淀素的降糖作用[27]，是一种有效的抗糖尿病药物。

H—Lys—C[Cys—Asn—Thr—Ala—Thr—Cys]—Ala—Thr—Gln—Arg—Leu—Ala—Asn—Phe—Leu—Ala—Asn—P

he—Leu—Pro—Pro—Thr—Asn—Val—Gly—Ser—Asn—Thr—Tyr—NH$_2$

图 15.5　普兰林肽的氨基酸序列图谱[27]

15.2　抗糖尿病天然改性药物

除了上述用于临床治疗的合成类物，还存在一些天然提取物及其改性后化合物可用于糖尿病治疗。据调查，全球有 800～1000 种草药(主要分布在亚洲和非洲等国家)在民间被作为糖尿病的辅助药物。但在诸多植物药中，只有少数已通过临床实验论证。通常而言，从植物中直接提取的活性成分由于其自身结构和物理性质等原因，极容易出现分解不稳定、生物利用率低等问题，一般需要对该类物质进行生物或化学改性方可投入使用。本节选取了目前报道较多的几类抗糖尿病天然活性物质，对其改性及合成阐述如下。

15.2.1　白藜芦醇

白藜芦醇是一种天然活性多酚，主要存在于葡萄果皮和红酒中。白藜芦醇具有抗氧化、抗炎、抗肿瘤发生、抗肌萎缩、抗肥胖、心脏保护和神经保护作用。近年来，白藜芦醇还被发现具有抗糖尿病作用，能改善胰岛素抵抗、降低血脂水平、增加胰岛素敏感性。白藜芦醇的生物利用度不高，将其甲基化和乙酰化生成相应衍生物后，其活性、选择性及稳定性均显著提高，且与白藜芦醇一样具有多种生理药理活性。

1. 甲基化

中南大学湘雅二院药剂科经甲基化反应合成了白藜芦醇甲基化衍生物BTM-0512[28]，白藜芦醇分子中三个羟基甲基化后，稳定性得到改善，脂溶性增强有利于透过细胞膜，因而生物利用度得到显著提高。袁琼等[29]通过高脂饮食加单次腹腔注射链脲佐菌素诱发 II 型糖尿病建立大鼠模型，发现 BTM-0512 能显著降低血糖并改善胰岛素抵抗，且其口服吸收率与半衰期均优于白藜芦醇。其相关结构式如图 15.6 所示。

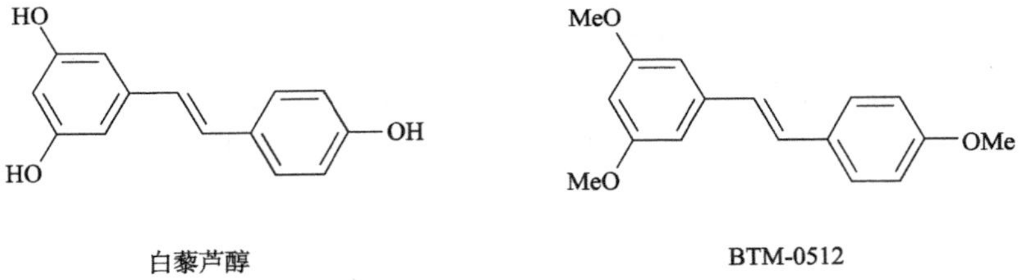

白藜芦醇　　　　　　　　　　　　　　　　　BTM-0512

图 15.6　白藜芦醇和 BTM-0512 结构[29]

2. 乙酰化

乙酰白藜芦醇的合成主要通过两种方法，即乙酰氯法和乙酸酐法进行乙酰化获得[30]：①将白藜芦醇趁热溶解于冰醋酸后，加入 3.5 倍当量的乙酸酐，逐渐加热至 120℃，回流反应 5h TLC 后，点板检测，反应进行完全。稍冷后减压旋蒸浓缩，得到的白色固体为乙酰白藜芦醇粗品。再将粗品用 80%乙醇重结晶得成品，此法产率为 90%。②将白藜芦醇热溶解于冰醋酸后，加入 15 倍当量的乙酰氯，5% NaOH 吸收尾气，逐渐加热至 120℃，回流反应 8h，TLC 点板检测，有少量未反应完全。稍冷后减压旋蒸浓缩，将粗制品用 80%乙醇重结晶即得乙酰白藜芦醇，此法产率为 72%。

15.2.2　小檗碱

小檗碱分布于黄连和黄柏等草药中，是一种异喹啉生物碱，很早就被传统中医用于治疗糖尿病。临床试验表明小檗碱对于 II 型糖尿病患者代谢有帮助，能改善血糖和血脂，增加胰岛素敏感性。但是小檗碱的生物利用度较差，必须高剂量使用才能在体内显示出疗效。研究者将小檗碱氢化得到二氢小檗碱，后者虽然溶解性增强，但非常容易脱氢还原为小檗碱，达不到改善生物利用度的目的。将 8-位双甲基化得到小檗碱衍生物，其溶解度和生物利用度明显提高，能够有效地降低小鼠的随机和空腹血糖、改善糖耐量、减轻胰岛素抵抗、降低血浆三酰甘油酯的水平，比相同剂量的二氢小檗碱有更好的疗效，可作为潜在的治疗 II 型糖尿病的药物[31]。相关结构式如图 15.7 所示。

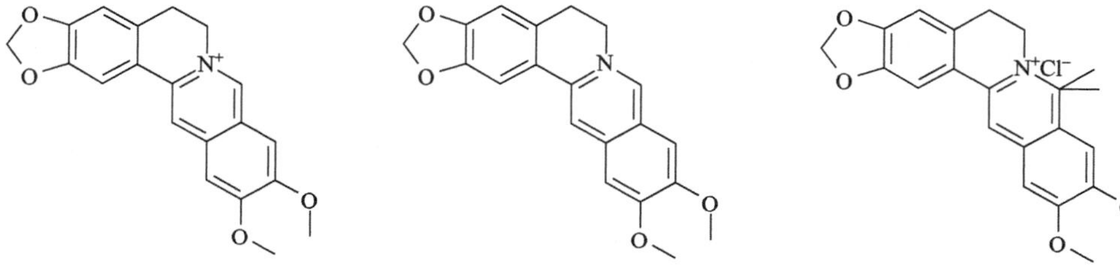

小檗碱　　　　　　　　　二氢小檗碱　　　　　　　　　小檗碱衍生物

图 15.7　小檗碱及其改性化合物[31]

15.2.3　黄酮类化合物

黄酮类化合物是一类多酚类天然产物，几乎存在于所有的绿色植物中，尤以芸香科、唇形科、石南科、玄参科、豆科、苦苣苔科、杜鹃科和菊科等高等植物中分布最多。已有研究表明，黄酮类化合物能够降低血糖和血清胆固醇，改善糖耐量，抑制肾上腺素的升血糖作用。天然黄酮类化合物如槲皮素、大豆异黄酮、查耳酮等在防治糖尿病及其并发症方面具有重要的作用。

1. 二氢黄酮的合成

梁景等[32]以卤代查尔酮为原料在 NiCl$_2$/Zn/KI 体系中反应得到 5-羟基二氢黄酮和 5-羟基黄酮的混合物，其中 5-羟基二氢黄酮的产率较高。

2. 黄酮醇的合成

查尔酮关环法是合成黄酮醇类化合物最常用的方法，此法也被称为 Algar-Flynn-Oyamada（AFO）法。它以 2'-羟基查尔酮为原料，在碱性过氧化氢中形成环氧化物，通过氧负离子分子内进攻环氧化物的 β 位得到二氢黄酮醇，随后氧化得到黄酮醇。孙敬芹等采用 AFO 法合成了一系列 A 环上无羟基的黄酮醇[33]。合成工艺图如图 15.8 所示。

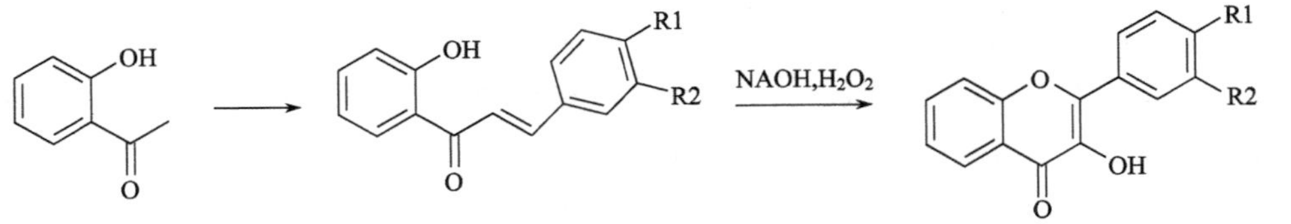

图 15.8　黄酮醇的合成工艺[33]

15.2.4　芒果苷

芒果苷，又称芒果素，广泛分布于百合科植物知母中。它是一种多酚羟基二苯并吡喃酮类化合物，文献报道其有多种生物活性如抗辐射、抗肿瘤、抗糖尿病等，芒果苷还是常用于治疗糖尿病的中药知母的有效成分。Pfister[34]等研究发现芒果苷能降低糖尿病动物模型大鼠的高血脂、血胆固醇及血甘油三酯水平，表明芒果苷对Ⅱ型糖尿病高脂血症有较好的治疗效果。

芒果苷分子结构特殊，溶解性差，不溶于水，不溶于有机溶剂。以 2,4,5-三甲氧基苯甲酸和 1,3,5-三甲氧基苯为起始原料通过一系列反应可得到多种芒果苷苷元，且发现四羟基双苯吡酮(芒果苷苷元)对多种药理模型的生物活性优于芒果苷本身。在苷元上引入具有抗糖尿病活性的磺酰胺基团，对侧链结构进行改造，在苯环的间位或对位引入疏水结构，包括各种烷基、卤原子、氰基等。再根据电子等排原理，使苷元结构上的取代基变为取代苄氧基、酯基等。结果发现对苷元或衍生物为先导化合物进行结构修饰，可保留芒果苷苷元的活性必需基团，且对DPP-IV有良好抑制作用，从而具有良好的抗糖尿病活性[35]。相关结构式见图 15.9。

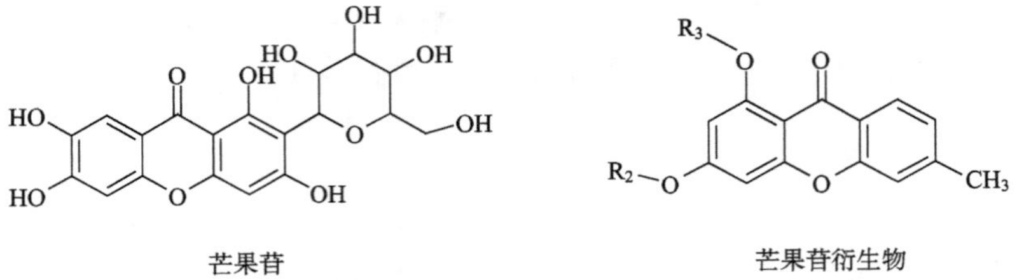

芒果苷　　　　　　　　　　　　　芒果苷衍生物

图 15.9　芒果苷及其衍生物的结构式[35]

15.2.5　大黄素

大黄素属大环蒽酮类化合物，为大黄、虎杖等传统中药的主要活性成分。大黄素具有较好的降糖降脂作用，很早以前就有中医利用大黄来进行糖尿病的治疗。从大黄素的结构看出，其含有多个羟基和羧基，易与金属离子螯合，形成较稳定的化合物，同时由于其具有可以供修饰的基团，能对其进行衍生化，许多学者合成了大黄素衍生物并研究了其药理活性，从中也得到不少具有临床价值的药物前体。

1. 大黄素甲胺衍生物

大黄素 6 位的甲基，可以和胺类化合物进行反应，得到大黄素甲胺类衍生物。邱炳林等[36]对大黄素和大黄酚的侧链甲基进行修饰，然后连接一系列的氮芥基团合成大黄素衍生物，其结构式见图 15.10。研究发现这类化合物的降糖性能很好，并且能阻止白血病细胞的增殖。

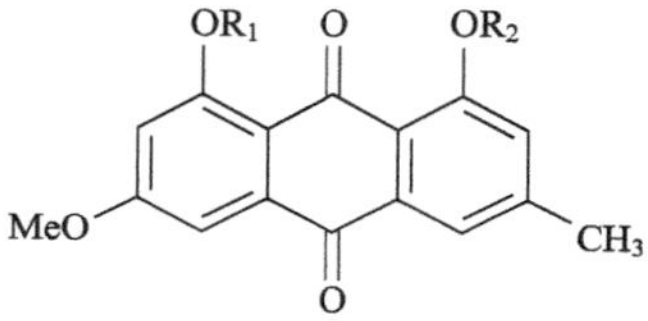

图 15.10　大黄素甲胺衍生物结构式[36]

2. 大黄素羟基取代衍生物

通过在大黄素羟基取代一个葡萄糖分子可以合成 8-*O*-葡萄糖芦荟大黄素，其结构式见图 15.11。朱小康[37]探讨了 8-*O*-葡萄糖芦荟大黄素的功效，发现此类化合物能够减轻胰岛素抵抗，增强 3T3LI 脂肪细胞的糖原合成，并且在细胞中发现剂量依赖作用，可通过抑制糖原合成糖原合酶激酶达到降糖作用。

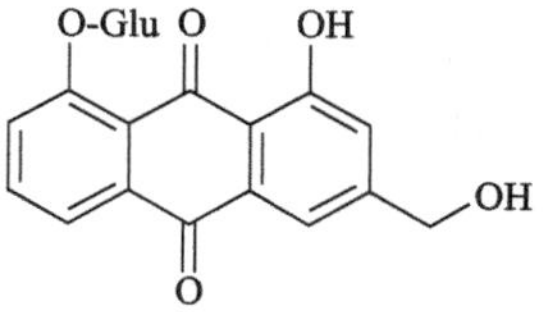

图 15.11　大黄素羟基上取代的衍生物

除上述化合物外，还有诸多新型抗糖尿病药物尚处于研究中。化学合成类药物包括 β 肾上腺素能受体激动剂、游离脂肪酸受体-1 激动剂、生长抑素受体亚型-2 激动剂、AMKP 激动剂和糖异生抑制剂等；天然改性药物有多糖类、萜类、生物碱类等活性物质衍生物。对这些化合物的致病机理及合成研究是近年来治疗糖尿病的热点。伴随糖尿病发病机制研究的深入，将有越来越多安全高效的糖尿病治疗新药物问世，为糖尿病治疗提供崭新的图景。

参 考 文 献

[1] 兰志新, 林秀山. 二甲双胍治疗 2 型糖尿病的临床研究进展[J]. 医药, 2015, 2015(6): 71.

[2] 李丽杰, 王洪光, 杨航. 膜控释盐酸二甲双胍缓释片的研制[J]. 青岛科技大学学报自然科学版, 2007, 28(5): 380-382.

[3] 王永胜. 五种新双胍类化合物的合成及其对 II 型糖尿病大鼠血糖值的影响[D]. 大连: 大连医科大学, 2006.

[4] 陈志豪, 黄恺. 口服降血糖药苯乙双胍盐酸盐的简便合成方法[J]. 中国药学杂志, 1964, 10(4): 180-182.

[5] 楼晨光, 高丽梅, 宋丹青. 盐酸吡格列酮的合成[J]. 中国新药杂志, 2005, 14(10): 1187-1189.

[6] 朱耀国, 任叶慧, 姜军权. 罗格列酮治疗 2 型糖尿病的机制及临床疗效[J]. 中国新药与临床杂志, 2003, 22(12): 751-753.

[7] 王恩思, 段海峰, 金磊. 新型抗糖尿病药物曲格列酮的合成[J]. 吉林大学学报理学版, 1999, (4): 85-90.

[8] 许萌芽. 磺胺类药物的临床应用[J]. 海峡药学, 2001, (B08): 50

[9] Gupta P, Bala M, Gupta S, et al. Efficacy and risk profile of anti-diabetic therapies: Conventional vs traditional drugs-A mechanistic revisit to understand their mode of action[J]. Pharmacological Research, 2016, 113(Pt A): 636–674.

[10] 金永君, 黄文海, 胡纯琦, 等. 甲磺磺丁脲的新合成方法[J]. 浙江化工, 2008, 39(12): 7-8.

[11] 许青. 新型降血糖药瑞格列奈[J]. 中国新药与临床杂志, 2000, 19(6): 502-503.

[12] 赵爽, 徐志炳, 鄂晨光, 等. 抗糖尿病药物瑞格列奈的合成[J]. 吉林大学学报理学版, 2008, 46(3): 556-559.

[13] 朱雪焱, 彭卡. 那格列奈的合成研究[J]. 合成化学, 2001, 9(6): 537-540.

[14] Ronner P, Naumann C M, Friel E. Effects of glucose and amino acids on free ADP in betaHC9 insulin-secreting cells[J]. Diabetes, 2001, 50(2): 291-300.

[15] Davidson M B, Bate G, Kirkpatrick P. Exenatide[J]. Nature Reviews Drug Discovery, 2005, 4(9): 713-714.

[16] Kim D, Macconell L, Zhuang D, et al. Effects of once-weekly dosing of a long-acting release formulation of exenatide on glucose control and body weight in subjects with type 2 diabetes[J]. Diabetes Care, 2007, 30(6): 1487-1493.

[17] Drucker D J, Dritselis A, Kirkpatrick P. Liraglutide[J]. Nature Reviews Drug Discovery, 2010, 9(4): 267-268.

[18] Aertgeerts K, Ye S, Tennant M G, et al. Crystal structure of human dipeptidyl peptidase IV in complex with a decapeptide reveals details on substrate specificity and tetrahedral intermediate formation[J]. Protein Science, 2004, 13(2): 412–421.

[19] Drucker D, Easley C, Kirkpatrick P. Sitagliptin[J]. Nature Reviews Drug Discovery, 2007, 6(2): 109-110.

[20] 徐斯盛, 张惠斌, 周金培, 等. 新型抗糖尿病药物的研究进展[J]. 中国药科大学学报, 2011,

42(2): 97-106.

[21] 张富东, 李玲. 新型抗 2 型糖尿病药物钠-葡萄糖协同转运蛋白 2 抑制剂研究进展[J]. 国际药学研究杂志, 2011, 38(5): 375-380.

[22] Ehrenkranz J R, Lewis N G, Kahn C R, et al. Phlorizin: a review[J]. Diabetes/metabolism Research & Reviews, 2005, 21(1): 31-38.

[23] 黄良得, 苏俊翰, 赖敏男. α-葡萄糖苷酶抑制剂: CN103182084A[P]. 2013.

[24] 顾觉奋, 陈紫娟, GUJue-fen, 等. α-葡萄糖苷酶抑制剂的研究及应用[J]. 药学进展, 2009, 33(2): 62-67.

[25] 林毅, 彭永德. 胰淀素类似物普兰林肽[J]. 世界临床药物, 2006, 27(11): 673-676.

[26] 阮园, 沈建国. 胰淀素类似物普兰克林治疗糖尿病的研究进展[J]. 国际内科学杂志, 2005, 32(12): 507-509.

[27] 杨晓婧, 赵红玲, 尹志峰, 等. 普兰林肽的合成新方法[J]. 河北民族师范学院学报, 2015, 35(2): 60-64.

[28] 马宁, 李娟, 王建芬, 等. 白藜芦醇衍生物(BTM-0512)在大鼠体肠吸收特性研究[J]. 长沙医学院学报, 2009, 3(15): 1-7.

[29] 袁琼, 刘思妤, 邹晓青, 等. 白藜芦醇衍生物改善 2 型糖尿病大鼠血糖及胰岛素抵抗作用的研究[J]. 中南药学, 2010, 8(3): 161-165.

[30] 黄绍德. 白藜芦醇衍生物的合成及其初步细胞活性研究[D]. 南宁: 广西医科大学, 2014.

[31] 张志辉, 邓安珺, 于金倩, 等. 小檗碱衍生物的合成及活性评价[C]. 全国药物化学学术会议, 2011.

[32] 梁景. 含氟查尔酮及二氢黄酮合成的研究[D]. 上海: 华东理工大学, 2014.

[33] 孙敬芹, 田秀杰, 蔡孟深. 黄酮类化合物研究Ⅸ——7-取代黄酮醇的合成[J]. 北京大学学报医学版, 1988, 20(3): 188-188.

[34] Pfister J R, Ferraresi R W, Harrison I T, et al. Xanthone-2-carboxylic acids, a new series of antiallergic substances[J]. Journal of Medicinal Chemistry, 1972, 15(10): 1032-1035.

[35] 吴玮峰. 芒果苷衍生物的合成及其生物活性研究[D]. 北京: 第二军医大学, 2009.

[36] 邱炳林, 张风森, 王文峰. 大黄素衍生物的合成及其应用研究进展[J]. 海峡药学, 2010, 22(1): 6-12.

[37] 朱小康. 大黄素衍生物的合成与生物活性研究[D]. 重庆: 西南大学, 2011.

第16章　合成化合物抗阿尔茨海默病

阿尔茨海默病是一种不可逆转的神经退行性疾病，其成因及发病机制尚不明确，主要特征性病理改变有三种学说：淀粉样蛋白质级联假说、tau 蛋白异常修饰假说和胆碱系统功能障碍学说，分别导致 β 淀粉样蛋白沉淀、胞内神经纤维缠结和胆碱能神经元损失。本章主要介绍根据阿尔茨海默病发病机制的针对靶向 β 淀粉样蛋白、tau 蛋白和胆碱酯酶的药物开发。

阿尔茨海默病（Alzheimer's disease，AD）是一种起病隐匿的进行性发展神经系统退行性疾病，是痴呆的主要原因。这种病的特征是个体认知功能的进行性下降，首先是出现记忆障碍，随着时间的延长，出现认知功能障碍、执行功能障碍及人格和行为改变等全面性痴呆[1]。根据发病年龄，该病可分为两个临床症状类型：早老性痴呆类型常见于 65 岁以下个体中；当个体年龄超过 65 岁后，其患病率会急剧增加，称为阿尔兹海默型老年痴呆[2]。因其病因复杂，发病机理尚不明确，可能是环境因素和自身因素共同作用的结果。

作为一种脑损伤疾病，AD 的脑神经病理学标志是脑内两种形式聚集体的沉积：一种是被营养不良性神经突触包围的弥漫性神经炎胞外 β 淀粉样蛋白 Aβ 在胞外积累形成老年斑，另一种是由于 tau 蛋白过度磷酸化形成的胞内神经纤维缠结（NFT）。此外，还有一种病理学特征是支配海马体和大脑皮层的基底前脑胆碱能神经元的严重损失[3]。因此针对 Aβ、tau 蛋白和胆碱酯酶药物靶点，开发的相关合成药物研究广泛。

16.1　靶向 Aβ 药物

Aβ 在神经细胞外的大量聚集形成老年斑，这是一种淀粉样斑块，这种斑块的堆积会对神经细胞产生毒性，造成患者认知功能恶化，同时患有皮肤癌的概率也会大大升高。由于 Aβ 的积累对 AD 的产生具有极大的影响力，由此提出的淀粉样蛋白级联假说一直是在防治 AD 中占有主要地位的发病机制[4]。淀粉样蛋白质级联假说的主要内容有以下几个关键点：①Aβ 的生成来源于脑内淀粉样蛋白前体 APP 基因的表达；②APP 基因转录时发生异常剪接。在正常情况下，APP 基因在转录过程中的剪接由 α-分泌酶水解；而当其剪接过程由 β-分泌酶和 γ-分泌酶催化时，发生异常剪接；③APP 基因转录的异常剪接造成脑内淀粉样蛋白前体 APP

代谢异常；④表达后得到的脑内淀粉样蛋白前体异常代谢会直接导致 $A\beta$ 生成量增多，而分解量减少；⑤$A\beta$ 大量沉积，产生神经毒性，诱发 AD。

从抑制淀粉样蛋白质级联假说中 $A\beta$ 的生成与聚集的角度考虑治疗研发 AD 靶向药物是一个很重要的关键点，其包括抑制 $A\beta$ 的产生、减少 $A\beta$ 的聚集和清除已积累的 $A\beta$。

16.1.1 抑制 $A\beta$ 的产生

β-分泌酶和 γ-分泌酶对 APP 产生的催化作用直接导致了 $A\beta$ 的大量产生与积累，因此抑制 β-分泌酶和 γ-分泌酶的活性是设计治疗 AD 的一大策略。

1. β-分泌酶抑制剂

β-分泌酶是一种新型跨膜天门冬氨酸蛋白酶，与胃蛋白酶和逆转录病毒的天门冬氨酸蛋白酶家族存在密切关系[5]。现有报道的 BACE1 是一种 β 位 APP 切割酶，具有已知 β-分泌酶的全部功能特点。其在神经系统的高度表达，是 $A\beta$ 的限速酶。BACE1 基因其结构域内有两个活性位点，分别是 DTGS（位于氨基酸 93-96）和 DSGT（位于氨基酸 289~292）。这两个活性位点任一产生变异，都会导致 BACE 的失活。除了上述活性位点外，BACE1 基因还具有四个 N-糖基化位点和参与分子内二硫键合成的 6 个半胱氨酸残基[6]。对于合成 β-分泌酶基因的结构研究了解有助于相关药物开发。

针对于 β-分泌酶的抑制，先已有多种的 β-分泌酶抑制剂被筛选或合成出来，其主要是肽类抑制剂，原理是基于天门冬氨酸蛋白酶通过加成反应将其活性部位的两个天冬氨酸残基催化水分子到肽键上进行水解，开发出过渡态模拟的 β-分泌酶抑制剂。

第一类 β-分泌酶抑制剂主要是通过残基取代来发挥作用。以一种 statine 过渡态类似物（图 16.1）为例，介绍 β-分泌酶 BACE 抑制剂。statine 是一种过渡态类似物，组成肽类化合物 BACE1 抑制剂结构的一部分，主要特点是含有羟基，羟基可以通过氢键与天冬氨酸残基作用而抑制酶活。BACE1 对 APP 进行切割有固定的作用位点，在这个作用位点的残基序列上设计耐水解的过渡态类似物，对该位点的某一个氨基酸进行取代，活性会发生明显变化。这种抑制剂则可以通过对其过渡态类似物结构的改变对 BACE1 的活性造成一定的影响甚至导致失活[7]。第二类 β-分泌酶抑制剂主要通过对 BACE1 进行末端修饰来起到抑制作用。β-分泌酶是一种固定于膜上的蛋白类物质，其末端（C 端或 N 端）的封端基团必须具有较好的活性，这类相关基团有苄胺、氨基环己基二甲酸甲酯等 C 端的末端基团和间苯二甲酰胺、氨基噻唑类等 N 端的末端基团。以过渡态类似物中心保持不变，变换末端基团或对末端进行修饰的一类 BACE1 抑制剂能够表现出很好的抑制活性，而且这类抑制剂可以透过细胞膜，更容易抵达作用位点[8, 9]。

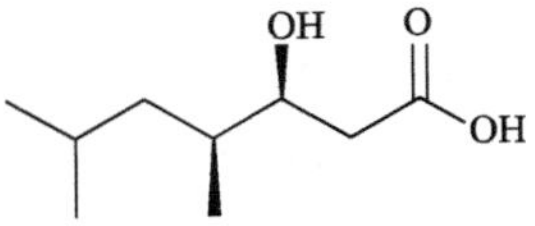

图 16.1　statine 的结构

发现于 BACE1 之后的 BACE2 是与 BACE1 具有同源性的天门冬氨酸蛋白酶，此酶可以在 β-分泌酶酶切位点切割 APP，但是由于 BACE2 在大脑中的表达水平并不高，所以认为 BACE2 可能不是一种起到主要作用的 β-分泌酶。在 Aβ 的生成中，BACE2 的作用仍需要进一步探讨。但是针对于 BACE2 的抑制剂也有被设计出来，例如一些 BACE1 抑制剂可能会抑制 BACE2，机理尚不明确。

2. γ-分泌酶抑制剂

γ-分泌酶在体内多个信号转导通路中发挥着作用，因此，γ-分泌酶抑制剂会影响到包括 Aβ 在内的多种蛋白质。其中 Notch 通路参与人体多种代谢反应，该通路受阻会引起人体胃脾、胸腺以及肠道功能发生异常。Notch 通路的大致过程如下：Notch 由其前体蛋白在胞内合成后，会在细胞膜上经相关酶剪切成为异源二聚体受体，即前面所提到的 Notch 受体。在 Notch 通路中，信号传导是通过 Notch 与相应蛋白的结合，结合前，Notch 的水解过程由作用于胞外区的 α-分泌酶和作用于跨膜区的 γ-分泌酶完成，生成的胞外 NICD (Notch intracellular domain) 转运到细胞核中发挥相应作用，包括激活基因的转录，调节神经细胞的生成、分化以及存活等[10, 11]。Roncarati 等[12]研究发现，跨膜的 APP 以及 γ-分泌酶切割 APP 产生的可溶性胞内片断都能结合细胞质内的 Notch 抑制剂 Numb 及 Numb 类似物。因此，AD 的病因之一可能是 γ-分泌酶切割 APP 所释放的片段产物抑制了 Notch 通路。由此也可以得出这样的结论，即 γ-分泌酶切割 APP 产生的片段可能会与这是 γ-分泌酶抑制剂在临床前和临床试验中引起多种毒副反应的主要原因。

γ-分泌酶是一类用于切割跨膜蛋白的复合体，主要由早老蛋白 PS、单过性跨膜蛋白 NCT、整膜蛋白 APH-1 和 PEN-2 这四部分组成[13]。通过抑制 γ-分泌酶中的某种结构，可以为 γ-分泌酶抑制剂的生产提供指导意义。目前，γ-分泌酶抑制剂主要有两类：一类是抑制 γ-分泌酶剪切 APP 的抑制剂，另一类是抑制活性的 γ-分泌酶形成的 PS 蛋白水解酶 (PSase) 抑制剂。

同 β-分泌酶抑制剂的开发有一定的相似性，一些 γ-分泌酶抑制剂的设计也采用了大分子模拟过渡态类似物。根据 γ-分泌酶的酶切位点的结构特征，通过设计的模拟过渡态类似物的存在，以相应基团取代断裂由天门冬氨酸蛋白酶催化水解的肽键能够很好地抑制酶活。相关研究发现，γ-分泌酶具有底物结合位点和催化位点，利用抑制剂的非竞争性抑制的能力，与 γ-分泌酶的催化位点结合，使底物无法被 γ-分泌酶水解剪切，从而抑制 γ-分泌酶的作用，达到减少 Aβ 的生成的目的。另外，PS 是 γ-分泌酶的核心部分，含有 γ-分泌酶的活性催化位点，但是 PS 全蛋白并无活性，需要在 PS 蛋白水解酶的水解作用下形成一个异二聚体才具有活性，因此 PS 蛋白水解酶(PSase)抑制剂的设计对于抑制活性的 γ-分泌酶起到一定的作用。设计具有疏水性 N 端的抑制剂拥有高的细胞膜穿透性，会提高抑制活性。

16.1.2　减少 Aβ 的聚集

目前用于减少 Aβ 聚集的药物主要包括牛磺酸、褪黑素和凝胶溶素等[14]。这些药物的主要作用机理是与 Aβ 结合从而抑制 Aβ 的聚合作用。牛磺酸是一种葡萄糖胺聚糖，大量存在于动物的组织和细胞中，参与机体对中枢、免疫等系统功能的调节，起到清除脑内过量自由基、使脑组织免受损害等作用，可降低 Aβ 寡聚化与聚合作用。基于牛磺酸的药理作用，人工合成牛磺酸得到了广泛的应用，其中最具发展前途的是乙撑亚胺法合成牛磺酸(图 16.2)。

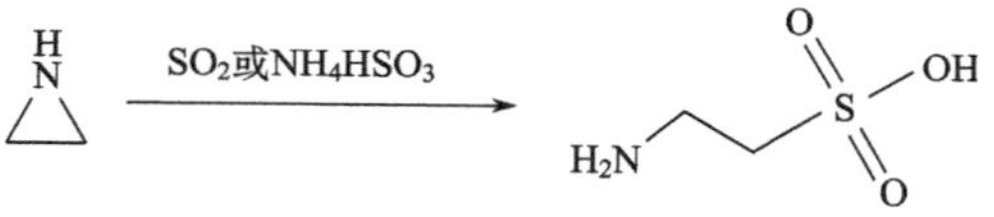

图 16.2　乙撑亚胺法合成牛磺酸

褪黑素(图 16.3)可以降低老年斑的聚集，因此，其作为治疗阿尔兹海默病的药物得到研究，褪黑素对于 Aβ 聚集的抑制是通过抑制 β-组氨酸残基和天冬氨酸残基的盐键，破坏了 Aβ 的 β 折叠，使结构变为无规则状，这影响到 β 淀粉蛋白核心形成后的扩散聚集，既减少了 Aβ 的聚集，也阻止了 Aβ 与其他糖蛋白的交联作用[15]。凝胶溶素是一种微丝结合蛋白，是微丝组装与去组装的关键调控因子，凝胶溶素与 Aβ 结合可抑制 Aβ 的纤维化、降低纤维化 Aβ 及加速其清除。

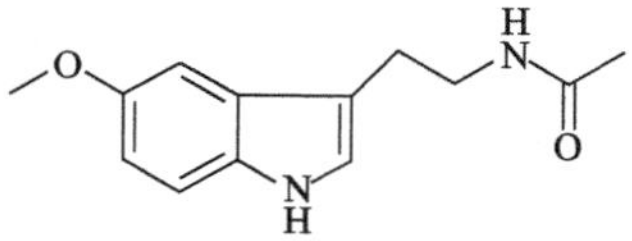

图 16.3　褪黑素的结构

16.1.3　已积累的 Aβ 清除

对于已积累的 Aβ 清除，可以考虑一些激素和酶的作用。降解 Aβ 的酶包括胞浆素、脑啡肽酶、胰岛素降解酶、内皮素转化酶、血管紧张素酶及金属蛋白酶-9等[16]。

16.2 靶向 tau 蛋白药物

神经元骨架由微管来支撑，微管是由微管蛋白和微管相关蛋白构成的，tau是细胞中含量最高的一种微管相关蛋白，广泛存在于神经细胞中。在正常生理条件下，tau 蛋白与微管蛋白相结合促进微管的形成。微管除了对神经元骨架起到支撑作用外，还有一个功能是参与神经细胞轴突内物质的运输调节，神经细胞的营养供应、能量传递、冲动传导等正常的生理功能均依赖于轴突运输[17, 18]。AD 患者的 tau 蛋白异常修饰导致 tau 过度磷酸化，而 tau 蛋白与微管的结合主要依赖其磷酸化的状态，过度磷酸化的 tau 蛋白自我聚集形成螺旋细丝，继而异常组装成胞内神经纤维缠结（NFT），有效聚合的能力消失，与微管结合力降低，使微管受到在形态与功能上的双重影响[19]。

从抑制 tau 蛋白异常修饰假说中 tau 蛋白的异常聚集的角度考虑研发 AD 靶向药物是一个重要的策略，主要包括控制 tau 蛋白磷酸化、抑制 tau 蛋白异常聚合及促进解聚等几个方面。

16.2.1 控制 tau 蛋白磷酸化

过度磷酸化的 tau 蛋白无法与微管蛋白结合，影响正常 tau 蛋白的能力，导致微管稳定性下降，神经元骨架降解[20]。同时，过度磷酸化的 tau 蛋白异常占据微管蛋白的结合位点，大大减少微管蛋白上起到运输作用的蛋白，仿佛设置了一道屏障，使得微管的生理功能受到影响，导致神经元变性受损[21]。因此，控制 tau 蛋白的磷酸化是设计治疗 AD 药物的策略之一。

1. tau 蛋白过磷酸化抑制剂

tau 蛋白磷酸化过程主要有糖原合成激酶-3（GSK-3）和蛋白磷酸酯酶2A（PP2A）作为反应的关键酶。

GSK-3 是一类分布广泛的吡咯氨酸导向的丝氨酸/苏氨酸类激酶，参与包括微管稳定性和细胞凋亡在内的多种细胞加工过程。一些研究发现 GSK-3 存在于营养不良的轴突和神经纤维缠结中，活化的 GSK-3 存在于纤维发生缠结前的神经细胞中[22]。由于该酶可以调节细胞凋亡，因此，可能导致 AD 患者的神经元丢失。目前报道较多的 GSK-3 抑制剂是锂盐。锂盐能够减少培养的人类神经元中 tau 的磷酸化，促进 tau 与微管的结合，增加微管的聚集[23]。除了抑制 mRNA 水平，锂离子还能够通过抑制 GSK-3 的活性来干扰 APP 的 γ 裂解，进而有效阻止 Aβ 的积累。相关的咖啡因[24]、胰岛素[25]也被证明有抑制 GSK-3 的活性的效果，其作用机理正在研究当中。

2. tau 蛋白去磷酸化激活剂

PP2A 是一种具有多功能的酸磷酸酯，对蛋白质的丝氨酸/苏氨酸位点具有去磷酸作用，其活性调节失衡将会导致 tau 蛋白的异常过度磷酸化，从而导致 AD 的发生。

王丽岳等以具有代谢和生物活性成鼠脑片为模型对 PP2A 的去磷酸化作用进行了研究，证明抑制脑组织中的 PPA2 活性可导致磷酸化增高。tau 蛋白磷酸化水平也靠 PP2A 调节[26]，因此，PP2A 激活剂的研发对于 AD 的治疗具有一定的作用。现有对于 PP2A 激活剂治疗 AD 的药物研发较少，但是有研究表明 PP2A 激活剂对于急性髓系性白血病的细胞增殖起到抑制作用[27]，其主要是通过维持细胞的去磷酸化状态来达到作用目的，可以对 PP2A 激活剂治疗 AD 起到指导意义。

16.2.2　抑制 tau 蛋白异常聚合及促进解聚

过度磷酸化的 tau 蛋白异常聚合是神经纤维缠结产生的原因，通过抑制 tau 蛋白异常聚合和促进解聚可以有效缓解神经纤维缠结的现象。

1. tau 蛋白聚合抑制剂

现有一种 tau 蛋白聚合抑制剂是多巴胺 D2 受体拮抗剂。多巴胺是一种重要的神经递质调节剂，可以调节神经元活性、影响胆碱能的弥散功能，主要有 D1 和 D2 两种亚型。多巴胺 D1 受体可以增强神经系统内谷氨酸自发释放量，引起突触可塑性的改变，进而诱导 AD 发生；D2 受体则可能在 tau 蛋白的异常堆积过程中涉及[28]。二甲苯胺噻嗪（图 16.4）是一种针对 D2 受体的拮抗剂，它可以减少大脑中不溶的 tau 蛋白的浓度，从而抑制与 tau 相关的病理变化，一些临床试验也证实了多巴胺 D2 受体拮抗剂具有神经性的保护作用，并有助于拮抗神经毒性及 tau 蛋白的凝聚[29, 30]。这些研究成果表明多巴胺 D2 受体拮抗剂在成为 tau 蛋白聚合抑制剂方面具有很大的潜力。

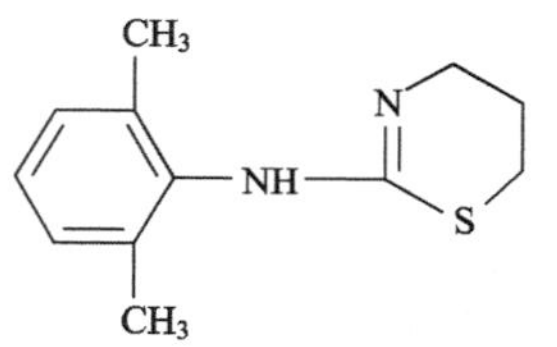

图 16.4　二甲苯胺噻嗪的结构

2. 热休克蛋白抑制剂

分子伴侣是一类蛋白质分子，它通过与其他蛋白质分子的结合多肽进行结合与释放，帮助多肽在体内进行折叠、组装或转运，使蛋白质分子构象保持稳定。脑组织中的神经纤维缠结可能与蛋白质的异常折叠有关，而分子伴侣作为参与胞内蛋白质折叠的主要因子，在 AD 治疗中受到了人们的关注。热休克蛋白 hsp 是参与变性蛋白折叠的伴侣蛋白，临床研究较多的有 hsp70 和 hsp90。热休克蛋白抑制剂对于 tau 蛋白聚合具有抑制作用，正用于临床研究的有姜黄素（主要抑制 hsp90）、黄酮类药物（主要抑制 hsp70）和吩噻嗪类药物（主要抑制 hsp70）等，这些药物的作用机理主要是通过抑制热休克蛋白的活性，进而降低 tau 蛋白的折叠、促进已折叠蛋白的解聚[31, 32]。

另外，亚甲基蓝通过区分双螺旋和正常 tau 蛋白上的重复区域，解散双螺旋重复区域，起到抑制 tau 蛋白聚合的作用[33]。

16.3　靶向胆碱抑制药物

胆碱能系统功能障碍学说在 AD 发病机理中占有重要地位，基于这种学说而设计的治疗药物也是当前最广泛应用于 AD 的药物。在中枢神经系统中，胆碱能神经元大量存在，在神经元末梢可以释放乙酰胆碱，乙酰胆碱是促进学习和记忆的重要神经递质。在 AD 患者的中枢胆碱神经系统中，神经元的数量、乙酰胆碱的合成水平、胆碱受体的数量等有着不同程度的下降，导致胆碱能系统功能障碍，引起 AD 患者出现以记忆损伤和识别功能障碍为主要症状的临床表现。因此，增加神经递质乙酰胆碱在中枢神经系统中的含量对于 AD 的缓解起到一定的作用。这类药物的设计可以从增加乙酰胆碱含量和抑制乙酰胆碱分解两方面来考虑。

16.3.1　增加乙酰胆碱含量

此类胆碱药物包括乙酰胆碱和卵磷脂等，卵磷脂是乙酰胆碱的前体，可以增强乙酰胆碱的合成与释放。

16.3.2　抑制乙酰胆碱分解

乙酰胆碱会被乙酰胆碱酯酶（AChE）催化水解，在其催化活性位点（CAS）处进行作用。另外，乙酰胆碱酯酶是 Aβ 分子伴侣，其外周阴离子位点（PAS）能够诱导 Aβ 聚集沉积，因此，抑制乙酰胆碱酯酶活性是控制 AD 较好的治疗手段，同时结合两个位点的乙酰胆碱酯酶抑制剂开发将成为更有效和更具有选择性的途径。

双重位点结合抑制剂的设计以一种类黄酮衍生物乙酰胆碱酯酶抑制剂为例

来说明[34]。类黄酮是一种广泛存在于水果和蔬菜中的天然化合物，其因具有与各种神经障碍相关的药理学价值而得到关注，如神经保护作用、乙酰胆碱酯酶抑制活性、Aβ 原纤维形成抑制活性等。类黄酮衍生物作为抗 AD 潜在多功能乙酰胆碱酯酶抑制剂被设计与合成，此类物质的绝大多数表现出强乙酰胆碱酯酶抑制活性，对于 Aβ 聚集抑制也显示出良好效果，其还有用作金属螯合剂的能力。由于 AD 发病因素复杂，机理也不是很明确，调节单一蛋白质靶标的活性分子对于疾病的治疗效果并不明显，分子建模和酶动力学研究揭示了类黄酮衍生物靶向作用于乙酰胆碱酯酶的催化活性位点(CAS)和外周阴离子位点(PAS)，显示出很好的作用效果。类黄酮衍生物的设计基于乙酰胆碱酯酶的结构特点，通过不同长度的碳间隔将类黄酮支架与末端氨基连接起来(类黄酮支架的设计如图 16.5 所示)，在生理 pH 条件下，质子化的末端氨基可以通过与阳离子互相作用占据乙酰胆碱酯酶的 CAS 位点，类黄酮支架可以通过芳香族堆积与乙酰胆碱酯酶的 PAS 相互作用，进而达到双重结合位点抑制的目的。

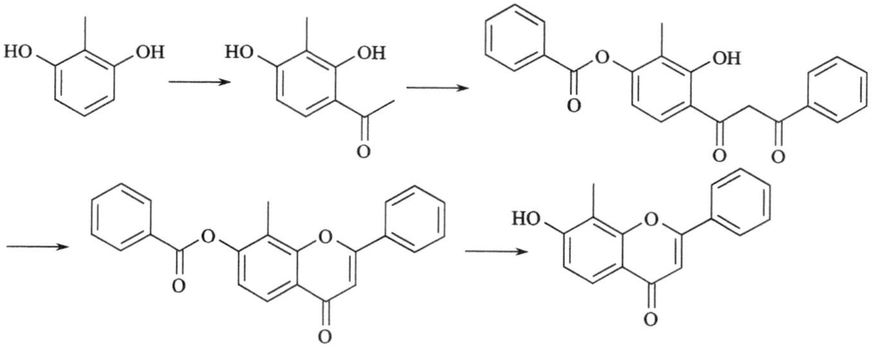

图 16.5　类黄酮支架的设计[34]

　　第一个用于治疗 AD 的药物是他克林，是由美国一个药物公司推出的乙酰胆碱酯酶抑制剂。但由于其产生肝脏毒性副作用，因此，旨在减少毒副作用衍生物的设计得到研究。他克林化学名称是四氢氨基吖啶，经过邻氨基苯甲酸与环己酮反应，再经氯代、氨解，或者以靛红为原料经羟肟化、裂解后再与环己酮反应得到他克林(图 16.6)。

　　对于他克林的改造，可以得到毒副作用小的他克林衍生物，如对他克林结构上的环己烷进行缩环、扩环或者在环上连上取代基等。他克林的脂肪环改造中，1-羟基他克林(图 16.7)比他克林抑制乙酰胆碱酯酶的作用更强，副作用更小[35]。

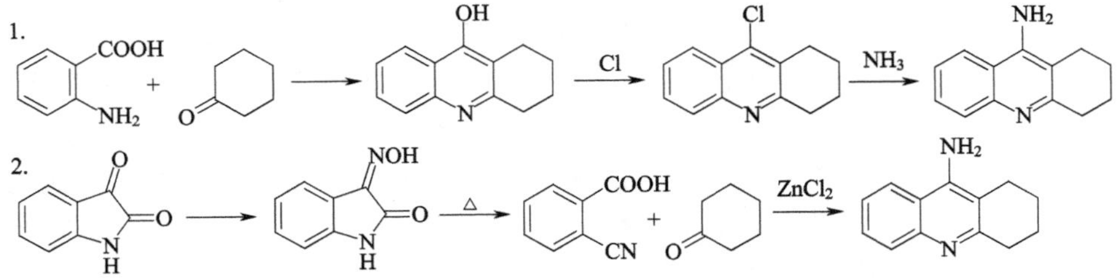

图 16.6　他克林的两种合成途径[35]

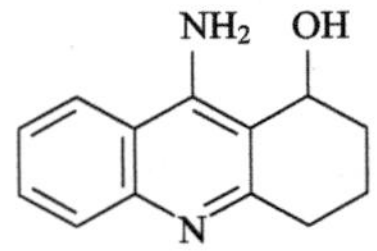

图 16.7　1-羟基他克林的结构

　　多奈哌齐(图 16.8)是另一种乙酰胆碱酯酶抑制剂，具有 *N*-苯甲基哌啶结构。它能够选择性地分解脑内神经递质的酶活性使脑内乙酰胆碱含量提高。与他克林相比，其效果更强且无肝毒性，对这一先导化合物的结构改造得到的 *N*-苯甲基哌啶衍生物有望成为治疗 AD 的潜力新药[36]。

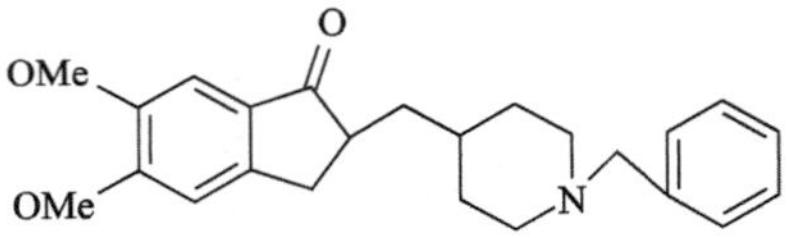

图 16.8　多奈哌齐的结构

　　胆碱酯酶抑制剂还有利斯的明(图 16.9)、加兰他敏(图 16.9)、E-2020、SDZ-ENA-713、"西坦类"衍生物等。它们具有高效低毒、作用时间长、使用方便等优点，是目前应用最为广泛的抗 AD 药物[35]。

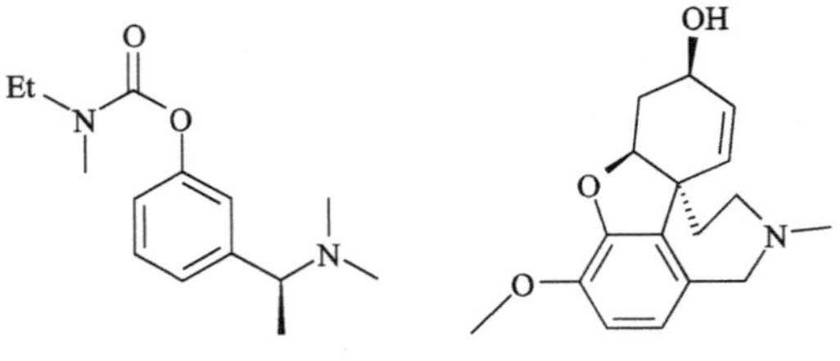

图 16.9　利斯的明(左)和加兰他敏(右)

　　由于发病机理尚不明确，环境因素与自身因素对阿尔茨海默病均会产生影响，阿尔茨海默病的防治是一项长期的富有挑战性的课题，国内外都在对这种病的治疗进行着积极的研究。对于阿尔茨海默病的早期发现与治疗对于现代医学来说仍然是一项难题，一些相关药物也由于临床效果不佳或产生副作用等逐渐被更新换代。阿尔茨海默病治疗药物的研发要考虑到作用位点为细胞内或细胞间质，因此，在设计时要考虑药物相对分子质量的大小、侧链基团的疏水性等是不是有助于药物透过细胞膜抵达作用位点。相关靶向药物的研究也要考虑到靶标在其他代谢通路中的作用，不能够因为抑制靶标导致严重的副作用的产生。此外，在一些文献中对于中药治疗阿尔茨海默病的相关研究也有所报道，这对于中医药治疗阿尔茨海默病是一个极好的突破口，深入研究对阿尔茨海默病的防治意义重大。

参 考 文 献

[1] Reitz C, Brayne C, Mayeux R. Epidemiology of Alzheimer disease[J]. Cold Spring Harbor Perspectives in Medicine, 2011, 2(8): 137-152.

[2] Hebert L E, Scherr P A, Bienias J L, et al. Alzheimer disease in the US population: prevalence estimates using the 2000 census[J]. Jama Neurology, 2003, 60(8): 1119-1122.

[3] Adwan L, Zawia N H. Epigenetics: a novel therapeutic approach for the treatment of Alzheimer's disease[J]. Pharmacology & Therapeutics, 2013, 139(1): 41-50.

[4] Kar S, Slowikowski S P, Westaway D, et al. Interactions between beta-amyloid and central cholinergic neurons: implications for Alzheimer's disease[J]. Journal of Psychiatry & Neuroscience Jpn, 2004, 29(6): 427-441.

[5] Hardy J A, Higgins G A. Alzheimer's disease: the amyloid cascade hypothesis[J]. Science, 1992, 256(5054): 184-185.

[6] Sathya M, Premkumar P, Karthick C, et al. BACE1 in Alzheimer's disease[J]. Clinica chimica acta; international journal of clinical chemistry, 2012, 414(4546): 171-178.

[7] Kwak Y D, Wang R, Jing J L, et al. Differential regulation of BACE1 expression by oxidative and nitrosative signals[J]. Molecular Neurodegeneration, 2011, 6(1): 1-10.

[8] Hom R K, Fang L Y, Mamo S, et al. Design and synthesis of statine-based cell-permeable peptidomimetic inhibitors of human beta-secretase[J]. Journal of Medicinal Chemistry, 2003, 46(10): 1799-1802.

[9] Beck J P, Fang L, Freskos J, et al. N, N'-substituted-1, 3-diamino-2-hydroxypropane derivatives [M]. US, 2002.

[10] Struhl G, Greenwald I. Presenilin is required for activity and nuclear access of Notch in Drosophila[J]. Nature, 1999, 398(6727): 522-525.

[11] Wolfe M S. Presenilin and γ - secretase: structure meets function[J]. Journal of Neurochemistry, 2001, 76(6): 1615-1620.

[12] Roncarati R, Šestan N, Scheinfeld M H, et al. The γ-secretase-generated intracellular domain of β-amyloid precursor protein binds Numb and inhibits Notch signaling[J]. Proceedings of the National Academy of Sciences of the United States of America, 2002, 99(10): 7102-7107.

[13] Taylor K W, Wolfe M S. Identity and function of γ - secretase[J]. Journal of Neuroscience

Research, 2003, 74(3): 353-360.

[14] 戴婷婷, 田绍文. 阿尔茨海默病靶向治疗研究进展[J]. 中南医学科学杂志, 2015, 43(4): 452-456.

[15] 李楠, 王建平, 李建章. 褪黑素用于阿尔茨海默病治疗的机制[J]. 中国实用神经疾病杂志, 2006, 9(2): 49-50.

[16] Nalivaeva N N, Beckett C, Belyaev N D, et al. Are amyloid-degrading enzymes viable therapeutic targets in Alzheimer's disease[J]. Journal of Neurochemistry, 2012, 120(supplement): 167-185.

[17] Kuznetsov I A, Kuznetsov A V. What tau distribution maximizes fast axonal transport toward the axonal synapse?[J]. Mathematical Biosciences, 2014, 253(1): 19-24.

[18] Goshima Y, Hida T, Gotoh T. Computational analysis of axonal transport: a novel assessment of neurotoxicity, neuronal development and functions[J]. International Journal of Molecular Sciences, 2012, 13(3): 3414-3430.

[19] Cárdenas-Aguayo M D, Gómez-Virgilio L, Derosa S, et al. The role of tau oligomers in the onset of Alzheimer's disease neuropathology[J]. Acs Chemical Neuroscience, 2014, 5(12): 1178-1191.

[20] Medina M, Avila J. New perspectives on the role of tau in Alzheimer's disease. Implications for therapy[J]. Biochemical Pharmacology, 2014, 88(4): 540-547.

[21] Dixit R, Ross J L, Goldman Y E, et al. Differential Regulation of Dynein and Kinesin Motor Proteins by Tau[J]. Science, 2008, 319(5866): 1086-1089.

[22] Sheng J H. Role of glycogen synthase kinase-3 in the pathogenesis of Alzheimer's disease[J]. Shanghai Archives of Psychiatry, 2011, 23(4): 233-236.

[23] Hong M, Lee V M. Insulin and insulin-like growth factor-1 regulate tau phosphorylation in cultured human neurons[J]. Journal of Biological Chemistry, 1997, 272(31): 19547-19553.

[24] Arendash G W, Mori T, Cao C, et al. Caffeine reverses cognitive impairment and decreases brain amyloid-beta levels in aged Alzheimer's disease mice[J]. Journal of Alzheimers Disease, 2009, 17(3): 661-680.

[25] Yang Y, Ma D, Wang Y, et al. Intranasal insulin ameliorates tau hyperphosphorylation in a rat model of type 2 diabetes[J]. Journal of Alzheimers Disease Jad, 2013, 33(2): 329-338.

[26] Feany M B, Dickson D W. Widespread cytoskeletal pathology characterizes corticobasal degeneration[J]. American Journal of Pathology, 1995, 146(6): 1388-1396.

[27] Yang Y, Li X Q, Huang Q, et al. Influence of PP2A activator on proliferation of HL-60 cells and analysis of PP2A activity changes in patients with acute myeloid leukemia[J]. Journal of experimental hematology / Chinese Association of Pathophysiology, 2011, 19(3): 594-597.

[28] Hawkins R D. Possible contributions of a novel form of synaptic plasticity in Aplysia to reward, memory, and their dysfunctions in mammalian brain[J]. Learning & Memory, 2013, 20(10): 580-591.

[29] Iyer S, Pierceshimomura J T. Worming Our Way to Alzheimer's Disease DrugDiscovery[J]. Biological Psychiatry, 2013, 73(5): 396-398.

[30] Mccormick A V, Wheeler J M, Guthrie C R, et al. Dopamine D2 receptor antagonism suppresses tau aggregation and neurotoxicity[J]. Biological Psychiatry, 2013, 73 (5): 464-471.

[31] Blair L J, Zhang B, Dickey C A. Potential synergy between tau aggregation inhibitors and tau chaperone modulators[J]. Alzheimer's Research & Therapy, 2013, 5 (5): 1-8.

[32] Ma Q L, Zuo X, Yang F, et al. Curcumin suppresses soluble tau dimers and corrects molecular chaperone, synaptic, and behavioral deficits in aged human tau transgenic mice[J]. Journal of Biological Chemistry, 2013, 288 (6): 4056-4065.

[33] Wischik C M, Harrington C R, Storey J M. Tau-aggregation inhibitor therapy for Alzheimer's disease[J]. Biochemical Pharmacology, 2014, 88 (4): 529-539.

[34] Li R S, Wang X B, Hu X J, et al. Design, synthesis and evaluation of flavonoid derivatives as potential multifunctional acetylcholinesterase inhibitors against Alzheimer's disease[J]. Bioorganic & Medicinal Chemistry Letters, 2013, 23 (9): 2636-2641.

[35] 郭盈杉, 张忠敏. 抗老年痴呆药——乙酰胆碱酶抑制剂进展[J]. 煤炭与化工, 2008, 31 (3): 14-16.

[36] Croisile B, Trillet M, Fondarai J, et al. Long-term and high-dose piracetam treatment of Alzheimer's disease[J]. Neurology, 1993, 43 (2): 301-305.